高职高专教育“十二五”规划建设教材

园林植物栽培与养护

石进朝　主编

中国农业大学出版社
·北京·

内容简介

本书主要内容有:园林植物生长发育规律,园林植物的生长与环境,园林植物的选择与配植,园林树木栽植技术,园林树木的养护技术,园林花卉栽培与养护技术,草坪的建植与养护,园林植物的土、肥、水管理,生长调节剂在园林植物栽培与养护中的应用,园林树木的灾害及预防,园林植物养护机具的使用与维护,136种主要园林植物的栽培与养护技术及34项实训。每章有基本技能、本章小结及复习题。

本书图文并茂,具有实用性、实践性、先进性及可操作性,体现了园林植物栽培与养护的新知识、新技能。体现了高等职业教育的特点,在内容编排上具有较强的时效性与针对性。突出园林植物栽培与养护职业岗位特色,适应岗位需求。适于高职高专园林、林业等专业使用,也可作为农林高校园林园艺专业师生参考用书。

图书在版编目(CIP)数据

园林植物栽培与养护/石进朝主编. —北京:中国农业大学出版社,2012.10(2016.11重印)
ISBN 978-7-5655-0606-2

Ⅰ.①园… Ⅱ.①石… Ⅲ.①园林植物-观赏园艺-教材 Ⅳ.①S688

中国版本图书馆CIP数据核字(2012)第225340号

书　名　园林植物栽培与养护
作　者　石进朝　主编

责任编辑　姚慧敏　田树君　　责任校对　陈　莹　王晓凤
封面设计　郑　川
出版发行　中国农业大学出版社
社　址　北京市海淀区圆明园西路2号　　邮政编码　100193
电　话　发行部010-62818525,8625　　读者服务部010-62732336
　　　　编辑部010-62732617,2618　　出　版　部010-62733440
网　址　http://www.cau.edu.cn/caup　　e-mail cbsszs@cau.edu.cn
经　销　新华书店
印　刷　北京时代华都印刷有限公司
版　次　2012年11月第1版　2016年11月第3次印刷
规　格　787×1 092　16开本　23印张　560千字
定　价　39.00元

编写人员

主　　编　石进朝

副 主 编　王国东　王勤华　陈彦霖　申晓萍

编写人员　（按姓氏笔画排序）

王国东　辽宁农业职业技术学院

王勤华　潍坊职业学院

申晓萍　广西农业职业技术学院

石进朝　北京农业职业学院

杨　丽　内蒙古农业大学职业技术学院

陈彦霖　黄冈职业技术学院

罗瑞芳　云南农业职业技术学院

郭　翼　北京农业职业学院

前　　言

园林植物栽培与养护是高职高专教育园林技术专业的一门专业核心课程。本教材在编写中，主要针对高职高专园林专业人才培养的需求，贯彻《国务院关于大力推进职业教育改革与发展的决定》(国发[2002]16号)文件精神，落实工学结合的高职高专教育培养模式，结合园林植物栽培与养护课程特点和当前园林植物栽培与养护特点，吸纳国内同类教材的精华和近年园林植物栽培与养护生产、科研、教学的最新成果，反映了当前国内园林植物栽培与养护的新技术、新成果。

本书总论分11章，详细介绍了园林植物生长发育规律，园林植物的生长与环境，园林植物的选择与配置，园林树木栽植技术，园林树木的养护技术，园林花卉栽培与养护技术，草坪的建植与养护，园林植物的土、肥、水管理，生长调节剂在园林植物栽培与养护中的应用，园林树木的灾害及预防，园林植物养护机具的使用与维护。各论介绍了136种主要园林植物的栽培与养护技术。本书最后还介绍了34项实训。每章有基本技能、本章小结及复习题，力求体现实用性、实践性、先进性及可操作性，注重时效性与针对性，培养能力。

本教材由石进朝任主编，王国东、王勤华、陈彦霖、申晓萍任副主编。具体编写分工如下：石进朝编写总论第一章，各论第二章；王国东编写总论第七、九章；王勤华编写总论第八章，各论第一章第二节、第三、十二章，实训十二至实训十三；陈彦霖编写总论第五章，实训十四至实训十七、实训二十二至实训二十六、实训三十一至实训三十二；申晓萍编写总论第三章、第四章(第一、二、三节)，各论第四、五、十、十一章，实训二至实训九、实训二十至实训二十一；杨丽编写总论第二章、第四章第三节、第十章，各论第一章第一节，实训一、实训十至实训十一、实训二十七至实训三十；罗瑞芳编写第六章，各论第六章至第九章，实训十八至实训十九、实训三十三；郭翼编写第十一章，实训三十四。全书由石进朝统稿。

本教材在编写过程中得到了中国农业大学出版社、北京农业职业学院、辽宁农业职业技术学院、潍坊职业学院、广西农业职业技术学院、内蒙古农业大学职业技术学院、黄冈职业技术学院、云南农业职业技术学院的大力支持和协助，并参考引用了国内一些编著及资料，在此特向上述单位和编写者表示感谢。限于编者水平，书中错误和不足之处，诚盼各位教师、园林工作者和广大读者批评指正。

编　者

2012年7月

目录

总论

各 论

实 训

总　论

第一章 园林植物生长发育规律

【本章基本技能】学会园林树木物候期观测基本技能。

第一节 园林植物生长发育的生命周期

园林植物的生命周期是从园林植物的种子萌发开始，经过幼苗、开花、结实及多年的生长，直至死亡的整个时期，它反映园林植物个体发育的全过程，是园林植物发育的总周期。

生长是指植物体积与重量的增加，即量的增大，它是通过细胞的分生、增大和能量积累的量变体现出来的，是细胞的分裂和延伸。表现为植物高度及直径的增加。发育则是细胞的分化，通过细胞分化形成植物根、茎、叶、花、果实，由营养体向生殖器官转变，植物开花结实，发育即成熟。

园林植物的生长和发育是两个既相关又有区别的概念。生长是细胞分裂与增大，是一切生理代谢的基础，而发育是植物的性成熟，是细胞分化中质的变化。发育必须在生长的基础上进行，没有生长就不能完成发育。植物的发育也影响生长。如果植物没有完成发育过程中的生理变化，植物就只能进行营养生长，不能开花结实。把植物的生长分为营养生长和生殖生长，幼年时期以营养生长为主，成年期以开花、结实的生殖生长为主。园林植物的发育周期大体可分为生命周期和年发育周期两个类型。

一、木本植物的生命周期

(一)园林树木的个体发育

1. 园林树木个体发育的概念

个体发育是任何生物都具有的一种生命现象。它是指某一个体在其整个生命过程中所进行的发育史。植物的个体发育是从雌雄性细胞受精形成合子开始，到发育成种子，再从种子萌发、展叶、开花、结实等生长直到个体衰老死亡的全过程。

研究植物的个体发育是从种子萌发开始，直到个体衰老死亡的全过程。一年生植物的一生是在一年内完成的。例如翠菊、牵牛花和鸡冠花等，一般在春季播种后，可在当年内完成其生命周期。通常它们的生命周期与年周期同步，个体发育的时期是短暂的。二年生植物的一生是在两年(严格地说是两个相邻生长季)内完成的。如瓜叶菊、三色堇、雏菊和金盏菊等二年生花卉，一般秋季播种，萌芽生长，经越冬后于次年春夏开花结实和死亡。

木本植物的个体发育与草本植物的区别，主要是木本植物具有连年开花结实的特性。另外，它的幼年期长，一般要经历多年生长发育后才开始开花结实。树木的寿命较长，通常要经过十几年或数十年，甚至成千上万年才趋于衰老。如榆树约500年，樟树、栎树约800年，松、柏、梅可超过1 000年。可见，树木一般都要经过多个年发育周期，完成总发育周期需要的时间更长。不同树种或同一树种在不同的条件下也存在着很大的差异。

2. 园林树木生长发育周期中的个体发育时期

园林树木有两种不同起点的生命周期。一是从受精卵开始，发育成胚胎，形成种子，萌发成植株，生长、开花、结实直至衰老死亡，这是起源于种子的有性繁殖树的生命周期，即实生树发育周期。二是由树木的枝、芽、根等营养器官通过扦插、嫁接、分株、压条、组织培养等无性繁殖发育而成的独立植株，其生长、发育直至衰老死亡的发育周期，为营养器官的无性繁殖树的生命周期。

研究树木生命周期的目的，在丁根据其生命周期的节律件变化，采取相应的栽培管理措施，调节和控制树木的生长发育，使其健壮生长，充分发挥其绿化美化功能和生态功能等。

(1)有性繁殖树发育时期　有性繁殖的树木个体，其个体发育包含了植物正常生命周期的全过程。树木个体发育周期分为4个不同的发育时期。

①胚胎发育期。是从受精形成合子开始到胚具有萌发能力，以种子形态存在的这段时期。此阶段开始是在母株内，经过雌雄受精及一系列代谢反应发育成胚，此后转入贮藏过程中完成。种子完全成熟以后，处于休眠状态，在适宜的条件下，开始萌发。

②幼年期。是从种子萌发形成幼苗开始，到树体营养形态构造基本建成，具有开花能力时为止的时期。它是实生苗过渡到性成熟以前的时期。这一时期完成之前，采取任何措施都不能诱导开花，但这一阶段能够通过栽培等措施被缩短。

③成熟期。树木个体度过了幼年阶段，具有开花能力，以后可以年年开花、结实。在这个阶段，树木的结实量逐渐变大，最后趋于稳定。这个时期是采种的最佳时期。不同树木这个时期长短不同，如板栗属、圆柏属中有的树种可达2 000年以上；侧柏属、雪松属可经历3 000年以上；红杉甚至超过5 000年。

④衰老期。实生树经多年开花结实以后，生长显著减弱，营养枝与结果母枝越来越少，器官凋落增强，抗逆性降低，对干旱、低温、病虫害的抗性大大下降，最后导致树木的衰老，逐渐死亡。树木的衰老过程也称为老化过程。

(2)无性繁殖树的个体发育时期　植物细胞具有全能性，在一定条件下，植物的单细胞或原生质体能够培养形成遗传上与母体相似的独立植株。把树体部分营养器官(枝、根、芽、叶等)，通过扦插、嫁接等无性繁殖的方法，能够培育成独立的植株。这些植株与母体有着相似的生命活动，进行着个体的生长发育。

从一棵实生树上通过无性繁殖方法得到的植株组成的群体称为一个无性系。它们不仅遗传基础相同，甚至在发育阶段上相同或相似。因此，在形态特征、生长发育所需的条件以及产生的反应等方面都极为相似。

实生树与营养繁殖树个体发育的年龄是不同的。实生树是以个体发育的生物学年龄表示的，而营养繁殖树则是以营养繁殖产生新个体生活的年数，以假年龄表示。而它的实际个体发育年龄则应包括从种子萌发起，到从该母株采穗开始繁殖时所经历的时间。它的发育是原母树发育的继续。因此，营养繁殖树的发育特性，依营养体的起源、发育阶段的母树和部位而定。

①取自成熟阶段的枝条。取自发育成熟时期的无性起源的母树枝条，或取自实生起源成年母树树冠成熟区外围的枝条繁殖的个体，虽然它们的发育阶段是采穗母树或母枝发育阶段的继续与发展，在成活时就具备了开花的潜能，不会再经历个体发育的幼年阶段。除接穗带花芽者成活后可当年或第二年开花外，一般都要经过一定年限的营养生长才能开花结实。从现象上看似乎与实生树相似，但实际上开花结实比实生树早。

②取自幼年阶段的枝条。取自阶段发育比较年轻的实生幼树或成年植株下部干茎萌条或根蘖条进行繁殖的树木个体，其发育阶段是采穗母树或采穗母枝发育阶段的继续与发展，同样处于幼年阶段，即使进行开花诱导也不会开花。这一阶段还要经历多长时间取决于采穗前的发育进程和以后的生长条件。如果原来的发育已接近幼年阶段的终点，则再经历的幼年阶段时间短，否则就长。但从总体上看，它们的幼年阶段都要短于同类条件下、同种类型的实生树，当其累计发育的阶段达到具有开花潜能时就进入了成年阶段。以后经多年开花结实后，植株开始衰老死亡。所以这类营养繁殖树，不但有老化过程，而且有性成熟过程。

(二)园林树木的生命周期

1.有性繁殖树木的生命周期

(1)幼年期　从种子萌发到植株第一次开花为幼年期。这一时期，树冠和根系的离心生长旺盛，光合作用面积迅速增大，开始形成地上的树冠和骨干枝，逐步形成树体特有的结构，树高、冠幅、根系长度和根幅生长很快，同化物质积累增多，为营养生长转向生殖生长从形态上和内部物质上做好了准备。幼年时期经历时间长短因树木种类、品种类型、环境条件及栽培技术而异。有的植物如月季仅 1 年，桃、杏、李等 3～5 年，银杏、云杉、冷杉等长达 20～40 年。

此时期的栽培措施是：加强土壤管理，强化肥水供应，促进营养器官健壮地生长。对于绿化大规格苗木培育，应采用整形修剪手法，培养良好冠形、干形，保证达到规定的主干高度和一定的冠幅。对于观花、观果的园林植物，当树冠长到适宜的大小时，采用喷布生长抑制物质、环割、开张枝条的角度等措施促进花芽形成，提早开花。

(2)青年期　从植株第一次开花到大量开花之前，花朵、果实性状逐渐稳定为止为青年期。这一时期树冠和根系迅速扩大，是一生中离心生长最快的时期。树体开始形成花芽，且质量较差，坐果率低。开花结果数量逐年上升，但花和果实尚未达到该品种固有的标准性状。

此时期的栽培措施是：对于以观花、观果为目的的园林植物，为了促进迅速进入壮年期，多开花结果，采用轻剪、施肥措施，使树冠尽快达到最大营养面积，促进花芽形成。对于生长过旺的树，应多施磷、钾肥，少施氮肥，适当控水，以缓和营养生长。对于生长过弱的树，加强肥水供应，促进树体生长。

(3)成熟期　从植株大量开花结实时开始，到结实量大幅度下降，树冠外沿小枝出现干枯时为止的时期为成熟期。这一时期是观花、观果植物一生中最具观赏价值的时期。其特点是：根系和树冠都扩大到最大限度，开花结实量大，品质好。由于开花结果数量大，消耗营养物质多，逐年有波动。因此，容易出现大小年现象。

为了最大限度地延长成熟期，长期地发挥观赏效益及生态效益，这一时期的栽培措施为：加强肥水管理，早施基肥，分期追肥；合理修剪，均衡配备营养枝及结果枝，使生长、结果和花芽分化达到稳定平衡状态；疏花疏果，及时去除病虫枝、老弱枝、重叠枝、下垂枝和干枯枝，改善树冠通风透光条件。

(4)衰老期　从骨干枝、骨干根逐步衰亡，生长显著减弱到植株死亡为止的时期为衰老期。

这一时期的特点是:骨干枝、骨干根大量死亡,营养枝和结果母枝越来越少,植株生长势逐年衰弱,对不良环境抵抗力差,病虫害严重,木质腐朽,树皮剥落,树体逐渐走向衰老死亡。

这一时期栽培措施应视栽培目的不同,采取相应的措施。对于一般的花灌木来说,可以进行截枝或截干,刺激萌芽更新,或砍伐重新栽植。对于古树名木来说,则应在进入衰老期之前采取复壮措施,尽可能地延长其生命周期,只有在无可挽救时,才予以伐除更新。

2. 无性繁殖树木的生命周期

无性繁殖树木生命周期的发育阶段除没有胚胎阶段外,没有幼年阶段或幼年阶段相对缩短。因此,无性繁殖树生命周期中的年龄时期,可以划分为幼年期、青年期、成熟期(结果初期、结果盛期、结果后期)和衰老期 4 个时期。各个年龄时期的特点及其管理措施与实生树相应时期基本相似或完全相同。

(三)园林树木的衰老

1. 树木的寿命

树木寿命的长短因其种类和环境条件而异。冻原灌木寿命一般为 30～50 年,荒漠灌木如朱缨花属的寿命可达 100 年。不同树种的寿命差异很大,如桃为 20 年,灰白桦为 50 年,某些栎类达 200～500 年时仍能旺盛生长。一般被子植物的寿命很少超过 1 000 年,而许多裸子植物常可活至数千年。有些被子植物,通过无性繁殖,也可活得很长。例如,美国白杨金黄变种,可以活到 8 000 年。看来最老的树木是加利福尼亚州的长寿松,有些已达 5 000 年以上,红杉的年龄已超过了 3 000 年。

2. 树木衰老的标志

不同树木的衰老速度不同,其衰老标志是相似的。如树木的代谢降低,营养和生殖组织的生长逐渐减少,顶端优势消失,枯枝增加,愈合缓慢,心材形成,容易感染病虫害和遭受不良环境条件的损害,向地性反应消失以及光合组织对非光合组织的比例减少等。

(1)枝干生长　幼树枝干年生长量,一连多年增加,但在树木一生的早期,当枝干年生长量达到最高速率后就开始渐渐降低。

(2)形成层的生长　随着树木的衰老,形成层生长的速率,依树种和环境条件的不同而朝着一定的方向变化。形成层的生长,在若干年内是逐年加快的,当达到最高点后,就开始下降。下一年的年轮总比上一年窄。当年轮达到最大宽度以后,作为衰老现象的年轮变窄。随着树木的衰老,树木茎的下部有出现不连续年轮的趋势,常常不产生木质部。

(3)根的生长　在树木生长幼年期,根量迅速增长,直到一定年龄后为止,此后增长的速度逐渐缓慢。当林分达某一年龄时,吸收根的总量达到正常数值。此后,新根的增长大体与老根的损失平衡。树木及其扦插产生不定根的能力,与它们的年龄有关。当树木年龄达到某个临界值以后,生根的能力迅速下降。

(4)干重增长量　树木群体和个体干物质总量的增长及单株的增长和单株增长量的分布,都随树木年龄的增长,呈现规律性的变化。当人工林开始成林时,单位土地面积上干重的增加量是微不足道的,但当树冠接近郁闭,土壤将被全部根系占据时,生产率就达到最高水平;当林分接近成熟时,年增长量下降。

(5)树冠、茎和根系相对比例　树木的树冠、茎和根系的相对比例,也是随树木年龄的变化而变化的。在老树中,最大的干重是主干,其次是树冠和根系。而在欧洲赤松幼树中,根几乎占了总干重的一半,在老树中,根所占的比例大大降低。

二、草本植物的生命周期

(一)一二年生草本植物

一二年生草本植物生命周期很短,仅1～2年,但其一生也经过以下几个发育阶段。

1.幼苗期

幼苗期从种子发芽开始至第一个花芽出现为止。一般2～4个月。二年生草本花卉多数需要通过冬季低温,第二年春才能进入开花期。这些草本花卉,在地上、地下部分有限的营养生长期内应精心管理,使植株尽快达到一定的株高和株形,为开花打下基础。

2.成熟期

成熟期从植株大量开花到花量大量减少为止。这一时期植株大量开花,花色、花形最有代表性,是观赏盛期,自然花期1～3个月。为了延长其观赏时间,除进行水、肥管理外,应对枝条进行摘心、扭梢,使其萌发更多的侧枝并开花。如一串红摘心一次可延长开花期25天左右。

3.衰老期

衰老期从开花量大量减少,种子逐渐成熟开始,到植株枯死为止。此期为种子收获期。种子成熟后应及时采收,以免散落。

(二)多年生草本植物

多年生草本植物的一生也经过幼年期、青年期、壮年期和衰老期,但因其寿命仅10年左右,故各生长发育阶段与木本植物相比相对短些。

以上所述园林植物生命周期中各发育时期的变化是逐渐转化的,而且是连续的,各时期之间无明显界限,栽培管理技术对各时期的长短与转化起极大的作用。在栽培过程中,通过合理的栽培措施,能在一定程度上加速或延缓下一时期的到来。

第二节 园林植物的年生长发育周期

一、园林植物的年周期

园林植物生长发育过程在一年中随着时间和季节的变化而变化所经历的生活周期称为年周期,也指园林植物在一年中随着气候的季节变化,在形态上和生理上产生与之相适应的生长和发育的规律性变化。年周期是生命周期的组成部分,栽培管理年工作历的制定是以植物的年生长发育规律为基础的。因此,研究园林植物的年生长发育规律对于植物造景、制定不同季节的栽培管理技术措施具有十分重要的意义。

(一)物候期

植物在长期的进化过程中,形成了在一年中与周期性变化的环境相对应的形态和生理机能周期性的变化规律,即一年中,随着气候的季节性变化而发生的萌芽、抽枝、展叶、开花、结实及落叶、休眠等规律性变化的现象,称之为物候或物候现象。与之相适应的植物器官的动态变化时期称为生物气候学时期,简称物候期。不同物候期树木器官所表现出的外部形态特征则称为物候相。物候期是地理气候、栽培树木的区域规划以及为特定地区制定树木科学栽培措施的重要依据。通过物候认识树木生理机能与形态发生的节律性变化及其与自然季节变化之间的规律，服务于园林树木的栽植与养护。我国物候观测已有3 000多年的历史，北魏贾思勰的《齐民要术》一书记述了通过物候观察，了解树木的生物学和生态学特性，直接用于农、林业生产的情况。该书在“种谷”的适宜季节中写道：“二月上旬及麻、菩杨生种者为上时，三月上旬及清明节、桃始花为中时，四月中旬及枣叶生、桑花落为下时。”林奈于1750—1752年在瑞典第一次组织全国18个物候观测网，历时3年，并于1780年第一次组织了国际物候观测网，1860年在伦敦第一次通过物候观测规程。我国从1962年起，由中国科学院组织了全国物候观察网。通过长期的物候观察，能掌握物候变动的周期，为长期天气预报提供依据。多年的物候资料，可作为指导农林生产和制定经营措施的依据。

（二）植物物候期的基本规律

1. 顺序性

植物物候期的顺序性是指植物各个物候期有严格的时间先后次序的特性。例如只有先萌芽和开花，才可能进入果实生长和发育时期；先有新梢和叶子的营养生长，才有可能出现花芽的分化。每一植物进入每一物候期都是在前一物候期的基础上进行与发展的，同时又为进入下一物候期做好了准备。植物只有在年周期中按一定顺序顺利通过各个物候期，才能完成正常的生长发育。同一植物的物候期的先后顺序是相同的，但在时间上会因环境条件的变化而变化；不同植物，甚至不同品种，这种物候的顺序是不同的。如碧桃、白玉兰、榆叶梅、梅花、腊梅、紫荆等为先花后叶型；而紫丁香、紫薇、木槿、石榴等则是先叶后花形。

2. 不一致性

植物物候期的不一致性是指由于植物各器官的分化、生长和发育习性不同，同一植物不同器官物候期在一年中通过的时期是不相同的，具有重叠交错出现的特点，也称不整齐性、重叠性。同一植物在同一时期，同一植株上可同时出现几个物候期，如石榴、贴梗海棠等在夏季果实形成期，既有结果，又有开花的现象。另外，同一植物的花芽分化、新梢生长的开始期、旺盛期、停止生长期各不相同，会有重叠。如同是生长期，根和新梢开始或停止生长的时间并不相同。根的萌动期一般早于芽。同时，根与梢的生长有交替进行的规律，一般梢的速生期要早于根。有些树种可以同时进入不同的物候期，如油茶可以同时进入果实成熟期和开花期，人们称之为“抱子怀胎”，其新梢生长、果实发育与花芽分化等几个时期可交错进行。金柑的物候期也是多次抽梢、多次结果交错重叠通过的。

3. 重演性

一年中，在外界环境条件变化的刺激和影响下，如自然灾害、病虫害、高温干旱、栽培技术不当等因素，会引起植物某些器官发育终止而刺激另一些器官的再次活动，使一些植物的物候期在一年中出现非正常的重复，如二次开花、二次生长等。这种现象反映出植物体代谢功能紊乱与异常，影响正常的营养积累和翌年正常生长发育。

二、落叶树木的年周期

落叶树可明显地分为生长和休眠两大物候期。从春季开始进入萌芽生长后，在整个生长期中都处于生长阶段，表现为营养生长和生殖生长两个方面。到了冬季为适应低温和不利的环境条件，树木处于休眠状态，为休眠期。在生长期与休眠期之间又各有一个过渡期，即从生长转入休眠的落叶期和由休眠转入生长的萌芽期。常绿树则无集中落叶的现象,但干旱和低温可使它进入被迫休眠状态。

1. 休眠转入萌芽期

春天随着气温的逐渐回升,树木开始由休眠状态转入萌芽生长状态,这一过程一般以日平均气温在3℃以上时起到芽膨大待萌时为止。芽萌发是树木由休眠转入生长的明显标志,一般生理活动则出现得更早。树木由休眠转入生长,要求一定的温度、水分和营养物质等。当有适合的温度和水分,经一定时间树液开始流动,有些树种(如核桃、葡萄等)会出现明显的"伤流"。一般北方树种芽膨大所需的温度较低,而原产温暖地区的树种芽膨大所需要的温度则较高。这一时期若遇到突然的低温(即倒春寒现象),则很容易发生冻害,要注意早春的防寒措施。

2. 萌芽期

萌芽物候期是从芽萌动膨大开始,经芽的开放到叶展出为止的时期。休眠的解除,对一个植株来说,通常是以芽的萌动为准。它是树木由休眠期转入生长期的标志,是休眠转入生长的过渡阶段。芽一般是在前一年的夏天形成的,在生长停止的状态下越冬,次年春天再萌芽绽开。

一定的温度、水分和营养是树木由休眠转入生长的必需条件。当环境温度和水分适合时,树液流动,根系开始活动,树体开始生长。树木萌芽主要决定于温度。中国北方树种,当气温稳定在3℃以上时,经一定积温后,芽开始膨大。南方树种芽膨大要求的积温较高。花芽萌发需要的积温低于叶芽。空气湿度、土壤水分是萌动的另一个必备条件。土壤过于干旱,树木萌动推迟,空气干燥不利于芽萌发。

园林树木的栽植,特别是裸根栽植,一般应在萌芽期结束之前进行。《齐民要术》中对栽植时间就有这样的记载:"正月(指农历)为上时,二月为中时,三月为下时。"这里所说的正月为上时,实际上就是芽的膨大期。这一时期,树木容易遭晚霜的危害,可通过早春灌水,萌动前涂白,施用生长调节剂,延缓芽的开放,或在晚霜发生之前,对已开花展叶的树木根外喷洒磷酸二氢钾等,提高花、叶的细胞液浓度,增强抗寒能力。也可根据天气预报,在夜间极限温度到来之前熏烟喷雾,减缓或防止过度降温。

3. 生长期

从春季开始萌芽生长到秋季落叶前的整个生长季节。这一时期在一年中所占的时间较长,树木在此期间随季节变化会发生极为明显的变化,除细胞增多,体积膨大外,还能形成许多新器官。如萌芽、抽枝、展叶、开花、结实等,并形成许多新的器官,如叶芽、花芽等。成年树的生长期表现为营养生长和生殖生长两个方面。萌芽常作为树木开始生长的标志,但实际上根的生长比萌芽要早得多。每种树木在生长期中,都按其固定的物候顺序通过一系列的生命活动。

受树木遗传性和生态适应性不同的影响,树木生长期的长短、器官发育的顺序、物候期开始的迟早和持续时间的长短各不同。

生长期是落叶树的光合生产有机物的时期,也是其生态效益与观赏功能发挥得最好时期。这一时期的措施是:在萌发前进行松土、施肥、灌水,以提高土壤肥力,使形成较多的吸收根,促进枝叶生长和开花结果;在枝梢旺盛生长时,对幼树新梢摘心,以增加分枝次数;在枝梢生长趋于停滞时,根部施以磷肥。

4. 生长转入休眠期

生长转入休眠期是指秋季树木停止生长到落叶开始为止的时期。秋季叶片自然脱落是树木开始进入休眠期的重要标志。气温降低、日照缩短是树木在秋季落叶进入休眠期的主要外部因子,会引起树木叶片中发生一系列的生理生化变化,如光合作用和呼吸作用减弱、叶绿素分解,部分氮、钾成分向枝条和树体其他部位转移等,最后在叶柄基部形成离层而脱落。

不同年龄阶段的树木进入休眠的早晚不同,幼龄树比成年树较迟进入休眠期。而同一树体不同器官和组织进入休眠的时间也不同,一般芽最早进入休眠期,其后依次是枝条和树干,最后是根系。

5. 休眠期

树木从秋季正常落叶到次春萌芽开始为止的时期为落叶树木的休眠期。树木休眠是在进化中为适应不良环境,如低温、高温、干旱等所表现出来的一种特性。休眠期是相对生长期而言的一个概念。在树木的休眠期,外观看不出有生长现象,但树体内仍进行着微弱的各种生命活动,如呼吸、蒸腾、芽的分化、根的吸收、养分合成和转化等。因此,树木的休眠只是相对静止的概念。

依据休眠的时期可分为冬季休眠、旱季休眠和夏季休眠。树木的旱季休眠及夏季休眠一般只是某些器官的活动被迫休止,而主要表现不为落叶。

依据休眠的状态可分为自然休眠和被迫休眠。自然休眠是由于树木生理过程所引起的或由树木遗传性所决定的,落叶树木进入自然休眠后,要在一定的低温条件下经过一段时间后才能结束。在休眠结束前即使给予适合树体生长的外界条件,也不能萌芽生长。被迫休眠是指落叶树木在通过自然休眠后,如果外界缺少生长所需要的条件,仍不能生长而处于被迫休眠状态,一旦条件合适,就会开始生长。被迫休眠主要用于植物的控花控果,反季节栽培。如牡丹春节开花、葡萄元旦上市等。

三、常绿树木的年周期

常绿树各器官的物候动态表现极为复杂,其叶片并不是不脱落,只是叶的寿命长于一年,当其叶片的寿命结束时,自然脱落,从外观上看,树冠终年保持常绿。其特点是没有明显的落叶休眠期,没有集中落叶期。一年中既有落叶又有新生叶生长,每年仅有一部分老叶脱落并能不断增生新叶,这样在全年各个时期都有大量新叶保持在树冠上,使树木保持常绿。在常绿针叶树类中,松属的针叶的寿命为2～6年,冷杉叶寿命为3～10年,紫杉叶寿命为6～10年,它们的老叶多在冬春间脱落。常绿阔叶树的老叶多在萌芽展叶前后逐渐脱落。

常绿树的年周期不明显,不同树种,乃至同一树种不同年龄和不同的气候区,物候期也有很大的差异。如柑橘类的物候,大体分为萌芽、开花、枝条生长、果实发育成熟、花芽分化、根系生长、相对休眠等物候期,而实际进程不同。一年中可多次抽梢(春梢、夏梢、秋梢和冬梢),各次梢间有相当的间隔。有的树种一年可多次开花结果,如柠檬、四季柑等。有的树种甚至抽一次梢结一次果,如金柑,而四季桂和月月桂则可常年开花。有的树种同一棵树同时有开花、抽梢、结果、花芽分化等物候期重叠交错的现象,如油茶。有的树种,果实生长期很长,如伏令夏橙,春季开花,到第二年春末果实才成熟;金桂秋天(9—10月)开花,第二年春天果实成熟。红花油茶的果实生长成熟也要跨两年。

热带、亚热带的常绿阔叶树木,其各器官的物候动态表现极为复杂,各种树木的物候差别很大。在赤道附近的树木，由于年无四季，全年可生长而无休眠期，但也有生长节奏表现。在离赤道稍远的季雨林地区，因有明显的干、湿季，多数树木在雨季生长和开花，在干季因高温干旱落叶，被迫休眠。在热带高海拔地区的常绿阔叶树，也受低温影响而被迫休眠。

本章小结

介绍了园林植物生长发育特点，园林植物生命周期及年生长发育周期（物候期），变化规律及其实践意义。讲述了树木衰老的机理与复壮技术，阐述了树木各个发育阶段与年龄时期的特点和与之相关的栽培实践。落叶树物候期的特点及其与此相应的主要栽培技术措施。通过学习了解园林植物生长发育规律，为制定合理的栽培管理技术提供理论依据。

复习题

1. 简述树木生命周期中个体发育的概念、特点及发育阶段划分的依据与标志。
2. 简述树木阶段发育分区的机理、方法与实用价值。
3. 简述树木生命周期中年龄时期划分标准，实践意义及其与发育阶段的关系。
4. 简述树木衰老的机理、复壮的可能性与主要技术措施。

第二章 园林植物的生长与环境

【本章基本技能】掌握影响园林植物生长发育的环境因子，通过学习环境因子对园林植物的影响，了解园林植物在栽培养护过程中应注意的问题。

第一节 气候因子与园林植物生长

一、温度

温度是影响园林植物生长发育的重要因子。影响园林植物的地理分布，而且影响着园林植物生长发育的一切生理生化过程。如热带、亚热带地区生长的植物移到寒冷的北方栽培，通常不能够生存；喜温度凉爽的北方植物，移至南方生长，也会生长不良或影响开花。

每一种园林植物生长发育，对温度都有一定的要求，都有温度的“三基点”，即最低温度、最适温度和最高温度。植物在最适温度时生长发育良好，超过最高温度或最低温度时会生长不良甚至死亡。不同种类的植物，由于原产地气候类型不同，其三基点温度也不相同。

(一)通常根据园林植物对温度的要求与适应范围，可分为3类

(1)耐寒性园林植物　这类园林植物原产在寒带或温带，抗寒性强，能耐冰点以下的温度。

(2)半耐寒性园林植物　原产温带较暖地区，耐寒力较强，在北方冬季需稍加保护才能越冬。

(3)不耐寒性园林植物　原产热带或亚热带，生长期需要高温，不能耐0℃以下的温度。

(二)温度对植物的影响

1.对园林植物花芽分化的影响

园林植物种类不同，花芽分化发育所要求的温度也不同。

(1)高温下进行花芽分化　如杜鹃、山茶、梅花和樱花等，在气温高达25℃以上时进行花芽分化，入秋后进入休眠状态。经过一定低温后结束或打破休眠而开花。

(2)低温下进行花芽分化　许多原产温带中北部的园林植物，多要求在20℃以下凉爽气候条件下进行花芽分化。植物在发育的某一时期，特别是在发芽后不久，需经受较低温度才能形成花芽，这种现象称为春化作用。如金盏菊、雏菊等许多秋播草花，必须在低温下进行花芽分化。

2. 对园林植物花色的影响

植物的花色会受到温度的影响。但有些植物受影响显著，有些受影响较小。如蓝白复色的矮牵牛花，蓝色或白色部分的多少受温度的影响很大。这种植物在30～35℃高温下，花呈蓝色或紫色；而在15℃以下呈白色；在上述两种温度之间时，则呈蓝白复色。

(三)极端温度对园林植物的危害

在园林植物生长发育过程中，突然的高温和低温，会打乱其体内正常的生理生化过程而造成伤害，严重时甚至会造成死亡。

1. 低温对园林植物的危害

当温度降低到植物能忍受的极限低温以下就会受到伤害。低温对植物的伤害程度，既取决于温度降低的幅度、低温的持续时间和发生的季节，也取决于植物本身的抵抗能力。同一园林植物在不同的生长发育时期，对低温的忍受能力也有很大差别：休眠的种子抗寒力最高，休眠植株的抗寒力也较高，而生长中的植株抗寒力明显下降。树体的营养条件对低温的忍耐性有一定关系，如生长季(特别是晚秋)施用氮肥过多，树体因推迟结束生长，抗冻性会明显减弱；多施磷、钾肥，则有助于增强树体的抗寒能力。常用的简单防寒措施是在地面覆盖落叶、设置风障等。

2. 高温对园林植物的危害

高温同样可对植物造成伤害，当温度超过园林植物生长的最适温度时，园林植物生长速度会下降，如继续升高，则植株生长不良甚至死亡。在35～40℃的温度环境，高温会破坏植物光合作用和呼吸作用的平衡，从而使植物生长发育缓慢，甚至停止生长。高温会使树体蒸腾作用加强，根系吸收的水分无法弥补蒸腾的消耗，从而破坏了树体内的水分平衡，导致叶片失水、萎蔫，使水分的传输减弱，最终导致树木枯死。高温还会造成对树木的直接危害，强烈的辐射灼伤叶片、树皮组织局部死亡，以及因土壤温度升高而造成对树木根颈的灼伤。一般情况下，耐寒力强的植物耐热力弱，耐寒力弱的植物耐热力强。

二、光照

光是植物必不可少的生存条件之一，也是园林植物进行光合作用不可缺少的条件。各种植物都需要一定的光照条件才能正常发育。影响植物生长发育的光照条件包括日照时间的长短与光照强度。

(一)光照强度对园林植物生长的影响

光照强度是指太阳光在植物叶片表面的照射强度，是决定光合作用强弱的重要因素之一。一年中夏季光照最强，冬季光照最弱；一天中中午光照最强，早晚光照最弱。不同的园林植物对光照强度的反应不同。有些园林植物，在光照充足的条件下，植株生长健壮；而有些园林植物，在光照充足的条件下，反而生长不良。

根据园林植物对光照强度的需求，可将植物分为以下三类。

(1)阳性园林植物　这类植物只有在全光照条件下才能正常的生长发育，光饱和点高。不能忍受任何明显的阴蔽，否则生长缓慢。植株性状一般为枝叶稀疏、透光，叶色较淡，生长较快，自然整枝良好；但树体寿命较短。有马尾松、桦木、杨、柳、月季等。

(2)阴性园林植物　这类植物需光量少，只有在适度的阴蔽和散射光条件下才能正常生长。不能忍受强光照射，在植物自然群落中，常处于中下层或生长在潮湿背阴处。植株性状一般为：枝叶浓密、透光度小，叶色较深，生长较慢，自然整枝不良；但树体寿命较长。典型的阴性树种有铁杉、八角金盘、珊瑚树等。

(3)中性园林植物　对光照适应范围较大，一般喜阳光充足，但也能忍受适当的阴蔽。一般季节在全光照条件下生长，在过强的光照下才需适当遮阴。因过强的光照常超过其光的饱和点，故盛夏应遮阴，但过分蔽阴又会削弱光合强度，常造成植物因营养不良而逐渐死亡。

(二)日照时间长短对园林植物的影响

地球上每日光照时间的长短，随纬度、季节而不同，日照时间长短是植物赖以开花的重要因子。一日中昼夜长短的变化称为光周期，植物需要在一定的光照与黑暗交替的条件下才能开花的现象称为光周期现象。根据植物对光周期的反应和要求，可将植物分为以下三类。

(1)长日照园林植物　指在其生长过程中，要求日照 12 h 以上才能形成花芽。在日照短的情况下，只能进行营养生长而不能形成花芽。此类园林植物大多原产温带和寒带。

(2)短日照园林植物　指在其生长过程中，要求日照在 12 h 以下才能形成花芽，需一定时间的连续黑暗。并且在一定范围内，黑暗时间越长，开花越早，否则便不开花或明显推迟开花。

(3)中日照园林植物　此类植物对日照长短不敏感，只要温度适合，生长正常，就能形成花芽开花。

三、水分

水分在园林植物的生长发育、生理生化过程中有着非常重要的作用。水是植物体的基本组成成分，没有水就没有生命。细胞间代谢物质的传送、根系吸收的无机营养物质输送以及光合作用合成的碳水化合物分配，都是以水作为介质进行的。水还能维持细胞的膨压，保持植物的固有姿态。如枝条伸直、叶片平展、花朵丰满等。当枝叶细胞失去膨压，即发生萎蔫并失去生理功能，如果萎蔫时间过长则导致器官或树体最终死亡。一般树木根系正常生长所需的土壤水分为田间持水量的 60%～80%。

(一)园林植物对水分的要求不同的分类

依据园林植物对水分的要求不同，可分为旱生、湿生、中生及水生园林植物。

(1)旱生园林植物　这类植物能长期忍耐较长时间的干旱且生长发育正常。多生长在雨量稀少的荒漠地区和干燥的草原地区。如柽柳、仙人掌类等。植物对干旱的适应形式主要表现在两方面：一是本身需水少，具有小叶、全缘、角质层厚、气孔少而下陷、并有较高的渗透压等旱生性状；二是具有强大的根系，能从深层土壤中吸收较多的水分供给树体生长。戈壁上的骆驼刺，根深常超过 30 m，能充分利用土壤深层的水分。

(2)湿生园林植物　这类植物适于生长在水分比较充裕的环境中，在干旱或中等湿度环境下生长不良或枯死，有的还能耐受短期的水淹。耐涝树种的生态适应性表现为，叶面大、光滑无毛、角质层薄、无蜡层、气孔多而经常张开等。

(3)中生园林植物　这类植物适宜生长在干湿适中的环境下，大多数植物均属此类，不能忍受过干和过湿的条件。但是各种园林植物对水分反应的差异性较大，如油松、侧柏、酸枣等偏喜欢干旱，而桑树、旱柳、乌桕等则偏喜欢水湿。

(4)水生园林植物　这类植物只能生长在水中，如荷花等。水生园林植物体全部或大部分浸没在水中，一般不能脱离水湿环境。根据其生活方式和形态的不同而分为挺水植物、浮水植物、沉水植物。

(二)水分对植物生长的影响

同种园林植物在不同生长期对水分的需要量不同。植物在早春萌芽阶段需水量不多，进入枝叶生长期需水较多，花芽分化期和开花期需水较少，结实期又需水较多。在园林植物栽培过程中，当水分供应不足时，地上部分凋萎，此时若将其放在温度低、光照弱、通风减少的环境中，能够很快恢复过来。但若长期处于萎蔫状态，老叶与下部叶片先脱落死亡，进而引起整个植株死亡。但土壤含水量过高时，由于空气不足，根系呼吸困难，常窒息、腐烂、中毒而死亡，特别是肉质根类植物。因此，过干或过湿都不利于园林植物的正常生长。

四、空气

大气成分及其含量对园林植物生长有很大的影响，氧气不足影响呼吸，二氧化碳不足影响光合作用，有害气体增多危害植物的生长。大风还会对园林植物产生危害。

(一)空气的成分对园林植物的影响

(1)氧气(O_2)　氧气为一切生命活动所必需。植物生命活动的各个时期都需要氧气进行呼吸作用，释放能量以维持生命活动。土壤通气状况对植物生长也产生影响。一般在板结、紧密的土壤中播种，发芽不好，主要是缺氧造成的。植物生长过程中，根系也需吸收氧气进行呼吸作用，如栽植地长期积水，氧气不足，也会使植物中毒甚至死亡。因此，栽培中及时松土、排水，为植物根系创造良好的氧气环境是很重要的。

(2)二氧化碳(CO_2)　二氧化碳是绿色植物进行光合作用所必需的原料。空气中 CO_2 含量虽然只有 0.03%，但对植物的生长十分重要。CO_2 含量与光合强度密切相关，当光照充足时，CO_2 浓度便成为限制光合速度的主要因子，因此，在现代栽培技术上，为了提高光合效率。在温室、塑料大棚栽培条件下，提倡对温室植物施用 CO_2 气体的措施。在菊花、香石竹及月季花的栽培中均已取得较好的效果，大大提高产品的产量和品质。

(3)氮气(N_2)　虽说空气中含有 78%的氮气，但不能直接为多数植物所利用。空气中的氮只有通过固氮微生物可以吸收固定。豆科植物或某些非豆科植物固氮根瘤菌能将空气中的氮固定成氨或铵盐。土壤中的氨或铵盐经硝化细菌的作用成为亚硝酸盐或硝酸盐才能被植物吸收，进而合成蛋白质，构成植物体。

(二)空气中的污染物质对园林植物的影响

随着工业发展和使用农药等原因，一些有毒有害物质进入大气，造成大气污染，对植物的生长发育产生危害。主要有以下几种类型。

(1)二氧化硫(SO_2)　凡烧煤的工厂或硫铵化肥厂等所放出的烟气中都含有 SO_2 气体。二氧化硫被叶肉吸收变为亚硫酸离子，使植物受到损害。外表症状表现为：叶脉间有褐斑，继而无色或白色，严重时叶子会早期脱落，枯焦死亡。

(2)氯气(Cl_2)　现在很多生产塑料制品的企业在生产过程中会产生此类污染物。氯气通过气孔进入植物体，能很快破坏叶绿素，使叶片褪色漂白脱落。初期伤斑主要分布在叶脉间，呈不规则点或块状。

(3)氟化氢(HF)　氟化氢对植物危害很大。氟化氢通过叶的气孔或表皮吸收进入细胞内，导致叶组织发生水渍斑，后变枯呈棕色。它对植物的危害首先表现在叶尖和叶缘，然后向内扩散，最后萎蔫枯黄脱落。

（三）风对园林植物的影响

微风帮助植物传播花粉，传播树种果实和种子。加强蒸腾作用，提高根系的吸水能力。风摇树枝可使树冠内膛接受较多的阳光，促进光合作用，消除辐射霜冻，降低地面高温等。对园林植物生长有利。大风对植物有伤害作用，冬季的大风易引起植物生理干旱。开花坐果期风大，易造成大量的落花落果，降低产量。强风能折断枝条和树干，尤其风雨交加的台风天气，使土壤含水量很高，极易造成树木倒伏。我国东南沿海一带，每年夏季（6—10 月）常受台风侵袭，倒树现象严重，对树体危害很大。

抗风力强的有马尾松、黑松、圆柏、榉树、胡桃、白榆、乌柏、樱桃、枣树、臭椿、柏、栗、国槐、梅、樟、麻栎、河柳、台湾相思、木麻黄、柠檬桉、柑橘及竹类等。抗风力中等的有侧柏、龙柏、杉木、柳杉、檫木、楝树、苦槠、枫杨、银杏、广玉兰、重阳木、榔榆、枫香、凤凰木、桑、梨、柿、桃、杏、花红、合欢、紫薇、木绣球、长山核桃、旱柳等。抗风力弱、受害较大的有大叶桉、榕树、木棉、雪松、悬铃木、梧桐、加杨、钻天杨、银白杨、泡桐、垂柳、刺槐、杨梅、枇杷等。

第二节 土壤因子与园林植物生长

土壤是园林植物进行生命活动的场所，园林植物生长在土壤中，土壤起支撑植物和供给水分、矿物质营养、空气的作用。土壤是地壳表层经风化、腐殖化作用而形成的疏松部分，是母岩、气候、地形、生物和时间长期共同作用的结果，其理化特性与园林植物的生长发育极为密切，良好的土壤结构能满足植物对水、肥、气、热的要求。

一、土壤种类

通常按照矿物质颗粒直径大小将土壤分为沙土类、黏土类和壤土类。

（1）沙土类 土壤质地较粗，含沙粒较多，土粒间隙大，土壤疏松，通透性强，排水良好。但保水性差，易干旱；土温受环境影响较大，昼夜温差大；有机质含量少，分解快，肥力强但肥效短，常用作培养土的配制成分和改良黏土的成分，也常用作扦插、播种基质或栽培耐旱园林植物。

（2）黏土类 土壤质地较细，土粒间隙小，干燥时板结，水分过多又太黏。含矿质元素和有机质较多。保水保肥力强且肥效长久。但通透性差，排水不良，土壤昼夜温差小，早春土温上升慢，园林植物生长迟缓，尤其不利于幼苗生长。除少数黏性土园林植物外，大部分不适应此类土壤，常与其他基质配合使用。

（3）壤土类 土壤质地均匀，土粒大小适中，性状介于沙土和黏土之间，有机质含量较多，土温比较稳定，既有良好的通气排水能力，又能保水保肥，对植物生长有利，能满足大多数园林植物的要求。

二、土壤质地和厚度

土壤内水分和空气的多少主要与土壤质地有关。土壤质地的好坏关系着土壤肥力高低，含氧量的多少，对园林植物生长发育和生理机能都有很大的影响。大多数植物要求在土质疏松、深厚、肥沃的壤质土地上生长。土壤的肥力水平高，微生物活动频繁，既能分解出大量的养分，又能保持肥分。土层深浅决定园林植物根系的分布。通常土层深厚，根系分布深，能吸收更多的水分和养料，并能增强其适应性和抗逆性。土层过浅，植物生长不良，植株矮小，枝梢干枯、早衰或寿命短。植物种类繁多，但喜肥耐瘠能力不同。如核桃、樟树等应栽植在深厚、肥沃和疏松的土壤上；马尾松、油松等可在土质稍差的地点种植。当然，能耐贫瘠的植物，栽在深厚、肥沃的土壤上则能生长得更好。

三、土壤酸碱度

土壤酸碱度是土壤重要的理化性质之一。土壤酸碱度影响着土壤微生物的活动及土壤有机质和矿物质元素的分解和利用，影响着土壤的理化特性、土壤溶液的成分，从而影响根系的吸收机能。过强的酸性或碱性土壤对园林植物的生长都不利，甚至造成死亡。

依园林植物对土壤酸碱度的要求可分为三类。

(1)喜酸性土植物　在 pH 值 6.5 以下的土壤中生长良好的一类植物。如杜鹃、棕榈科植物等。

(2)喜中性土植物　在 pH 值 6.5～7.5 的土壤中能良好生长的一类植物。绝大多数园林植物属于此类。如菊花、杨、柳等。

(3)喜碱性土植物　在 pH 值 7.5 以上的土壤中仍能生长良好的一类植物。如紫穗槐等。

各种园林植物对土壤酸碱度适应力有较大差异，大多数要求中性或弱酸性土壤，只有少数能适应强酸性和碱性土壤。

第三节　生物因子与园林植物生长

影响园林植物生长发育的生物因子主要有人、动物、植物及微生物。其中有些对园林植物的生长有益，称为有益生物。如蜜蜂、七星瓢虫等。有些对园林植物生长有害，称为有害生物。如有害昆虫，导致植物生病的细菌、真菌、病毒、线虫及寄生性种子植物等。另外，人为的活动也影响到园林植物的生长。

一、病虫害对园林植物生长的影响

园林植物病害是园林植物由于所处的环境不适或受到生物的侵袭，使得正常的生理机能受到干扰，细胞、组织、器官受到破坏，甚至引起园林植物植株的死亡。引起植物病害的病原有很多。有些是由于真菌、细菌、病毒、支原体、寄生性种子植物、藻类以及线虫和螨类等的生物性病原引起的。有些是由于环境温度、土壤水分、空气湿度、光照等因子不适合园林植物的生长引起的。园林植物虫害主要是由危害园林植物的动物所引起的。主要有昆虫、螨类和软体动物等，其中以昆虫为主。

我们可以采取一些措施来防治园林植物的病虫害。如应合理选择树种，做到适地适树。加强对园林植物的栽培管理，使树木生长健壮旺盛，这样对病虫的抵抗力就强。在植物配置时，要避免将两个转生寄主邻近栽植，以减少病虫害的发生和交叉感染。要加强整形修剪，清除枯枝、病虫枝、衰弱枝等，改善树冠的透风透光性，减少病虫害发生的机会。城市园林绿地中的病虫害应以生物防治为主，以免造成环境污染。生物防治是利用生物及其代谢物质来控制病虫害的一种防治方法。可以利用啄木鸟等以捕食昆虫为主的鸟类消灭害虫，可以利用害虫的天敌昆虫消灭害虫等方法。但如果病虫害发生后更要及时地喷药、捕杀、摘病叶等。在公共绿地喷药时，要考虑环境卫生及安全。若使用有毒药品，要设置警戒区，禁止游人接近。

二、人为活动对园林植物生长的影响

城市人口密度大、流动性大。频繁的人为活动对园林植物的破坏性也较显著，尤其是公园及街道的树木，常会遭受人为的损害。如抚摸树造成树皮损伤、撞击树使植株根系受损、在树干上刻字留念、无目的地刻划树皮、在树干上打钉拴绳晾晒衣被等行为使园林植物的生长受影响。我们应该大力进行爱树、爱花、爱草的宣传教育，及时发现并制止人为损害园林植物的行为。

另外，城市因行人与车辆多，尘土易飞扬，附在植物表面，堵塞气孔，影响呼吸和光合作用。有些植物，因为叶片尘埃过多，花芽的形成和开花都受到影响。在干旱的季节或少雨的地区应经常向树冠喷水，洗去尘埃。

园林植物的栽植地点主要在城市。由于人类的活动，对环境产生一定的影响，与大面积的荒山和宜林地相比，有其特殊生态环境，并表现出许多不利于植物生长的因素。

第四节　地形地势因子与园林植物生长

山地的海拔高度、坡向、坡度的变化引起相关因子如光照、温度、水分等的变化，对植物生长发育的也产生不同的影响。

一、海拔高度

海拔高度影响温度、湿度和光照。一般海拔每升高 100 m，气温降低 0.4～0.6℃。在一定范围内，降雨量也随海拔的增高而增加，相对湿度也随海拔的增高而变大。另外，海拔升高，日照增强，紫外线含量增加。这些因素都会影响植物的生长与分布。由于树木对温、光、水、气等生存因素的不同要求，都具有各自的“生态最适带”，这种随海拔高度成层分布的现象，称为树木的垂直分布。山地园林应按海拔垂直分布规律来安排树种、营造园景，以形成符合自然分布的雄伟景观。

二、坡向和坡度

坡向水热条件的差异，形成了不同的小气候环境。通常情况下，阳坡的日照时间长，气温

较高，蒸发量大，大气和土壤较干燥；阴坡日照时间短，接受的辐射热少，气温较低，因而较湿润。在北方由于降水少，一般阴坡植被较阳坡茂盛。在南方由于雨量充沛，阳坡植被较茂盛。

坡度通常分六级，平坦地＜5°，缓坡为6°～15°，中坡为16°～25°，陡坡为26°～35°，急坡为36°～45°，险坡＞45°。坡度的缓急不但会形成小气候的变化，关键是对水土流失有影响。坡度越大，水土流失量也越大。因此，坡度也会影响到植物的生长和分布。

总之，在不同的地形地势条件下配置植物时，应充分考虑地形和地势造成的温度、湿度和光照等的差异，结合植物的生态特性，合理配置园林植物。

第五节 城市环境与园林植物生长

城市的建成对自然环境或生态系统的影响极大。在原有平原、江河两岸、山谷等地修建城市，包括建筑、道路、广场和公共设施等的建设，改变了原有的部分地形地貌。各种建筑物、道路代替了原有的植物层，新形成的下垫面的性质直接影响着城市内的光照、热量和土壤等方面。这些因素的改变在一定程度上改变了城市的原有生态系统。因此，城市绿化建设时必须根据城市环境的特殊情况加以考虑。

一、城市气候特点

(1)城市气温　城市气温比较周边地区来说温度较高。因为城市具有高度密集的人口，在一个有限地区进行生产和生活的结果就是使集中的能量放出大量的热。城市下垫面的热容量大，蓄热较多，在日落后仍能使空气温度继续增高。城市雾障使城市下垫面吸收累积和反射的热量以及生产、生活能源释放的热量不易得到扩散。尤其夏日傍晚，天气由晴转阴时和夜间更显得闷热。城市中由于夜间气温也较高，就造成了昼夜温差变小的现象。昼夜温差变小，温度较高对园林植物的生长有不利的影响。园林植物白天在较高的温度下进行光合作用，积累有机物质，夜间植物利用白天制造的养料进行较快地生长。如果夜间温度过高，呼吸作用旺盛，消耗多量的营养物质，必然削弱了植物的生长，对园林植物的生长是很不利的。

(2)城市热岛效应　城市热岛效应(urban heat island effect)是指城市中的气温明显高于外围郊区的现象。在近地面温度图上，郊区气温变化很小而城区则是一个高温区，就像突出海面的岛屿，由于这种岛屿代表高温的城市区域，所以就被形象地称为城市热岛。城市热岛效应使城市年平均气温比郊区高出1℃以上。夏季城市局部地区的气温有时甚至比郊区高出6℃以上。产生城市热岛形成的原因主要有以下几点。首先，是受城市下垫面特性的影响。城市内有大量的人工构筑物如混凝土、柏油路面，各种建筑墙面等，改变了下垫面的热力属性。这些人工构筑物吸热快而热容量小，在相同的太阳辐射条件下，它们比自然下垫面升温快，因而其表面温度明显高于自然下垫面。其次，是受人工热源的影响。工厂生产、交通运输以及居民生活都需要燃烧各种燃料，每天都在向外排放大量的热量。再次，城市里中绿地、林木和水体的减少也是一个主要的原因。随着城市化的发展，城市人口的增加，城市中的建筑、广场和道路等大量增加，绿地、水体等却相应减少，缓解热岛效应的能力被削弱。最后，城市中的大气污染也是一个重要原因。城市中的机动车、工业生产以及居民生活，产生了大量的氮氧化物、二氧化碳和粉尘等排放物。这些物质会吸收下垫面热辐射，产生温室效应，从而引起大气进一步升温。

(3)城市湿度特点　城市当中虽然云多、降雨多，但城市所降的雨大部分被下水道排走而且下垫面多为硬质铺装，雨水很难渗透到土壤中。城市中温度高，蒸发量又大，所以空气湿度较小。这样就使城市非雨季的夏日显得非常燥热。对园林植物尤其是生长在北方的植物影响很大，夏季降雨少，空气湿度低，温度又高，很容易出现失水的症状。

(4)城市辐射特点　大气中来自工业生产、交通运输以及日常生活中的污染物在城区浓度特别大，它像一张厚厚的毯子覆盖在城市上空，它大大地削弱了太阳直接辐射。而且城市建筑密度大，遮挡阳光仅有少部分直射光能照到地面。所以城市中太阳辐射强度减弱，日照持续时间减少。另外，建筑物两侧接受光照的时间有长有短，筑物的南向或东南向，阳光充足。建筑物的北向或西北向，日照很少。很多花灌木只有阳光充足，才能花朵繁茂，建筑遮阴面过多，影响花灌木的生长发育。

(5)城市风的特点　由于城市"热岛效应"，市中心温度升高使气流上升，由于市区气压低与郊区存在气压差，形成城市风。但由于建筑物本身对风有阻挡或减弱作用，使城市空气运动有减速现象。合理的道路系统和绿地系统可以加强城市风的运行，增强城市通风，减小城市热岛强度。

二、城市土壤特点

城市土壤是指城市地区范围内的一种非农业土壤，通过挖方、填方、夯实等城市建设过程中的人活动形成的表面层大于 50 cm 的土壤。因此，城市土壤是改变自然土壤的结构所造成的一种特殊的土壤类型。

(一)城市土壤类型

城市土壤和农田土壤、自然土壤不同，其形成和发育与城市的形成、发展与建设关系密切。可分为以下两类。

(1)城市扰动土　由于受城市环境的影响，其土体受到大量的人为扰动，没有自然发育层次的土壤。一般含有大量侵入物，土壤表层紧实，透气性差，土壤容重偏大，孔隙度小。这些都直接影响土壤的保水、保肥性。就其养分含量来看，高低相差显著，分布极不均匀。

(2)城市原土　指城市中未受扰动的土壤，位于城郊的公园、苗圃、花圃地或是在城市大规模建设前预留的绿化地段，还有直接由苗圃地改建的城区大型公园。这类土壤一般都适绿化植树，对园林植物生长有利。

(二)城市土壤特点

(1)土壤结构　市政工程施工破坏了土壤的结构，导致城市土壤的垂直层次不明显，并混有碎砖、碎瓦、石砾、石灰等废弃物。土壤质地的改变，影响土壤中的水分和空气容量，同时影响树木根系的伸展与生长。由于人流践踏，尤其是市政施工的机械碾压等，造成城市土壤的坚实度高，使土壤容重增加、孔隙度减少。多数城市土壤达不到理想的孔隙度。另外，城市铺装表面覆盖下的土壤无法与外界进行正常的气体交换，水分的渗透与排出也不畅，生长在这类土壤环境下的树木，其根系的生长受到很大的影响。

(2)土壤理化性质　城市土壤的 pH 值一般高于周围郊区的土壤，并以中性和碱性土壤所占比例较大。这是因为地表铺装物一般采用钙质基础的材料。城市建筑过程中使用的水泥、石灰及其他砖石材料遗留在土壤中,或因为建筑物表面碱性物质中的钙质经淋溶进入土壤,导致土壤碱性化增强。弱碱性土不仅降低了土壤中铁、磷等元素的有效性,而且也抑制了土壤中微生物的活动及其对其他养分的分解。例如河南太昊陵内由于土壤中含有石灰及香灰等侵入物,许多古柏根部土壤的 pH 值在 8.5 左右,使古柏长势衰弱。

(3)土壤表面温度　城市热岛效应以及建筑物和铺装地面积聚的热量传到土壤中,城市地面硬化又造成土壤与外界水分、气体的交换受到阻碍,使土壤的通透性下降。这两方面原因造成城市土壤的平均温度比郊区土壤的高。另外,水分含量少,土壤干燥也影响了土壤的温度。因为潮湿的土壤因为含水量高,更容易吸收和发散热量,干燥土壤表面温度高。

(4)土壤营养循环特点　植物通过根系从土壤中吸收各种养分,供应枝、叶、干生长,同时又将枯枝落叶残留物归还地表,通过微生物分解还原进入土壤,而这些物质再次被植物利用,养分运输周而复始,形成养分元素的生物循环。城市土壤中有的是市政工程施工后的场地,在市政工程施工中将未熟化的心土翻到表层,土壤缺少有机质,而且由于城市清洁活动,园林植物的枯枝落叶又被及时清理,土壤矿质元素缺乏,肥力下降。园林绿化管理粗放、施肥无针对性,致使土壤养分失衡。同时园林植物特别是开花植物每年要从土壤有限的营养中定向吸取养分,造成土壤某些养分缺乏,土壤养分收支失去平衡,产生病毒及各种有害细菌,导致城市土壤愈来愈贫瘠,植物生长不良。

三、城市水文环境特点

城市下垫面中道路、广场、建筑物等所占的比例高,它们不像郊区的土壤疏松而具有很高的持水能力,因此城市土壤常处于干旱状态,园林树木栽植常会受到水分亏缺的威胁,在树种选择和养护管理时应充分考虑这个因素。

城市水体对城市生态环境、城市的形态及经济发展起着非常重要的作用。在城市规划和修建中多利用自然江、河、湖、海等自然水体而且许多城市沿江、河、湖、海建设。城市的有些部分(市中心、休疗养场所、工业区)趋向建在水体附近,主要街道也常沿水体布置。缺少自然水体的城市,多建水库,挖人工运河或挖湖蓄水。

我国大多数城市还面临着水资源短缺的局面,大约有 400 个城市缺水,有 100 多个城市严重缺水,日缺水量 16×10^{6} t。南方城市,水资源量较充足,但大部分城市的淡水资源受到了不同程度的污染。60%～70%的城市因水质污染造成水资源不足。在北方城市中,地下水是其重要的供水水源,但目前许多城市的地下水资源在开发利用时,缺乏长远规划和严格的管理,造成地下水位持续下降,漏斗面积不断扩大,地面沉陷,河流干涸。加剧了城市区域生态环境的恶化,加速了土壤沙化、盐渍化的产生,湿地面积减少、水域面积缩小等现象。城市的水文环境成为影响园林植物生长主要因素之一。

四、城市环境污染

城市环境污染,是在城市的生产和生活中,向自然界排放的各种污染物,超过了自然环境的自净能力,遗留在自然界,并导致自然环境各种因素的性质和功能发生变异,破坏生态平衡,给人类的身体、生产和生活带来危害。近几年随着城市建设规模的扩大、工业生产的发展、人口密度的增加,各类能源消耗量超负荷膨胀,三废排放增加,改变了城市大气、水和土壤等。人类生存将受到自身发展带来的威胁，城市环境污染日趋严重。

1. 大气污染

一个城市环境、空气质量的好坏与居民身体的健康是息息相关的。据统计，目前全球只有20％的城市居民呼吸空气达到可接受的标准，而约有80％的城市居民呼吸着含有过高二氧化硫、烟尘的空气。大气污染是指大气中污染物质的浓度达到有害的程度，以至破坏生态系统和人类正常生存和发展的条件，对人和物造成危害的现象。

我国城市的大气污染源，主要是工业、交通运输和居民生活需要对各种矿物燃料的燃烧。主要污染物为二氧化硫(SO_2)、氟化氢(HF)、氯(Cl_2)、氯化氢(HCl)、光化学污染、臭氧(O_3)、氮的氧化物(NO_x)、一氧化碳(CO)等。

中国城市大气污染是以SO_2、颗粒物质为代表的煤烟污染。中国能源结构中煤炭占76.12％，工业能源结构中烧煤占73.9％。中国城市空气污染的特点是北方比南方严重，按城市规模分，大城市的污染最严重，其次是特大城市，再次是中等城市和小城市。按城市功能分，从空气污染总体程度排序，工业城市居污染首位，交通稠密城市污染次之，综合性的混合城市稍低于交通城市，风景旅游城市和经济尚不发达城市处于最低水平，污染较轻。

2. 土壤污染

城市的现代工业发展造成的污染沉降物和有毒气体，随雨水进入土壤。当土壤中的有害物含量超过土壤的自净能力时，就发生土壤污染。土壤污染引起土壤系统成分、结构和功能产生变化，肥力降低或逐步盐碱化。土壤污染破坏土中微生物系统的自然生态平衡，还会引起病菌的大量繁衍和传播，造成疾病蔓延。土壤被长期污染会导致土壤正常功能失调、土壤质量下降，会影响园林植物的正常生长发育，甚至成为不能生长植物的不毛之地。

土壤中的重金属离子及某些有毒物质，如砷、镉、过量的铜和锌等，能直接影响植物生长和发育。SO_2随降雨形成“酸雨”使土壤酸化，使氮不能转化为供植物吸收的硝酸盐或铵盐，使磷酸盐变成难溶性的沉淀，使铁转化为不溶性的铁盐，从而影响植物生长。碱性粉尘能使土壤碱化，使植物吸水和养分变得困难或引起缺绿症。

土壤污染的显著特点是具有持续性，而且往往难以采取大规模的消除措施。如某些有机氯农药在土中自然分解需几十年。有些污染物特别是氟化物、重金属污染物等能被土壤吸持积累。不仅直接影响植物生长发育，并在体内积累经食物链危害人畜。

3. 水体污染

污染物进入水中，其含量超过水的自净能力时，引起水质变坏，用途受到影响，称为水体污染。由于现代化工业的迅速发展，城市工业废水和生活污水的排出量远远超过了河流湖泊所能净化和承纳的程度。

我国的水体污染主要来自工业废水、城市生活废水的排放，危害最重的是有毒化学废水和重金属离子废水。由于污水处理设施能力不足，大部分污水未经有效处理就排入天然水体，造成87％左右的城市河段受到不同程度的污染，严重危及城市用水水源和居民健康。数量众多的小城镇地区则基本没有排水设施，随着城市污染严重的工业向乡村转移和乡镇企业的发展，更加重了小城镇的环境污染。污染水可直接毒害动、植物和人或积累在动、植物体中，经食物链危害人体健康。也可流入土壤，改变土壤结构，影响植物生长，转而影响到人、畜的健康。

有些污水流经一定距离后，在某些微生物转化下而自净或经水生植物的吸收富集或分解和转化毒物而净化。有些经处理过的污水在不超出土壤及作物自净能力的原则下，可用于灌溉。但水中污染物能够抑制甚至破坏树木的生理生化活动，如镍、钴等元素能严重妨碍根系对铁的吸收，铅妨碍根系对磷的吸收，许多重金属离子能破坏酶的活性。

4. 辐射污染

城市辐射污染中光污染辐射对园林植物的生长影响较大。城市照明设备齐全而复杂，特别是随着城市规模的扩大，"不夜城"、"灯火通明"是大都市的一个重要标志。夜间灯光的长时间辐射会对植物产生一些不利的影响。第一，破坏了植物生物钟的节律。植物和其他生物一样，日长夜息，具有明显的生长周期性。如果夜间灯光照射植物，就会破坏植物体内生物钟的节律，有碍其正常生长。是夜里长时间，高辐射能量作用植物，就会使植物的叶或茎变色甚至枯死。第二，对植物花芽形成有影响。如果长时间、大剂量的夜间灯光照射，就会导致植物花芽的过早形成。第三，对植物休眠和冬芽形成有影响。树林在夜间受强光照射，使休眠受到干扰，引起落叶形态的失常和冬芽的形成。夜间灯光的长时间辐射会使植物的抗性降低，间接地增强了其他污染物对植物的危害作用。

本章小结

园林植物的生长环境主要指生长地周围的生态因子，如温度、光照、水分、土壤、空气、生物等因素。园林树木的生长环境不同于自然森林中的树木，而是以人为活动集中的城市地域为主，生长环境具有典型的人为影响。园林植物的生长发育除了受自身的遗传特性影响外，还受到环境条件的制约。园林植物与环境条件间的关系错综复杂。一方面，环境因子直接影响园林植物木生长发育过程；另一方面，园林树木在自身发育过程中不断与周围环境进行物质交换，如吸收 CO_2、放出 O_2，并合成有机物质，进行能量交换，对环境条件的变化也会产生各种不同的反应。因此，在进行园林树木栽植与养护时，了解不同树木所需要的环境条件，城市环境对树木生长可能产生的影响。

复习题

1. 依据耐寒力大小，可将园林植物分为哪几类？说出代表性的园林植物。

2. 依据园林植物对光照的要求，可将园林植物分为哪几类？各有何特点？

3. 依据园林植物对光照长度的要求，可将园林植物分为哪几类？有何特点？举出常见园林植物。

4. 依据园林植物对水分的要求，可将园林植物分为哪几类？举出其代表植物。

5. 依据园林植物对土壤酸碱度要求，可将园林植物分为哪几类？举出其代表植物。

6. 论述城市环境对园林植物生长的影响。

第三章　园林植物的选择与配植

【本章基本技能】根据各类园林植物生长的环境类型会选择适宜的园林树木种类；在具体的园林规划中，遵循园林树木的配植原则，能较好地配植园林树木。

第一节　园林植物生长的环境类型

一、建筑绿地

建筑绿地是指在建筑之间的绿化用地。其中包括建筑前后、建筑本身及建筑基础的绿化用地。建筑基础绿地是指各建筑物或构筑物散水以外，用于建筑基础美化和防护的绿化用地。建筑绿地具有立地条件较差、管网密集、光照分布不均、空气流动受阻、人为活动多样的特点。园林植物生长受到环境因子的影响，所以在植物的选择与配植要考虑生态、景观和实用三个方面。

二、公共绿地

公共绿地是指供全体居民使用的绿地，主要为居民提供日常户外游憩活动空间，有时还起到防灾、避灾的作用，根据居住区不同的规划组织结构类型，设置相应的中心绿地，包括居住区入口绿地、居住区公园、小游园、组团绿地、儿童游乐场和其他的块状、带状公共绿地等。其特点是：面积大小不一，有较多的植物覆盖水面和裸露的土面；光照条件较好，蒸发量和蒸腾量较大，空气湿度较高；游人踩踏土壤较坚实，环境也受污染的影响，自净能力较弱，属于半自然状态。选择植物树种应灵活多样，要注意选择较耐土壤紧实、抗污染的树种。

三、道路绿地

道路绿化是绿化重要的组成部分，是城乡文明的重要标志之一。道路绿地不同于其他绿地类型，带状特点尤为突出，从起点到终点的路段较长，有的可达数千公里。道路绿地环境特点是：一是复杂性，如道路在穿越山川、河流、田野、村庄和城镇时，沿线的环境不同，其绿化树种的选择和配置应因地制宜。二是立地条件差、肥力低。三是绿地建设、绿化施工的难度大，因为道路绿地涉及生态保护和恢复的技术要求越来越高。四是道路绿地的养护管理较难。道路绿地环境的特殊性决定了绿化的特殊性，要综合考虑各种因素，因地制宜地进行绿化。

四、广场绿地

广场绿地主要是街道两旁的绿带、街心花园、林荫道、装饰绿带、桥头绿地,以及一些未绿化而覆盖沥青、水泥、砖石的公共用地和停车场等。环境特点是:气温较高,相对湿度较其他小;阳光充足,蒸发蒸腾耗热少,在温度最高的地段,风速与郊区近似或略小。广场是一个微缩的生态系统,植物应选用耐旱、耐高温的树种,做到乔、灌、草相结合。在管理上应注意抗旱、防日灼等。

五、风景区及森林公园

风景区位于城市郊外,有大面积风景优美的森林或开阔的水面,其交通方便,多为风景名胜和疗养胜地。其特点是:一是受城市影响很小,无论是热量平衡还是水分循环都更多地表现为自然环境的特点。二是气温明显低于市区,空气湿度较大。三是土壤保持了自然特征,层次清楚,腐殖质较丰富,结构与通透性较好,在圈套程度上保留了天然植被。部分地段还会受到旅游活动的污染。植物应选择可根据园林景观的需要决定取舍,多选适生树种。

第二节 园林植物的选择

一、园林植物选择的意义与原则

树木在系统发育过程中,经过长期的自然选择,逐步适应了自己生存的环境条件,对环境条件有一定要求的特性即生态学特性。树种选择适当与否是造景成败的关键之一。

(1)目的性　绿化总是有一定的目的性,除美化、观赏外,还应从充分发挥树木的生态价值、环境保护价值、保健休养价值、游览价值、文化娱乐价值、美学价值、社会公益价值、经济价值等方面综合考虑,有重点、有秩序地以不同植物材料组织空间,在改善生态环境、提高居住质量的前提下,满足其多功能、多效益的目的。如道路绿地植物配置应以满足和实现道路的功能为前提条件,侧重蔽阴要求的绿地,应选择树冠高大、枝叶茂密的树种;侧重观赏作用的绿地,应选择色、香、姿、韵均佳的植物;侧重吸滤有害气体的绿地,应选用吸收和抗污染能力强的植物。

(2)适用性　园林植物选择首先要满足树木的生态要求,在树种选择上要因地制宜,适地适树,保证树木能正常生长发育和抵御自然灾害。同时要与绿地的性质和功能相适应、与园林总体布局相协调,如街道两旁的行道树宜选冠大、阴浓的速生树;园路两旁的行道树宜选观赏价值高的小乔木。

(3)经济性　在发挥植物主要功能的前提下,植物配置要尽量降低成本,做到适地适树,节约并合理使用名贵树种,多用乡土植物;要考虑绿地建成后的养护成本问题,尽可能使用和配置便于栽培管理的植物;适当种植有食用、药用价值及可提供工业原料的经济植物。如种植果树,既可带来一定的经济价值,还可与旅游活动结合起来。

二、园林植物选择的依据

园林植物是指人工栽培的观赏植物，是提供观赏、改善和美化环境的植物总称，包括木本和草本园林植物。园林植物选择的依据主要是园林植物的用途，按用途分园林植物有以下几类。

(1)适于绿地美化栽培　此类园林植物应多选择木本植物，包括乔木和灌木、藤本。按园林树木在园林绿化中的用途和应用方式可以分为庭阴树、行道树、孤赏树、花灌木、绿篱植物、木本地被植物和防护植物等。按观赏特性可分为观树形、观叶、观花、观果、观芽、观枝、观干及观根等类。

(2)适用于露地栽培　此类园林植物包括一二年生草本花卉、宿根花卉、球根花卉、岩生花卉(岩石植物)、水生花卉、草坪植物和园林地被植物等。

(3)适用于温室和室内栽培　此类园林植物一般需常年或一段时间在温室栽培。如热带水生植物、秋海棠类植物、天南星科植物、凤梨科植物和柑橘类植物、仙人掌类与多浆植物、食虫植物、观赏蕨类、兰花、松柏类、棕榈类植物，以及温室花木、盆景植物等。

三、园林植物选择的途径与方法

(1)适地适树　适地适树是指使树种的生态学特性与园林栽植地的环境条件相适应，达到地与树的统一，使树种正常生长。如栽植观花果的树木，应选择阳光充足的地区；工业区应选择抗污染强的树种；商业区土地昂贵，人流量大，应选择占地小而树冠大、阴蔽效果好的树种。

(2)选树适地　在给定绿化地段生态环境条件下，全面分析栽植地的立地条件，尤其是极端限制因子，同时了解候选树种的生物学、生理学、生态学特性等园林树木学基本知识，选择最适于该地段的园林树木。首选的应是乡土树种，另外应注意选择当地的地带性植被组成种类可构筑稳定的群落。

(3)选地适树　选地适树是指树种的生态位与立地环境相符，即在充分调查了解树种生态学特性及立地条件的基础上，选择的树种能生长在特定的小生境中。如对于忌水的树种，可选栽在地势相对较高、地下水位较低的地段；对于南方树种，极低气温是主要的限制因子，如果要在北方种植可选择背风向阳的南坡或冬季主风向有天然屏障的地形处栽植。

(4)改地适树　改地适树是指在特定的区域栽植具有某特殊性状的树种，而该栽植地的生态因子限制了该树种的生长，则可根据树种的要求来改栽植地环境。如通过客土改变原土壤的持水通透性，通过改造地形来降低或提高地下水位，通过施肥改变土壤的 pH 值，通过增设灌排水设施调节水分等措施，使树种能正常生长。改地适树适合用于小规模的绿地建设，除非特别重要的景观，否则不宜动用大量的投入来改地适树。

(5)改树适地　改树适地是通过选种、引种、育种等工作增强树种的耐寒性、耐旱性或抗盐性，以适应在寒冷、干旱或盐渍化的栽植地上生长，这是一个较长的过程。还可通过选用适应性广、抗性强的砧木进行嫁接，以扩大树种的栽植范围。如毛白杨在内蒙古呼和浩特一带易受冻害，在当地很难种植，如用当地的小叶杨作砧木进行嫁接，就能提高其抗寒力可安全在该市越冬。

四、几种主要绿化类型树种选择

(一)行道树树种选择

行道树是指种植在各种道路两侧及车带的树木的总称。包括公路、铁路、城市街道、园路等道路绿化的树木。

(1)选择标准和要求　行道树树种选择要树干端直、分枝点较高;冠大阴浓、遮阴效果好;树冠优美、株形整齐,观赏价值较高,如花形、叶形、果实奇特或花色鲜艳、花期长,最好是叶片秋季变色,冬季可观形、赏枝干的树种;根系深,寿命较长对土壤适应性强;叶、花、果不散发不良气味或污染的绒毛、种絮、残花、落果等。

(2)常用行道树树种　行道树树种一般选择耐瘠薄、耐高温、耐严寒、耐盐碱等特性,常用的行道树有悬铃木、樟树、珊瑚树、木麻黄、楝树、旱柳、国槐、合欢、三角枫、榉树、银杏、白蜡、水杉、七叶树、枫杨、羊蹄甲、榕树、泡桐、雪松、广玉兰,棕榈科植物如大王椰、棕榈、假槟榔、椰子、蒲葵等。

(二)观赏树种选择

(1)观叶树种选择　观叶树种是以叶色为主要观赏部位的树种,叶色不为普通的绿色(或叶片颜色随季节变化而发生明显的变化)或叶形奇特的花木。选择时应选叶色鲜艳、观赏价值高,变化丰富,具有季相美,或叶片经久不落,可长期观赏的树种,如鸡爪槭、红枫、枫香、乌柏、银杏、鹅掌楸、黄连木、无患子、马褂木、红叶李、山麻秆、瓜子黄杨、桃叶珊瑚、八角金盘、丝兰、棕榈、芭蕉、书带草、芦苇、水菖蒲、虎耳草等。园林中常见色叶树种有春色叶类、秋色叶类、常色叶类、双色叶类、斑色叶类。

(2)观花树种选择　观花树种是以花的姿容、香气、色彩作为主要欣赏对象的花木乔木、灌木及藤本植物。观花树种选择条件是花香浓郁,花期长;远距离观赏的应选择花形大色艳的树种如玉兰、厚朴、山茶等,或花虽小但可构成庞大花序的树种,主要欣赏花的群体美,如栾树、合欢、紫薇、绣球、梅、杏、桃、梨、海棠、樱花、杜鹃、榆叶梅、迎春、连翘、紫藤等;在人群密集、宾馆、疗养院等地方应避免选择花粉过多或花香浓烈而污染环境及影响人体健康的树种。香花欣赏的花木,主要是让人感觉花香的馥郁。如桂花、玉兰、腊梅、茉莉、米兰、玉簪、金银花等,当然不少花木是姿、色、香兼有之的。

(3)观果树种选择　观果树种是以美丽的果实为主要欣赏对象的花木,其果实色泽美丽,或果形奇特,经久不落。在选择时以果实观赏价值为主,或兼有一定的经济价值,但不应选择具有毒性的种类。果实的外形上个月形状奇特、果形较大或果小而果穗较大并具有一定数量的树种有栾树、铜钱树、红豆树、佛手等。果实的颜色鲜艳、丰富,或具有一定花纹的树种如火棘、木瓜、柿子、枸杞、山楂、石楠、枇杷、橘子、石榴等。果实不易脱落而汁浆少,观赏时间长的树种如金银木、冬青、南天竹等果实观赏期长,一直可留存到冬季。

(4)观形树种选择　观形树种以美丽、奇特的树形为主要欣赏对象的花木,如雪松、窄冠侧柏呈尖塔形;球柏、刺槐等呈球形;北美香柏、塔柏呈圆柱形;合欢、龙爪槐等呈伞形;垂柳、垂枝榆等呈垂枝形;棕榈、椰子等呈棕榔形;紫穗槐、连翘等呈丛形;匍地柏、爬形卫矛呈匍匐形。

(5)观枝树种选择　观枝树种是指奇特的枝干形状、色彩具有很强的观赏性。观枝干形状的树种可选择龙爪形枝干的龙爪槐、龙爪柳、龙爪枣等。观枝干色彩的如梧桐,干皮绿色、光滑；白皮松树皮白色，呈片状脱落；竹类枝干多绿色，有的具斑点；丝木棉树皮呈网状；酒瓶椰子树干膨大呈瓶状等。

(三)绿篱树种选择

(1)绿篱树种选择的标准　绿篱树种是指用来植作绿篱的树种，绿篱是指用灌木或小乔木成行密植成低矮的林带，组成的边界或树墙。绿篱树种应选择耐修剪整齐，萌发性强，分枝丛生，枝叶繁茂；适应性强，耐阴、耐寒、对烟尘及外界机械损伤抗性强；生长缓慢，叶片较小；四季常青，耐密植，生长力强的树种。

(2)绿篱树种选择　常见的绿篱树种有大叶黄杨、紫杉、侧柏、珊瑚树、海桐、福建茶、九里香、水蜡、栀子花、六月雪、迎春花、黄素梅、三角梅、木樨榄、珍珠梅、黄金榕、火棘、金银花、爬墙虎、凌霄、常春藤等。

(四)绿化带树种选择

绿化带树种是指栽植在道路两侧、道路隔离带、主辅路间的乔灌木，起到分割空间、美化街道、隔离噪声、降低粉尘和提供蔽阴的作用。在树种的选择上，根据不同的交通功能选择不同的树种，常见的乔木有合欢、国槐、银杏、棕榈科植物等，灌木有金银木、侧柏、珍珠梅、海桐、福建茶、九里香、鹅掌柴、非洲茉莉等。

(五)特殊区绿化树种选择

(1)广场绿化树种选择　广场是作为城市的职能空间，提供人们集会、集散、交通、仪式、游憩、商业买卖和文化娱乐的场所。广场上丰富的植物树种对城市的绿地覆盖率，对改善城市的环境有着重要意义。因此，广场绿化树种的选择是多样的，如广场道路列植树悬铃木、枫杨、香樟、雪松、广玉兰、棕榈科植物如大王椰、棕榈等；广场绿篱树如珍珠梅、海桐、福建茶、九里香等。

(2)工矿区绿化树种选择　工矿区绿化树种的选择应具备防噪声、防污染，能吸收 SO_2，HF，Cl_2 等有害气体、抗辐射的功能，常见的抗 SO_2 的树种有大叶黄杨、海桐、山茶、小叶女贞、合欢、刺槐等；抗氯气的有侧柏、臭椿、杜仲、大叶黄杨女贞等；抗 HF 的有大叶黄杨、杨树、朴树、白榆、夹竹桃等树木。

(3)城市废弃场地绿化树种选择　城市废弃地由于废弃沉积物、矿物渗出物、污染物和其他干扰物的存在，土壤中缺少自然土中的营养物质，使得土壤的基质肥力很低，另外由于有毒性化学物质的存在，导致土壤物理条件不适宜植物生长。一般包括粉煤灰、炉渣地；含有金属废弃物的土壤；工矿区废物堆积场地；因贫瘠而废弃的土地等。在选择绿化树种时，应选抗污染、耐瘠薄、耐干旱性的树种。如在以粉煤灰为主的废弃地中，抗性较强的树种有桤木属、柳属、刺槐、桦属、槭属、山楂属、金丝桃属、柽柳属等。

(4)居住区绿化树种选择　居住绿化区与居民日常生活最为密切，应遵循功能性原则、适用性原则及经济性原则的基础上，还要考虑居住环境条件和风格等。绿化树种选择的重点落叶乔木有银杏、毛白杨、垂柳、旱柳、刺槐、臭椿、栾树、绒毛白蜡、毛泡桐等；绿乔木有油松、白皮松、桧柏等。重点落叶灌木有珍珠梅、丰花月季、榆叶梅、黄刺梅、碧桃、木槿、紫薇、连翘、紫丁香、金银木等；常绿灌木有大叶黄杨、黄金榕、海桐、福建茶、九里香、鹅掌柴等。一般树种有玉兰、杂交马褂木、杜仲、紫叶李、五叶槐、元宝枫、七叶树、雪松、侧柏、龙柏、金叶桧、粉柏、雀舌黄杨、紫叶小檗、贴梗海棠、红瑞木、金叶女贞、小叶丁香、欧洲丁香等。

第三节 园林树木的配置

一、园林树木配置的基本理论

1. 树种种间关系概念

树种种间关系是指园林树木群体中的个体处于适合于树木生长的环境，个体与个体之间、种群与种群之间是相互协调、互益生存。在园林树木配置中，只有根据树种的生理生态特点，在符合生态学基础上的合理配置，才能使不同树种在同一立地中良好生长，发挥应用的功能，保持长期稳定的景观效果。

2. 树种种间关系实质

每个树木个体与其周围的外界环境条件有着密切联系，彼此间通过对物质利用、分配和能量转换的形式而相互影响。即树种种间关系实质可以理解为生物有机体与其外界环境条件之间的关系。通常群体中树木间的主要矛盾，与树木与外界环境间的主要矛盾有相对一致性。如当外界水分供应不足成为妨碍树木正常生长的主要矛盾时，各树种间乃至同一树种不同个体间的关系也主要表现为对水分的激烈竞争。

3. 树种种间关系的表现形式

生长在一起的两个或两个以上的树种之间是相互影响、相互依赖、相互制约的，有利是双方互相促进，分别对对方有益；相互制约是竞争激烈，互相抑制。理论上讲，树种种间关系的表现形式有 3 种，即无作用、正作用(有利)、负作用(有害)。树种间的关系主要由不同种类的生态位所决定，物种的生态位有 4 种类型。

(1)重叠　生态位接近的种很少能长期共存，而生态位重叠是引起对资源利用性竞争的一个条件。

(2)部分重叠　能长期生活在一起的种，必然是每一个种各具有自己独特的生态位。

(3)相切　如果各种群占据各自的生态位，则种群间可避免直接竞争。

(4)分离　如果两个种在同一个稳定群落中占据相同的生态位，其中一个种终究要被淘汰。

园林树木生态配置中应遵守生态适应的基本原则。生态适应幅度较宽的树种混交，种间多显现出以互利促进为主的关系；相反，生态习性相似或生态要求严格、生态幅度狭窄的树种混交，种间多显现出以竞争、抑制为主的关系。如速生树种与慢生树种混交、高大乔木与低矮灌木混交、宽冠树与窄冠树混交、深根树种与浅根树种混交，从空间上可减少接触、降低竞争程度。

4. 树种种间关系的作用方式

(1)生理生态作用方式　生理生态作用指一树种通过改变环境条件而对另一树种产生影响的作用方式，是不同树种间相互作用的主要方式，也是选择搭配树种及混交比例的重要依据。如速生树种能较快地形成稠密的冠层，使群落内光量减少、光质异度，对下层耐阴树种而言是有利的，而对于阳性树种是不利的。

(2)生物化学作用方式　树种的地上部分和根系在生命活动中向外界分泌或挥发某些化学物质,对相邻的其他树种产生影响,也称为生物的它感作用。目前在进行不同树种的配置混交时,应用生化相克或生化相济的原理还比较少。

(3)机械作用方式　机械作用方式是指一树种对另一树种造成的物理性伤害,如根系的挤压,树冠、树干的摩擦,藤本或蔓生植物的缠绕和绞杀等。

(4)生物作用方式　指不同树种通过授粉杂交、根系连生以及寄生等发生的一种种间关系。如某些树种根系连生后,强势树种会夺走较弱树种的水分、养分,导致后者死亡。

5.树种种间关系的动态发展

群落中不同树种的种间关系,是随着时间、环境、个体分布和其他条件的改变而呈动态发展变化的。

(1)随树木个体的变化产生种间关系的变化　随着树龄增长,树木生长量增加、个体增大,树木个体需要的营养空间也增加,种间或不同的个体间的关系发生变化,主要表现在因受环境资源的限制而发生竞争。

(2)随立地条件的变化产生种间关系的变化　种间关系因立地条件的不同而表现不同的发展方向,如油松与元宝枫混植,在海拔较高处,油松生长速度超过元宝枫,它们可形成较稳定群体;而在低海拔处,油松生长不及元宝枫,油松生长受压,油松因元宝枫树冠的遮蔽而不能获得足够的光照最终死亡。

(3)随栽培方式的变化产生种间关系的变化　树种种间关系也随采用的混交方式、混交比例、栽植及管护措施不同而不同,如有的树种若进行行间和株间混交,其中一树种会因处于被压状态而枯梢,失去观赏价值,但若采用带状或块状混交,两树种都能生长良好并构成比较稳定的群落。

二、园林树木配植的原则及要求

(1)满足园林树木的生态需求　不同的树种生态习性不同,不同的绿地生态条件也不一样,在树种的选择上做到适地适树,有时还需创造小环境或者改造小环境来满足园林树木的生长、发育要求(如梅花在北京就需要小气候,要求背风、向阳)从而保持稳定的绿化效果。

除此之外,还要考虑树木之间的需求关系,如若是同种树,配置时只考虑株距和行距。不同树种间配植需要考虑种间关系,即考虑上层树种与下层树种、速生与慢生树种、常绿与落叶树种等关系。

(2)满足功能性原则　园林树木的种植要符合园林绿地的性质,满足其功能的要求。如街道两旁的行道树,要求树形美观、冠大、阴浓的速生树,如悬铃木、国槐、银杏等;防风林带以半透风结构效果最好,而滞尘林则以紧密结构效果最好;卫生防护绿地要选枝叶繁茂、抗性强的树种以形成保护墙,以抵御不良环境破坏。

自然式风格的园林应用树木的自然姿态和自然式的配置手法进行造景,而规则式风格的园林则主要采用对称、整齐式的手法造景。

(3)突出地方特色　不同的地区,在自然条件、历史文脉、文化有着很大的差异,城市绿化中园林树木的配置要因地制宜,要结合当地的自然资源,融合地域文化特色,体现地方特色,可大量使用乡土树种来产生良好的生态效益和突出地方特色。

(4)艺术性原则　园林树木有其特有的形态、色彩与风韵之美,园林树木配置不仅有科学性，还有艺术性，并且富于变化，给人以美的享受。在植物景观配置中应遵循对比与调和、均衡与动势、韵律与节奏三大基本原则。

植物造景时，既要讲究树形、色彩、线条、质地及比例都要有一定的差异和变化，显示多样性，又要保持一定的相似性，形成统一感，这样既生动活泼、又和谐统一。在配置中应掌握在统一中求变化，在变化中求统一的原则，用对比的手法来突出主题或引人注目。

植物配置时，将体量、质地各异的植物种类按均衡的原则配置，景观就显得稳定、顺畅。如色彩浓重、体量庞大、数量繁多、质地粗厚、枝叶繁茂的植物种类，给人以重的感觉；相反，色彩淡雅、体量小巧、数量简少、质地细柔、枝叶疏朗的植物种类，则给人以轻盈的感觉。根据周围环境，在配置时常运用有规则式均衡和不对称的均衡手法，在多数情况下常用不对称的均衡手法。如一条蜿蜒曲折的园路两旁，若在路右边种植一棵高大的雪松，则临近的左侧需植以数量较多，单株体量较少，成丛的花灌木，以求均衡，同时又有动势的效果。

植物配置中有规律的变化，就会产生韵律感，在重复中产生节奏感。一种树等距排列称为“简单韵律”；两种树木相间排列会产生“交替韵律”，尤其是乔灌木相间此效果更加明显；树木分组排列，在不同组合中把相似的树木交替出现，称为“拟态韵律”。

(5)树木配植中的经济原则　树木配置时要力求用最经济的投入创造出最佳的绿化和美化效果，产生最大的社会效益、经济效益和生态效益。如在重要的景点和建筑物的迎面可合理使用名贵树种；在园林树木配置时还可结合生产，增加经济收益，选择对土壤要求不高、养护管理简单的果树植物，如柿子、枇杷等果树，核桃、樟树等油料植物，杜仲、合欢、银杏等具有观赏价值的药用植物。

三、多树种配植的树群培育技术

栽植和培育多树种混交的园林树木群体，关键在于正确处理好不同树种的种间关系，使主要树种尽可能多受益、少受害。

(1)合理确定不同树种的比例和配植方式　栽植前，在慎重选择主要树种的基础上，确定合适的树种比例和配植方式，避免种间不利作用的发生。

(2)合理安排株行距　栽植时，通过控制栽植时间、苗木年龄，合理安排株行距来调节种间关系。实践证明，选用生长速度悬殊、对光的需求差异大的树种，以及采用分期栽植方法，可以取得良好的效果。

(3)采取合理措施对种间结构进行调控　在树木生长过程中，为了避免或消除不同树种种间对空间及营养争夺、对资源的竞争等可能造成的不利影响，需要及时采取人为措施进行定向干扰以实现对结构的调控。如当次要树种生长速度过快，其树高、冠幅过大造成主要树种光照不足时，可以采取平茬、修枝、疏伐等措施调节，也可以采用环剥、去顶、断根和化学药剂抑制等方法来控制次要树种的生长。如当次要树种与主要树种对土壤养分、水分竞争激烈时，可以采取施肥、灌溉、松土等措施，缓和推迟矛盾的发生。

四、园林树木配植的方式

园林树木配植的方式，就是指园林树木配置的方式搭配的样式，是运用美学原理，将乔木、灌木、竹类、藤本、花卉、草坪植物等作为主要造景元素，创造出各种引人入胜的植物景观。

(1)自然式配植　该形式自然、灵活，参差有致，没有一定的株行距和固定的排列方式，不论组成树木的株数或种类多少，均要求搭配自然，以孤植、丛植、群植、林植等自然形式为主，植物配置能表现自然、流畅、轻松、活泼的氛围，多用于休闲公园，如综合性公园、植物园等。

(2)规则式配植　该形式整齐、严谨，具有一定的株行距，且按固定的方式排列。特点是有中轴对称，多为几何图案形式，植物对称或拟对称，排列整齐一致，体现严谨规整、壮观、庄严的气氛。多用于纪念性园林、皇家园林。

(3)混合式配植　该形式规划灵活，形式有变化，景观丰富多彩。在某一植物造景中同时采用规则式和不规则式相结合的配置方式，多以局部为规则式，大部分为自然式植物配置，是公园植物造景常用形式。在实践中，一般以某一种方式为主而以另一种方式为辅结合使用。要求因地制宜，融洽协调，注意过渡转化自然，强调整体的相关性。

五、园林树木配置的方法

1. 孤植

孤植又叫单植，即单株树木孤立种植。单株配置(孤植)无论以遮阴为主，还是以观赏为主，都是为了突出树木的个体功能，但必须注意其与环境的对比与烘托关系。在规则式或自然式种植中均可采用，种植时选择比较开阔的地点，如草坪、花坛中心、道路交叉或转折点、岗坡及宽阔的湖池岸边等重要地点种植。植物选择应以阳性和生态幅度较宽的中性树种为主，一般情况下很少采用阴性树种，并具有树全高大、枝叶奇特、展枝优雅端庄、线条宜人的独株成年大树。如白皮松、黄山松、圆柏、侧柏、雪松、水杉、银杏、七叶树、鹅掌楸、枫香、广玉兰、合欢、海棠、樱花、梅花、碧桃、山楂、国槐等。孤植树具有强烈的标志性、导向性和装饰性作用。

2. 对植

对植是指对称地种植大致相等数量的树木，分对称式和非对称式对植。对称式对植要求在构图轴线的左右，如园门、建筑物入口、广场或桥头的两旁等，相对地栽植同种、同形的树木，要求外形整齐美观，树体大小一致。对植形式强调对应的树木全量、色彩、姿态的一致性，进而体现出整齐、平衡的协调美。非对称式对植常见于自然绿地中，不要求绝对对称，如树种相同，而大小、姿态、数量稍有变化。对植多用于构图起点，体现一种庄重的气氛，如宫殿、寺庙、办公楼和纪念性建筑前。

对植树种的选择因地而异，如在宫殿、寺庙和纪念性建筑前多栽植雪松、龙柏、桧柏、油松、云杉、冷杉、柳杉、罗汉松等；在公园、游园、办公楼等地，多选用桂花、广玉兰、银杏、杨树、龙爪槐、香樟、刺槐、国槐、落叶松、水杉、大王椰子、棕榈、针葵等。一些形态好、形体大的灌木，如木槿、冬青、大叶黄杨等也可对植。

3. 列植

列植也称带植，即按一定的株行距，成行成带栽植树木。列植在平面上要求株行距相等，立面上树木的冠形、胸径、高矮、品种则要求大体一致，形成的景观比较单纯、整齐，它是规划式园林以及广场、道路、工厂、水边、居住区、办公楼等绿化中广泛应用的一种形式。列植可以是单行，也可以是多行，其株行距的大小决定于树冠的成年冠径，期望在短期内产生绿化效果，株行距可适当小些、密些，待成年时间伐，来解决过密的问题。

列植的树种，从树冠形态看最好是比较整齐，如圆形、卵圆形、椭圆形、塔形的树冠。枝叶稀疏、树冠不整齐的树种不宜用。由于行列栽植的地点一般受外界环境的影响大，立地条件差，在树种的选择上，应尽可能采用生长健壮、耐修剪、树干高、抗病虫害的树种。在种植时要处理好和道路、建筑物、地下和地上各种管线的关系。列植范围加大后，可形成林带、树屏。适用于道路两侧列植的树种有银杏、悬铃木、银白杨、枫杨、朴树、香樟、水曲柳、白蜡、栾树、白玉兰、广玉兰、樱花、山桃、杏、梅、光叶榉、国槐、刺槐、合欢、乌桕、木棉、雪松、白皮松、油松、云杉、冷杉、柳杉、大王椰子、棕榈等。

4.组植

组植是指由两株乃至十几株树木成组地种植在一起，基树冠线彼此密接而形成一个整体的外轮廓线，主要反映的是群体美，观赏它的层次、外缘和林冠等。组植因树木株数不同而组合的方式各异，不同株数的组合设计要求遵循一定的构图法则。

(1)三株一丛　三株树组成的树丛，三株的布置呈不等边三角形，最大和最小树种靠近栽植成一组，中等树稍远离成另一组，两组之间在动势上应有呼应。树种的搭配不宜超过两种，最好选择同一种而体形、姿态不同的树进行配置。如采用两种树种，最好为类似树种，如红叶李与石楠。

(2)四株一丛　四株树组成一丛，在配置的整体布局上可呈不等边的四边形或不等边三角形，四株树中基中不能有任何 3 株呈一直线排列。四株树丛的配置适宜采用单一或两种不同的树种。如果是同一种树，要求各植株在体形、姿态和距离上有所不同；如是两种不同的树，最好选择在外形上相似的不同树种。

(3)五株一丛　五棵树组成的树丛，在配置的整体布局上可呈不等边三角形、不等边四边形或不等边五边形，可分为两种形式，即“3＋2”式组合配置和“4＋1”式组合配置。在“3＋2”配置中，注意最大的一棵必须在三棵的一组。在“4＋1”配置中，，注意单独的一组不能是最大株，也不能是最小株，且两组距离不能太远。五株一丛的树种搭配可由一个树种或两个树种组成，若用两种树木，株数以 3∶2 为宜。

5.群植

用数量较多(一般在 20 株以上)的乔灌木(或加上地被植物)配植在一起，形成一个整体，称为群植。群植表现的是整个植物体的群体美，观赏整个植物体的层次、外缘和林冠等，用以组织空间层次，划分区域。根据需要，群植以一定的方式组成主景或配景，起隔离、屏障等作用。如采用以大乔木如广玉兰，亚乔木为白玉兰、紫玉兰或红枫，大灌木为山茶、含笑，小灌木为火棘、麻叶绣球所配植的树群中，广玉兰为常绿阔叶乔木，作为背景，可使玉兰的白花特别鲜明，三茶和含笑为常绿中性喜暖灌木，可作下木，火棘为阳性常绿小灌木，麻叶绣球为阳性落叶花冠木。群植的植物搭配要有季相变化，如以上配植的树群中，若在江南地区，2 月下旬山茶最先开花；3 月上中旬白玉兰、紫玉兰开花，白、紫相间又有深绿广玉兰作背景；4 月中下旬，麻叶绣球开白花又和大红山茶形成鲜明对比；次后含笑又继续开花，芳香浓郁；10 月间火棘又结红色硕果，红枫叶色转为红色，这样的配植，兼顾了树群内各种植物的生物学特性，又丰富了季相变化，使整个树群生气勃勃。

6.散点植

散点植是以单株或双株、三棵树丛植作为一个点在一定面积上进行有韵律、有节奏的散点种植，在配置方式上既能表现个体的特性又使它们处于无形的联系之中。在表现形式上着重点与点间相呼应的动态联系，而不是强调每个点孤植树的个体美。

六、园林植物配置的艺术效果

(一)园林植物的观赏性

1. 色泽美

许多植物色彩是十分丰富的,它的色泽美表现在以下几个方面。

(1)叶色美　如鸡爪槭和红枫,红叶片十分优美;银杏在秋天到来时,叶片变成灿烂的金黄色;乌桕和卫矛在秋天则变成深红色;紫叶李一年四季全株叶片紫红。不同的季节,植物会呈现出不同的色彩,令住在城市里的人们感觉到大自然季节的四季转换。

(2)枝干色美　当落叶树种休眠落叶后,在颜色比较单调的北方,有色枝干就成了一个观赏部位,红瑞木、马尾松、杉木、红冠柳等枝干为红色或褐色;白皮松、悬铃木、白千层等枝干为白色;金枝槐、金枝柳等枝干为黄色;紫竹枝干为紫色;黄金嵌碧玉竹枝干为斑驳色;大多数园林树木呈灰褐色。

(3)花色美　不同颜色的花搭配在一起,就可形成百花园。花的颜色可分为隐色花;淡色花,如白色花;艳色花,如石榴、红碧桃花红色,桂花、腊梅、连翘等花黄色,紫藤、木槿花蓝紫色;复色花,如金银木的花刚开时为白色,快凋谢时为黄色。

(4)果色美　果实观的颜色在园林植物的观赏中占有重要地位,特别是有的果实在秋季成熟时,有的果实终冬不落,在光秃的枝条上或枝叶间点缀不同颜色的果实,如南天竹、紫叶小檗果实红色;可可、佛手、木瓜等果实黄色;紫叶李、紫葡萄等果实紫色;小叶女贞、常春藤、金银花、水蜡等果实黑色。

2. 形态美

园林植物的形态千奇百怪,它的美主要表现在以下几个方面。

(1)树形美　如雪松、窄冠侧柏呈尖塔形,其树形干性强,主干挺拔,给人以一种坚强、威武不屈的感觉;球柏、刺槐等呈球形,整体浑圆可爱,给人一种厚重的感觉;北美贺柏、塔柏呈圆柱形,整体浑圆,树干上下宽窄一致,给人以雄伟、庄严、稳固的感觉。

(2)叶形美　如圆柏、侧柏、油松等叶呈针叶形;小叶黄杨、紫叶小檗、米兰等叶形呈小叶形;海棠、杏等呈中叶形;琴叶榕、蒲葵等呈大叶形;银杏、马褂木、鱼尾葵、枸骨等呈特殊叶形。

(3)花形美　园林植物花的形状多种多样,如漏斗形、唇形、十字形、蝶形等。果形美,奇特的单果形或果穗形具有很强的观赏性,如元宝树的元宝形果,腊肠树的腊肠果,栾树的灯笼形果,秤锤树的秤锤形果,佛手的佛手形果穗,紫玉兰的圆柱形聚合果穗,火炬树的火炬形果穗等。

(4)枝干形美　奇特的枝干也具有很强的观赏性,如龙爪槐、龙爪柳等。

3. 意境美

各地在漫长的植物栽培和应用中,根据园林生态的不同及各地的气候差异,形成了具有地方特色的植物景观,并与当地的文化融为一体,在应用植物的过程中,出现了许多吟诵植物的雅诗使植物景观有更高的境界和人文特征,具有了某种意境。如竹是从古至今人们情有独钟的一种植物,早在晋代,戴凯之便写出了世界上关于竹的最早专著《竹谱》继而白居易又写了《养竹记》,说:“竹性直,直以立身”;“竹心空,空以体道”。苏轼也有“不可居无竹”之说。

(二)园林植物的配置的艺术效果

园林植物的配置的艺术效果是多方面的、复杂的,不同的树木不同配置组合能形成千变万化的景观。

(1)丰富感　园林植物种类多样化能给人丰富多彩的艺术感受,乔木与灌木的搭配能丰富园林景观的层次。在建筑物基周围的种植称为"基础种植"或"屋基配植",低矮的灌木可以用于"基础种植"种在建筑物的四周、园林小品和雕塑基部,既可用于遮挡建筑物墙基生硬的建筑材料,又能对建筑物和小品雕塑起到装饰和烘托点缀作用,如苏州留园华步小筑的爬山虎,拙政园枇杷园墙上的络石。

(2)平衡感　平衡分对称的平衡和不对称的平衡两类,平衡分对称是用体量上相等或相近的树木在轴线左右进行完全对称配植、以相等的距离进行配植而产生的效果,给人庄重严整的感觉。规则式的园林绿地采用较多,如行道树的两侧对称,花坛、雕塑、水池的对称布置;园林绿地建筑、道路的对称布置。不对称的平衡是用不同的体量、质感以不同距离进行配植而产生的效果,如门前左边一块山石,右边一丛乔灌木等的配置。

(3)稳固感　在园林局部或园景一隅中常见到一些设施物的稳固感是由于配植了植物后才产生的。如园林中的桥头配植,在桥头植物配植前,桥头有秃硬不稳定感,而配植树木之后则感稳定,能获得更好的风景效果。

(4)肃穆感　应用常绿针叶树,尤其是尖塔形的树种常形成庄严肃穆的气氛,例如纪念性的公园、陵墓、纪念碑等前方配植的松、柏如冷杉能产生很好的艺术效果。

(5)欢快感　应用一些线条圆缓流畅的树冠,尤其是垂枝性的树种常形成柔和欢快的气氛,例如杭州西子湖畔的垂柳。在校园主干道两侧种植绿篱,使入口四季常青,或种植开花美丽的乔木间植常绿灌木,给人以整洁亮丽、活泼的感觉。

(6)韵味感　配植上的韵味效果,颇有"只可意会,不可言传"的意味。只有具有相当修养水平的园林工作者和游人能体会到其真谛。

总之,树木配植的艺术效果是多方面的、复杂的,欲发挥树木配植的艺术效果,应考虑美学构图上的原则、了解树木的生长发育规律和生态习性要求,掌握树木体自身和其与环境因子相互影响的规律,具备较高的栽培管理技术知识,并要有较深的文学、艺术修养,才能使配植艺术达到较高的水平。此外,应特别注意对不同性质的绿地应运用不同的配植方式,例如公园中的树丛配植和城市街道上的配植是有不同的要求的,前者大都要求表现自然美,后者大都要求整齐美,而且在功能要求方面也是不同的,所以配植的方式也不同。

第四节　栽植密度与树种组成

一、栽植密度

在树木的群集栽培中,特别是在树群和片林中,密度或相邻植株之间的距离是否合适,直接影响树木营养空间的分配和树冠的发育程度,同时会影响树木的群体结构。因此,栽植密度是形成群体结构的主要因素之一,在植物选择与配置时要充分了解由各种密度所形成的群体以及组成该群体的个体之间相互作用规律。

(一)栽植密度对树木生长发育的影响

(1)影响树冠的发育　栽植密度不同,树冠发育不同,树木的平均冠幅随栽植密度增加而递减。

(2)影响群体及其组成个体形象的表现程度　栽植密度不同,群体及其组成个体形象的表现程度不同。

(3)影响树干直径和根系生长　栽植密度不同,树冠或林冠的透光度和光照强度不同、叶面积指数的大小和光合产物的多少不同,从而影响树干的直径和根系生长。

(4)影响开花结实

(二)确定栽植密度的原则

密度对树木生长发育的影响是稳定配置距离的理论依据。

1.根据栽培目的而定

园林树木的功能多种多样,主要目的或应发挥的主要功能不同,要求采用的密度不同,形成的群体不同。

(1)以观赏为目的　若以群体美为主的,栽植观花、观果园林树木,栽植密度不宜过大,以满足树冠的最大发育程度即成年的平均冠幅为原则;若以个体美为主的,确定其栽植密度的原则是:使树冠能得到充分的光照条件,以体现"丰、香、彩"的艺术效果。

(2)以防护为目的　若以防风为主的防护林带,密度要以林带结构的防风效益为依据,栽植密度不宜太大;若以水土保持和水源涵养林,确定其栽植密度的原则是:能迅速遮盖地面,并形成厚的枯枝落叶层,栽植密度以大为好。

2.根据树种而定

由于各树种的生物学特性不同,其生长速度及对光照等条件的要求也有很大差异。如耐阴树种对光照片条件的要求不高,生长较慢,栽植密度可大些;阳性树种不耐蔽阴,密度过大影响生长发育,栽植密宜小些;窄冠树种适当密植;开张树形,对光照条件要求强烈,生长迅速,必须稀植。

(1)根据立地条件而定　立地条件的好坏是树木生长快慢最基本的因素。好的立地条件能给树木提供充足的水肥,树木生长较快,配置间距要大一些,立地条件差,配置间距要小一些。

(2)根据经营要求而定　为提前发挥树木的群体效或为了贮备苗木,可按设计要求适当密植,待其他地区需要苗木或因密度过大而抑制生长时及时移栽或间伐。

二、树种组成

(一)有关概念

(1)树种组成　是指树木群集栽培中构成群体的树种成分及其所占比例。

(2)单纯树群(纯林、单纯林、单优群体)　由一个树种组成的群体称为单纯树群或单纯林。

(3)混交树群(混交林、混植、多优群体)　由两个或两个以上的树种组成的群体称为混交树群或混交林,每个种树比例≥10%。园林树木的群集栽培多为混交树群或混交林。

(二)混交树群或混交林的特点

(1)充分利用营养空间　通过把不同生物学特性的树种适当进行混交,能充分地利用空间。如耐阴性、根型、生长特点、嗜肥性等不同的树种搭配在一起形成复层混交林,可以占有较大的地上与地下空间,有利于树种分别在不同时期和不同层次范围能够得到光照、水分和各种营养物质。

(2)改善环境的作用　混交林的冠层厚,叶面积指数大,结构复杂,可以形成小气候,积累数量多而成分复杂的枯落物,并有较高的防护与净化效益。

(3)抗御自然灾害的能力　由于混交林环境梯度的多样化,适合多种生物生活,食物链复杂,容易保持生态平衡,因而抗御病虫害及不良气象因子危害的能力强。

(4)观赏的艺术效果　混交林组成与结构复杂,只要配植适当就能产生较好的艺术效果:一是丰富景观的层次感,包括空间、时间、色彩和明暗层次;二是因生物成分增加,表现景观的勃勃生机,增加艺术感染力。

(三)树种的选择与搭配

在树种混交配置造景中,树种的选择与搭配必须根据树种的生物学特性、生态学特性及造景要求进行,特别是树种的生态学特性及种间关系是进行树种选择的重要基础。

1.重视主要(基调或主调)树种的选择

特别是乡土树种、市树市花,使主要树种的生态学特性与其栽培地点的立地条件处于最适状态。

2.为主要树种选择好混交树种

①混交树种有良好的配景作用及良好的辅助、护土、改土或其他效能。

②混交树种与主要树种的生态学特性应有较大差异,对环境资源利用最好互补。

③树种之间没有共同的病虫害。

混交树种的选择是调节种间关系的重要手段,也是保证增强群体稳定性,迅速实现其景观与环境效益的重要措施。根据所选各个树种的生态学特性合理搭配,重点考虑耐阴性及所处的垂直层次。垂直配置时,上层、中层及下层应分别为阳性、中性及阴性树种。水平配置时,近外缘,特别是南面外缘附近,可栽植较喜光的树种。

第五节　生态园林的植物群落

一、生态园林概念

生态园林这一概念最早出现在20世纪20年代的荷兰、美国、英国等西方国家,主要是指从保护自然景观出发,建立让植被群落自然发育的园林。1986年在温州召开了由中国林学会主办的“城市绿地系统,植物造景与城市生态”学术研讨会,提出了生态园林的新概念。生态园林是继承和发展传统园林的经验,遵循生态学原理,建设多层次、多结构、多功能的植物群落,建立人类、植物、动物相联系的新秩序,达到生态美、文化美、艺术美,使生态、社会、经济效益同步发展，实现生态环境的良性循环。

二、生态园林植物群落建设

1. 生态园林建设的目的

①为人们提供赖以生存的良性循环的生活环境。

②建立科学的人工植物群落，提高太阳能的利用率、生物能的转化率以及绿色植物生态调节能力。

③在绿色环境中提高艺术水平，提高游览观赏价值，提高社会公益效益，提高保健休养功能等。

2. 生态园林植物群落建设

按照生态园林的主要功能，大致将生态园林植物群落划分为观赏型、环保型、保健型、知识型、生产型、文化型六种类型。这六种生态园林类型不是孤立的，它们是互相渗透、互相联系的，往往任一种生态园林都具有多种功能。

(1)观赏型人工植物群落　观赏型植物群落是以观赏为主要目的的人工植物群落，此植物群落的建设要从景观、生态、人的心理和生理对美的需求等方面综合考虑、合理进行配置。

①保护性开发植物资源，持续发展景观多样性。景观的多样性是以物种的多样化为依托，在保护物种资源的基础上实现野生资源的持续利用。从全国城镇绿化的现状来看，在街道、广场、居民区等人工设计、构建的绿化模式中，树种的运用比较单一、个体抗逆性差，甚至有仅为造景而造景的现象。

②运用传统与现代相结合的手法配置植物。中国传统小型园林的植物配置多采用单株配置手法，强调意境、注重情趣。现代城市中的公共空间具有开放性、公共性和大空间、快节奏等特点。在植物群落的建设中应根据具体空间环境运用传统与现代相结合的手法来配置植物。如局部小景(小花园)可采用单株配置，充分发挥植物个体美；开放的居住区绿地、公路绿地等大空间应成片成列种植；更大面积的森林公园等则大片成群种植，追求大的自然效果。

③模拟自然群落，配合人工修剪。园林建设者要充分利用和掌握植物的自然姿态，模拟自然群落，创建生态健全的环境，并要运用各种审美规律加以人工的“剪裁”，通过形态、高低、色彩、质感的手法来体现人工的艺术匠心，使得人工植物群落升华到一个更高的艺术境地。

(2)环保型的人工植物群落　环保型的人工植物群落是指以保护城乡环境，促进生态平衡为目的的植物群落。

①护岸林带。在沿江、沿海岸线，按防风林带标准，建立能护堤固滩的人工植物群落，具防风、消浪、固滩、护坡、脱盐、改良土壤等功效，能给附近居民带来长远利益。如上海浦东的潮滩地，经过多年的选种、引种，建立欧美杨—大米草—海芦苇人工植物群落，发挥了较好的护岸效果。

②农田防护林。利用农田四周的沟渠、道路，行状种植树木形成林带并联成网格。林网总体防风效能高，且林带落叶可肥田、改良土壤，提高作物产量。

③卫生防护林带。一般设置在生活区与工厂区之间或农田与工厂区之间，防护林带的树种应选择抗污染强的乔木、灌木及地被植物，在树种配置上要注意多树种、多层次，增加叶面积指数，防止生态位重叠，并在结构上采用疏透的结构，最佳通透度为0.3～0.4。

④监测植物群落。监测植物群落是一种低成本、能综合反映环境质量的监测工具，方法是

将一些对特定的污染物敏感并表现有明显的症状植物组合配植，通过观测其生长或受害症状来确定环境的污染情况。

⑤衰减噪声的人工植物群落。不同树种组成的植物群落，其减低噪声的效果不同。如叶细分枝低的雪松、雪杉减噪声效果较好，高大的悬铃木则较差；珊瑚树栽成宽 40 m 的绿带就可衰减噪声 28 dB。

⑥净化水质的植物群落。选用具有抗污染耐水湿的树种在郊区的低地构筑人工森林，将城市的生活污水通过适当处理后排放入林地，污水经树木根系吸收及土壤净化后最终进入自然水体，由此来净化城市污水。

(3)保健型人工植物群落　植物群落与人类活动相互作用，具有除尘杀菌、对人体产生增强体质、预防和治疗疾病的能力。如松科、柏科、槭树科、木兰科、忍冬科、桑科、桃金娘科等许多植物对结核杆菌有抑制作用；桦、栎、松、冷杉所产生的杀菌素能杀死白喉、结核、霍乱和痢疾的病原菌；杀菌能力很强的有黑胡桃、柠檬、悬铃木、橙、茉莉、白皮松、柳杉、雪松等；观景赏色，安神健身颜色对精神病人起着一定的作用，按植物不同色彩配置的群落，预期在赏景观色的同时对人类某些疾病将会有不同的疗效。在植物配置时应注意最大限度地提高绿地率和绿视率，创造人与自然的和谐，据研究，绿视率为 25%则能消除眼睛和心理疲劳。

(4)知识型人工植物群落　知识型生态园林是运用植物典型特征建立能激发人们探索对自然奥秘的兴趣，并同时传授知识的植物群落。在植物选用时可将一些知识趣味性强的乔木、灌木和地被植物按株高、色彩、季相、共生、和谐等要素布局，可建设为提供科普教育的基地。科普教育如设立植物名录牌、结合环境布置科普廊、建立陈列馆等，通过文字、音像、标本、实物等多手段结合，将科学性、趣味性、知识性融为一体。

(5)生产型人工植物群落　建设生产型生态园林应在适宜的立地条件下，发展具有一定经济价值的乔、灌、草植物，以满足市场需求，同时最大限度地协调环境，如可选用具有不同医疗功能的药用植物来建设生产性的群落。在配置中要避免种植具有毒性作用的树木，如驱虫类有槟榔、苦楝；祛风湿有木瓜、桑、臭梧桐；抗痛类有三尖杉、接骨木、喜树；止血类有槐花、侧柏等；许多经济树种也是药材，如核桃、杏仁、大枣、花椒、文冠果、刺五加、杜仲、厚朴、五味子等。

(6)文化型人工植物群落　文化型生态园林包括文化环境和文化娱乐两种。前者是通过不同特征植物的组合和布局，形成具有特定文化氛围的园林，特定的文化环境如古典园林、风景名胜、纪念性园林、宗教寺庙等，要求通过各种方式的植物配置，使园林绿化具有相应的文化环境气氛；后者是融自然景观、旅游观光为一体的文化娱乐园，如利用植物外形创造与文化设施相适应的环境气氛、栽植大量乡土树种，与当地的人文、习俗相适，从而融自然景观、文化艺术、体育保健、旅游观光、度假购物、娱乐游憩于一体，既具有良好生态环境、优美景色，又有浓浓文化背景的生态园林。

本章小结

本章主要阐述园林植物生长的环境类型，园林植物的选择的基本原则和选择依据，园林植物选择的途径与方法，园林树木的配置的基本理论及配置的方式，栽植密度与树种组成及生态园林的植物群落的建设，掌握园林树木的配置基本技能。

复 习 题

1. 园林植物生长的环境有哪几类型？有何特点？
2. 园林植物植物的生命周期特征是什么？
3. 试述行道树树种、广场绿化树种的选择标准。举几例常用行道树树种名称。
4. 园林树木配植原则有哪些？
5. 试述园林植物选择的途径与方法。
6. 树种间物种的生态位有几种类型？
7. 简述树种种间关系的作用方式。
8. 简述多树种配植的树群培育技术。
9. 简述园林树木配植的方式。
10. 园林树木配植的方法有哪些？
11. 简述园林植物的配植的艺术效果。
12. 简述生态园林植物群落建设的类型。

第四章 园林树木栽植技术

【本章基本技能】能根据植物类型进行带土球起苗及栽植；学会容器苗栽植的基质配制、栽植等基本操作技能；能学会栽植穴土壤更换、树盘处理等基本操作技能；能学会屋顶花园树种栽植基质配制、栽植、固定等基本操作技能；能根据树木生长异常的诊断要求，学会诊断基本操作技能及大树移植技能。

第一节 园林树木栽植成活原理

一、栽植的概念与意义

1. 栽植的概念

园林树木的栽植是一个系统的、动态的操作过程，应区别于狭义的“种植”。在园林绿化工程中，树木栽植更多地表现为移植。树木移植是园林绿地养护过程中的一项基本作业，主要应用于对现有树木保护性的移植，对密度过高的绿地进行结构调整中发生的作业行为。一般情况下，包括起挖、装运和定植三个环节。从生长地连根撅起的操作，叫起挖，包括裸根或带土球起挖；将起挖出的树木，运到栽植地点的过程，叫装运。栽植依种植时间的长短和地点的变化，可分为假植、寄植、移植和定植。

(1)假植　假植即将树木根系用湿润土壤进行临时性的埋植。如果树木起运到目的地后，因诸多原因不能及时定植，应将苗木进行临时假植，以保持根部不脱水，但假植时间不应过长。

(2)寄植　将植株临时种植在种植地或容器中的方法。寄植比假植要求高，一般是在早春树木发芽前，按规定挖好土球苗或裸根苗，在施工场地附近进行相对集中培育。

(3)移植　苗木种植在某地，经生长一段时间后移走，此次栽植叫移植。

(4)定植　按设计要求将树体栽植到目的地的操作，叫定植，定植后的树木将永久性地生长在栽种地。

2. 栽植的意义

(1)绿地树木种植密度的调整需要　在城市绿化中，为了能使绿地建设在较短的时间内达到设计的景观效果，一般来说，初始种植的密度相对较大，一段时间后随着树体的增粗、长高，原有的空间不能满足树冠的继续发育，需要进行抽稀调整。同时对树木本身而言栽植时切断部分主、侧根，促进须根发展，移植后的合理密植，苗木齐头并进，对养好树干及养好树冠有重要意义。

(2)建设期间的原有树木保护　在城市建设过程中,妨碍施工进行的树木,如果被全部伐除、毁灭,将是对生态资源的极大损害。特别是对那些有一定生长体量的大树,应作出保护性规划,尽可能保留;或采取大树移植的办法,妥善处置,使其得到再利用。在这种情况下一般要实施大树移植。

(3)城市景观建设需要　在绿化用地较为紧张的城市中心区域或城市绿化景观的重要地段,如城市中心绿地广场、城市标志性景观绿地、城市主要景观走廊等,适当考虑大树移植以促进景观效果的早日形成,具有重要的现实意义。但目前我国的大树移植,多以牺牲局部地区、特别是经济不发达地区的生态环境为代价,故非特殊需要,不宜倡导多用,更不能成为城市绿地建设中的主要方向。

二、园林树木栽植成活原理

园林树木在栽植过程中可能发生一系列对树体的损伤,如根部的损伤,特别是根系先端具主要吸水功能的须根的大量丧失,使得根系不再能满足地上部枝叶蒸腾所需的大量水分供给;又如树木在挖掘、运输和定植过程中,为便于操作及日后的养护管理,提高栽植成活率,通常要对树冠进行程度不等的修剪。这些对树体的伤害直接影响了树木栽植的成活率和植后的生长发育。要确保栽植树木成活并正常生长,则要了解其成活原理。

(1)遵循树体生长发育的规律　树木在长期的系统进化过程中,经过自然选择,在形态、结构和生理上逐渐形成了对现有生存环境条件的适应性,并把这种适应性遗传给后代,形成了对环境条件有一定要求的特性。栽植树木时,要选择适宜在栽植地生长的树种,并要掌握适宜的栽植时期,采取适宜的栽植方法,提供相应的栽植条件和管护措施。

(2)掌握园林树木的代谢平衡　特别关注树体水分代谢生理活动的平衡,协调树体地上部和地下部的生长发育矛盾,促进根系的再生和树体生理代谢功能的恢复,使树体尽早、尽好地表现出根壮树旺、枝繁叶茂等生机。

第二节　园林树木栽植的季节

一、春季栽植

从植物生理活动规律来讲,春季是树体结束休眠开始生长的发育时期,且多数地区土壤水分较充足,是我国大部地区的主要植树季节。特别是在冬季严寒地区或对那些在当地不甚耐寒的次适树种,更以春植为妥,并可避免越冬防寒之劳。秋旱风大地区,常绿树种也宜春植,但在时间上可稍推迟。具肉质根的树种,如山茱萸、木兰、鹅掌楸等,根系易遭低温伤冻,也以春植为好。华北地区园林树木的春季栽植,多在3月上中旬至4月中下旬。华东地区落叶树种的春季栽植,以2月中旬至3月下旬为佳。树种萌芽习性以落叶松、银芽柳等最早,柳、桃、梅等次之,榆、槐、栎、枣等较迟。

春季各项工作繁忙,劳动力紧张,要预先根据树种春季萌芽习性和不同栽植地域土壤化冻时期,利用冬闲做好计划安排,并可进行挖穴、施基肥、土壤改良等先期工作,既合理利用劳动力又收到熟化土壤的良效。土壤化冻时期与气候因素、立地条件和土壤质地有关。落叶树种春植宜早，土壤一化冻即可开始进行。

二、夏季栽植

夏季气温高，光照充足，树木生长旺盛，树叶蒸发量大，同时土壤水分蒸发作用强，若在此时进行树木栽植，易造成缺水，尤其是降雨量少时，缺水情况更为严重，因此在夏季栽植树木成活率一般不高，且养护成本高，所以最好不要在夏季进行树木栽植。若要在夏季栽植提高成活率，可采取适当措施，如带土球栽植、容器苗栽植、树体遮阴、树冠喷水等。江南地区，亦有利用6—7月份梅雨期连续阴雨的气候特点进行夏季栽植，注意防涝排水的措施，也有较好效果。

三、秋季栽植

在气候比较温暖的南方地区，以秋季栽植更相适宜。此期，树体落叶后进入生理性休眠，对水分的需求量减少，而外界的气温还未显著下降，地温也比较高，树体的根部尚未完全休眠，移植时被切断的根系能够尽早愈合，并可有新根长出。翌春，这批新根能迅速生长，有效增进树体的水分吸收功能，有利于树体地上部枝芽的生长恢复。

华东地区秋植，可延至11月上旬至12月中下旬；而早春开花的树种，则应在11月之前种植；常绿阔叶树和竹类植物，应提早至9—10月份进行；针叶树虽在春、秋两季都可以栽植，但以秋植为好。

华北地区秋植，适用于耐寒、耐旱的树种，目前多用大规格苗木进行栽植以增强树体越冬能力。

东北和西北北部等冬季严寒地区，秋植宜在树体落叶后至土地封冻前进行。该地区冬季可采用带冻土球移植大树的做法，在加拿大、日本北部等冬寒严重地区，亦常用此法栽植，成活率亦较高。

四、反季节栽植

反季节栽植是指在不适宜的栽培季节时进行树木栽植的方法，一般的树木栽植是在春、秋季节进行，而在某些特殊情况下，为了赶工期和尽快见到绿化效果，就要求必须突破季节的限制进行树木栽植，栽植是必须采取一些特殊的管护方式，否则成活相对困难。如在5—9月份的高温、低湿的季节、极端低温的冬季栽植。

第三节　园林树木的栽培技术

一、一般立地条件下的园林树木栽植技术

（一）栽植前的准备工作

1.明确设计意图，了解栽植任务

园林树木栽植是园林绿化工程的重要组成部分，绿化工程的设计思想决定着树木种类的

选择、树木规格的确定以及树木定植的位置。因此，在栽植前必须对工程设计意图有深刻的了解，才能完美表达设计要求。

①加强对树种配置方案的审查，避免因树种混植不当而造成的病虫害发生。如槐树与泡桐混植，会造成椿象、水木坚蚧大发生；桧柏应远离海棠、苹果等蔷薇科树种，以避免苹桧锈病的发生；银杏树作行道树栽植应选择雄株，要求树体规格大小相对一致，不宜采用嫁接苗；作景观树应用，则雌、雄株均可。

②必须根据施工进度编制翔实的栽植计划及早进行人员、材料的组织和调配，并制定相关的技术措施和质量标准。

③了解施工现场地形、地貌及地下电缆分布与走向，了解施工现场标高的水准点及定点放线的地上固定物。

2. 现场调查

在明确设计意图，了解栽植任务之后，工程的负责人员要对施工现场进行与设计图纸和说明书仔细核对与踏勘，以便掌握以后在施工过程中可能碰到的问题。

①核对施工栽植面积、定点放线的依据，调查施工现场的各种地物，如有无拆迁的房屋、需移走或需变更设计保留的古树名木。

②调查土质情况、地下水位、地下管道分布情况，确定栽植地是否客土或换土及用量。

③调查施工现场的水、电、交通情况，做好施工期间生活设施的安排。

3. 制定施工方案及施工原则

施工方在了设计意图及对现场调查之后，应组织相关技术人员制定出施工方案及施工原则。内容包括：施工组织领导和机构，施工程序与进度表，制定施工预算，制定劳动定额，制定机械运输车辆使用计划和进度表，制定工程所需的材料、工具及提供材料的进度表，制定栽植工程的施工阶段的技术措施和安全、质量要求。绘制出平面图，并在图上标出苗木假植、运输路线和灌溉设备等的位置。

4. 现场清理

在工程施工前，进驻施工现场，则需对施工现场进行全面清理，包括拆迁或清除有碍施工的障碍物、按设计图要求进行地形整理。

5. 地形准备

依据设计图纸进行种植现场的地形处理，是提高栽植成活率的重要措施。必须使栽植地与周边道路、设施等的标高合理衔接，排水降渍良好，并清理有碍树木栽植和植后树体生长的建筑垃圾和其他杂物。

6. 土壤准备

在栽植前对土壤进行测试分析，明确栽植地点的土壤特性是否符合栽植树种的要求，特别是土壤的排水性能，尤应格外关注，是否需要采用适当的改良措施。

7. 定点放线

依据施工图进行定点测量放线，是关系到设计景观效果表达的基础。

(1)绿地的定点放线

①尺徒手定点放线。放线时应选取图纸上已标明的固定物体(建筑或原有植物)作参照物，并在图纸和实地上量出它们与将要栽植植物之间的距离，然后用白灰或标桩在场地上加以标明，依此方法逐步确定植物栽植的具体位置，此法误差较大，只能在要求不高的绿地施工

采用。

②网放线法。先在图纸上以一定比例画出放格网，把放格网按比例测设到施工现场去（多用经纬仪），再在每个方格内按照图纸上的相应位置进行绳尺法定点。此法适用范围大而地势平坦的绿地。

③标杆放线法。标杆放线法是利用三点成一直线的原理进行，多在测定地形较规则的栽植点时应用。

论何种放线法都应力求准确，从植苗木的树丛范围线应按图示比例放出；从植范围内的植物应将较大的放于中间或后面，较小的放在前面或四周；自然式栽植的苗木，放线要保持自然，不得等距离或排列成直线。

（2）行道树的定点放线　以路牙石为标准，无路牙石的以道路中心线为标准，无路牙石的以道路树穴中心线为标准。用尺定出行位，作为行位控制标记，然后用白灰标出单株位置。对设计图纸上无精确定植点的树木栽植，特别是树丛、树群，可先划出栽植范围，具体定植位置可根据设计思想、树体规格和场地现状等综合考虑确定。一般情况下，以树冠长大后株间发育互不干扰、能完美表达设计景观效果为原则。行道树栽植时要注意树体与邻近建（构）筑物、地下工程管路及人行道边沿等的适宜水平距离。

8. 栽植穴的起挖

起挖严格按定点放线标定的位置、规格挖掘树穴。乔木类栽植树穴的开挖，在可能的情况下，以预先进行为好。特别是春植计划，若能提前至秋冬季安排挖穴，有利于基肥的分解和栽植土的风化，可有效提高栽植成活率。

（1）栽植穴规格　树穴的大小和深浅应根据树木规格和土层厚薄、坡度大小、地下水位高低及土壤墒情而定。各树木栽植穴的大小可参照中华人民共和国行业标准“城市绿化工程施工及验收规范 CJJ/T 82—99”来确定。各树木的栽植穴规格分别见表 4-1 至表 4-4。

表 4-1　常绿乔木类栽植穴规格

cm

树高	土球直径	栽植穴直径	栽植穴深度
150	40～50	80～90	50～60
150～250	70～80	100～110	80～90
250～400	80～100	120～130	90～110
≥400	≥140	≥180	≥120

表 4-2　落叶乔木类栽植穴规格

cm

胸径	栽植穴直径	栽植穴深度
2～3	40～60	30～40
3～4	60～70	40～50
4～5	70～80	50～60
5～6	80～90	60～70
6～8	90～100	70～80
8～10	100～110	80～90

表 4-3 花灌木类栽植穴规格 cm

冠径	栽植穴直径	栽植穴深度
100	70～90	60～70
200	90～110	70～90

表 4-4 绿篱类栽植槽规格 cm

苗高	适宜距离	
	单行	双行
50～80	40×40	40×60
100～120	50×50	50×70
120～150	60×60	60×80

树穴达到规定深度后，还需再向下翻松约 20 cm 深，为根系生长创造条件。实践证明，大坑有利树体根系生长和发育。如种植胸径为 5～6 cm 的乔木，土质又比较好，可挖直径约 80 cm、深约 60 cm 的坑穴。但缺水沙土地区，大坑不利保墒，宜小坑栽植；黏重土壤的透水性较差，大坑反易造成根部积水，除非有条件加挖引水暗沟，一般也以小坑栽植为宜。竹类栽植穴的大小，应比母竹根蔸略大、比竹鞭稍长，栽植穴一般为长方形，长边以竹鞭长为依据；如在坡地栽竹，应按等高线水平挖穴，以利竹鞭伸展，栽植时一般比原根蔸深 5～10 cm。定植坑穴的挖掘，上口与下口应保持大小一致，切忌呈锅底状，以免根系扩展受碍。

(2)栽植穴要求 树穴的平面形状没有硬性规定，多以圆形、方形为主，以便于操作为准，可根据具体情况灵活掌握。挖掘树穴时，以定点标记为圆心，按规定的尺寸先划一圆圈，然后沿边线垂直向下挖掘，穴底平，切忌挖成锅底形。

挖穴时应将表土和心土分边堆放，如有妨碍根系生长的建筑垃圾，特别是大块的混凝土或石灰下脚等，应予清除。情况严重的需更换种植土，如下层为白干土的土层，就必须换土改良，否则树体根系发育受抑。地下水位较高的南方水网地区和多雨季节，应有排除坑内积水或降低地下水位的有效措施，如采用导流沟引水或深沟降渍等。

树穴挖好后，有条件时最好施足基肥，基肥施入穴底后，须覆盖深约 20 cm 的泥土，以与新植树木根系隔离，不致因肥料发酵而产生烧根现象。

9. 苗木准备

(1)号苗 按设计要求到苗木场选择所需苗木的规格，并做出记号，称号苗。按设计要求和质量标准到苗木产地逐一进行“号苗”，并做好选苗资料的记载包括时间、苗圃(场)、地块、树种、数量、规格等内容。选苗时要考虑起苗场地土质情况及运输装卸条件，以便妥善组织运输。选苗时要用醒目的材料做上标记，标记的高度、方向要一致，便于挖苗。选苗数量要准确，每百株可加选 1～2 株以备用。

(2)拢树冠或修剪 为方便挖掘操作，保护树冠，对枝条分枝低的树木，用草绳将树冠适当包扎和捆拢(图 4-1)，注意

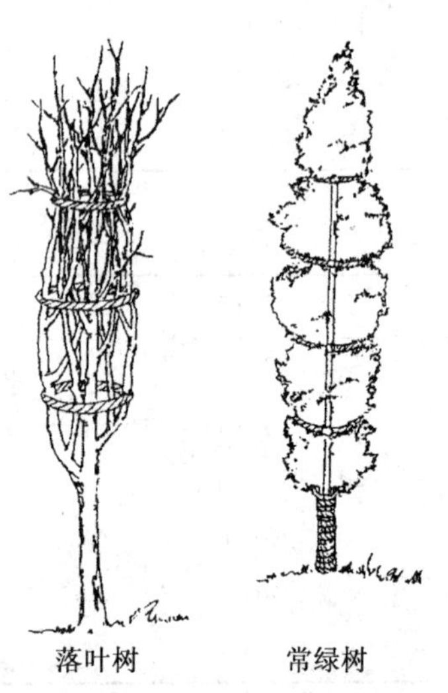

图 4-1 拢树冠

松紧度，不能折伤侧枝。对于分枝较高的常绿树种，可根据树木种类、大小、种植时间采取不同程度的修剪。如胸径为 6～15 cm 的桂花树一般只修剪交叉枝、病虫枝等，而对于同规格的小叶榕、小叶榄仁等夏季栽植的树种则应进行重剪。

(二)栽植程序与技术

1.起苗

(1)裸根起挖　绝大部分落叶树种可行裸根起苗。根系的完整和受损程度是决定挖掘质量的关键，树木的良好有效根系，是指在地表附近形成的由主根、侧根和须根所构成的根系集体。一般情况下，经移植养根的树木挖掘过程中所能携带的有效根系，水平分布幅度通常为主干直径的 6～8 倍；垂直分布深度，为主干直径的 4～6 倍，一般多在 60～80 cm，浅根系树种多在 30～40 cm。绿篱用扦插苗木的挖掘，有效根系的携带量，通常为水平幅度 20～30 cm，垂直深度 15～20 cm。

对规格较大的树木，当挖掘到较粗的骨干根时，应用手锯锯断，并保持切口平整，坚决禁止用铁锹去硬铲。对有主根的树木，在最后切断时要做到操作干净利落，防止发生主根劈裂。

起苗前如天气干燥，应提前 2～3 天对起苗地灌水，使土质变软、便于操作，多带根系；根系充分吸水后，也便于贮运，利于成活。而野生和直播实生树的有效根系分布范围，距主干较远，故在计划挖掘前，应提前 1～2 年挖沟盘根，以培养可挖掘携带的有效根系，提高移栽成活率。树木起出后要注意保持根部湿润，避免因日晒风吹而失水干枯，并做到及时装运、及时种植。距离较远时，根系应打浆保护。

(2)带土球起挖　一般常绿树、名贵树和花灌木的起挖要带土球。

①起挖前准备。准备主要工具，如铲子和锋利的铲刀、锄头或镐、草绳、拉绳、吊绳、树干护板、软木支垫、锋利的手锯、吊车、运输车等。为防止挖掘时土球松散，如遇干燥天气，可提前一两天浇以透水，以增加土壤的黏结力，便于操作。

②土球大小的确定。乔木树种挖掘的根幅或土球规格一般以树干胸径以下的正常直径大小而定。乔木树种根系或全球挖掘直径一般是树木胸径的 6～12 倍，其中树木规格越小，比例越大；反之，越小。若以土球直径为依据，也可按下列公式推算：

$$土球直径(cm)=5\times(树木地径-4)+45$$

即树木地径 4 cm 以上，每增加 1 cm，土球直径相应增加 5 m。地径超过 19 cm，土球直径则以其 6.3(2π)倍计算(即树干 20 cm 处的周长为半径确定)。土球高度大约为土球直径的 2/3。乔木树种土球直径与树木地径的关系见表 4-5。

表 4-5　乔木树种土球直径与树木地径的关系　cm

树木地径	3～5	5～7	7～10	10～12	12～5
土球直径	40～50	50～60	60～75	75～85	85～100

③起挖大树。土球直径不小于树干胸径的 6～8 倍，土球纵径通常为横径的 2/3；灌木的土球直径为冠幅的 1/3～1/2。起挖时以树干为中心，比计算出的土球大 3～5 cm 划圆。顺着所划圆向外开沟挖土，沟宽 60～80 cm。土球高度一般为土球直径的 60%～80%。对于细根可用利铲或铲刀直接铲断。粗大根必须用手锯锯断，切忌用其他工具硬性弄断撕裂。土球基

本成形后将土球修整光滑，以利包扎。土球修整到 1/2 时逐渐向里收底，收到 1/3 时，在底部修一平底，整个土球呈倒圆台形(图 4-2)。

④捆扎土球。首先在树基部扎草绳钉护板以保护树干。然后“打腰箍”（图 4-3），一般扎 8～10 圈草绳。草绳捆扎要求松紧适度，均匀。

图 4-2　倒圆台形土球

图 4-3　打腰箍

2. 苗木的装运

苗木吊装时应尽量避免损伤树皮和碰伤土球。装车时应用软绳，保护树皮。土球装车时要小心轻放，且在土球的下方垫软的原生土或草绳，以防弄散土球。树干与后车板接触处必须由软木支撑。车厢中土球两侧用软木或沙袋支垫。运输途中树冠应高于地面，防止枝冠损伤，并注意运输中树枝伤人损物。路况不好，应缓慢小心行驶。

3. 苗木的假植

已挖掘的苗木因故不能及时栽植下去，应将苗木进行临时假植，以保持根部不脱水，但假植时间不应过长。假植场地应选择靠近种植地点、排水良好、湿度适宜、避风、向阳、无霜害、近水源、搬运方便的地方。

①裸根苗木假植。裸根苗木假植采取掘沟埋根法。干旱多风地区应在栽植地附近挖浅沟，将苗木呈稍斜放置，挖土埋根，依次一排排假植好。若需较长时间假植，应选不影响施工的附近地点挖一宽 1.5～2 m、深 0.3～0.4 m、长度视需要而定的假植沟，将苗木分类排码，码一层苗木，根部埋压一层土，全部假植完毕以后仔细检查，一定要将根部埋严，不得裸露。若土质干燥还应适量灌水，保证根部潮湿。对临时放置的裸根苗，可用苫布或草帘盖好。

②带土球假植。带土球假植可将苗木集中直立放在一起。若假植时间较长，应在四周培土至土球高度的 1/3 左右夯实，苗木周围用绳子系牢或立支柱。假植期间要加强养护管理，防止人为破坏；应适量浇水保持土壤湿润，但水量不宜过大，以免土球松软，晴天还应对常绿树冠枝叶喷水，注意防治病虫害。苗木休眠期移植，若遇气温低、湿度大、无风的天气，或苗木土球较大在 1～2 天内进行栽植时可不必假植，应用草帘覆盖。

4. 苗木的栽植

(1)修冠、修根　在定植前，对树木树冠必须进行不同程度的修剪，以减少树体水分的散发，维持树势平衡，以利树木成活。修剪量依不同树种及景观要求有所不同。

①落叶乔木修剪。对于较大的落叶乔木，尤其是生长势较强、容易抽出新枝的树种，如杨、

柳、槐等，可进行强修剪，树冠可减少至1/2以上，这样既可减轻根系负担、维持树体的水分平衡，也可减弱树冠招风、防止体摇，增强树木定植后的稳定性。

具有明显主干的高大落叶乔木，应保持原有树形，适当疏枝，对保留的主侧枝应在健壮芽上短截，可剪去枝条的1/3～1/2。无明显主干、枝条茂密的落叶乔木，干径10 cm以上者，可疏枝保持原树形；干径为5～10 cm的，可选留主干上的几个侧枝，保持适宜树形进行短截。

②花灌木及藤蔓树种的修剪。应符合下列规定：带土球或湿润地区带宿土的裸根树木及上年花芽分化已完成的开花灌木，可不作修剪，仅对枯枝、病虫枝予以剪除。分枝明显、新枝着生花芽的小灌木，应顺其树势适当强剪，促生新枝，更新老枝。枝条茂密的大灌木，可适量疏枝。对嫁接灌木，应将接口以下砧木上萌生的枝条疏除。用作绿篱的灌木，可在种植后按设计要求整形修剪。在苗圃内已培育成型的绿篱，种植后应加以整修。攀缘类和藤蔓性树木，可对过长枝蔓进行短截。攀缘上架的树木，可疏除交错枝、横向生长枝。

③常绿乔木修剪。常绿乔木如果枝条茂密且具有圆头形树冠的，可适量疏枝。枝叶集生树干顶部的树木可不修剪。具轮生侧枝的常绿乔木，用作行道树时，可剪除基部2～3层轮生侧枝。常绿针叶树，不宜多修剪，只剪除病虫枝、枯死枝、生长衰弱枝、过密的轮生枝和下垂枝。用作行道树的乔木，定干高度宜大于3 m，第一分枝点以下枝条应全部剪除，分枝点以上枝条酌情疏剪或短截，并应保持树冠原型。珍贵树种的树冠，宜尽量保留，以少剪为宜。

(2)树木定植

①定植深度。栽植深度是否合理是影响苗木成活的关键因素之一。一般要求苗木的原土痕与栽植穴地面齐平或略高。栽植过深容易造成根系缺氧，树木生长不良，逐渐衰亡(图4-4)；栽植过浅，树木容易干枯失水，抗旱性差。苗木栽植深度受树木种类、土壤质地、地下水位和地形地势影响。一般根系再生力强的树种(如杨、柳、杉木等)和根系穿透力强的树种(如悬铃木、樟树等)可适当深栽，土壤排水不良或地下水位过高应浅栽；土壤干旱、地下水位低应深栽；坡地可深栽，平地和低洼地应浅栽。如雪松、广玉兰等忌水湿树种，常露球种植，露球高度为土球竖径的1/4～1/3。

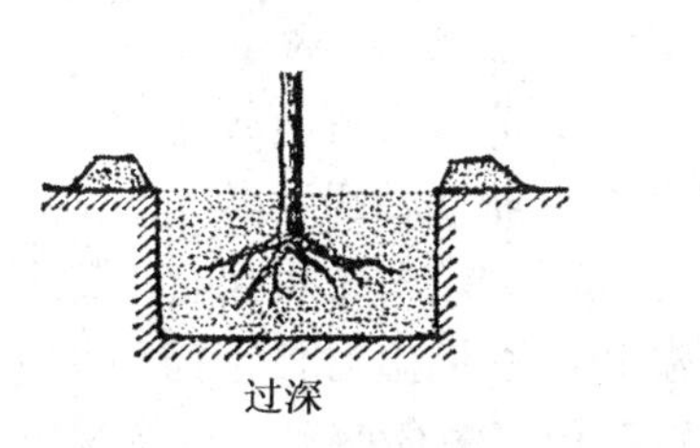

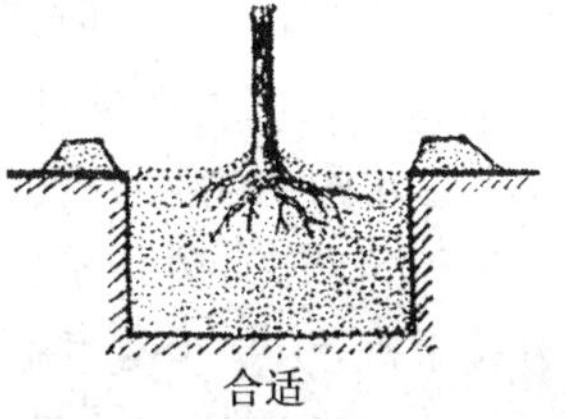

图4-4 栽植深度

②包扎材料的处理。草绳或稻草之类易腐烂的土球包扎材料，如果用量较稀少，入穴后不一定要解除；如果用量较多，可在树木定位后剪除一部分，以免其腐烂发热，影响树木根系生长。

③定植方向。主干较高的大树木定植时，栽植时应保持原来的生长方向。如果原来树干朝南的一面栽植朝北，冬季树皮易冻裂，夏季易日灼。另外应把观赏价值高的一面朝向主要观赏方向，即将树冠丰满完好的一面，朝向主要的观赏方向，如入口处或主行道。若树冠高低不

匀,应将低冠面朝向主面,高冠面置于后向,使之有层次感。在行道树等规则式种植时,如树木高矮参差不齐、冠径大小不一,应预先排列种植顺序,形成一定的韵律或节奏,以提高观赏效果。如树木主干弯曲,应将弯曲面与行列方向一致,以作掩饰。对人员集散较多的广场、人行道,树木种植后,种植池应铺设透气护栅。

④种植。定植时首先将混好肥料的表土,取其一半填入坑中,培成丘状。裸根树木放入坑内时,务必使根系均匀分布在坑底的土丘上,校正位置,使根颈部高于地面 5～10 cm。珍贵树种或根系欠完整树木、干旱地区或干旱季节,种植裸根树木等应采取根部喷布生根激素、增加浇水次数及施用保水剂等措施。针叶树可在树冠喷布聚乙烯树脂等抗蒸腾剂。对排水不良的种植穴,可在穴底铺 10～15 cm 沙砾或铺设渗水管、盲沟,以利排水。竹类定植,填土分层压实时,靠近鞭芽处应轻压;栽种时不能摇动竹竿,以免竹蒂受伤脱落;栽植穴应用土填满,以防根部积水引起竹鞭腐烂;最后覆一层细土或铺草以减少水分蒸发;母竹断梢口用薄膜包裹,防止积水腐烂。

其后将另一半掺肥表土分层填入坑内,每填 20～30 cm 土踏实一次,并同时将树体稍稍上下提动,保证根系与土壤紧密接触。最后将心土填入植穴,直至填土略高于地表面。带土球树木必须踏实穴底土层,而后置入种植穴,填土踏实。在假山或岩缝间种植,应在种植土中掺入苔藓、泥炭等保湿透气材料。绿篱成块状模纹群植时,应由中心向外顺序退植。坡式种植时应由上向下种植。大型块植或不同彩色丛植时,宜分区分块种植。

5. 栽后养护管理

(1)浇水 “树木成活在于水,生长快慢在于肥。”灌水是提高树木栽植成活率的主要措施,特别在春旱少雨、蒸腾量大的北方地区尤需注重。树木定植后应在略大于种植穴直径的周围,筑成高 10～15 cm 的灌水土堰,堰应筑实不得漏水。新植树木应在当日浇透第一遍水,以后应根据土壤墒情及时补水。黏性土壤,宜适量浇水,根系不发达树种,浇水量宜较多;肉质根系树种,浇水量宜少。秋季种植的树木,浇足水后可封穴越冬。干旱地区或遇干旱天气时,应增加浇水次数,北方地区种植后浇水不少于三遍。干热风季节,宜在上午 10 时前和下午 15 时后,对新萌芽放叶的树冠喷雾补湿,浇水时应防止因水流过急而冲裸露根系或冲毁围堰。浇水后如出现土壤沉陷、致使树木倾斜时,应及时扶正、培土。

(2)裹干 常绿乔木和干径较大的落叶乔木,定植后需进行裹干,即用草绳、蒲包、苔藓等具有一定的保湿性和保温性的材料,严密包裹主干和比较粗壮的一、二级分枝。经裹干处理后,一可避免强光直射和干风吹袭,减少干、枝的水分蒸腾;二可保存一定量的水分,使枝干经常保持湿润;三可调节枝干温度,减少夏季高温和冬季低温对枝干的伤害。目前,亦有附加塑料薄膜裹干,此法在树体休眠阶段使用效果较好,但在树体萌芽前应及时撤除。因为塑料薄膜透气性能差,不利于被包裹枝干的呼吸作用,尤其是高温季节,内部热量难以及时散发而引起的高温,会灼伤枝干、嫩芽或隐芽,对树体造成伤害。树干皮孔较大而蒸腾量显著的树种如樱花、鸡爪槭等,以及香樟、广玉兰等大多数常绿阔叶树种,定植后枝干包裹强度要大些,以提高栽植成活率。

(3)扶正树体 定植灌水后,因土壤松软沉降,树体极易发生倾斜倒伏现象,一经发现,需立即扶正。扶树时,可先将树体根部背斜一侧的填土挖开,将树体扶正后还土踏实。特别对带土球树体,切不可强推猛拉、来回晃动,以致土球松裂,影响树体成活。

(4)立支柱 栽植胸径 5 cm 以上树木时,植后应立支架固定,以防冠动根摇,影响根系恢复生长，特别是在栽植季节有大风的地区。裸根树木栽植常采用标杆式支架，即在树干旁打一杆桩，用绳索将树干缚扎在杆桩上，缚扎位置宜在树高 1/3 或 2/3 处，支架与树干间应衬垫软物。带土球树木常采用扁担式支架，即在树木两侧各打入一杆桩，杆桩上端用一横担缚连，将树干缚扎在横担上完成固定。三角桩或井字桩的固定作用最好，且有良好的装饰效果，在人流量较大的市区绿地中多用，但注意支架不能打在土球或骨干根系上。

(5)搭架遮阴　大规格树木移植初期或高温干燥季节栽植，要搭建阴棚遮阴，以降低树冠温度，减少树体的水分蒸腾。树木成活后，视生长情况和季节变化，逐步去除遮阴物。如体量较大的乔、灌木树种，要求全冠遮阴，阴棚上方及四周与树冠保持 30～50 cm 间距，以保证棚内有一定的空气流动空间，防止树冠日灼危害；为了让树体接受一定的散射光，保证树体光合作用的进行，遮阴度应为 70%左右。又如成片栽植的低矮灌木，可打地桩拉网遮阴，网高距树木顶部 20 cm 左右。

案例　广玉兰在一般立地条件下的栽植技术

广玉兰是忌水湿树种，因此在排水不良的种植地穴，首先在穴底铺 10～15 cm 沙砾或铺设渗水管、盲沟，以利排水。

1. 栽植技术

定植时首先将混好肥料的表土，取其一半填入坑中，培成丘状，踏实穴底土层，之后将树木置入种植穴，注意将树冠丰满完好的一面，朝向主要的观赏方向，解开包装，凡不易腐烂的物质一律取出，拆除包装后不能再移动树干与广玉兰土球，否则根土分离。如果广玉兰土球包装拆除困难或为防止广玉兰土球破碎，可剪断包装、松开蒲包草袋，任其在土壤中腐烂。之后将另一半掺肥表土分层填入坑内，每填 20～30 cm 土踏实一次。最后将心土填入植穴，广玉兰常露球种植，露球高度为土球竖径的 1/4～1/3。树木定植后在略大于种植穴直径的周围，筑成高 10～15 cm 的灌水土堰，之后，浇足定根水。

2. 养护管理

(1)浇水　应根据土壤墒情及时补水，对新萌芽放叶的树冠喷雾补湿，浇水时应防止因水流过急而冲裸露根系或冲毁围堰。

(2)扶正、培土　浇水后如出现土壤沉陷、致使树木倾斜时，应及时扶正、培土。

(3)树体裹干　广玉兰树枝干易被烈日灼伤，因此定植后用草绳、蒲包、苔藓等具有一定的保湿性和保温性的材料进行裹干，严密包裹主干和比较粗壮的一二级分枝。

(4)固定支撑　植后应立支架固定，以防冠动根摇，影响根系恢复生长。可用三角桩或井字桩的固定。

(5)修枝摘叶　应修剪内膛枝、重叠枝和病虫枝，并力求树形完整。摘叶可摘掉叶片量的 1/3 为宜。

(6)搭架遮阴　可采用全冠遮阴，阴棚上方及四周与树冠保持 30～50 cm 间距，以保证棚内有一定的空气流动空间，防止树冠日灼危害。遮阴度为 70%左右，让树体接受一定的散射光，以保证树体光合作用的进行。

(7)去除遮阴物　树木成活后，视生长情况和季节变化，逐步去除遮阴物。

(8)成活后水肥管理　根据环境条件适时浇水；在生长期可施稀肥 1～2 次。

二、特殊立地条件下的树木栽植技术

特殊的立地环境是指具有大面积铺装表面的立地，如屋顶、盐碱地、干旱地、无土岩石地、环境污染地及容器栽植等。在城市绿地建设中经常需要在这些特殊、极端的立地条件下栽植树木。影响树木生长的主要环境因素有水分、养分、土壤、温度、光照等，特殊的立地环境条件常表现为其中一个或多个环境因子处于极端状态下，如干旱立地条件下水分极端缺少，无土岩石立地条件下基本无土或土壤极少，在这样特殊的立地环境条件必须采取一些特殊的措施才能达到成功栽植树木的效果。

(一)容器栽植技术

1. 容器栽植的特点

目前在城市的商业区步行街、商场门前、停车场等城市中心区域，为了增加树量，营造绿色，通常使用各类容器来栽植树木，这些容器栽植有以下一些特点。

(1)可移动性与临时性　在自然环境不适合树木栽植或空间狭小等情况下需要临时性栽植树木，可采用容器栽植进行环境绿化布置。如在城市道路全部为铺装的条件下，采用摆放各式容器栽植树木的方法，进行生态环境补缺，特别是为了满足节假日等喜庆活动的需要，可大量使用容器栽植的观赏树木来美化街头、绿地，营造与烘托节日的氛围。

(2)树种选择丰富性　容器栽植的树木种类选择较自然立地条件下栽植的要多，因为容器栽植可采用保护地设施培育，受气候或地理环境的限制较小，尤其在北方，在春、夏、秋三季将原本不能露地栽植的热带、亚热带树种可利用容器栽植技术呈现室外，丰富了观赏树木的应用范畴。

(3)容器种类多样性　树木栽植的容器材质各异、种类多样，常用的有陶盆、瓷盆、木盆、塑料盆、玻璃纤维强化灰泥盆等。另外，在铺装地面上砌制的各种栽植槽，有砖砌、混凝土浇筑、钢制等，也可理解为容器栽植的一种特殊类型，不过它固定于地面，不能移动。

2. 容器栽植树种选择

容器栽植特别适合于生长缓慢、浅根性、耐旱性强的树种。乔木类常用的有桧柏、五针松、银杏、柳杉等；灌木的选择范围较大，常用的有罗汉松、花柏、刺柏、杜鹃、山茶、桂花、檵木、月季、八仙花、红瑞木、珍珠梅、紫薇、榆叶梅、栀子等；地被树种在土层浅薄的容器中也可以生长，如铺地柏、平枝栒子、八角金盘、菲白竹等。

3. 容器栽植技术

(1)栽植基质的选择

①有机基质。常见的有木屑、稻壳、泥炭、草炭、椰糠、腐熟堆肥等。

木屑：成本低、质轻，便于使用，但松柏类锯末富含油脂，不宜使用；侧柏类锯末含有毒素物质，更要忌用。木屑以中等细度或加适量比例的刨花细锯末混合使用效果较好，水分扩散均匀。在粉碎的木屑中加入氮肥，经过腐熟后使用效果更佳。

泥炭：由半分解的水生、沼泽地的植被组成。泥炭一般质地疏松，比重小，吸水性强，富含有机质和腐殖酸。因其来源、分解状况及矿物含量、pH 值的不同，又分为泥炭藓、芦苇苔草、泥炭腐殖质三种。其中泥炭藓持水量高于本身干重的 10 倍，pH 3.8～4.5，并含有氮(1%～2%)，适于作基质使用。

草炭：取自草地或牧场上层 5～8 cm 厚的草及草根土，腐熟 1 年即可以使用。堆积越长，养分含量越高；pH 6.0～8.0。

椰糠：黑褐色，也称椰壳纤维，是椰壳的粉碎物。含有 Na、Cl、P、K 多种养分；多孔，持水好；产地不同 pH 值也有变化，pH 在 5.5～6.5；保肥性差；可以改善通气性。

②无机基质。常用的有珍珠岩、蛭石、沸石等。

蛭石：蛭石为云母类矿石加热至 745～1 000℃ 膨胀形成孔多的海绵状小片，无毒无异味，易被挤压变形；呈中性反应，具有良好的缓冲性能；持水力强，透气性差。适于栽培茶花、杜鹃等喜湿树种。

珍珠岩：珍珠岩是火山岩的铝硅化合物加热到 870～2 000℃形成的海绵状小颗粒，容重 80～130 kg/m^3，pH 值 5～7，无缓冲作用，也没有阳离子交换性，不含矿质养分；颗粒结构坚固，不会被挤压变形；没有养分、无菌；pH 6.5～8.0；保水性不如蛭石，通气性好。主要用于无土栽培基质，一般不单独使用。

(2)栽植　先用瓦片或纱网盖住盆底排水孔，填入粗培养土 2～3 cm，再加入一层培养土，放入植株，再向根的四周填加培养土，把根系全部埋住后，轻提植株使根系舒展，并轻压根系四周培养土，使根系与土壤密接，然后继续加培养土，至容器口 2～3 cm 处。上完盆后应立即浇透水，需浇 2～3 遍，直至排水孔有水排出，放在蔽阴处 4～5 天后，逐渐见光，以利缓苗，缓苗后可正常养护。

(3)容器栽植的管理

浇水：浇水是容器栽植养护技术的关键。水分管理一般采用浇灌、喷灌、滴灌的方法，以滴灌设施最为经济、科学，并可实现计算机控制、自动管理。

施肥：容器栽植中的基质及所含的养分均极有限，无法满足树体生长的需要，必须施肥。方法是：将肥料溶于水中，浇灌树木。此外，也可采用叶面施肥。

修剪：合理修剪可控制竞争枝、直立枝、徒长枝生长，从而控制树形和体量，保持一定的根冠比例，并可控制新梢的生长方向和长势，均衡树势。

(二)铺装地面树木栽培技术

1.铺装地面的环境特点

(1)树盘土壤表面积小　在有铺装的地面进行树木栽植，大多情况下种植穴的表面积都比较小，一般仅有 1～2 m^2，有的覆盖材料甚至一直铺到树干基部，树盘范围内的土壤表面积极少，土壤与外界的交流受较大制约。

(2)生长环境条件恶劣　栽植在铺装地面上的树木，其生境比一般立地条件下要恶劣得多，由于根际土壤被压实、透气性差，导致土壤水分、营养物质与外界的交换受阻，同时受到强烈的地面热量辐射和水分蒸发的影响。研究表明，夏季中午的铺装地表温度可高达 50℃以上，不但土壤微生物被致死，树干基部也可能受到高温的伤害。近年来我国许多城市还采用大理石进行大面积铺装，更加重了地表高温对树木生长带来的危害。

(3)易受人为伤害　由于铺装地面大多为人群活动密集的区域，树木生长容易受到人为的干扰和难以避免的损伤，如刻伤树皮、钉挂杂物，在树干基部堆放有害、有碍物质，以及市政施工时对树体造成的各类机械性伤害。

2.铺装地面植树种选择

由于铺装立地的环境条件恶劣，树种选择应根系发达，具有耐干旱、耐贫瘠的特性；树体能耐高温与阳光暴晒，不易发生灼伤。

3. 铺装地面树种栽培技术

(1)更换栽植穴的土壤　适当更换栽植穴的土壤,改善土壤的通透性和土壤肥力,更换土壤的深度为 50～100 cm。

(2)树盘处理　保证栽植在铺装地面的树木有一定的根系土壤体积。据调查资料显示,在有铺装地面栽植的树木,根系至少应有 3 m^3 的土壤,且增加树木基部的土壤表面积要比增加栽植深度更为有利。铺装地面切忌一直伸展到树干基部,否则随着树木的加粗生长,不仅地面铺装材料会嵌入树干体内,树木根系的生长也会抬升地面,造成地面破裂不平。

为了景观效果,起到保墒、减少扬尘的作用,树盘地面可栽植花草,覆盖树皮、木片、碎石等;也可采用两半的铁盖、水泥板覆盖,但其表面必须有通气孔,盖板最好不直接接触土表;如是水泥、沥青等表面没有缝隙的整体铺装地面,应在树盘内设置通气管道以改善土壤的通气性。通气管道安置在种植穴的四角,一般采用 PVC 管,直径 10～12 cm,管长 60～100 cm,管壁钻孔。

案例　铺装地面树木栽培技术

1. 树种选择

选择根系发达,具有耐干旱、耐瘠薄特性,具有耐高温、日灼等恶劣环境条件下生长的树种。

2. 换土

在水泥、沥青等没有缝隙的整体铺装地面,首先更换栽植穴的土壤,更换土壤的深度为 80 cm 左右。

3. 栽植技术

(1)定植　首先在种植穴的四角,用直径 10～12 cm,管长 60～100 cm、管壁有钻孔的 PVC 管埋设管壁有钻孔。之后将混好肥料的土壤,取其一半填入穴中,培成丘状。踏实穴底土层,而后置入种植穴,填土踏实,注意将树冠丰满完好的一面朝向主要的观赏方向。树木定植后浇足定根水。

(2)树盘处理　树盘地面可栽植花草,覆盖树皮、木片、碎石等,也可采用铁盖、水泥板覆盖,但其表面必须有通气孔。

4. 养护管理

①浇水。由于生长环境条件恶劣,应及时做好补水工作,对新萌芽放叶的树冠喷雾补湿。

②固定支撑及遮阴。

③加强水肥管理等日常养护。

(三)干旱地树木栽培技术

1. 干旱地的环境特点

干旱的立地环境因水分缺少构成对树木生长的胁迫,同时干旱可使土壤环境发生变化。

(1)土壤发生次生盐渍化　当表层土壤干燥时,地下水通过毛细管的上升运动到达土表,补充因蒸发而损失的水分,同时,盐碱伴随着毛管水上升,并在地表积聚,盐分含量在地表或土层某一特定部位的增高,导致土壤次生盐渍化发生。

(2)土壤生物种类少　干旱条件导致土壤生物种类如细菌、线虫、蚁类、蚯蚓等数量减少,生物酶的分泌也随之减少,阻碍了土壤有机质的分解,从而影响树体养分的吸收。

(3)土壤温度较高　干旱造成土壤热容量减小,温差变幅加大。同时,因土壤的潜热交换减少,土壤温度升高,这些都不利于树木根系的生长。

2. 干旱地种植树种选择

在干旱地土质贫瘠,尤其在公路两侧及迎面山区绿化难度大,可选择抗旱性强树种。如落叶阔叶乔木树种可选择新疆杨、新疆白榆、黄柳、垂柳、小叶杨、国槐、龙爪槐、龙爪柳等,花灌木树种应优先选择华北紫丁香、黄刺玫、紫穗槐、沙枣、柽柳、枸杞、华北珍珠梅等,常绿针叶树种为圆柏、云杉、樟子松、杜松、油松、侧柏等。

3. 干旱地树种栽培技术

(1)栽植时间　干旱地的树木栽植应以春季为主,一般在3月中旬至4月下旬,此期土壤比较湿润,土壤的水分蒸发和树体的蒸腾作用也比较低,树木根系再生能力旺盛,愈合发根快,种植后有利于树木的成活生长。但在春旱严重的地区,宜在雨季栽植。

(2)栽植技术

①泥浆堆土。泥浆能增强水和土的亲和力,减少重力水的损失,可较长时间保持根系的土壤水分。堆土可减少树穴土壤水分的蒸发,减小树干在空气中的暴露面积,降低树干的水分蒸腾。具体做法是:将表土回填树穴后,浇水搅拌成泥浆,再挖坑种植,并使根系舒展;然后用泥浆培稳树木,以树干为中心培出半径为50 cm、高50 cm的土堆。

②埋设保水剂。常用的保水剂聚合物是颗粒状的聚丙烯酰胺和聚丙烯醇物质,能吸收自重100倍以上的水分,具极好的保水作用。高吸收性树脂聚合物为淡黄色粉末,不溶于水,吸水膨胀后成无色透明凝胶,可将其与土壤按一定比例混合拌和使用;也可将其与水配成凝胶后,灌入土壤使用,有助于提高土壤保水能力。具体做法:在干旱地栽植时,将其埋于树木根部,能较持久地释放所吸收的水分供树木生长。

③开集水沟。旱地栽植树木,可在地面挖集水沟蓄积雨水,有助于缓解旱情。

④容器隔离。采用容器如塑料袋(10～300 L)将树体与干旱的立地环境隔离,创造适合树木生长的小环境。袋中填入腐殖土、肥料、珍珠岩,再加上能大量吸收和保存水分的聚合物,与水搅拌后成冻胶状,可供根系吸收3～5个月。若能使用可降解塑料制品,则对树木生长更为有利。

案例　干旱地树木栽培技术

1. 树种选择

落叶阔叶乔木树种可选择新疆杨、新疆白榆、黄柳、垂柳、小叶杨、国槐、龙爪槐、龙爪柳等。以龙爪槐在干旱地栽培为例,龙爪槐喜光,稍耐阴,其根系发达,深根性,不耐阴湿,耐干旱,但喜土层深厚、湿润肥沃、排水良好的沙质壤土。

2. 栽植技术

①泥浆。将疏松、肥沃的表土回填树穴后,浇水搅拌成泥浆。

②种植。种植时使根系舒展,并用泥浆培稳树木。

③埋设保水剂。将保水剂与土壤按一定比例混合拌和,将其埋于树木根部,保水剂能较持久地释放所吸收的水分供树木生长。

④以树干为中心培出半径约为50 cm、高50 cm的土堆。

⑤开集水沟。种植好后,可在地面挖集水沟蓄积雨水,有助于缓解旱情。

3.养护管理

①浇水。由于生长环境条件干旱,栽后必须及时对干冠喷水保湿。

②扶正、培土。浇水后如出现土壤沉陷、致使树木倾斜时,应及时扶正、培土,在休眠期进行也要进行扶正、培土,为根系的生长提供良好的条件。

③养护中要勤于修剪,美化树木造型,改善其透光条件。

(四)盐碱地树木栽培技术

1.盐碱地的环境特点

盐碱土是地球上分布广泛的一种土壤类型,约占陆地总面积的25%。我国从滨海到内陆,从低地到高原都有分布。土壤中的盐分主要为 Na^+ 和 Cl^-。在微酸性至中性条件下,Cl^- 为土壤吸附;当土壤 pH>7 时,吸附可以忽略,因此 Cl^- 在盐碱土中的移动性较大。Cl^- 和 Na^+ 为强淋溶元素,在土壤中的主要移动方式是扩散与淋失,二者都与水分有密切关系。在雨季,降水大于蒸发,土壤呈现淋溶脱盐特征,盐分顺着雨水由地表向土壤深层转移,也有部分盐分被地表径流带走;而在旱季,降水小于蒸发,底层土壤的盐分循毛细管移至地表,表现为积盐过程。在荒裸的土地上,土壤表面水分蒸发量大,土壤盐分剖面变化幅度大,土壤积盐速度快,因此要尽量防止土壤的裸露,尤其在干旱季节,土壤里覆盖有助于防止盐化发生。沿海城市中的盐碱土主要是滨海盐土,成土母质为沙黏不定的滨海沉积物,不仅土壤表层积盐重,达到1%~3%,在1 m土层中平均含盐量也达到0.5%~2%,盐分组成与海水一致,以氯化物占绝对优势。

2.盐碱地种植树种选择

(1)盐碱地种植树种的特性　耐盐树种具有适应盐碱生态环境的形态和生理特性,能在其他树种不能生长的盐渍土中正常生长。这类树种一般体小质硬,叶片小而少,蒸腾面积小;叶面气孔下陷,表皮细胞外壁厚,常附生绒毛,可减少水分蒸腾;叶肉中栅栏组织发达,细胞间隙小,有利于提高光合作用的效率。

(2)常见的主要耐盐树种　一般树木的耐盐力为0.1%~0.2%,耐盐力较强的树种为0.4%~0.5%,强耐盐力的树种可达0.6%~1.0%。可用于滨海盐碱地栽植的树种主要有:

黑松:是唯一能在盐碱地用作园林绿化的松类树种,能抗含盐海风和海雾,特别适于在海拔600 m以上的山地栽植。

胡杨:能在含盐量1%的盐碱地生长,是荒漠盐土上的主要绿化树种。

火炬树:是盐碱地栽植的主要园林树种,适于林缘生长,浅根且萌根力强。

白蜡:在含盐量0.2%~0.3%的盐土生长良好,具耐水湿能力强,是极好的滩涂盐碱地栽植树种,其根系发达,萌蘖性强,木质优良,叶色秋黄。

合欢:根系发达,对硫酸盐的抗性强,耐盐量可达1.5%以上,适宜在含盐量0.5%的轻盐碱土栽植。其花浓香,果可食用或加工,木材坚韧,被誉为耐盐碱栽植的宝树。但耐氯化盐能力弱,超过0.4%则不适生长。

苦楝:是盐渍土地区不可多得的耐盐、耐湿树种,一年生苗可在含盐量0.6%的盐渍土生长。

紫穗槐:能在含盐量为1%的盐碱地生长,且生长迅速,为盐碱地绿化的先锋树种。

沙枣:适宜在含盐量0.6%的盐碱土栽植,在含盐量不超过1.5%以上的土壤还能生长。

北美圆柏，能在含盐0.3%～0.5%的土壤中生长。

另外如国槐、柽柳、垂柳、刺槐、侧柏、龙柏等都具有一定的耐盐能力，单叶蔓荆、枸杞、小叶女贞、石榴、月季、木槿等均是耐盐碱土栽植的优良树种。

3. 盐碱地树种栽培技术

(1)栽植季节　土壤中的盐碱成分因季节而有变化，春季干旱、风大，土壤返盐重，而秋季土壤经夏季雨淋盐分下移，部分盐分被排出土体，定植后，树木经秋、冬缓苗易成活。因此，在盐碱地树木栽植的最适季节为秋、冬季。

(2)施用土壤改良剂　施用土壤改良剂可达到直接在盐碱土栽植树木的目的。如施用石膏可中和土壤中的碱，适用于小面积盐碱地改良，施用量为3～4 t/hm^2。

(3)防盐碱隔离层　对盐碱度高的土壤，可采用此法来控制地下水位上升，阻止地表土壤返盐，在栽植区形成相对的局部少盐或无盐环境。具体方法为：在地表挖1.2 m左右的坑，将坑的四周用塑料薄膜封闭，在坑底部铺厚约20 cm的石渣或炉渣，在石渣上铺10 cm草肥，形成隔离盐碱环境、适合树木生长的小环境。试验表明，采用此法树木成活率达到85%以上。

(4)埋设渗水管　铺设渗水管可控制高矿化度的地下水位上升，防止土壤急剧返盐。采用渣石、水泥制成内径20 cm、长100 cm的渗水管，埋设在距树体30～100 cm处，设有一定坡降并高于排水沟，距树体5～10 m处建一收水井，集中收水外排。采用此法栽植白蜡、垂柳、国槐、合欢等，树体生长良好。

(5)暗管排水　暗管排水的深度和间距可以不受土地利用率的制约，有效排水深度稳定，适用于重盐碱地区。单层暗管埋深2 m，间距50 cm；双层暗管第一层埋深0.6 m，第二层埋深1.5 m，上下两层在空间上形成交错布置，在上层与下层交会处垂直插入管道，使上层的积水由下层排出，下层管排水流入集水管。

(6)抬高地面　在盐碱地段，换土并抬高地面约20 cm，然后再栽植植物。研究表明，采用此法栽种油松、侧柏、龙爪槐、合欢、碧桃、红叶李等树种，成活率达到72%～88%。

(7)生物技术改土　主要指通过合理的换茬种植的方法，减少土壤的含盐量。如对滨海盐渍土，采用种稻洗盐、种耐盐绿肥翻压改土的措施，1～2年后，降低土壤含盐量40%～50%。

(8)施用盐碱改良肥　盐碱改良肥是一种有机—无机型特种园艺肥料，pH值5.0。盐碱改良肥内含钠离子吸附剂、多种酸化物及有机酸，此法是利用酸碱中和、盐类转化、置换吸附原理，既能降低土壤pH值，又能改良土壤结构，提高土壤肥力，可有效用于各类盐碱土改良。

案例　盐碱地的雪松栽培技术

雪松适生于生长在土层深厚、肥沃、疏松、地势较高、排水良好的沙质壤土中，当地下水位高于1.5 m时，土壤种植层中水分多、氧气少，雪松根系不易伸展。而盐碱地区的地下水位往往过高。因此，栽培时必须做好以下几点。

(1)栽植季节　雪松栽植的最佳季节是晚春或早秋。

(2)高台整地　采用抬高地面的方法，在自然起伏地形上进行高台整地，在规则式绿地中可利用花坛抬高地面。

(3)穴底铺设隔离层　栽植穴底层垫石子20 cm＋粗沙10 cm＋麦秸10 cm＋坑土10 cm。铺设隔离层、安放通气管、做地下排水系统等方法改善立地条件。

(4)使用专用基质　专用基质土呈微酸性，土壤结构性能好，有良好的通气性，可有效控制渍水烂根，为雪松生长提供适宜的条件。专用基质的配置比例为田园土50%、泥炭20%、炉渣22%、蛭石5%、改良肥3%及适量的杀菌剂。

(5)栽植技术　带土球栽植，土球直径为树干胸径的8倍为宜。栽植时，先在根部喷生根粉溶液，每株施用盐碱土改良肥3 kg左右，与种植土拌匀施在根际周围。定植时可在树干周围竖埋几根通气管，以利透气。定植后，在根盘土壤表面覆盖一层能保持树盘土壤疏松的基质，如锯末或粗沙，以控制盐分在地面积累。浇水应一次浇透，灌溉水不宜浇用pH值超过7.0、矿化度超过2 g/L的碱性水。

(6)栽后养护　初冬应浇一次抗旱水，可有效防止低温下生理干旱的发生。雨季如遇水渍现象出现，可在根系范围内开穴透气，并浇200倍硫酸铜水溶液给根系消毒。在重盐碱地区，为防止定植数年后的返碱现象，可每年在地表围绕树干挖宽30 cm、深40 cm的环状沟，环径大小与树冠接近，沟内施用2 kg盐碱土改良肥，并及时浇水。

(五)无土裸岩树木栽培技术

1.无土裸岩的立地环境特点

无土裸岩是在山地上建宅、筑路、架桥后对原立地改造形成的人工坡面，或是采矿后破坏表层土壤而裸露出的未风化岩石，因各种自然或人为因素导致滑坡而形成的无土岩地，以及人造的岩石园、园林叠石假山等，大多缺乏树木生存所需的土壤或土层十分浅薄，自然植被很少，是环境绿化中的特殊立地。

主要生境特点是：无土裸岩很难能固定树木的根系，缺少树木正常生长需要的水分和养分，树木生存环境恶劣。因为岩石具发育的节理，常年风化造成的裂缝或龟裂，可积聚少许土壤与蓄存一定量的水分；风化程度高的岩石，表面形成的风化层或龟裂部分，可使树木有可能扎根生长。若岩石表面风化为保水性差的岩屑，在岩屑上铺上少量客土后，也能使某些树木维持生长。

2.无土裸岩树种选择

无土裸岩地缺土少水，树种选择应选能在此环境中生长的树木，并在形态与生理上都发生一系列与此环境相适应的明显变化特点。

①树体生长缓慢，株形矮小，呈团丛状或垫状，生命周期长，耐贫瘠土质、抗性强，在高山峭壁上生长的岩生类型。

②植株含水量少或在丧失1/2含水量时仍不会死亡；叶面小，多退化成鳞片状、针状，或叶边缘向背面卷曲；叶表面的蜡质层厚、有角质，气孔主要分布的叶背面有绒毛覆盖，水分蒸腾小。

③根系发达，有时延伸达数十米，可穿透岩石的裂缝伸入下层土壤吸收营养和水分。有的根系能分泌有机酸分化岩石，或能吸收空气中的水分。

常见的植物种类有黄山松、紫穗槐、胡颓子、忍冬、杜鹃等。

3.无土裸岩树种栽培技术

(1)客土改良　客土改良是在无土岩石地栽植树木的最基本做法。具体方法是：岩石缝隙多的，可在缝隙中填入客土；整体坚硬的岩石，可局部打碎后再填入客土。

(2)斯特比拉纸浆喷布　斯特比拉是一种专用纸浆，将种子、泥土、肥料、黏合剂、水放在纸浆内搅拌，通过高压泵喷洒在岩石地上。由于纸浆中的纤维相互交错，形成密布孔隙，这种形如布格状的覆盖物有较强的保温、保水、固定种子的作用，尤适于无土岩山地的荒山绿化。

(3)水泥基质喷射　在铁路、公路、堤坝等工程建设中，经常要开挖大量边坡，从而破坏了原有植被覆盖层，形成大量的次生裸地，可采用水泥基质喷射技术辅助绿化。此法可大大减弱岩石的风化及雨水冲蚀，降低岩石边坡的不稳定性，在很大程度上改善了因工程施工所破坏的生态环境，景观效果较好，但一般只适用于小灌木或地被树种栽植。

水泥基质是由固体、液体和气体三相物质组成的具有一定强度的多孔人工材料。固体物质包括粗细不等的土壤矿质颗粒、胶结材料(低碱性水泥和河沙)、肥料和有机质以及其他混合物。基质中加入稻草秸秆等成孔材料，使固体物质之间形成形状和大小不等的空隙，空隙中充满水分和空气。基质铺设的厚度为3～10 cm，基质与岩石间的结合，可借助由抗拉强度高的尼龙高分子材料等编织而成的网布。

施工前首先开挖、清理并平整岩石边坡的坡面，钻孔、清理并打入锚杆，挂网后喷射拌和种子的水泥基质，萌发后转入正常养护。

案例　无土裸岩树木栽培技术

以客土喷播无土裸岩绿化技术为例。客土喷播是将绿化植物种子、肥料、保水剂、土壤、有机物、稳定剂等混合物充分混合后，通过喷射机按设计厚度均匀喷到需防护的工程坡面，以达到景观近似于自然绿化目的。

1.植物选择

可采用灌、草、灌的配置方式，如草本植物可选早熟禾、高羊茅、百喜草等，灌木可选胡枝子、紫穗槐、黄槐等。

2.修整坡面及处理坡面排水

清理坡面杂物、危石，使坡面基本保持平整。设置泻水管，对坡面径流、涌水进行处理。

3.基材喷射植被护坡锚杆施工

①菱形网的铺设应尽量与坡面紧贴，在岩石边坡表面铺设菱形镀锌低碳钢丝网，用主锚钉和次锚钉固定。锚杆与镀锌网接触呈90°弯起，弯起长度不小于5 cm。

②两张铁丝网重叠处应不小于10 cm。

③喷播材料的配制。将普通黏土(40%～50%)、有机营养土(25%～35%)、土壤改良材料(15%～25%)，如木屑，植物纤维、禽粪、膨化物等辅助材料、复合肥(0.6%～0.8%)、保水剂(0.25%)、团粒剂(0.3‰)、微生物菌剂(0.154%～0.2%)、植物种子等进行混合均匀。

④采用多用途的喷播机喷播。

4.养护管理

喷后盖无纺布，根据土面湿度和天气情况进行浇水，初期一般每天浇水2次，促进种子发芽，苗齐后每天浇水1次，若无纺布没有降解应揭开，利于植物生长，同时做好定期观察，防止病虫害发生。

(六)屋顶花园树木栽培技术

1.屋顶花园的作用

构筑屋顶花园已有很久的历史，国外的一些城市甚至在屋顶营造乔木树林，主要目的是为了充分利用空间，尽量在“水泥森林”的城市建筑中增加绿色与绿化量。在我国，许多现代化城市，特别是大城市，屋顶花园的营造已十分普遍。屋顶花园是营造在建筑物顶层的绿化形式，它诸多方在起着重要作用。

（1）改善城市生态环境　城市屋顶绿化后可充分利用空间，增加城市绿化量、降低“热岛”效应、增加空气湿度降低噪声等改善城市生态环境。

（2）丰富城市景观　屋顶花园的存在柔化了生硬的建筑物外形轮廓，使屋顶花园与城市建筑融为一体，即升华为一种意境美；植物的季相美更赋予建筑物动态的时空变化，并丰富了城市风貌。

（3）改善建筑物顶层的物理性能　屋顶花园构成屋面的隔离层，夏天可使屋面免受阳光直接暴晒、烘烤，显著降低其温度；冬季可发挥较好的隔热层作用，降低屋面热量的散失，由此节省顶层室内降温与采暖的能源消耗；使屋面不直接受阳光的直射，延长了各种密封材料的老化时间，增加了屋面的使用寿命。

（4）保证人们的身心健康　在当今经济高度发展，竞争激烈的社会，城市高楼林立，多数人生活在和工作在城市高空，面对灰色混凝土和各类墙面，人们的工作效率和生活质量受到不利影响。有研究表明，只有当绿色达到25％时，人才会心情舒畅，精神愉悦，因此，屋顶花园能给高层居住人群提供绿色的园林美景的享受，保证人们的身心健康。

2. 屋顶花园的环境特点

屋顶花园较露地环境相比其面积狭小，形状较规划，竖向地形变化小，而且屋顶花园完全是在人工化的环境中栽植树木，其种植土完全是人工合成堆积，不与大地土壤相连，采用客土、人工灌溉系统为树木提供必要的生长条件。在屋顶营造花园由于受到载荷的限制，不可能有很深的土壤。因此，屋顶花园的环境特点主要表现在土层薄、营养物质少、缺少水分；同时屋顶风大，阳光直射强烈，夏季温度较高，冬季寒冷，昼夜温差变化大。

3. 屋顶花园树种选择

屋顶花园的特殊生境对树种的选择有严格的限制，要根据不同类型的屋顶花园及屋面具体生态因子来选择绿化植物。具体见表4-6。

表4-6　不同类型屋顶花园绿化植物要求

花园类型	群落式屋顶花园	草地式屋顶花园
抗性	抗性不同的植物种类均可应用，首选抗性强的种类，病虫害较少，或抗病虫害能力较强	综合抗性强，包括抗旱、耐瘠薄、抗寒、抗热、耐强风、耐强光照等
形态要求	乔木、灌木、藤本、草本均可；高度要求不严，一般不超过5 m；观赏性强；生长速度慢；落叶少，落叶易清除	多年生草本为主，常绿更佳；高度低于1.5 m，以近地面为主；根系浅，根系穿透力不强，地面覆盖能力强；枯叶少，枯叶易清除

无论哪一种屋顶花园，树种栽植时要注意搭配，特别是群落式屋顶花园，由于屋顶载荷的限制，乔木特别是大乔木数量不能太多；小乔木和灌木树种的选择范围较大，搭配时注意树木的色彩、姿态和季相变化；藤本类以观花、观果、常绿树种为主。常用的乔木有罗汉松、黑松、龙爪槐、紫薇、女贞、棕榈等；灌木有红叶李、桂花、山茶、栀子花、紫荆、含笑等；藤本有紫藤、蔷薇、地锦、爬山虎、常春藤、络石等；地被有菲白竹、箬竹、黄馨、马蔺、铺地柏等。

4.屋顶花园树种栽培技术

(1)排水系统的安装

①架空式种植床。在离屋面 10 cm 处设混凝土板、塑料排水板、橡胶排水板等,在其上承载种植土层,排水板需有排水孔,排水可充分利用原来的排水层,顺着屋面坡度排出,绿化效果欠佳。

②直铺式种植。在屋面板上直接铺设排水层和种植土层,排水层可由碎石、粗砂或人工烧制陶粒组成,其厚度应能形成足够的水位差,使土层中过多的水能流向屋面排水口。屋面花坛设有独立的排水孔,并与整个排水系统相连。日常养护时,注意及时清除杂物、落叶,特别要防止总排水管堵塞。

(2)防水处理 一般来说,屋面防水层有三种常用的形式,它们各有优缺点。

①刚性防水层。是以防水砂浆抹面或密实混凝土浇捣而成的刚性材料屋面防水层,其特点是造价低、施工方便,但怕震动,耐水、耐热性差,暴晒后易开裂。

②柔性防水层。柔性防水层是将柔性的防水卷材或片材如油、毡等防水材料分层粘贴而成,形成一个大面积的封闭防水覆盖层。现在应用最多的是改性沥青卷材。其特点是:柔软度较好,特别适于用寒冷地区,南方地区多用 APP 改性沥青卷材耐热度较高。

③涂膜防水层。涂膜防水层用聚氨酯等油性化工涂料涂刷成一定厚度的防水膜耐形成的防水层。缺点是在高温下易老化。

(3)防腐处理 为防止灌溉水肥对防水层可能产生的腐蚀作用,需作技术处理,提高屋面的防水性能,主要的方法有:①先铺一层防水层,防水层由两层玻璃布和五层氯丁防水胶(二布五胶)组成,然后在防水层上面铺设 4 cm 厚的细石混凝土,内配钢筋。②在原防水层上加抹一层厚约 2 cm 的火山灰硅酸盐水泥砂浆。③用水泥砂浆平整修补屋面,再敷设硅橡胶防水涂膜,适用于大面积屋顶防水处理。

(4)灌溉系统设置 屋顶花园种植,灌溉系统的设置必不可少,如采用水管灌溉,一般 100 m^2 设一个。若建植有草坪或较矮花草的屋顶花园,最好采用喷灌或滴灌形式补充水分,安全而便捷。

(5)基质要求

①屋顶花园树木栽植的基质应具备的条件。质轻,能提供水分、养分供植物生长需要,通气性好、绝热和膨胀系等理化指标安全可靠、pH 值为 6.8~7.5。常用基质有田园土、泥炭、草碳、木屑等,其物理性能见表 4-7。

表 4-7 屋顶花园常用栽培基质的物理性能

材料名称	容重/(t/m^3)		持水量/%	孔隙度/%
	干	湿		
田园土	1.58	1.95	35.7	1.80
木屑	0.18	0.68	49.3	27.9
蛭石	0.11	0.65	53.1	27.5
珍珠岩	0.10	0.29	19.5	53.9

②配植比例。屋顶花园的基质荷重应根据湿堆密度进行核算,不要超过 1 300 kg/m^2。常用的基质类型及配比可参考表 4-8,可在建筑荷载和基质荷载允许范围内,根据实际情况配制。

表 4-8 屋顶花园的基质类型与配制比例

基质类型号	主要配比材料	配制比例	湿堆密度/(kg/m³)
改良土	田园土：轻质骨料	1：1	1 200
	腐叶土：蛭石：沙土	7：2：1	780～1 000
	田园土：草炭：蛭石+肥	4：3：1	110～1 300
	轻沙壤土：腐叶土：珍珠岩：蛭石	2.5：5：2：0.5	1 100
	轻沙壤土：腐叶土：蛭石	5：3：2	1 100～1 300
超轻量基质	无机介质	—	450～650

(6)屋顶花园树木栽植　在进行屋顶花园树木栽植时，注意植物种植应由大到小、由里到外逐步进行。高性能设计中配植的中、小乔木，灌木栽植点应在承重柱上。移栽植物的根系一定要带土球，土球尽量大并包扎完好。

栽植时做好植物固定工作，尤其是在风力比较大的地方，方法有：一是铁丝网固定，铁丝网固定在树木之下，并且至少有 3 根绳子相连。一棵 5 m 高的树木要固定在至少 10 m^2 的铁丝网上，土层至少 30 cm，相当于 3.9 t 的土壤。二是地上或地下支撑固定法(图 4-5 至图 4-8)。种植后，浇足定根水，并遮阳保护。

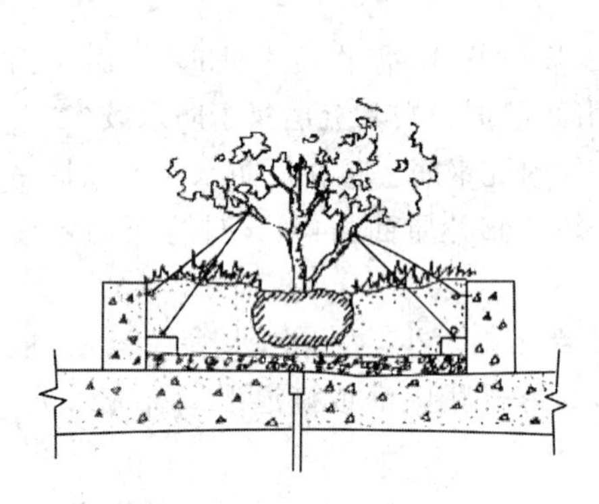

图 4-5　植物地上支撑法

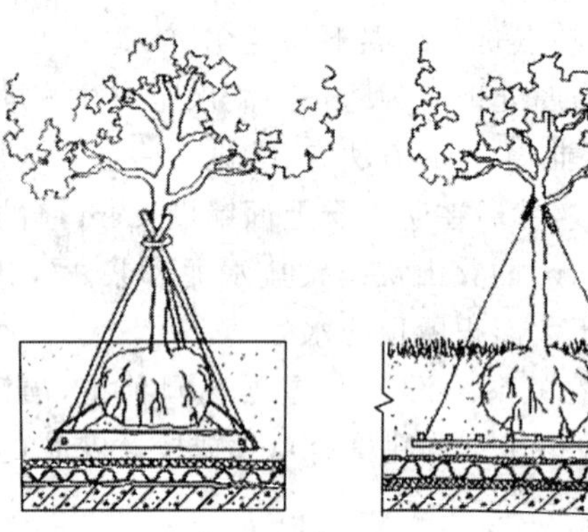

图 4-6　地上支撑方法

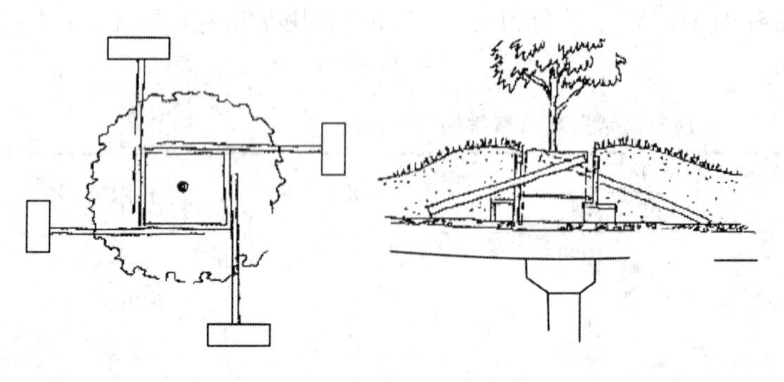

图 4-7　植物的地下支撑物

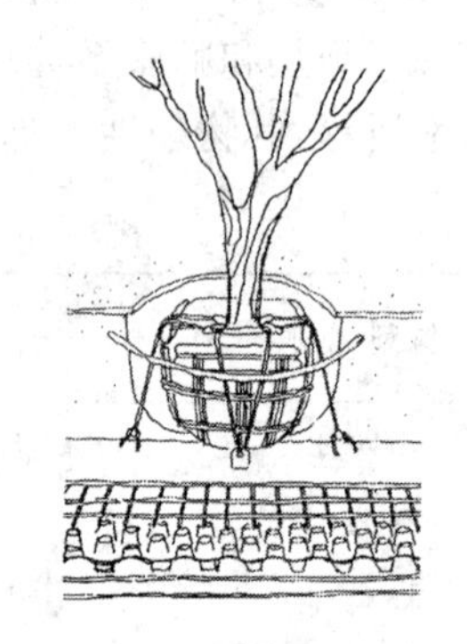

图 4-8　屋顶花园乔木地下固定方法

案例　屋顶花园树木栽培技术

以一个六层楼的屋顶花园为例，面积 40～50 m^2。

(1)树种选择配置　6 株高 1.5 m、冠幅 60 cm 的桂花，2 株高 1 m、冠幅 50 cm 的盆栽山茶，桂花下种植杜鹃，周围为 30 m^2 结缕草。

(2)栽培基质的配制　由田园土 60%、草炭 30%、珍珠岩 10%组成。

(3)防水层　采用涂抹厚 2 cm 的火山灰硅酸盐水泥砂浆，工作时能形成以喷头为中心的 3 m 半径范围，喷射角度为 10°，受风力影响较小。

(4)栽植　种植厚约 60 cm，给植物浇足定根水，栽植后做好植物固定工作。

(七)垂直绿化植物的栽培技术

1. 垂直绿化概念

垂直绿化是利用藤本植物的攀援性来装饰建筑物的屋顶、墙面、篱笆、围墙、园门、亭廊、棚架、灯柱、树干、桥涵、驳岸等垂直立面的一种绿化形式。垂直绿化中的藤本植物多数具姿态优美、花果艳丽、叶形奇特、叶色秀丽等观赏价值，通过人工配置，在垂直立面上形成很好的景观，在美化环境中具有非常重要的作用，其表现在可有效增加城市绿地率和绿化覆盖率，减少炎热夏季的太阳辐射影响，有效改善城市生态环境，提高城市人居环境质量。

2. 垂直绿化的类型

(1)棚架绿化　棚架绿化在园林中应用较早也是较广泛的一种垂直绿化形式。利用观赏价值较高的垂直绿化植物在廊架上形成的绿色空间，为游人提供了遮阴纳凉的场所，又成为城市园林中独特的景点。在园林应用中目前有两种类型。

①以经济效益为主、以美化和生态效益为辅的棚架绿化。此类在城市居民的庭院之中应用广泛，深受居民喜爱，主要是选用经济价值高的藤本植物攀附在棚架上，如葡萄、猕猴桃、五味子、金银花等。既可遮阴纳凉、美化环境，同时也兼顾了经济利益。

②以美化环境为主、以园林构筑物形式出现的廊架绿化。此类廊架绿化形式极为丰富，有花架、花廊、亭架、墙架、门廊、廊架组合体等，其中以廊架形式为主要对象之一。常用于廊架绿化的藤本主要有紫藤、木香、金银花、藤本月季、凌霄、铁线莲、叶子花等。

(2)墙面绿化　是指在各类建筑物墙面表面的垂直绿化，主要是利用吸附类的攀缘植物直接攀附墙面，这是常见、经济、实用的墙面绿化方式，在城市垂直绿化面积中占有很大的比例。

①墙面绿化的作用。可极大地丰富墙面景观，增加墙面的自然气息，对建筑外表具有良好的装饰作用；在炎热的夏季，墙体垂直绿化，可有效阻止太阳辐射、降低居室内的空气温度，具有良好的生态效益。

②墙面绿化的植物选择。由于不同植物的吸附能力有很大的差异，选择时要根据各种墙面的质地来确定。粗糙的墙面对植物攀附有利，如水泥砂浆、清水墙、马赛克、水刷石、块石、条石等墙面，在这类墙面多数吸附类攀援植物均能攀附，可选择凌霄、美国凌霄、爬山虎、美国爬山虎、扶芳藤、络石、薜荔、常春藤、洋常春藤等。光滑的墙面如石灰粉墙，其墙面由于石灰的附着力弱，常会造成整个墙面垂直绿化植物的坍塌，故宜选择爬山虎、络石等较轻的植物种类，或可在石灰墙的墙面上安装网状或者条状支架后可选择多种吸附类攀缘植物。

(3)篱垣绿化　篱垣绿化是利用藤本植物缠绕、吸附或人工辅助攀缘在栅栏、铁丝网、花格围墙上，繁花满篱、枝繁叶茂，使篱垣因植物的覆盖而显和谐，具有美化环境、防护等功能。常用的有藤本月季、云实、金银花、扶芳藤、凌霄等。

(4)园门造景　是指在城市园林和庭院中各式各样的园门，利用藤木攀援其缠绕性、吸附性或人工辅助攀附在门廊上，可明显增加园门的观赏效果，别具情趣。适于园门造景的藤本有叶子花、木香、紫藤、木通、凌霄、金银花、金樱子、藤本月季等。园门造景的藤木可进行人工造型，让其枝条自然悬垂，显花藤木，盛花期繁花似锦，园门自然情趣更为浓厚。如果用爬山虎、络石等观叶藤本，则可使门廊浓阴匝顶。

(5)岸、坡、山石驳岸的垂直绿化

①驳岸垂直绿化。可选择两种形式进行，一是绿化材料在岸脚种植带吸盘或气生根的爬山虎、常春藤、络石等。二是在岸顶种植垂悬类的紫藤、蔷薇类、迎春、迎夏、花叶蔓。

②陡坡垂直绿化。采用藤本植物覆盖，一方面遮盖裸露地表，美化坡地，起到绿化、美化的作用；另一方面可防止水土流失，又具有固土之功效。植物选择可选用爬山虎、葛藤、常春藤、藤本月季、薜荔、扶芳藤、迎春、迎夏、络石等。

③山石驳岸的垂直绿化。山石是现代园林中最富野趣的景点材料，若在山石上覆盖藤本植物，藤本植物的攀附可使之与周围环境很好的协调过渡，但在种植时要注意不能覆盖过多，以若隐若现为佳。常用覆盖山石的藤木有爬山虎、常春藤、扶芳藤、络石、薜荔等。

(6)树干、电杆、灯柱等柱干绿化　树干、电杆、灯柱等柱干可利用攀缘具有吸附根、吸盘或缠绕茎的藤木，形成绿柱、花柱等。如金银花缠绕柱干，扶摇而上；爬山虎、络石、常春藤、薜荔等攀附干体，颇富林中野趣。但在电杆、灯柱上应用时要注意控制植株长势、适时修剪，避免影响供电、通信等设施的功能。

(7)城市桥梁、高架、立交的绿化　一些具吸盘或吸附根的攀缘植物如，爬山虎、络石、常春藤、凌霄等用于城市桥梁、高架、立交的绿化。爬山虎、络石等攀缘植物用于小型拱桥、石墩桥的桥墩和桥侧面的绿化，涵盖于桥洞上方，绿叶相掩，倒影成景。

(8)室内垂直绿化　室内垂直绿化是指在宾馆、公寓、商用楼、购物中心和住宅等室内的垂直绿化，具有使室内空间环境更加赏心悦目，达到调节紧张、消除疲劳的目的，有利于增进人体健康的作用；还可保持室内空气湿度、增加室内负离子、杀灭细菌、净化空气中的一氧化碳等有毒气体；垂直绿化还可有效分隔空间，美化建筑物内部的庭柱等构件，使室内空间由于绿化而充满生气和活力。室内垂直绿化的基本形式有攀缘和吊挂，如常春藤(包括其观叶品种)、络石、花叶蔓、热带观叶类型的绿蔓、红宝石等。

3.垂直绿化植物选择

垂直绿化植物应具备的条件是：花繁色艳、果实累累、可食用或有其他经济价值；有卷须、吸盘、吸附根，可攀缘生长，对建筑物无损坏；耐寒、耐旱、易栽培、管理方便。垂直绿化植物选择有以下几方面。

(1)缠绕类　指依靠自己的主茎或叶轴缠绕它物向上生长的一类藤本植物，如紫藤、金银花、木通、南蛇藤、铁线莲等。

(2)吸附类　指依靠茎上的不定根或吸盘吸附它物攀缘生长的一类藤本植物，如爬山虎、凌霄、薜荔、常春藤、胶东卫矛等。

(3)卷须类　指由枝、叶、托叶的先端变态特化而成的卷须攀缘生长的一类藤本植物，如葡萄、五叶地锦等。

(4)蔓生类　指不具有缠绕特性，也无卷须、吸盘、吸附根等特化器官，茎长而细软，披散下垂的一类藤本植物，如迎春、迎夏、枸杞、木香等。

(5)钩刺类　指利润枝蔓体表向下弯曲的镰刀状枝刺或皮刺，钩附在他物向上攀援的藤本植物，如藤本月季、悬钩子、云实等。

4. 垂直绿化栽培技术

(1)选苗　在绿化设计中应根据垂直立面的性质和成景的速度，科学合理地选择一定规格的苗木。例如，爬山虎类植物一年生扦插苗即可用于定植，这是由于垂直绿化植物大多都生长较快。因此，用苗规格不一定要太大。另外，用于棚架绿化的苗木宜选大苗，以便于牵引。

(2)挖穴　穴的规格因植物种类和地区而异。一般而言，穴径一般应比根幅或土球大20～30 cm，垂直绿化植物绝大多数为深根性，因此穴应略深些，穴深与穴径相等或略深。蔓生类型的穴深为45～60 cm，一般类型的穴深为50～70 cm，其中植株高大且结合果实生产的为80～100 cm。如果穴的下层为黏实土，应添加枯枝落叶或腐叶土，有利于透气；如地下水位高的，穴内应添加沙层，以利于滤水。如在建筑区遇有灰渣多的地段，还应适当加大穴径和深度，并客土栽植。

(3)栽植苗修剪　垂直绿化植物根系发达，枝蔓覆盖面积大且茎蔓较细，起苗时容易损伤较多根系，为了避免栽植后植株水分代谢不易平衡而造成死亡，应进行适当修剪。一是对于常绿类型以疏剪为主，适当短截，栽植时视根系损伤情况再行复剪。二是对栽植苗进行适当重剪，如苗龄不大的落叶类型，留3～5个芽，对主蔓重剪；苗龄较大的植株，主、侧蔓均留数芽重剪，并视情疏剪。

(4)起苗与包装　落叶垂直绿化植物种类多采用裸根起苗。如苗龄不大的植株，直接用花铲起苗即可；植株较大的蔓性种类或呈灌木状苗体，应先找好冠，在冠幅的1/3处挖掘；若自然冠幅大小难以确定，在干蔓正上方的，可以冠较密处为准的1/3处或凭经验起苗。具直根性和肉质根的落叶树种及常绿类型苗木，应带土球移植，沙壤地质的土球，小于50 cm的以浸湿蒲包包装为好；如果是黏土球，用稻草包扎。

(5)假植与运输　起出待运的苗木植株应就地假植。裸根苗木在半天内的运输，需遮盖保湿、运程为1～7天的根系应先蘸泥浆，再用草袋包装装运，有条件时可加入适量湿苔等，途中最好能经常给苗株喷水，运抵后若发现根系较干，应先浸水(不超过24 h为宜)，未能及时种植的可用湿润土假植。

(6)定植　栽植方法和一般的园林树木一样(吸附类作垂直立面或作地被的垂直绿化植物除外)，即要做到“三埋二踩一提苗”。栽后一定要尽早浇透定根水，之后浇水要看具体情况：若在干旱季节栽植，应每隔3～4天浇1遍水，连续3次；在多雨地区，栽后浇1次水即可，等土壤稍干后把堰土培于根际，呈内高四周稍低状以防积水。在干旱地区，可于雨季前铲除土堰，将土培于穴内。秋季栽植的，入冬后将堰土呈月牙形培于根部的主风方向，以利于越冬防寒。

案例　垂直绿化植物的栽培技术

以爬山虎的墙面垂直绿化栽培技术为例。爬山虎为落叶大藤本，具分枝卷须，卷须顶端有吸盘，是垂直绿化的优良材料。其适应性强，性耐寒、喜阴湿。

(1)挖穴　应离墙基50 cm挖坑，株距一般以1.5 m为宜挖穴，穴深为45～60 cm。

(2)修剪　对爬山虎进行合理疏剪，对过长茎蔓适当短截。

(3)栽植技术　定植前施入有机肥料作为基肥，定植时将混好肥料的表土，取其一半填入坑中，培成丘状。踏实穴底土层，而后置入种植穴，填土踏实。树木定植后在略大于种植穴直径的周围，筑成高10～15 cm的灌水土堰，之后，浇足定根水。浇水后如出现土壤沉陷、致使树木倾斜时，应及时扶正、培土。

(4)养护管理　栽植后用铅丝、绳子牵向墙面。生长期可追施液肥2～3次，并经常锄草松土做围堰，以免被草淹没，促其健壮生长，但爬山虎怕涝渍，要注意防止土壤积水。在生长过程中，可依情修剪整理门窗等出入口处的枝蔓，以保持整洁、美观、方便。

三、竹类的栽植

(一)竹类栽植地选择

(1)竹类栽植土壤条件　竹子对土壤的要求较高，适于竹子生长的土壤条件是：①土层深厚，含有较多的有机质及矿质营养。②有良好的土壤团力结构，透水性、持水件和吸水能力较强。③土壤呈酸性反应，pH 4.5～7。

(2)竹类栽植地选择　最适于竹类生长的土壤是乌沙土和香灰土，其具有良好的理化性质；沙壤土或黏壤土次之；重黏土和石砾土最差。过于干燥的沙荒地带、含盐量在0.1%以上的盐渍土、低洼积水和地下水位过高的地方，都不适于竹类的生长。丛生竹对土壤水肥条件高于散生竹，在华南地区，大多数的丛生竹竹种分布于平原、谷地、溪河沿岸。

(二)竹类栽植的季节

竹类栽种季节以春末夏初为最好。若太早会因干旱少雨，气候干燥，多风而影响成活；若栽种太晚竹子已进入速生期，伤根太多对成活也不利，一般应不迟于出笋前1个月栽为宜。若采用当地苗源，也可在多雨夏季需带土球大些移种。

(三)竹类栽植的方法

竹类栽植的方法有母竹移栽法、鞭根移栽法、根株移栽法、竹笋移栽法、带蔸(根)埋秆法、插秆插节法、枝条扦插法、种子播种法等。在观赏竹栽培中可根据不同的竹种和观赏目的选择不同的栽植方法，其中母竹移栽法是观赏竹最常用的栽植方法。

(四)竹类栽植的技术(以母竹移栽法为例)

1. 母竹的选择标准

①以1～2年生新竹最为适宜，此时母竹连接的竹鞭正处于壮龄阶段(即3～5年生)，鞭色鲜黄，鞭芽饱满，鞭根健全。

②以生长健壮，但不宜过粗、分枝较低、无病虫危害，竹杆表面无病斑、无枯枝、无开花、无机械损伤。

③丛生竹选择竹丛边缘的，因为1～2年生的健壮竹株一般生在竹丛边缘，秆入土深、芽眼和根系发育较好，离母竹较远，挖掘方便。

2. 母竹的挖掘

(1)确定母竹土球的大小　毛竹、花毛竹等大径竹，挖掘半径不小于竹子胸径5倍；湘妃竹、金镶竹等中径竹，挖掘半径不小于竹子胸径7倍；小径竹类挖掘半径一般不小于竹子胸径10倍。

(2)判明母竹竹鞭的走向　大多数竹子最下一盘枝条生长方向与其竹鞭走向大致平行。

(3)确定竹鞭的长度　大型竹种留来鞭 30～40 cm,留去鞭 40～50 cm;中小型竹种留来鞭 30 cm 左右,留去鞭 30～40 cm。

挖出母竹后,留枝 4～5 盘,切去顶梢,切口要平滑,根茎较长或大竹种,可采用单株挖蔸多留宿土;小型竹种则可以 3～5 株成丛挖掘栽植。起苗后,将距竹蔸 1～1.5 m 处竹杆斜行切断,切口呈马耳形,以保持挖掘后母竹上下输水平衡。

3.挖定植穴

按设计要求确定每一竹种、每一竹株种植的位置,提前一天挖好定植穴,定植穴的规格视栽植竹子带的土球大小而定,一般是土球与穴壁周边距离不小于 6 cm,以利于培土及掏实。

4.栽植

(1)散生母竹栽植　先将表土垫于栽植穴底,厚约 10 cm,然后解去捆扎母竹的稻草,将母竹放入穴中,要求鞭根舒展,与表土密接。之后,填心土,分层踏实。在气候干燥的地方,还需先适当浇水,再覆土,覆土深度比母竹原土痕部分深 3～5 cm,上部培成馒头状,周围开好排水沟。栽植时做到深挖穴、浅栽植、下拥紧(土)、上盖松(土)。

(2)丛生竹种栽植　母竹入穴时,穴底先垫细土,最好施些腐熟的有机肥与表土拌均。之后保持竹竿垂直栽植,要求土球底部与穴底土壤紧密衔接、不留空隙。入穴母竹的土球顶部略低于土面。培土自下而上分层分批进行,每次回填土厚度不超过 10 cm,并用木制掏捧掏实,防止上实底松,使竹蔸根系与土壤紧密接触并压实。最后,覆土超过原母竹竿土痕 3 cm 为宜。培土与地面平或略高于地面。观赏竹栽植方法主要采用丛栽密植、浅种壅肥。

5.栽后管理

栽后可用稻草等覆盖在母竹周围,减少土壤水分的蒸发,之后浇透定根水,散生母竹可用草绳和木桩架设支架,以防风吹摇动。

(五)竹类管理

(1)灌溉排涝　竹类大多数喜湿忌积水,故在灌溉时注意排涝,否则竹林生长就受到影响。

(2)松土施肥　散生竹林在 5 月应施养竹肥,9 月施催芽肥或孕笋肥。施肥以有机肥为主,如厩肥、稀释粪尿等,也可施化肥,如尿素,每年可在 450～600 kg/hm^2。丛生竹林每年 2～3 月扒土、晒半月,覆土时结合施肥;7 月松土锄草时,结合施笋期肥;9 月松土锄草结合施养竹肥。施肥量如复合肥每次每丛 0.5 kg。

(3)疏笋养竹和护笋养竹　挖除弱笋、小笋,选留粗壮竹笋育竹,即挖始期、初期笋,留盛期笋;挖后期、末期笋及弱笋、小笋、病虫笋,留健壮笋。一般疏笋量占竹笋出土量的 50%～70%。

(4)钩梢　对当年竹进行钩梢,以抑制顶端优势,促进竹鞭生长和发笋,并可减少和防止风、雪危害。一般钩梢在霜降至第二年春分间进行,但以立冬时为最好。钩梢长度视竹株高矮大小而定,一般毛竹为 2 m 左右,中型竹可短些。

(5)定向培育　竹类生长有向光趋肥性,因此应采取一定措施引导竹鞭和竹林扩大的方向,也合众株合理分布,充分利用空间。方法有:一是通过采伐阻止竹子向不适宜的方向出笋;二是通过松土、施肥,引导竹林向适宜的方向出笋。

(6)合理砍伐　砍伐要掌握“砍弱留强、砍老留幼、砍密留稀、砍内留外”的原则。一般毛竹的合理砍伐年龄是 6 年生竹;其他散生竹的适伐年龄为 3～5 年;丛生竹的大型竹为 4 年生,中、小型为3年生。

四、园林树木栽植成活期养护管理

(一)园林树木栽植成活期养护管理的主要内容

园林树木定植后及时到位的养护管理,对提高栽植成活率、恢复树体的生长发育、及早表现景观生态效益具有重要意义,俗话说“三分栽种、七分管养”。为促使新植树木健康成长,养护管理工作应根据园林树木的生长特性、栽植地的环境条件,以及人力、物力、财力等情况进行妥善安排。

1. 培土扶正

当园林树木栽植后由于灌水和雨水下渗等原因,导致树体晃动、树盘整体下沉或局部下陷、树体倾斜时,应采取培土扶正的措施。具体做法是:检查根颈入土的深度,若栽植较深,应在树木倾向一侧根盘以外挖沟至根系以下内掏至根颈下方,用锹或木板伸入根团以下向上撬起,向根底塞土压实,扶正即可;若栽植较浅,可在倾向的反侧掏土,稍微超过树下轴线以下,将土踩实。树木扶正培土后应设立支架。扶正的时间就一般而言,落叶树种应在休眠期进行;常绿树种应在秋末扶正;对于刚栽植不久的树木发生歪斜,应立即扶正。

2. 水分管理

园林树木定植后,由于根系被损伤和环境的变化,根系吸水功能减弱,水分管理是保证栽植成活率的关键。新移植树木,日常养护管理只要保持根际土壤适当湿润即可。土壤含水量过大,反而会影响土壤的透气性能,抑制根系的呼吸,对发根不利,严重的会导致烂根死亡。因此,要做好以下几项工作。

(1)严格控制土壤浇水量　移植时第一次要浇透水,以后应视天气情况、土壤质地,检查分析,谨慎浇水。

(2)防止树池积水　定植时留下的围堰,在第一次浇透水后即应填平或略高于周围地面,以防下雨或浇水时积水;在地势低洼易积水处,要开排水沟,保证雨天能及时排水。

(3)保持适宜的地下水位高度　地下水位高度一般要求在1.5 m以下,地下水位较高处要做网沟排水,汛期水位上涨时,可在根系外围挖深井,用水泵将地下水排至场外,严防淹根。

(4)采取叶面喷水补湿措施　新植树木,为解决根系吸水功能尚未恢复、而地上部枝叶水分蒸腾量大的矛盾,在适量根系水分补给的同时,应采取叶面补湿的喷水措施。尤其在7、8月份天气炎热干燥的天气,必须及时对干冠喷水保湿。方法为:

①高压水枪喷雾。去冠移植的树体,在抽枝发叶后,需喷水保湿,束草枝干亦应注意喷水保湿。可采用高大水枪喷雾,喷雾要细、次数可多、水量要小,以免滞留土壤、造成根际积水。

②细孔喷头喷雾。将供水管安装在树冠上方,根据树冠大小安装一个或若干个细孔喷头进行喷雾,喷及树冠各部位和周围空间,效果较好,但需一定成本费用。

(5)应用抗蒸腾防护剂　树木枝叶被抗蒸腾防护剂这种高分子化合物喷施后,能在其表面形成一层具有透气性的可降解薄膜,在一定程度上降低枝叶的蒸腾速率,减少树体的水分散失,可有效缓解夏季栽植时的树体失水和叶片灼伤,有效地提高树木移栽成活率。

3. 松土除草

(1)松土　因浇水、降雨以及行人走动或其他原因,常导致树木根际土壤硬结,影响树体生长。根部土壤经常保持疏松,有利于土壤空气流通,可促进树木根系的生长发育。另外,要经常检查根部土壤通气设施(通气管或竹笼)。发现有堵塞或积水的,要及时清除,以保持其经常良好的通气性能。

(2)除草　在生长旺季可结合松土进行除草,一般20～30天一次。除草平均深度以掌握在3～5 cm为宜,可将除下的枯草覆盖在树干周围的土面上,以降低土壤辐射热,有较好的保墒作用。

除草可采用人工除草及化学除草,化学除草具有高效、省工的优点,尤适于大面积使用。一般一年至少进行2次,一次是4月下旬至5月上旬,一次是6月底至7月初。在杂草高15 cm以下时喷药或进行土壤处理,此时杂草茎、叶细嫩、触药面积大、吸收性强、抗药力差,除草效果好。注意喷药时喷洒要均匀,不要触及树木新展开的嫩叶和萌动的幼芽;除草剂用量不得随意增加或减少;除草后应加强肥水和土壤管理,以免引起树体早衰;使用新型除草剂,应先行小面积试验后再扩大施用。

4.施肥

树体成活后,可进行基肥补给,用量一次不可太多,以免烧伤新根。施用的有机肥料必须充分腐熟,并用水稀释后才可施用。

树木移植初期,根系处于恢复生长阶段、吸肥能力低,宜采用根外追肥,喷施易吸收的有机液肥或尿素等速效无机肥,可用尿素、硫酸铵、磷酸二氢钾等速效性肥料配制成浓度为0.5%～1%的肥液,选早晚或阴天进行叶面喷洒,遇降雨应重喷一次。一般半个月左右一次,

5.修剪

(1)护芽除萌

①护芽。新植树木在恢复生长过程中,特别是在进行过强度较大的修剪后,树体十、枝上会萌发出许多嫩幼新枝。新芽萌发,是新植树生理活动趋于正常的标志,是树木成活的希望,树体地上部分的萌发,能促进根系的。因此,对新植树、特别是对移植时进行过重度修剪的树体所萌发的芽要加以保护,让其抽枝发叶,待树体恢复生长后再行修剪整形。同时,在树体萌芽后,要特别加强喷水、遮阴、防病治虫等养护工作,保证嫩芽与嫩梢的正常生长。

②除萌。大量的萌发枝会消耗大量养分、影响树形;枝条密生,往往造成树冠郁闭、内部通风透光不良。为使树体生长健壮并符合景观设计要求,应随时疏除多余的萌蘖,着重培养骨干枝架。

(2)合理修剪　合理修剪以使主侧枝分布均匀,枝干着生位置和伸展角度合适,主从关系合理,骨架坚固,外形美观。合理修剪尚可抑制生长过旺的枝条,以纠正偏冠现象,均衡树形。树木栽植过程中,经过挖掘、搬运,树体常会受到损伤,以致有部分枝芽不能正常萌发生长,对枯死部分也应及时剪除,以减少病虫滋生场所。树体在生长期形成的过密枝或徒长枝也应及时去除,以免竞争养分,影响树冠发育。徒长枝组织发育不充实;内膛枝细弱老化,发育不良,抗病虫能力差。合理修剪可改善树体通风透光条件,使树体生长健壮,减少病虫危害。

(3)伤口处理　新栽树木因修剪整形或病虫危害常留下较大的伤口,为避免伤口染病和腐烂,需用锋利的剪刀将伤口周围的皮层和木质部削平,再用1%～2%硫酸铜或40%的福美胂可湿性粉剂或石硫合剂原液进行消毒,然后涂抹保护剂。

6.成活调查与补植

园林树木栽植后,由于受各种外界条件的影响,如树木质量、栽植技术、养护措施等,会发生死树缺株的现象,对此应适时进行补植。对已经死亡的植株,应认真调查研究,调查内容包

括:土壤质地、树木习性、种植深浅、地下水位高低、病虫为害、有害气体、人为损伤或其他情况等。调查之后,分析原因,采取改进措施,再行补植。为保持原来设计景观效果,补植的树木在规格和形态上应与已成活株相协调。

(二)树木生长异常的诊断与检索

1. 树木生长异常的诊断

(1)诊断的方法　树体定植后,常因内、外部条件的影响出现生长状态异常的现象,需要通过细致的观察,找出其真实的原因以便于采取措施,促进树木健康生长。导致树体生长异常的原因大致有两个主要类别。

生物因素:生物因素是指活的有机体,如病菌有真菌、细菌、病毒、线虫等,害虫有昆虫、螨虫、软体动物、啮齿动物等。要观察征兆和症状来区别是病菌还是昆虫。如果多种迹象表明是病菌引起的,就要找出证据来判断是真菌、细菌、病毒还是线虫。如果迹象表明是昆虫,就要判断是刺吸式口器还是咀嚼式口器的昆虫。

非生物因素:非生物因素是指环境因素, 是物理因素,包括极端的温度、光照、湿度、空气、雷击等。二是化学因素,包括危害树体生长的有毒物质、营养生理失调等。三是机械损伤等。树木生长异常首先判断异常状态是发生在根部还是在地上部,然后再试着判断是机械的、物理的,还是化学的因素。

大致确定导致树体生长状态异常的原因范围后,就可以通过相关分析来获得进一步的信息,最终做出正确的诊断。

(2)诊断的流程

①观察调查。观察异常表现的症状和标记,调查同期其他树体或树体自身往年生长状况。

②异状表现特征分类。从一株树体蔓延到其他树体、甚至覆盖整个地区的症状,可能是由有生命的生物因素导致。不向其他树体或自身的其他部位扩散,异状表现部位有明显的分界线,可能是由非生物因素所导致。

③综合诊断。参考相关资料,必要时进行实验室分析,综合信息来源,诊断异状发生原因。

2. 树木生长异常的分析检索

(1)整体树株

A 正在生长的树体或树体的一部分突然死亡

A1 叶片形小、稀少或褪色、枯萎;整个树冠或一侧树枝从顶端向基部死亡 …………… 束根

A2 高树或在种植开阔地区生长的孤树,树皮从树干上垂直剥落或完全分离 ………… 雷击

B 原先健康的树体生长逐渐衰弱,叶片变黄、脱落,个别芽枯萎

B1 叶缘或脉间发黄,萌芽推迟,新梢细短,叶形变小,植株渐渐枯萎 ………… 根系生长不良

B2 叶形小、无光泽、早期脱落,嫩枝枯萎,树势衰弱 ………………………………… 根部线虫

B3 吸收根大量死亡,根部有成串的黑绳状真菌,根部腐烂 ………………………… 根腐病

B4 叶片变色,生长减缓 ……………………………………………………………… 空气污染

B5 叶片稀少,色泽轻淡 ……………………………………………………………… 光线不足

B6 叶缘或脉间发黄,叶片变黄,干燥气候下枯萎 …………………………………… 干旱缺水

B7 全株叶片变黄、枯萎,根部发黑 ………………………………………… 灌水过量,排水不良

B8 施肥后叶缘褪色(干燥条件下) ……………………………………………………… 施肥过量

B9 叶片黄化失绿,树势减弱 ………………………………………………………… 土壤 pH 值不适

B10 常绿树叶片枯黄、嫩枝死亡,主干裂缝、树皮部分死亡 ………………………… 冬季冻伤

C 主干或主枝上有树脂、树液或虫孔

C1 主干上有树液(树脂)从孔洞中流出,树冠褪色 ……………………………… 钻孔昆虫

C2 枝干上有钻孔,孔边有锯屑,枝干从顶端向基部死亡 ……………………… 钻孔昆虫

C3 嫩枝顶端向后弯曲,叶片呈火烧状 ………………………………………… 枯萎病

C4 主干、枝干或根部有蘑菇状异物,叶片多斑点、枯萎 ……………………… 腐朽病

C5 主干、嫩枝上有明显标记,通常呈凹陷、肿胀状,无光泽 ………………… 癌肿病

C6 在挪威枫和科罗拉多蓝杉主干或主枝上有白色树脂斑点,叶片变色并脱落

………………………………………………………………………… 细胞癌肿病

(2)叶片情况,包括叶片损伤、变形、有异状物

①叶片扭曲,叶缘粗糙,叶质变厚,纹理聚集,有清楚色带 ………………… 除草剂药害

②叶片变黄、卷曲,叶面上有黏状物,植株下方有黑色黏状区域 ………………… 蚜虫

③叶片颜色不正常,伴随有黄色斑点或棕色带 ………………………………… 叶螨虫

④叶片部分或整片缺失,叶片或枝干上可能有明显的蛛丝 ………………… 啮齿类昆虫

⑤叶缘卷起,有蛛网状物 …………………………………………………… 卷叶昆虫

⑥叶片发白或表面有白色粉末状生长物 …………………………………… 粉状霉菌

⑦叶表面呈现橘红色锈状斑,易被擦除,果实及嫩枝通常肿胀、变形 ………… 铁锈病

⑧叶片布有从小到大的碎斑点,斑点大小、形状和颜色各异 ………………… 菌类叶斑

⑨叶片具黑色斑点真菌体,边缘黑色或中心脱落成孔、有疤痕 ………………… 炭疽病

⑩叶片有不规则死区 ……………………………………… 叶片枯萎病(白斑病)

⑪叶片有茶灰色斑点,渐被生长物覆盖 ……………………………………… 灰霉菌

⑫叶面斑点硬壳乌黑 ………………………………………………………… 黑霉菌

⑬叶片呈现深绿或浅绿色、黄色斑纹,形成不规则的镶花式图案 ………………… 花斑病毒

⑭叶片上呈现黄绿色或红褐色的水印状环形物 ……………………………… 环点病毒

第四节 大树移植技术

一、大树移植成活基本知识

(一)大树移植的概念

大树移植是园林绿地养护过程中的一项基本作业,即移植大型树木的工程。大型树木一般指树体胸径在 15～20 cm 以上,或树高在 4～6 m 以上,或树龄在 20 年左右或以上的树木。大树移植主要应用于对现有树木保护性的移植,对密度过高的绿地进行结构调整中发生的作业行为。大树移植条件比较复杂,要求较高,一般造林、绿化很少采用,但它是城市园林布置和城市绿化经常采用的重要手段和技术措施。有些重点建筑工程或市政工程,要求用特定的优美树姿相配合,大树移植是实现这种目标的最佳和最快途径之一。

(二)大树移植成活原理

1. 近似生境原理

树木的生境是一个比较综合的整体,主要指光、气、热等气候条件和土壤条件。大树移植后的生境要近似或优于原生的生境,这样移植成活率会较高。定植地生境最好类似或优于原植地生境。

2. 树势平衡原理

树势平衡是指树木的地上部分和地下部分须保持平衡。移植大树时,势必对根系造成伤害,就必须根据具体情况,对地上部分进行修剪,使地上部分和地下部分的生长情况基本保持平衡。但修剪时要注意适度,如果对枝叶修剪过多会影响树木的景观,也会影响根系的生长发育,因为供给根发育的营养物质来自于地上部分。而且地上部分所留比例超过地下部分所留比例,可通过人工养护弥补不平衡性。如遮阴减少水分蒸发、叶面施肥、吊瓶促活、对树木进行包扎阻止水分散发等措施。

(三)大树移植的特点

(1)绿化效果快速显著　大树移植能在较短的时间内迅速形成景观效果,能较快发挥城市绿地的景观功能,绿化效果显著。

(2)成活率低　大树移植成活率低。树木愈大,树龄愈老,细胞再生能力愈弱,损伤的根系恢复慢,新根发生能力较弱,成活较困难。树木在生长过程中,根系扩展范围很大,使有效地吸收根处于深层和树冠投影附近,而移植所带土球内吸收根很少且高度木栓化,极易造成树木移栽后失水死亡。大树的树体高大,枝叶蒸腾面积大,为使其尽早发挥绿化效果和保持原有优美姿态,一般不进行过重修剪,因此地上部蒸腾面积远远超过根系的吸收面积,树木常因脱水而死亡。另外,在移植过程中会受到的各种机械伤害,影响成活率。

(3)移植周期长　为保证大树移植的成活率,在大树移植前的准备工作到移植后栽后养护需要较长时间。

(4)费用高、工程量大　大树移植树体规格大、技术要求高,需要动用多种机械以及后期养护需要特殊管理和措施等,因此在人力、物力、财力上都需要很大的支出。

二、大树移植前的准备工作

(一)移植大树选择

对移栽的大树进行实地调查。调查的内容包括树种、年龄时期、干高、胸径、树高、冠幅、树形等并进行测量、记录,注明最佳观赏面的方位并摄影。调查记录土壤条件,周围情况,判断是否适合挖掘、包装、吊运,分析存在的问题和解决措施。此外还要了解树木的所有权等。对于选中的树木应立卡编号,为设计提供资料。

1. 树体选择

选择树体时应该注意以下三点。

(1)选择树体规格要适中　树体规格要适中,不是越大越好、树龄越老越好,适中即可。因为移植及养护的成本会随树体规格增大而迅速增长。特别是不能轻易移植古树名木,这些古树名木由于生长年代久远,已依赖于某一特定生境,环境一旦改变,就可能导致树体死亡。

(2)应该选择青壮年龄树体　从形态、生态效益以及移植成活率上看,青壮年期的树木都是最佳时期。树木当胸径在10～15 cm时，正处于树体生长发育的旺盛时期，因其环境适应性和树体再生能力都强，移植过程中树体恢复生长时间短，移植成活率高。一般慢生树种应选20～30年生，速生树种应选10～20年生，中生树种应选15年生。一般乔木树种，以树高4 m以上、胸径15～25 cm的树木最为合适。

(3)应该尽量选择就近树体　在进行大树移植时，应根据栽植地的气候条件、土壤类型，以选择乡土树种为主、外来树种为辅，坚持就近选择为先，尽量避免远距离调运大树。

2.树种选择

(1)树种应选择移植成容易的树种　大树移植的成功与否首先取决于树种选择是否得当。最易成活树种有杨树、柳树、梧桐、悬铃木、榆树、朴树、银杏、臭椿、槐树、木兰等，较易成活树种有香樟、女贞、桂花、厚朴、厚皮香、广玉兰、七叶树、槭树、榉树等，较难成活树种有马尾松、白皮松、雪松、圆柏、侧柏、龙柏、柏树、柳杉、榧树、楠木、山茶等，最难成活树种有云杉、冷杉、金钱松、胡桃、桦木等。

(2)尽量选择生命周期较长树种　大树移植的成本较高，如果选择寿命较短的树种进行大树移植，从生态效应还是景观效果上，树体不久就进入"老龄化阶段"，移植时耗费的人力、物力、财力就会得不偿失。而对那些生命周期长的树种，即使选用较大规格的树木，仍可经历较长年代的生长并充分发挥其绿化功能和艺术效果。

(二)移植大树时间确定

(1)春季移植　早春是大树移植的最佳时期，春季树液开始流动，枝叶开始萌芽生长，挖掘时损伤的根系容易愈合、再生，树体开始萌芽而枝叶尚未全部长成之前，树体蒸腾量较小、根系容易及时恢复水分代谢平衡。移植后，也容易在早春到晚秋的正常生长期中树体受伤的根冠得到恢复，给树体安全越冬创造有利条件，获得较高的移植成活率。

(2)夏季移植　夏季由于树体蒸腾量较大，一般来说不利于大树移植。在必要时，可采取加大土球、加强修剪、树体遮阴、栽后特殊养护等减少枝叶蒸腾的移植措施，也能进行移植。但由于所需技术复杂、成本较高，故一般尽可能避免。夏季应尽量把握北方的雨季和南方的梅雨期，由于雨季，光照强度较弱，空气湿度较高，也不失为移植适期。

(3)秋冬移植　秋冬季节，从树木开始落叶到气温不低于－15℃这一时期，树体虽处于休眠状态，但地下部分尚未完全停止生理活动，移植时受伤的根系较容易愈合恢复，给来年春季萌芽生长创造良好的条件，秋、冬也可以进行移植。但在严寒的北方，移植是必须加强对移植大树的根际保护，防止冻伤。

(三)大树移植前的技术处理

(1)切根　大树移植成功与否很大程度上决定于所带土球范围内的吸收根数量和质量。因此，在移植大树前采取切根的措施，使主要的吸收根系回缩到主干根基附近，可以有效缩小土球体积、减轻土球重量，便于移植。在大树移植前的1～3年，分期切断树体的部分根系，以促进吸收须根的生长。具体做法为：在移植前1～3年的春季或秋季，以树干为中心，以3～4倍胸径尺寸为半径画圆或呈方形，在相对的两或三段方向外挖宽30～40 cm宽的沟，深度视树种根系特点而定，一般为60～80 cm。挖掘时，如遇较粗的根，应用锋利的修枝剪或手锯切断，使之与沟的内壁齐平，如遇直径5 cm以上的粗根，为防大树倒伏一般不予切断，而于土球外壁处行环状剥皮(宽约10 cm)后保留，并在切口涂抹100 mg/kg萘乙酸等促发新根。最后用拌和着肥料的泥土填入并夯实，定期浇水。到翌年的春季或秋季，再分批挖掘其余的沟段，仍照上述操作进行。正常情况下，经2～3年，环沟中长满须根后即可起挖移植。

(2)修剪　大树移植前需进行树冠修剪，减少枝叶蒸腾，以获得树体水分的平衡。修剪强度依树种而异，萌芽力强的、树龄大的、叶薄稠密的应多剪。常绿树、萌芽力弱的宜轻剪。从修剪程度看，可分全苗式、截枝式和截干式3种。

全苗式修剪是指修剪时保留原有的枝干树冠，只将徒长枝、交叉枝、病虫枝及过密枝剪去，适用于萌芽力弱的树种，如雪松、广玉兰等。

截枝式修剪是指修剪时只保留树冠的一级分枝，将其上部截去，如银杏、香樟等一些生长较快，萌芽力强的树种。

截干式修剪是指修剪时将整个树冠截去，只留一定高度的主干，这种修剪方式适宜生长快，萌芽力强的树种，如柳树、国槐、女贞等。

三、大树移植技术

(一)起树

(1)起掘前的准备　首先，在起掘前1～2天，根据土壤干湿情况，适当浇水，以防挖掘时土壤过干而导致土球松散；其次，清理大树周围的环境，将树干周围2～3 m范围内的碎石、瓦砾、灌木地被等障碍物清除干净，将地面大致整平，为顺利起掘提供条件，并合理安排运输路线；最后，拢冠以缩小树冠伸展面积，便于挖掘和防止枝条折损。另外，需准备好挖掘工具、包扎材料、吊装机械以及运输车辆等。

(2)确定土球的大小　一般可按树木胸径的8～10倍来确定。

(3)挖掘土球　规格确定之后，以树干为中心，按比土球直径大3～5 cm的尺寸划一个圆圈，然后沿着圆圈向外挖一宽60～80 cm的操作沟，其深度与确定的土球高度相等。当掘到应挖深度的1/2时，应随挖随修整土球，将土球修成倒苹果形，使之表面平滑，底部宽度约为最宽处的1/3，在土球底部向内刨挖一圈底沟，宽度在5～6 cm，这样有利于草绳绕过底面时不松脱。修整土球时如遇粗根，要用剪枝剪或小手锯锯断，切不可盲目用锹断根，以免弄散土球(图4-9)。

(二)包扎

起树时土坨(球或块)的大小应比断根坨向外放宽10～20 cm，以便土坨内包含大部分近2～3年长出的新根。为减轻土坨重量，应把表层土铲去。根据树径大小和土壤松散度采用两种挖掘包装方式。

1. 带土球软材包装

适用于胸径10～15 cm，生长在壤土、黏壤土或黏土等不易松散的土壤上的树木(土球不超过1.3 m时可用软材)。用稻草、麻袋、蒲包等，先从土球高1/3处开始向下打腰箍，一人拉紧草绳，一人用木槌敲打草绳，使其嵌入土球，要一圈紧靠一圈，总宽度为土球高度的1/4～1/3。腰箍打好后，如果土球的土壤是黏土，可直接打花箍，如果是其他土壤要先用蒲包或塑料膜将土球裹严，再打花箍，边打花箍边进一步掏空球底，只要树不倒下，所留中心土柱越小越好，这样在树体倒下时土球不易破碎，且易切断垂直根系，但若过小则树体易倒，不利进一步包扎，一般中心土柱约为土球直径的1/4。具体包装方式主要有以下三种(图4-10)。

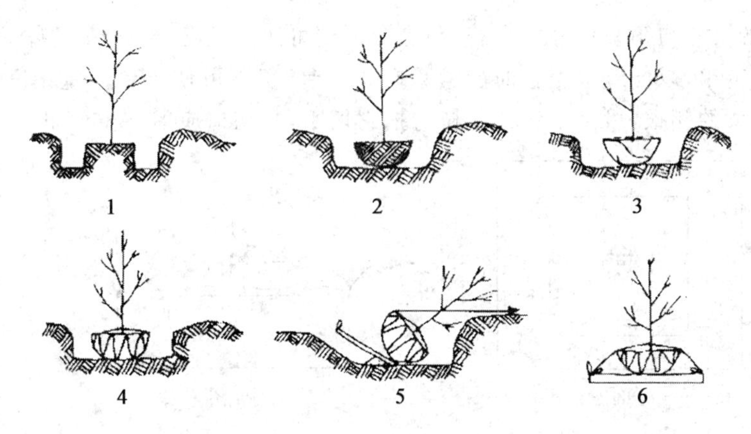

图 4-9　大树起挖过程

1.将土球四周的土挖出　2.球体底部离地　3.土球固定包严
4.绳索捆扎　5.将木板放入球体下　6.准备起运

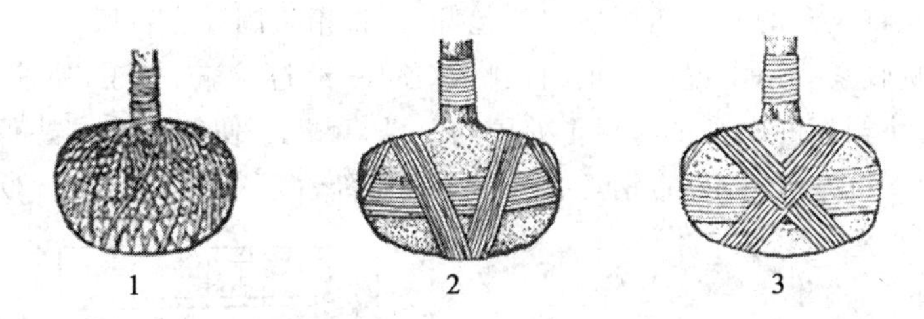

图 4-10　包装方式

1.橘子式包扎　2.井字式包扎　3.五角式包扎

(1)橘子式包扎　将草绳的一头系在树干基部，稍倾斜经土球底绕过对面向上经树干折回绕第二圈，第二圈与第一圈相隔一定距离，如此缠绕直至将整个土球缠满，不留空隙，一般缠一遍即可，土球大、土壤疏松或名贵树种的土球，可缠第二遍、第三遍，花箍打完后，可在原内腰箍稍下的地方打十几道外腰箍。可用强度大的麻绳代替草绳，防止吊运时土球松散。橘子式包扎紧密，适用于易松散的土壤、长距离运输或较大的土球。

(2)井字式包扎　先将草绳系在树干或腰箍上，经过土球底部缠下去，直到缠满 6～7 道井字形为止。

(3)五角式包扎　先将草绳系在腰箍上，绕过球底缠满 6～7 道五角形为止。井字式包扎和五角式包扎操作简便，适用于黏土、短距离运输或较小的土球。

2.带土球木箱包装

对于必须带土球移植的树木，土球规格如果过大(如直径超过 1.3 m 时)，很难保证吊装运输的安全和不散坨，一般应改为木箱包装移植，较为稳妥安全。用木箱包装，可移植胸径 15～30 cm 或更大的树木以及沙性土壤中的大树。

具体步骤如下。

(1)土台挖掘　要确定植株根部留土台的大小，然后要以树干为中心，按照比土台大 10 cm 的尺寸，划一正方形线印，将正方形内的表面浮土铲除掉，然后沿线印外缘挖一宽 60～80 cm 的沟，沟深应与规定的土台高度相等(图 4-11)。挖掘树木时，应随时用箱板进行校正，保证土台的上端尺寸与箱板尺寸完全符合，土台下端可比上端略小 5 cm 左右。土台的四个侧壁，中间可略微突出，以便装上箱板时能紧紧抱住土台，切不可使土台侧壁中间凹两端高。挖掘时，如遇有较大的侧根，可用手锯或剪枝剪把它切断，其切口应留在土台里。

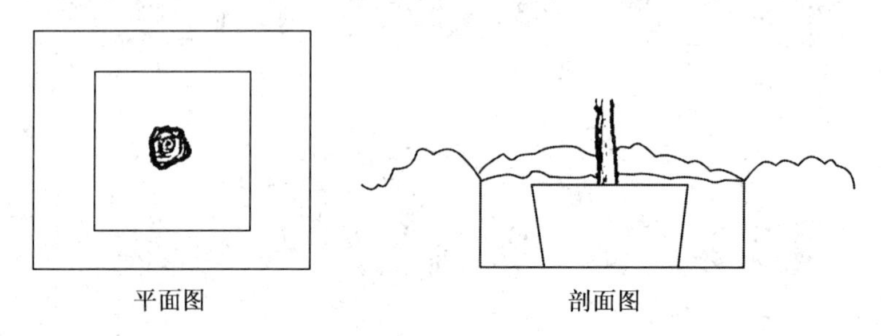

图 4-11 土台挖掘

(2)装箱 修整好土台之后，应立即上箱板，其操作顺序和注意事项如下。

①上侧板。先将土台的 4 个角用蒲包片包好，再将箱板围在土台四面，两块箱板的端部不要顶上。以免影响收紧。用木棍或锹把箱板临时顶住，经过检查、校正，要使箱板上下左右都放得合适，保证每块箱板的中心都与树干处于同一条直线上，使箱板上端边低于土台 1 cm 左右，作为吊运土台下沉系数，即可将钢丝绳分上下两道绕在箱板外面(图 4-12)。

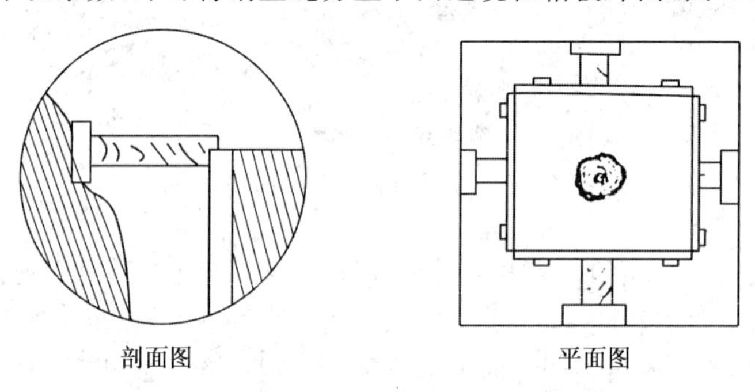

图 4-12 固定土台围板

②上钢丝绳。上下两道钢丝绳的位置，应在距离箱板上下两边各 15～20 cm 处。在钢丝绳的接口处，装上紧线器，并将紧线器松到最大限度，紧线器的旋转方向是从上向下转动为收紧。上下两道钢丝绳上的紧线器，应分别装在相反方向的箱板中央的带板上，并用木墩将钢丝绳支起，便于收紧。收紧紧线器时，必须两道同时进行。钢丝绳上的卡子，不可放在箱角上或带板上。以免影响拉力。收紧紧线器时，如钢丝绳跟着转，则应用铁棍将钢丝绳别住。将钢丝绳收紧到一定程度时，应用锤子捶打钢丝绳，如发出“铛铛”之声，表明已收得很紧，即可进行下一道工序。

③钉铁皮。先在两块箱板相交处，即土台的四角上钉铁皮(图 4-13)，每个角的最上一道和最下一道铁皮，距箱板的上下两个边各为 5 cm。如是 1.5 m 长的箱板，每个角钉铁皮 7～8 道；1.8～2.0 m 长的箱板，每个角钉铁皮 8～9 道；2.2 m 长的箱板，每个角钉铁皮 9～10 道。铁皮通过每面箱板两边的带板时，最少应在带板上钉两个钉子，钉子应稍向外斜，以增加拉力；不可把钉子砸弯。箱板四角与带板之间的铁皮，必须绷紧、钉直。将箱板四角铁

皮钉好之后，要用小锤轻轻敲打铁皮，如发出老弦声，表明已经钉紧，即可旋松紧线器，取下钢丝绳。

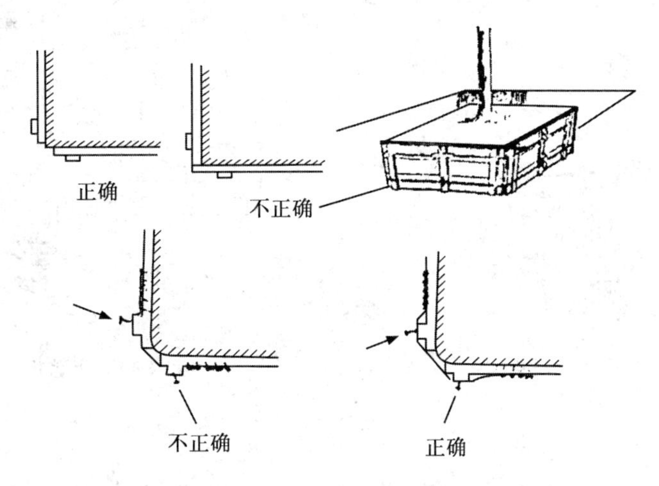

图 4-13 箱角钉铁皮

④掏底和上底板。土台四周的箱板钉好之后，紧接着掏土台底部的土，上底板和盖板(图4-14)。

a. 备好底板：按土台底部的实际长度，确定底板的长度和需要的块数。然后在底板的两头各钉上一块铁皮，但应将铁皮空出一半，以便上底板时将剩下的一半铁皮钉在木箱侧面的带板上。

b. 掏底：用小板镐和小平铲掏挖土台下部的土。掏底土可在两侧同时进行。当土台下边能容纳一块底板时，就应立即上一块底板，然后再向里掏土。

c. 上底板：先将底板一端空出的铁皮钉在木箱板侧面的带板上，再在底板下面放一个木墩顶紧；在底板的另一端用油压千斤顶将底板顶起，使之与土台紧贴，再将底板另一端空出的铁皮钉在木箱板侧面的带板上，然后撤下千斤顶，再用木墩顶好。上好一块底板之后，再向土台内掏底，仍按照上述方法上其他几块底板。在最后掏土台中间的底土之前，要先用 4 根方木将木箱板 4 个侧面的上部支撑住。先在坑边挖一小槽，槽内立一块小木板作支垫，将方木的一头顶在小木板上，另一头顶在木箱板的中间带板上，并用钉子钉牢，就能防止土台歪倒。然后再向中间掏出底土，使土台的底面呈突出的弧形，以利收紧底板。掏挖底土时，如遇树根，应用手锯锯断，锯口应留在土台内，不可使它凸起，以免妨碍收紧底板。掏挖中间底土要注意安全，不得将头伸入土台下面；在风力超过 4 级时，应停止掏底作业。

⑤上盖板。于树干两侧的箱板上口钉一排板条，称“上盖板”。上盖板前，先修整土台表面，使中间部分稍高于四周；表层有缺土处，应用潮湿细土填严拍实。土台应高出边板上口 1 cm 左右。土台表面铺一层蒲包片，再在上面钉盖板(图 4-15)。

(三)吊装

吊运前先要备好符合要求的吊车、卡车，捆吊土球的长粗绳，用于隔垫的木板、蒲包，用于拢冠的草绳、草袋等。吊运时，先撤去支撑，捆拢树冠；再用事先对折打好结的长粗绳，将两股分开，捆在土球腰下部约由上向下的 3/5 处，与土球接触的地方要垫以木板，以防勒散土球；然

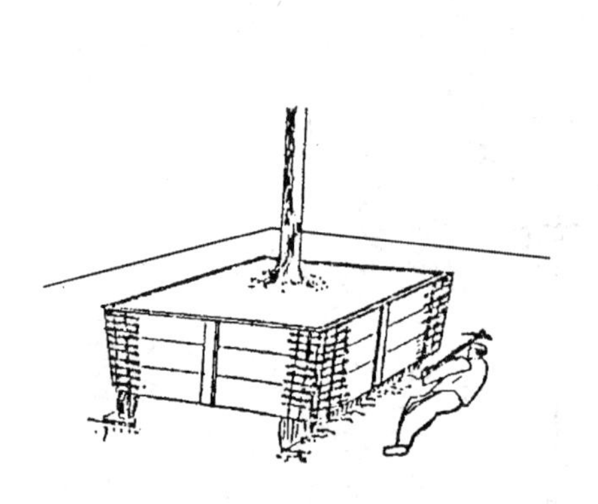
图 4-14 掏底土上底板

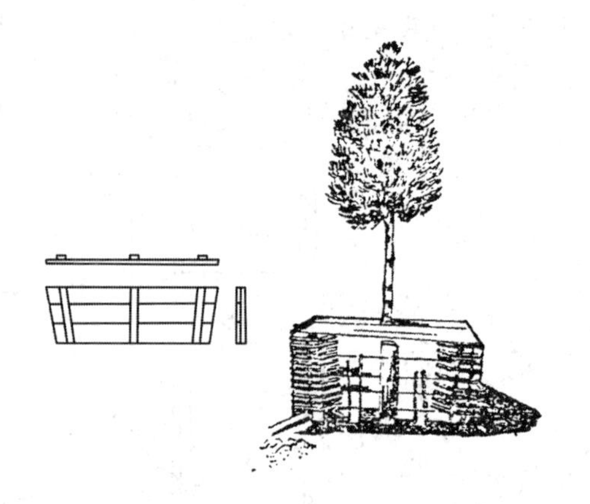
图 4-15 上盖板完成装箱

后将粗绳两端扣在钓钩上，用粗绳在树干基部拴系一绳套，扣在钓钩或吊绳上，防树身过于歪斜，以免摔散土球。一切准备就绪之后即可起吊装车起吊时，如发现有未断的底根，应立即停止起吊，切断底根后方可继续起吊。装车时必须土球向前，树梢向后，轻轻放在车厢内。树干可用"X"形支架进行支撑，支架交叉处捆绑松软物体，避免运输过程中支架擦伤树皮，用粗绳将支架与车身牢牢捆紧，用砖头或木块将土球支稳，防止土球摇晃(图 4-16)。

图 4-16 吊装

（四）运输

土球的运输(图 4-17)途中要有专人负责押运，苗木运到施工现场后要立即卸车，押运苗木的人员，必须了解所运苗木的树种、规格和卸苗地点；对于要求对号入位的苗木，必须知道具体卸苗地址。车上备有竹竿，以备中途遇到低的电线时，能挑起通过。

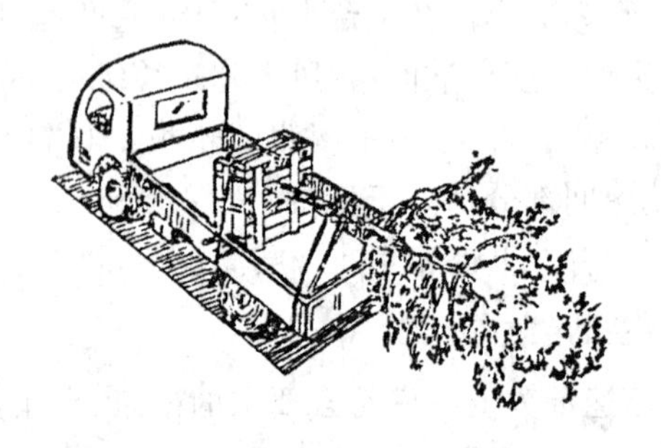
图 4-17 木箱包装树木的运输

(五)定植

大树移植要掌握"随挖、随包、随运、随栽"的原则,移植前应根据设计要求定点、定树、定位。定植大树的坑穴,应比土球(台)直径大40～50 cm,比木箱尺寸大50～60 cm,比土球或木箱高度深20～30 cm,并更换适于树木根系生长的腐殖土或培养土。吊装入穴时,与一般树木的栽植要求相同,应将树冠最丰满面朝向主观赏方向,并考虑树木在原生长地的朝向(图4-18和图4-19)。栽植深度以土球(台)或木箱表层高于地表20～30 cm为标准;特别是不耐水湿的树种(如雪松)和规格过大的树木,宜采用浅穴堆土栽植,即土球高度的3/5～4/5入穴,然后围球堆土呈丘状,根际土壤透气性好,有利于根系伤口的愈合和新根的萌发。树木栽植入穴后,尽量拆除草绳、蒲包等包扎材料,填土时每填20～30 cm即夯实一次,但应注意不得损伤土球。栽植完毕后,在树穴外缘筑一个高30 cm的围堰,浇透定植水。

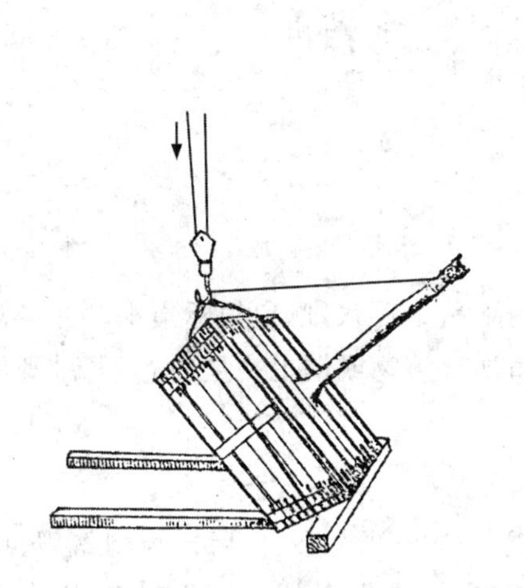

图4-18　卸车垫木直立

图4-19　吊箱入栽植穴

四、大树移植苗养护管理

(一)裹干

防止树体水分蒸腾过大,可用草绳等软材将树干全部包裹至一级分枝。因为包裹物具有一定的保湿、保温性能,经裹干处理后,首先可避免强光直射和干风吹袭,减少树体枝干的水分蒸腾;其次可存储一定量的水分,使枝干保持湿润;第三可调节枝干温度,减少高温、低温对树干的损伤(图4-20)。

图4-20　裹干支撑

(二)支撑

高大乔木栽植后应立即用支柱支撑树木,预防歪斜、防止大风松动根系。正三角撑最有利于树体固定,支撑点树体高度2/3处为好,支柱根部应入土中50 cm

以上。另外还有井字四角撑，具有较好的景观效果，也是经常使用的支撑方法（图 4-20）。

（三）遮阳

为防止树冠经受过于强烈的日晒影响，减少树体蒸腾强度，生长季移植大树应搭建阴棚遮阳。全冠搭建时，要求阴棚上方及四周与树冠间保持 50 cm 的间距，以利棚内空气流通，防止树冠日灼危害。遮阴度为 70%左右，让树体接受一定的散射光，以保证树体光合作用的进行（图 4-21）。

图 4-21 遮阳

（四）树盘处理

浇透定植水后即可撤除浇水围堰，并将土壤堆积到树下呈小丘状，以免根际集水。并经常疏松树盘土壤，改善土壤的通透性。也可在根际周围种植地被植物或铺上一层白石子等，既美观又可减少土面蒸发。

（五）树体保护

为了移植大树不易受低温危害，应做好树体防冻保温工作。首先，入秋后要控制氨肥、增施磷钾肥，并逐步撤除阴棚，延长光照时间，提高光照强度，以提高枝干的木质化程度，增强自身抗寒能力。其次，在入冬寒潮来临之前，可采取覆土、裹干、设立风障等方法做好树体保护工作。

五、提高大树移植苗成活的措施

（一）生长调节剂使用

采用软材包装移植大树时，可选用 ABT-1、3 号生根粉处理树体根部，可有利于树木损伤根系的快速恢复，促进树体的水分平衡，提高移植成活率。对直径大于 3 cm 的短根伤口喷涂 150 mg/kg ABT-1 生根粉，以促进伤口愈合。若遇土球掉土过多，可用拌有生根粉的黄泥浆涂刷根部。

（二）保水剂的使用

常用的保水剂为聚丙乙烯酰胺和淀粉接枝型，拌土使用的大多选择 0.5～3 mm 粒径的剂型，可节水 50%～70%，只要不翻土，水质不是特别差，保水剂寿命可超过 4 年。保水剂的使用，除提高土壤的通透性，还具有一定的保墒效果，提高树体抗逆性，另外可节肥 30%以上，尤其适用于北方以及干旱地区大树移植时使用。使用时以有效根层干土中加入 0.1%保水剂拌匀，再浇透水或让保水剂吸足水成饱和凝胶，以10%～15%比例加入与土拌匀。

(三)吊瓶促活技术

为了维持大树移植后的水分平衡，可采用向树体内输液给水的方法，即用特定的器械把水分直接输入树体木质部，可确保树体获得及时、必要的水分，从而有效提高大树移植的成活率(图4-22)。

图4-22 吊瓶促活

1.液体配制

输入的液体主要以水分为主，并可配入微量的植物生长激素和磷钾矿质元素。为了增强水的活性，可以使用磁化水或冷开水，同时每1 kg水中可溶入ABT-5号生根粉0.1 g、磷酸二氢钾0.5 g。生根粉可以激发细胞原生质体的活力，以促进生根，磷钾元素能促进树体生活力的恢复。

2.注孔准备

用木工钻在树体的基部钻洞孔数个，孔向朝下与树干呈30°夹角，深至髓心为度。洞孔数量的多少和孔径的大小应和树体大小和输液插头的直径相匹配。采用树干注射器和喷雾器输液时，需钻输液孔1～2个；挂瓶输液时，需钻输液孔洞2～4个。输液洞孔的水平分布要均匀，纵向错开，不宜处于同一垂直线方向。

3.输液方法

(1)注射器注射　将树干注射器针头拧入输液孔中，把贮液瓶倒挂于高处，拉直输液管，打开开关，液体即可输入，输液结束，拔出针头，用胶布封住孔口。

(2)喷雾器压输　将喷雾器装好配液，喷管头安装锥形空心插头，并把它紧插于输液孔中，拉动手柄打气加压，打开开关即可输液，当手柄打气费力时即可停止输液，并封好孔口。

(3)挂液瓶导输　将装好配液的贮液瓶钉挂在孔洞上方，把棉芯线的两头分别伸入贮液瓶底和输液洞孔底，外露棉芯线应套上塑管，防止污染，配液可通过棉芯线输入树体。

(4)使用树干注射器和喷雾注射器输液时，其次数和时间应根据树体需水情况而定；挂瓶输液时，可根据需要增加贮液瓶内的配液。当树体抽梢后即可停止输液，并涂浆封死孔口。有冰冻的天气不宜输液，以免树体受冻害。

(四)微灌降温技术

大树微灌降温技术是利用微喷头，对移植的大树进行多次、少量的间歇微灌，不仅可以保证充分的水分供给，又不会造成地面径流导致土壤板结，有利于维持根基土壤的水、肥、气结构。而且笼罩整株大树的水雾，在部分蒸发时可有效降低树木周围的温度，减小树冠水分蒸腾，最大限度地提高大树移植的成活率。

大树降温系统通常由首部枢纽、输水管网和灌水器三部分组成。

(1)首部枢纽　作为大树降温系统的水源必须具有一定的水压(一般为0.3～0.4 MPa)，以抵消输水管网、大树自身高度等引起的水压损失，并满足灌水器的工作压力。另外，微喷灌水器的流道细小，水中杂质含量不得超标，杂质颗粒直径小于0.15 mm。

(2)输水管网　从主阀门出水口到灌水器进水口，均为系统输水管网。根据功能特征和位置的不同，一般可分为主管、支管和毛管。

(3)灌水器　灌水器是大树降温系统的关键部分，可选用工作压力低、流量小、雾化指数适中的微喷头。主要有折射式和旋转式两种。

微喷头的工作压力一般为0.15～0.30 MPa，过水流道或孔口直径在0.3～2.0 mm之间，流量介于40～180 L/h之间，喷洒半径为1.5～4.2 m。

六、大树移植新方法

(一)断根缩坨移栽法

断根缩坨移栽法是指移植多年或野生大树，特别是胸径在25 cm或30 cm以上的大树，应先进行"断根缩坨"处理(图4-23)，利用根系的再生能力，断根刺激，促使树木形成紧凑的根系和发出大量的须根。断根缩坨通常在实施移栽前2～3年的春季或秋季进行。具体操作是：断根范围一般为树木胸径的5倍。沟可围成方形或圆形，但需将其周长分成4或6等份。第一年相间挖2或3等份，沟宽应便于操作，一般为30～40 cm；沟深视根的深度而定，一般为50～70 cm。沟内露出的根系应用利剪(锯)切断，与沟的内壁相平，伤口要平整光滑，大伤口还应涂抹防腐剂。将挖出的土壤打碎并清除石块、杂物，拌入腐叶土、有机肥或化肥后分层回填踩实，待接近原土面时，浇一次透水，渗完后覆盖一层稍高于地面的松土。第二年以同样方法处理剩余的2～3等份，第三年移栽。用这种方法开沟截根为两次截根，避免了对树木根系的集中损伤，不但可以刺激根区内发出大量新根，而且可维持树木的正常生长。在实际工作中，人们往往缺乏长远计划，急于求成，很少在栽前2～3年开始进行，因而降低了移栽成活率。为应急，常绿乔木的断根时间至少应在移植前的20～25天，落叶乔木为移植前30天。

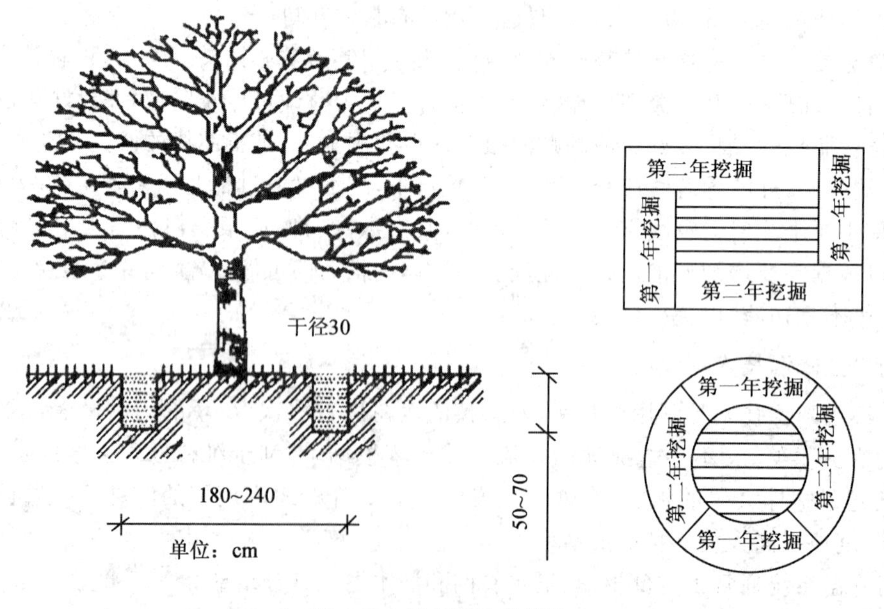

图4-23　断根缩坨移栽法

(二)浅埋高培移栽法

根据移植大树的多少,选择地势平坦但不积水的地块,地面就地栽植或挖一浅碗状沟栽植,或做成一块一块的圃地,整平床面并挖排水沟。栽时先在苗床上铺一层鲜黄土,确定大树的位置,用鲜黄土依次培土压实栽植(俗称"浅埋")。培土时埋的高度要比原土痕深(为便于堆高,必要时四周用砖堆砌),使整个苗床高出地面 20～30 cm 以上(俗称"高培"),由于"浅埋高培"技法不是将大树深埋于地下而是高高隆起于地表,较好地解决了基质通气与树干护土保湿的矛盾,成活率较高。

案例　银杏的大树移植技术

近年来,银杏树大树移植在城市绿化中普遍应用。它是世界上十分珍贵的树种之一,是古代银杏类植物在地球上存活的唯一品种。今有一生长于某机关的银杏树大树,栽培历史 30 年,树高 28 m,胸径 95 cm,周围无树木,需要移植到一空旷的平地。

(1)移植时间　一般来说,银杏树大树移植主要在 3—4 月份和 9—11 月份进行。在其他季节银杏树大树也可进行移植。

(2)移植方案的制定　根据银杏树大树的基本情况,确定以两台吊车起吊和栽植,起挖的银杏树土球直径 2.1 m。因距离较近,采用草绳包扎,用平板车运输银杏树。

(3)起苗、运输　7 月 12 日,开始进行银杏树大树移植,首先进行开挖,以银杏树大树树干中心向外半径 2 m 圆形开挖,圆形土球。挖掘 60 cm 深后,有部分侧根出现,用手锯锯断过长的侧根,挖到 1.2 m 的深度以后,根系逐渐减少,修整土球,斜向截断主根,用草绳进行交叉包扎,用麻绳加固。因移植季节不是很适宜,为保证成活,将顶端和部分侧枝截去。用棉絮包扎树干的起吊部位,用钢板固定土球的起吊部位,起吊时其中一台吊车主吊,另一台辅助固定。在平板车上搭好支架,吊上平板车后,以棉絮垫好树干与支架的接触部位,按时速 10 km 的速度平稳运至新的栽植地点。

(4)大树栽植　栽植坑为圆形,直径 3.0 m,底部先垫农家肥和红土拌匀的营养土,其上再覆一层 5 cm 厚的生土,防止感染,栽植前将银杏树大树的叶片摘除 2/3,用高锰酸钾 700 倍液进行土壤消毒,用 ABT 生根粉 1 000 mg/kg 进行根部处理,以促进新根萌发。栽植时仍以两台吊车吊栽,栽好后,用 20 cm 的原木搭支架进行支撑,对吊栽过程中损伤的树干以生石灰水涂刷,再以生红土拌成稀泥包扎。栽植 20 天后,伤口愈合,有部分新芽萌发。现该银杏树大树已成活,并已萌发新枝。

银杏树大树移植是城市绿化的有效手段,是提升城市品位的园林措施之一,银杏树大树移植可大大提高林木的价值,创造更大的经济效益。

本章小结

本章主要阐述栽植的概念及园林树木栽植成活原理、园林树木栽植的季节;一般立地条件下的园林树木栽植技术、特殊立地条件下的树木栽植技术、竹类的栽植及园林树木栽植成活期养护管理,包括培土扶正、水肥分管理、修剪及成活调查与补植。介绍了大树移植成活基本知识、大树移植前的准备工作、大树移植技术以及移植后的养护措施等内容。通过本章学习,了解栽植的概念及园林树木栽植成活原理、园林树木栽植的季节。

复 习 题

1. 简述栽植的概念与意义。
2. 简述园林树木栽植成活的原理。
3. 简述园林树木栽植的季节。
4. 栽植前有哪些准备工作?
5. 栽植穴的要求是什么?
6. 裸根起挖时树木应具良好有效根系,有效根系指什么?
7. 带土球起挖大树,土球直径大小是如何确定的?
8. 试述定植前树木树冠修剪。
9. 述栽后园林树木养护管理。
10. 简述容器栽植的特点。
11. 试述铺装地面树种栽培技术。
12. 干旱地的环境特点是什么?
13. 适于在干旱地种植树种有哪些?
14. 盐碱地种植树种的特性是什么?
15. 屋顶花园的作用是什么?
17. 试述屋顶花园树种选择。
18. 屋顶花园树木栽植的基质应具备哪些条件?
19. 举例垂直绿化有几种类型?
20. 垂直绿化植物应具备的条件是什么?
21. 适于竹子的生长的土壤条件是什么?
22. 竹类栽植有哪几种方法?
23. 园林树木栽植成活期养护管理的主要内容是什么?
24. 试述树木生长异常的诊断的流程。
25. 简述大树和大树移植的概念。
26. 简述大树移植的成活原理。
27. 简述大树移植的特点。
28. 简述移植大树的时间选择。
29. 大树移植前的修剪分几种?
30. 大树移植技术包括哪几项?
31. 简述断根缩坨移栽法。
32. 简述浅埋高培移栽法。
33. 大树移植苗养护管理包括哪五项?
34. 简述移植大树的选择。
35. 简述吊瓶促活技术。
36. 微灌降温系统有哪几部分组成?

第五章　园林树木的养护技术

【本章基本技能】能够采用正确的修剪方法对园林树木进行整形修剪；能采取合理的措施对园林树木实施树体保护；能准确找出园林树木损伤的原因，并采取相应的措施进行养护；能进行树洞处理；能进行古树名木养护。

第一节　园林树木的修剪

一、修剪的目的与意义

(一)整形修剪的目的

根据园林植物不同的生长与发育特性、生长环境和栽培目的，对其进行适当的整形修剪，具有调节植株的长势，防止徒长，使营养集中供应给所需要的枝叶和促使开花结果的作用。修剪时要讲究树体的造型，使叶、花、果所组成的树冠相映成趣，并与周围的环境配置相得益彰，以达到优美的景观效果，满足人们观赏的需要。

(二)整形修剪的意义

1.调节生长和发育

(1)促进和控制生长　修剪具有“整体抑制，局部促进”和“整体促进，局部抑制”的双重作用。树木的地上部分与地下部分是相互依赖，相互制约的，二者保持动态的平衡。树木经过整形修剪失掉一定的枝叶量，使光合作用产物减少，供给根系的有机物相对减少，因而削弱了根的作用，对树木整体生长起到了抑制作用。枝条被剪去一部分后，养分集中供应留下的枝芽生长，使局部枝芽的营养水平有所提高，从而加强了局部的生长势，这就是所说的“整体抑制，局部促进”作用。如果对幼树大部分枝条采取轻截，则会促其下部侧芽萌发，增加了枝叶的数量，光合作用增强，供给根系的有机营养增加，相应地促进了植株的生长势。如果对背下枝或背斜侧枝剪到弱芽处，压低角度，改变枝向，则抽生的枝条生长势比较弱或根本抽不出枝条，此时对这类枝条不是增强，而起到削弱的作用，这就是“整体促进，局部抑制”作用。

(2)促进开花结果　整形修剪可以调节养分和水分的运输，平衡树势，可以改变营养生长与生殖生长之间的关系，促进开花结果。在观花观果的园林植物中，通过合理的整形修剪，保证有足够数量的优质营养器官，是植物生长发育的基础；使植物产生一定数量花果，并与营养器官相适应;使一部分枝梢生长,一部分枝梢开花结果,每年交替,使两者均衡生长。

2. 形成优美的树形

园林中很多观赏花木,通过修剪形成优美的自然式人工整形树姿及几何形体式树形,在自然美的基础上,创造出人为干预的自然与艺术融合为一体的美。

3. 调节树势,促进老树更新复壮

对衰老树木进行强修剪,剪去或短截全部侧枝,可刺激隐芽长出新枝,选留其中一些有培养前途的枝条代替原有骨干枝,进而形成新的树冠。通过修剪使老树更新复壮,一般比栽植的新苗生长速度快,因为具有发达的根系,为更新后的树体提供充足的水分和养分。

4. 调节城市街道绿化中电缆和管道与树木之间的矛盾

在城市中,由于市政建筑设施复杂,常与树木发生矛盾,特别是行道树,上有架空线,下有管道、电缆,通常均需应用修剪、整形措施来解决其与植物之间的矛盾。

二、园林树木的树体形态结构

树木由地上与地下两大部分组成。乔木树种的地上部分包括主干与树冠。主干上承树冠下接根系,是支撑树冠与运输物质的总枢纽。树冠由中心干(主干和中央领导干)、主枝、侧枝和其他各级分枝构成,其中的中心干、主枝和其他各级永久性枝条构成树体的骨架,统称骨干枝(图 5-1)。树体大小、形状与结构不仅影响光能的利用率,而且影响观赏功能的发挥。

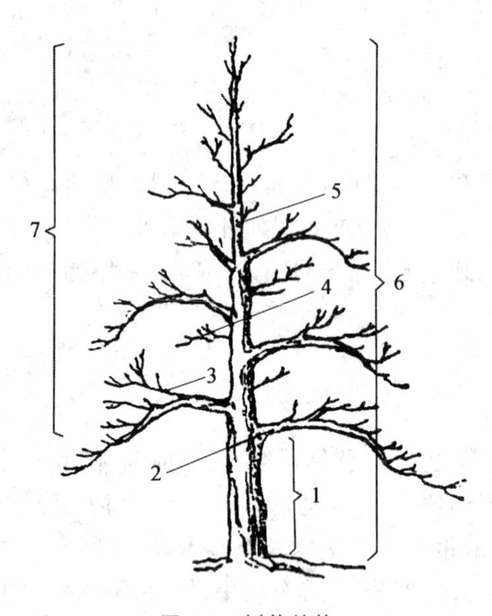

图 5-1 树体结构

1. 主干 2. 主枝 3. 侧枝 4. 辅助枝 5. 中央领导干 6. 树高 7. 冠高

(1)主干 从地面起至第一主枝间的树干称为干高。

(2)树高 从地面起沿主干延长线至树木最高点的距离。

(3)树冠 树体各级枝的集合体。第一主枝的最低点至树冠最高点的距离为冠高(长);树冠垂直投影的平均直径为冠幅,一般用树冠东西,南北两个方向的平均值表示。

(4)层内距 同一层中,相邻主枝着生点之间的垂直距离。距离小者称“邻接”,距离 15～20 cm 者称“邻近”。

(5)分枝角度 分枝与着生母枝的夹角,又分基角、腰角和梢角。

(6)主枝夹角 同层内相邻主枝在水平面上的夹角。

三、园林树木修剪的原则与依据

(一)修剪的原则

1. 因地制宜,按需修剪

树木的生长发育与环境条件具有密切关系。在不同的生态条件下则树木的整形修剪方式不同,对于生长在土壤瘠薄、地下水位较高处的树木,不应该与生长在一般土壤上的树木以同样的方式进行整形修剪，通常主干应留得低，树冠也相应地小。在盐碱地更应采用低干矮冠的方式进行整剪。在多风地区或风口栽植乔木时，一定选栽深根性的树种，同时树体不能过大，枝叶不要过密。否则适得其反，起不到很好的观赏作用。

不同的配置环境整剪方式不同，如果树木生长地周围很开阔、面积较大，在不影响与周围环境协调的情况下，可使分枝尽可能地开张，以最大限度地扩大树冠；如果空间较小，应通过修剪控制植株的体量，以防拥挤不堪，影响树木的生长，又降低观赏效果。如在一个大草坪上栽植几株雪松或桧柏，为了与周围环境配置协调，应尽量扩大树体，同时留的主干应较低，并多留裙枝。

2. 随树作形，因枝修剪

即有什么式样的树木，就整成相应式样的形；有什么姿态的枝条，就应进行相应的修剪。对于众多的树木，千万不能用一种模式整形。对于不同类型的或不同姿态的枝条更不能用一种方法进行修剪，而是要因树、因枝、因地而异。特别是对于放任树木的修剪，更不能追求某种典型的、规范的造型，一定要根据实际情况因势利导，只要通风透光，不影响树木的生长发育，不有碍于观赏效果就可以了。

3. 主从分明、平衡树势

主从分明是指主枝与侧枝的主从关系要分明，树势平衡也就是骨干枝分布得要合理。修剪时为了使植株长势均衡，应抑强扶弱，一般采用强主枝强剪（修剪量大些），削弱其生长势；弱主枝弱剪（修剪量小些）。调节侧枝的生长势，应掌握的原则是：强侧枝弱剪（即轻截），弱侧枝强剪（即重截）。因为侧枝是开花结实的基础，侧枝如生长过强或过弱均不利于形成花芽。所以，对强侧枝要弱剪，目的是促使侧芽萌发，增加分枝，使生长势缓和，则有利于形成花芽；对弱侧枝要强剪，短截到中部饱满芽处，使其萌发抽生较强的枝条，此类枝条形成的花芽少，消耗的养分也少，从而对该枝条的生长势有增强的作用，应用此方法调整各类侧枝生长势的相对均衡是很有效的。

（二）修剪的依据

园林植物在整形修剪前要对其生态环境条件、生长发育习性、分枝规律、枝芽特性等基本知识进行了解，遵循植物的生长发育规律，才能进行科学合理的整形修剪。

1. 与生态环境条件相统一的原理

园林植物在自然界中总是不断协调自身各个器官的相互关系，维持彼此间的平衡生长，以求得在自然界中继续生存。因此，保留一定的树冠，及时调整有效叶片的数量，维持高粗生长的比例关系，就可以培养出良好的树冠与干形。如果剪去树冠下部的无效枝，使养分相对集中，可加速高度生长。

2. 分枝规律的原理

园林树木在生长进化的过程中形成了一定的分枝规律，一般有主轴分枝、合轴分枝、假二叉分枝、多歧分枝等类型（图 5-2）。

主轴分枝的树木如雪松、龙柏、水杉、杨树等，其顶芽优势极强，长势旺，易形成高大通直的树干，修剪时要控制侧枝，促进主枝生长。合轴分枝的树木如悬铃木、柳树、榉树、桃树等，新梢在生长期末因顶端分生组织生长缓慢，顶芽瘦小不充实，到冬季干枯死亡；有的枝顶形成花芽而不能向上，被顶端下部的侧芽取而代之，继续生长。假二叉分枝的树木如泡桐、丁香等，树干顶梢在生长季末不能形成顶芽，而是由下面对生的侧芽向相对方向分生侧枝，修剪时可用剥除

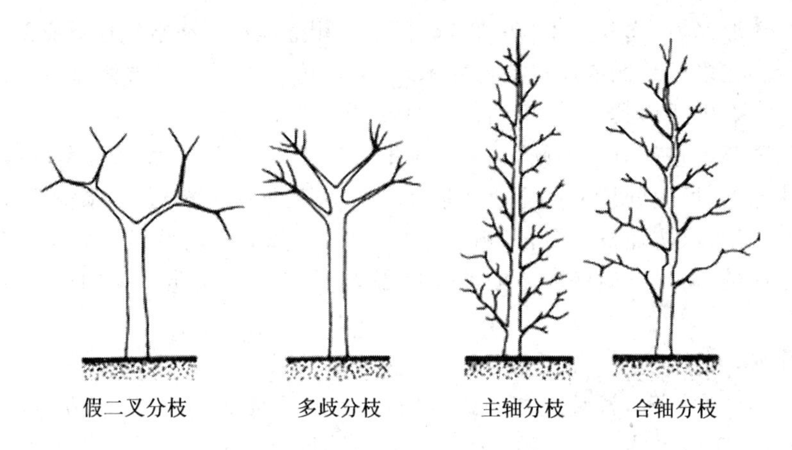

图 5-2 树木分枝类型

枝顶对生芽中的 1 枚,留 1 枚壮芽来培养干高。多歧分枝的树木顶梢芽在生长季末发育不充实,侧芽节间短,或顶梢直接形成 3 个以上势力均等的芽,在下 1 个生长季节,每个枝条顶梢又抽生出 3 个以上新梢同时生长,致使树干低矮。这类树种在幼树整形时,可采用抹芽法或用短截主枝重新培养主枝法培养树形。

3. 顶端优势的原理

由于在养分竞争中顶芽处于优势,所以树木顶芽萌发的枝在生长上也总是占有优势。当剪去 1 枚顶芽时,可使靠近顶芽的一些腋芽萌发;而除去 1 个枝端,则可获得一大批生长中庸的侧枝,从而使代谢功能增强,生长速度加快,有利于花果形成,可达到控制树形、促进生长、花开满树、果实累累的目的。

4. 光能利用原理

园林植物通过叶片进行光合作用,将光能转变成化学能,贮藏在有机物里。要增强光合作用,就必须扩大叶面积。而剪去枝条顶端,使下部多数半饱满芽得到萌发,使之形成较多的中、短枝,就可增加叶片数量。在树冠内部、树林、树丛中的很多枝叶间又相互影响着光照条件,其受光量自外向内逐渐减少。因此,通过修剪来调整树体结构,改变有效叶幕层的位置,可提高整体的光能利用率。

5. 树体内营养分配与积累的规律

树叶光合作用合成的养分,一部分直接运往根部,供根的呼吸消耗,剩余的大部分改组成氨基酸、激素,然后再随上升的液流运往地上部分,供枝叶生长需要。通过修剪有计划地将树体营养进行重新分配,使过分分散的养分集中起来,重点供给某个生长中心。如培养主干高直的树木时,可将生长前期的大部分侧枝进行短截,以破坏它原有的消耗中心,改变营养运输方向,使营养供给主干顶端生长中心,促进主干的高生长,达到主干高直的目的。

6. 生长与发育规律

园林树木都有其生长发育的规律,即年周期和生命周期的变化。整形修剪可以调节树木的生长与发育的关系,将有限的养分利用到必要的生长点或发育枝上去。

7. 美学的原理

园林树木在外界自然环境因子的影响下,经过长期自然选择才能筛选出美丽的自然造型。

而通过人工整形修剪，不仅可以在短时间内创造各种自然造型，而且还可以根据人们的意愿和美化环境的需求来创造各种自然形式或规则的几何形式。

四、修剪的时期与方法

（一）整形修剪的时期

园林植修剪最佳时期的确定应至少满足以下两个条件：一是不影响园林植物的正常生长，减少营养徒耗，避免伤口感染。如抹芽、除蘖宜早不宜迟；核桃、葡萄等应在春季伤流期前修剪完毕等。二是不影响开花结果，不破坏原有冠形，不降低其观赏价值。如观花观果类植物，应在花芽分化前和花期后修剪；观枝类植物，为延长其观赏期，应在早春芽萌动前修剪等。总之，修剪整形一般都在植物的休眠期或缓慢生长期进行，以冬季和夏季修剪整形为主。

1. 休眠期修剪（冬季修剪）

落叶树从落叶开始至春季萌发前，树木生长停滞，树体内营养物质大都回归根部贮藏，修剪后养分损失最少，且修剪的伤口不易被细菌感染腐烂，对树木生长影响较小。热带、亚热带地区原产的乔、灌观花植物，没有明显的休眠期，但是从 11 月下旬到次年 3 月初的这段时间内，它们的生长速度也明显地缓慢，有些树木也处于半休眠状态，所以此时也是修剪的适期。但冬季严寒的地方，修剪后伤口易受冻害，早春修剪为宜；有伤流现象的树种，一定要在春季伤流期前修剪。

2. 生长期修剪（夏季修剪）

植物的生长期，枝叶茂盛，影响到树体内部通风和采光，因此需要进行修剪。常绿树没有明显的休眠期，春夏季可随时修剪生长过长、过旺的枝条，使剪口下的叶芽萌发。常绿针叶树在 6—7 月份进行短截修剪，还可获得嫩枝，以供扦插繁殖。一年内多次抽梢开花的植物，花后及时修去花梗，使其抽发新枝，开花不断，延长观赏期，如紫薇、月季等观花植物；草本花卉为使株形饱满，抽花枝多，要反复摘心；观叶、观姿类的树木，一旦发现扰乱树形的枝条就要立即剪除；棕榈等，则应及时将破碎的枯老叶片剪去；绿篱的夏季修剪，既要使其整齐美观，同时又要兼顾截取插穗。

3. 各类树木的适宜修剪时期

（1）落叶树　每年深秋至翌年早春萌芽前，是落叶树的休眠期。早春时，树液开始流动，生育功能即将开始，这时伤口的愈合较快，如紫薇、月季、石榴、扶桑、木芙蓉等。

冬季修剪对落叶植物的树冠形成、树梢生长、花果枝的形成等有重要影响。幼树修剪以整形为主；观叶树修剪以控制侧枝生长、促进主枝生长旺盛为目的；花果树修剪则着重培养骨干枝，促其早日成形，提前开花结果。

（2）常绿树　从一般常绿树生长规律来看，4—10 月份为活动期，枝叶俱全，此时宜进行修剪。而 11 月份至次年 3 月份为休眠期，耐寒性差，减去枝叶有冻害的危险，因此一般常绿树应避免冬季修剪。尤其是常绿针叶树，宜在 6—7 月份生长期内进行短截修剪，此时修剪还可获得侧枝，用于扦插繁殖。

北方常绿针叶树，从秋末新梢停止生长开始，到翌年春季休眠芽萌动之前，为冬季整形的时间，此时修剪，养分损失少，伤口愈合快。热带、亚热带地区旱季为休眠期，树木的长势普遍减弱，这是修剪大枝的最佳时期，也是处理病虫枝的最好时期。

(二)修剪的方法

归纳起来,修剪的基本方法有“截、疏、伤、变、放”五种,实践中应根据修剪对象的实际情况灵活运用。

1. 园林树木休眠期修剪

(1)截　是将植物的一年生或多年生枝条的一部分剪去,以刺激剪口下的侧芽萌发,抽发新梢,增加枝条数量,多发叶多开花(图 5-3)。它是园林植物修剪整形最常用的方法。根据短剪的程度,可将其分为以下几种。

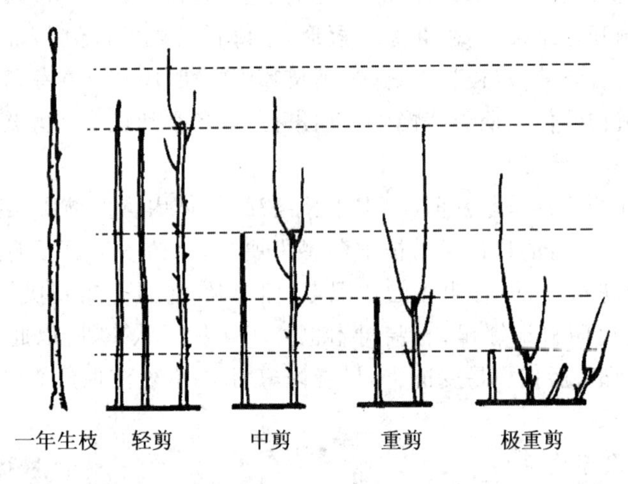

图 5-3　短截反应

①轻短剪。只剪去一年生枝的少量枝段,一般剪去枝条的 1/4～1/3。如在春、秋梢的交界处(留盲节),或在秋梢上短剪。截后易形成较多的中、短枝,单枝生长较弱,能缓和树势,利于花芽分化。

②中短剪。在春梢的中上部饱满芽处短剪,一般剪去枝条的 1/3～1/2。截后形成较多的中、长枝,成枝力高,生长势强,枝条加粗生长快,一般多用于各级骨干枝的延长枝或复壮枝。

③重短剪。在春梢的中下部短剪,一般剪去枝条的 2/3～3/4。重短剪对局部的刺激大,对全树总生长量有影响,剪后萌发的侧枝少,由于植物体的营养供应较为充足,枝条的长势较旺,易形成花芽,一般多用于恢复生长势和改造徒长枝、竞争枝。

④极重短剪。在春梢基部仅留 1～2 个不饱满的芽,其余剪去,此后萌发出 1～2 个弱枝,一般多用于处理竞争枝或降低枝位。

⑤回缩。又称缩剪,即将多年生枝的一部分剪掉。当树木或枝条生长势减弱,部分枝条开始下垂,树冠中下部出现光秃现象时,为了改善光照条件和促发粗壮旺枝,以恢复树势或枝势时常用缩剪。将衰老枝或树干基部留一段,其余剪去,使剪口下方的枝条旺盛生长或刺激休眠芽萌发徒长枝,以培育新的树冠,重新生长。

(2)疏　又称疏剪或疏删。即把枝条从分枝点基部全部剪去。疏剪主要是疏去膛内过密枝,减少树冠内枝条的数量,调节枝条均匀分布,为树冠创造良好的通风透光条件,减少病虫害,增加同化作用产物,使枝叶生长健壮,有利于花芽分化和开花结果。疏剪对植物总生长量有削弱作用,对局部的促进作用不如截,但如果只将植物的弱枝除掉,总的来说,对植物的长势将起到加强作用。

(3)伤 用各种方法损伤枝条,以缓和树势、削弱受伤枝条的生长势。如环剥、刻伤、扭梢、折梢等。伤主要是在植物的生长季进行,对植株整体的生长影响不大。

(4)变 改变枝条生长方向,控制枝条生长势的方法称为变。如用曲枝(图 5-4)、拉枝(图 5-5)、抬枝等方法,将直立或空间位置不理想的枝条,引向水平或其他方向,可以加大枝条开张角度,使顶端优势转位、加强或削弱。骨干枝弯枝有扩大树冠、改善光照条件,充分利用空间,缓和生长,促进生殖的作用。将直立生长的背上枝向下曲成拱形时,顶端优势减弱,生长转缓,下垂枝因向地生长,顶端优势弱,生长不良,为了使枝势转旺,可抬高枝条,使枝顶向上生长。修剪措施大部分在生长季应用。

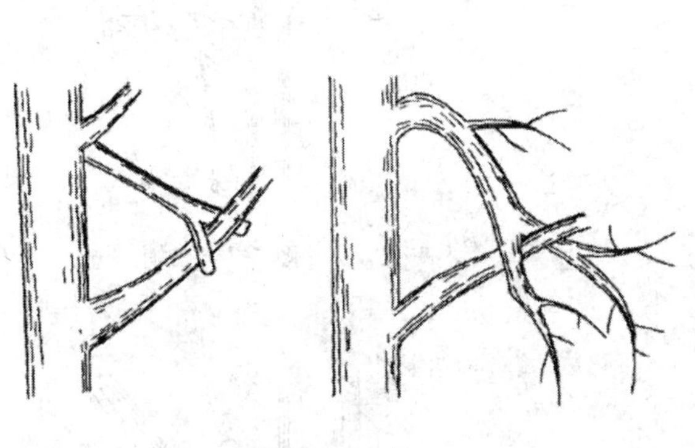

图 5-4 曲枝

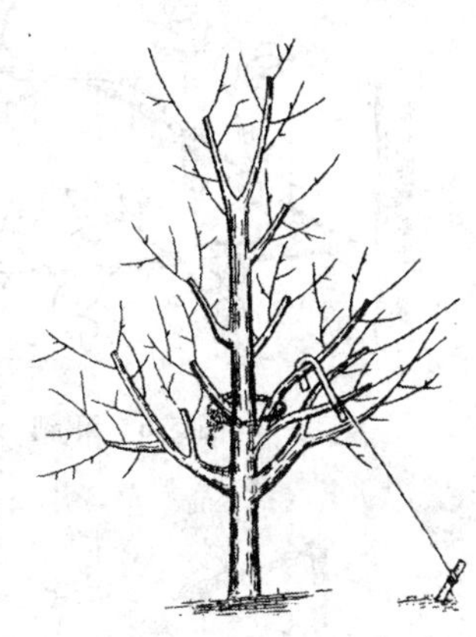

图 5-5 拉枝

(5)放 又称缓放、甩放或长放,即对一年生枝条不作任何短截,任其自然生长。利用单枝生长势逐年减弱的特点,对部分长势中等的枝条长放不剪,下部易发生中、短枝,停止生长早,同化面积大,光合产物多,有利于花芽形成。幼树、旺树,常以长放缓和树势,促进提早开花、结果;长放用于中庸树、平生枝、斜生枝效果更好,但对幼树骨干枝的延长枝或背生枝、徒长枝不能长放;弱树也不宜多用长放。

2. 园林树木生长期修剪

(1)摘心和剪梢 在园林树木生长期内,当新梢抽生后,为了限制新梢继续生长,将生长点(顶芽)摘去或将新梢的一段剪去,解除新梢顶端优势,使其抽出侧枝以扩大树冠或增加花芽。

(2)抹芽和除蘖 抹芽和除蘖是疏的一种形式。在树木主干、主枝基部或大枝伤口附近常会萌发出一些嫩芽而抽生新梢,妨碍树形,影响主体植物的生长。将芽及早除去,称为抹芽;或将已发育的新梢剪去,称为除蘖。抹芽与除蘖可减少树木的生长点数量,减少养分的消耗,改善光照与肥水条件。如嫁接后砧木的抹芽与除蘖对接穗的生长尤为重要。抹芽与除蘖,还可减少冬季修剪的工作量和避免伤口过多,宜在早春及时进行,越早越好。

(3)环剥 在发育期,用刀在开花结果少的枝干或枝条基部适当部位剥去一定宽度的环状树皮,称为环剥(图 5-6)。环剥深达木质部,剥皮宽度以 1 月内剥皮伤口能愈合为限,一般为 2~10 mm。由于环剥中断了韧皮部的输导系统,可在一段时间内阻止枝梢碳水化合物向下输送,有利于环剥上方枝条营养物质的积累和花芽的形成,同时还可以促进剥口下部发枝。但根系因营养物质减少,生长受一定影响。由于环剥技术是在生长季应用的临时修剪措施,一般在主干、中干、主枝上不采用。

(4)扭梢与折梢　在生长季内，将生长过旺的枝条，特别是着生在枝背上的旺枝，在中上部将其扭曲下垂，称为扭梢(图 5-7)；或只将其折伤但不折断(只折断木质部)，称为折梢(图 5-8)。扭梢与折梢是伤骨不伤皮，其阻止了水分、养分向生长点输送，削弱枝条生长势，利于短花枝的形成。

(5)折裂　为了曲折枝条，形成各种艺术造型，常在早春芽略萌动时，对枝条实行折裂处理(图 5-9)，用刀斜向切入，深达枝条直径的 1/2～2/3 处，然后小心地将枝弯折，并利用木质部折裂处的斜面互相顶住。为了防止伤口水分过多损失，应在伤口处进行包裹。

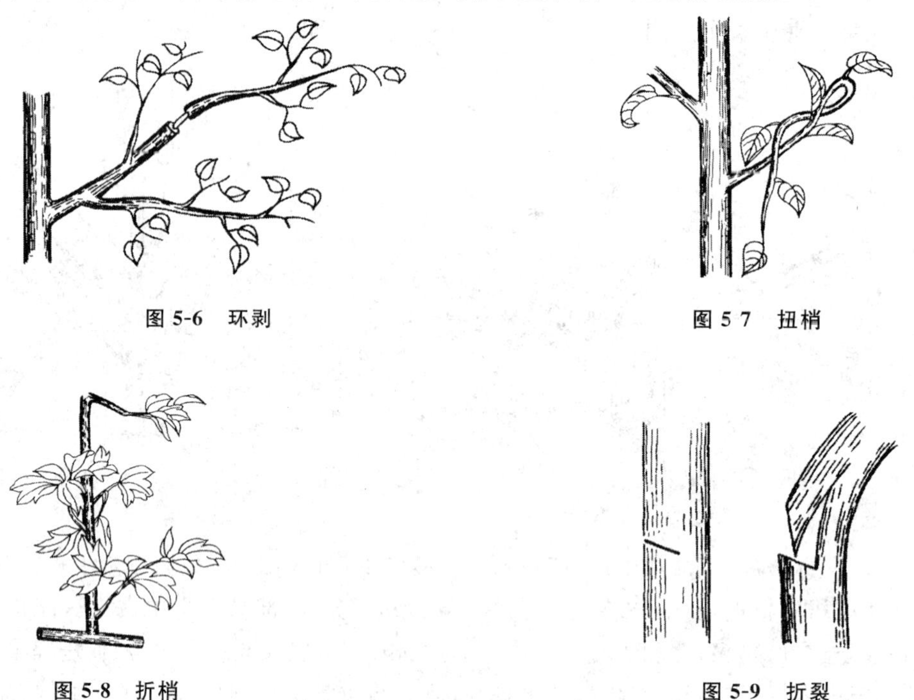

图 5-6　环剥

图 5 7　扭梢

图 5-8　折梢

图 5-9　折裂

(6)圈枝　在幼树整形时为了使主干弯曲或呈疙瘩状时，常采用的技术措施。使生长势缓和，树生长不高，并能提早开花。

(7)断根　将树木的根系在一定范围内全部切断或部分切断的措施。进行抑制栽培时常常采取断根的措施，断根后可刺激根部发生新的须根，所以在移栽珍贵的大树或移栽山野里自生树时，往往在移栽前 1～2 年进行断根，在一定的范围内促发新的须根，有利于移植成活。

(三)综合修剪技术

1. 去顶修剪

去掉乔木和灌木的顶枝或中央领导干，降低树木的高度或主轴的长度。主要适用于：萌芽力强的树木，如樟、悬铃木、杨、柳、榆、椴、刺槐、枫香等；生长空间受到限制树木(空中管线)；土壤太薄或因根区缩小而不能支撑大树；因病虫袭击而明显枯顶、枯梢的树木。

操作中应注意切口下尽量留大枝；去顶的伤口应修整光滑并呈球面凸形，同时进行消毒和涂抹；易产生大量的干萌条，应及时抹除；切口应在枝皮脊线以上或与保留枝干(枝的长轴线)

平行,不留长桩。

2.病害控制修剪

其目的是为了防止病害蔓延。从明显感病位置以下 7～8 cm 的地方剪除感病枝条,最好在切口下留枝。修剪应避免雨水或露水时进行,工具用后应以 70%的酒精消毒,以防传病。

3.线路修剪

(1)截顶修剪 又叫落头修剪,是指树木直接生长在线路下时,只剪掉树木新梢或短截顶稍。截顶修剪易破坏树木的自然形状。

(2)侧方修剪 大树与线路发生干扰时去掉线路一侧的侧枝。有时也同时剪除相对一侧的枝条,以维持树木的对称生长。

(3)下方修剪 线路直接通过树冠中下侧时,剪去主枝或大侧枝。

(4)穿过式修剪 穿过式修剪又分为定向修剪和降杈修剪。

定向修剪是指给空中线路让路,对较小枝进行修剪,使树冠上形成一个可以让线路通过的"隧道"。这种修剪对树形的破坏较轻,而且能长期受益。

降杈修剪是指促进枝条向侧方并远离线路生长,将大枝回缩到侧枝。

4.老桩修剪

老桩是以前不正确的修剪,风雪损伤或自然枯死留下来的残桩。在修剪之前应仔细检查桩基附近的愈合情况。修剪时应在愈合体外侧切掉老桩。如果损伤或切掉愈合体就会破坏抵抗微生物侵染的保护带,导致健康组织的腐朽。

5.剪除物的处理

剪除物应实行综合利用。将剪除物经过粉碎机、木材削片机打成木屑,木屑可制成刨花板,也可将碎屑经 1～2 年分解后,作优良的土壤改良剂或土壤覆盖材料和禽舍、牲畜圈的垫料。

(四)剪口处理与大枝修剪

1.平剪口

剪口在侧芽的上方,呈近似水平状态,在侧芽的对面作缓倾斜面,其上端略高于芽 5 mm,位于侧芽顶尖上方。优点是剪口小,易愈合,是观赏树木小枝修剪中较合理的方法(图 5-10)。

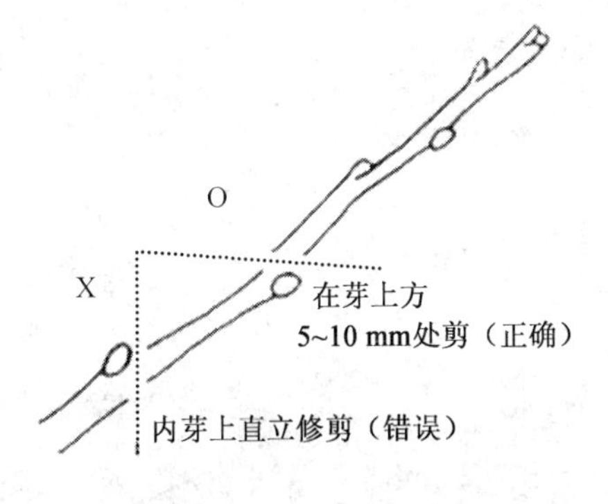

图 5-10 平剪口剪口位置

2.留桩平剪口

剪口在侧芽上方呈近似水平状态,剪口至侧芽有一段残桩。优点是不影响剪口侧芽的萌发和伸展。问题是剪口很难愈合,第二年冬剪时,应剪去残桩(图 5-11 和图 5-12)。

3.大斜剪口

剪口倾斜过急,伤口过大,水分蒸发多,剪口芽的养分供应受阻,故能抑制剪口芽生长,促进下面一个芽的生长(图 5-13)。

4.大侧枝剪口

切口采取平面反而容易凹进树干,影响愈合,故使切口稍凸呈馒头状,较利于愈合。剪口太靠近芽的修剪易造成芽的枯死,剪口太远离芽的修剪易造成枯桩(图 5-13)。

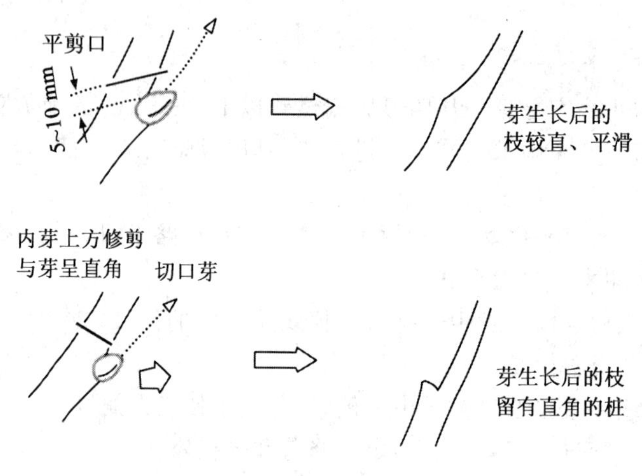

图 5-11　不同剪口处芽的生长

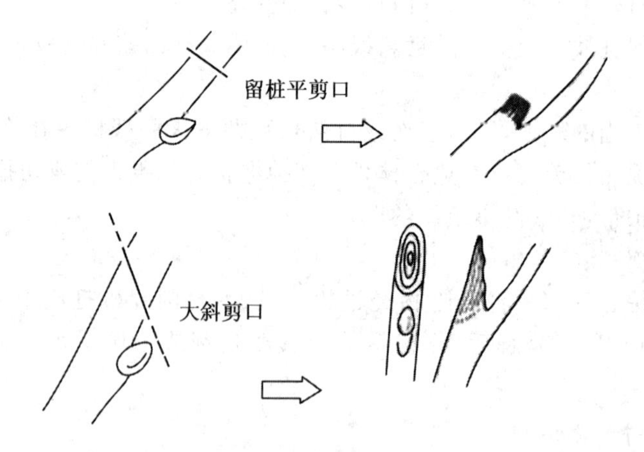

图 5-12　留桩平剪口和大斜剪口的剪口方向示意图

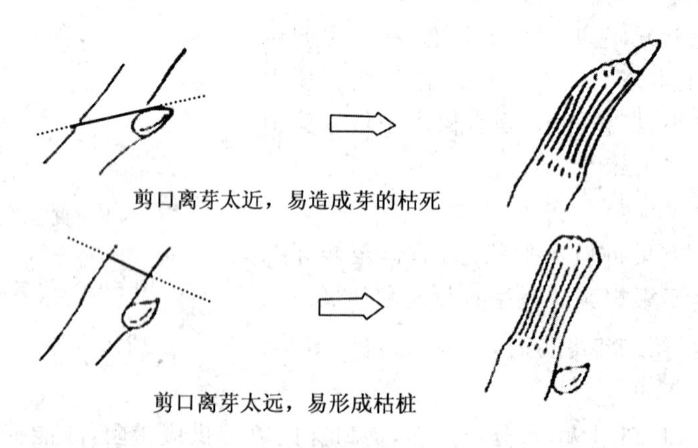

图 5-13　剪口距离芽位置的关系

留芽的位置不同，未来新枝生长方向也各有不同，留上、下两枚芽时，会产生向上、向下生长的新枝，留内、外芽时，会产生向内、向外生长的新枝(图 5-14)。

5. 大枝修剪

大枝修剪通常采用三锯法。第一锯，在待锯枝条上离最后切口约 30 cm 的地方，从下往上拉第一锯作为预备切口，深至枝条直径的 1/3 或开始夹锯为止；第二锯，在离预备切口前方 2～3 cm 的地方，从上往下拉第二锯，截下枝条；第三锯，用手握住短桩，根据分枝结合部的特点，从分杈上侧皮脊线及枝干领圈外侧去掉残桩。这样可避免锯到半途时因树枝自身的重量而撕裂造成伤口过大，不易愈合。

将干枯枝、无用的老枝、病虫枝、伤残枝等全部剪除时，为了尽量缩小伤口，应自分枝点的上部斜向下部剪下，残留分枝点下部突起的部分(图 5-15A)，伤口不大，很易愈合，隐芽萌发也不多；如果残留其枝的一部分(图 5-15B)，将来留下的一段残桩枯朽，随其母枝的长大渐渐陷入其组织内，致使伤口迟迟不愈合，很可能成为病虫害的巢穴。

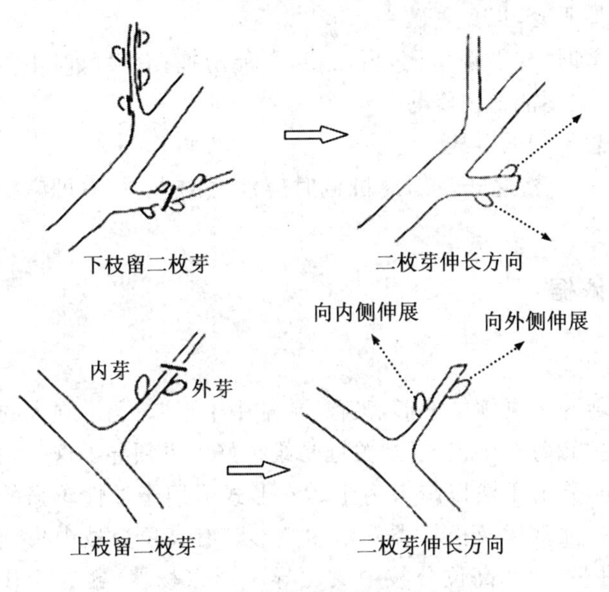

图 5-14 上下枝留芽的生长方向

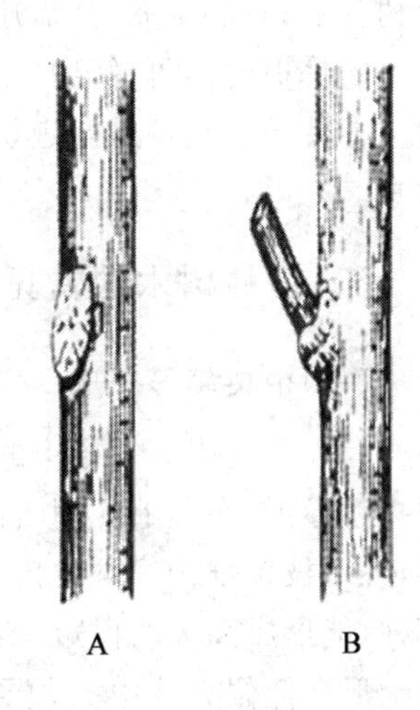

图 5-15 大枝剪除后的伤口
A. 残留分枝点下部突出的部分
B. 残留枝的一段

(五)修剪程序与注意事项

1. 修剪程序

修剪的程序概括地说就是“一知、二看、三剪、四检查、五处理”。

一知。修剪人员必须掌握操作规程、技术及其他特别要求。修剪人员只有了解操作要求，才可以避免错误。

二看。实施修剪前应对植物进行仔细观察，因树制宜，合理修剪。具体是要了解植物的生长习性、枝芽的发育特点、植株的生长情况、冠形特点及周围环境与园林功能，结合实际进行修剪。

三剪。对植物按要求或规定进行修剪。修剪时最忌无次序，修剪观赏花木时，先要观察分析树势是否平衡，如果不平衡，分析造成的原因，如果是因为枝条多，特别是大枝多造成生长势强，则要进行疏枝。在疏枝前先要决定选留的大枝数及其在骨干枝上的位置，将无用的大枝先剪掉，待大枝条整好以后再修剪小枝，宜从各主枝或各侧枝的上部起，向下依次进行。对于普通的一棵树来说，则应先剪下部，后剪上部；先剪内膛枝，后剪外围枝。几个人同剪一棵树时，应先研究好修剪方案，才好动手去做。

四检查。检查修剪是否合理，有无漏剪与错剪，以便修正或重剪。

五处理。包括对剪口的处理和对剪下的枝叶、花果进行集中处理等。

2. 注意事项

①整形修剪是技术性较强的工作，所以从事修剪的人员，要对所修剪的树木特性有一定的了解，并懂得修剪的基本知识，才能从事此项工作。

②修剪所用的工具要坚固和锐利，在不同的情况下作业，应配有相应的工具。如靠近输电线附近使用高枝剪修剪时，不能使用金属柄的高枝剪，应换成木把的，以免触电；如修剪带刺的树木时，应配有皮手套或枝刺扎不进去的厚手套，以免划破手。

③修剪时一定注意安全，特别上树修剪时，梯子要坚固，要放稳，不能滑拖；有大风时不能上树作业；有心脏病、高血压或喝过酒的人也不能上树修剪。

④修剪时不可说笑打闹，以免发生意想不到的事故。

⑤使用电动机械一定认真阅读说明书，严格遵守使用此机械时应注意的事项，不可麻痹大意。

五、园林树木的常见树形及修剪依据

(一)中央领导干形

有强大的中央领导干的乔木，通常修剪为中央领导干形，又称“单轴中干形”。留一强大的中央领导干，在其上配列疏散的主枝。养护修剪时比较方便，关键是维护好中央领导干这一轴心，各级枝条维护好方位角、开张角和枝距，修剪手法以疏剪为主。本形式适用于轴性较强的树种，能形成高大的树冠，最宜于作庭阴树、独赏树及松柏类乔木的整形。有高位分枝中央领导干形和低位分枝中央领导干形两类(图 5-16)。高位分枝中央领导干形以杨树、银杏为代表，分枝较高，适合作行道树；低位分枝中央领导干形以雪松、龙柏为代表，分枝很低，而且越低越美，适合作庭阴树、独赏树。

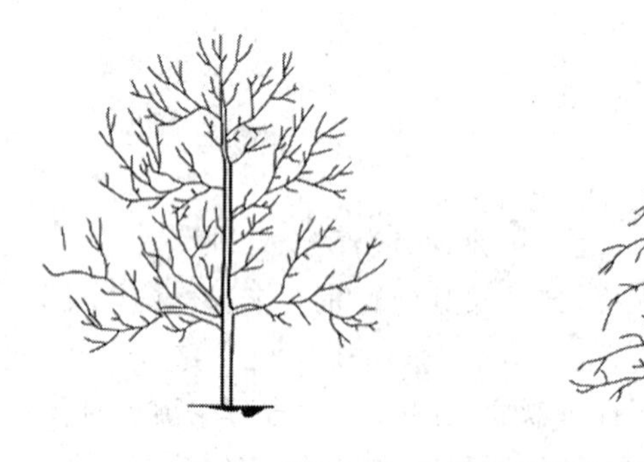

图 5-16 中央领导干形树体

(二)伞形

这种整形方式常用于建筑物或规则式绿地出入口两侧，两两对植，起导游提示作用。也可点缀于池边、路角等处。它的特点是有一明显主干，所有侧枝均下弯倒垂，逐年由上方芽继续向外延伸扩大树冠，形成伞形，如龙爪槐(图 5-17)、垂樱、垂枝三角枫、垂枝榆、金叶垂枝榆、大叶垂枝榆、垂枝杨、垂桑、垂桃等。

(三)自然开心形

此形无中心主干，分枝较低，三个主枝在主干上向四周放射而出，中心又开展，故为自然开心形(图 5-18)。但主枝分枝不为两杈分枝，而为左右相互错落分布，因此树冠不完全平面化，并能较好地利用空间，冠内阳光通透，有利于开花结果。此种树形适用于干性弱、枝条开展的强阳性树种，如碧桃、榆叶梅、石榴等观花、观果树木修剪采用此形。

图 5-17　伞形树体

图 5-18　自然开心形树体

(四)多领导干形

又称"合轴中干形"。一些萌发力很强的灌木，直接从根颈处培养多个枝干。保留 2～4 个中央领导干，于其上分层配列侧生主枝，形成均整的树冠。养护修剪比较复杂，幼年阶段要随时疏去过分强烈的竞争枝，同时要避免因分枝不匀称而发生"偏冠"和"凹冠"等现象。本形式适用于合轴分枝中顶端优势较强的树种，可形成较优美的树冠，提早开花年龄，延长小枝寿命，最宜于作观花乔木、庭阴树的整形，如香樟、石楠、枫杨等。多领导干形还可以分为高主干多领导干形和矮主干多领导干，高主干多领导干形一般从 2 m 以上的位置培养多个主干，矮主干多领导干形一般从主干高 80～100 cm 处培养多个主干(图 5-19)。

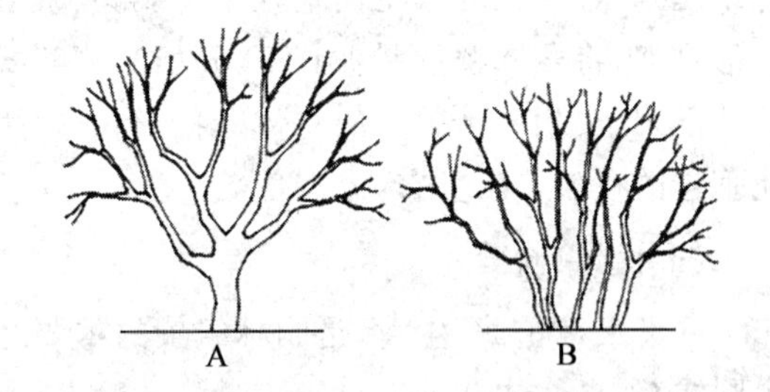

图 5-19　多领导干形树体

A. 高主干多领导干形　B. 短主干多领导干形

(五)丛球形

此种整形法颇类似多领导干形，只是主干较短或无主干，留枝数多，呈丛生状。本形式多适用于萌芽力强的小乔木及灌木的整形，如黄刺梅、珍珠梅、贴梗海棠、厚皮香等。

(六)藤本植物的修剪

1. 棚架式

对于卷须类及缠绕类藤本植物，多用此种方式进行修剪整形。棚架的式样按不同的设计要求而富有变化，其材料有混凝土的、钢架的、竹木结构或水泥仿真的。修剪整形时，应在近地面处重剪，使发生数条强壮主蔓，然后垂直诱引主蔓于棚架的顶部，并使侧蔓均匀地分布架上，则可很快地成为阴棚。常用的如紫藤、葡萄、猕猴桃等。

2. 凉廊式

树体较大、枝叶茂密、攀援能力较强的卷须类及缠绕类植物适宜用凉廊式，偶尔也用吸附类植物。因凉廊侧方有格架，所以主蔓勿过早诱引于廊顶，否则容易形成侧面空虚。常用的如油麻藤、凌霄、金银花等。

3. 篱垣式

攀援能力不太强的藤本植物通常适合于篱垣式。篱垣一般在园路边或建筑物前，可以利用漏空的墙体、围栏，也可以制作适宜的篱架。将侧蔓水平诱引后，每年对侧枝施行短剪，形成整齐的篱垣形式，常用的有藤本蔷薇、藤本月季、云实等。如果用攀援能力较强的葡萄、猕猴桃等，则效果更好，但花没有前者美丽。

4. 附壁式

本式多用吸附类植物为材料，在墙面或其他物体的垂直面上攀爬。方法很简单，只需将藤蔓引于墙面即可自行依靠吸盘或吸附根而逐渐布满墙面，例如爬山虎、凌霄、扶芳藤、常春藤等。此外，在某些庭园中，有在建筑物的墙壁前 20～50 cm 处设立格架，在架前栽植蔓性蔷薇、藤本月季等开花繁茂的种类。附壁式整形，在修剪时应注意使壁面基部全部覆盖，各蔓枝在壁面上应分布均匀，勿使其互相重叠和交错。

5. 直立式

对于茎蔓粗壮的种类，如紫藤等，可以剪整成直立灌木式。主要方法是对主蔓进行多次短截，注意剪口留芽的位置，一年留左边，一年留右边，应彼此相对，将主蔓培养成直立强健的主干，然后对其上的枝条进行多次的短截，以形成多主枝式或多主干式的灌木丛。

6. 垂挂式

这是近年来流行的垂直绿化形式。其栽植方式有两种，一种是在墙壁背面用附壁式栽植，待攀爬越墙后，在墙壁正面垂挂下来，常用爬山虎、凌霄等。另一种是先设立一个小型的“T”字形支架，将藤本植物栽种其下，开始与棚架式相同，待其爬到横向顶面时，再让其枝条从周围垂挂下来，成为一个独立的立体绿化形式，常用油麻藤、常春藤等。垂挂式在养护中经常疏剪，使垂挂的枝条自然分布，姿态优美。

(七)绿篱修剪

绿篱又称植篱、生篱，是园林组景的重要组成部分。常见的绿篱修剪形式有整形式（又称规则式）和自然式 2 种。自然式绿篱一般不行专门的修剪整形，任其自然生长而成。整形式绿篱则需要施行专门的整形修剪工作。

1. 绿篱的分类

(1)按植物器官分类　分为叶篱（如水腊、榆树、大叶黄杨等）、刺篱（如小檗、火棘、构骨等带刺植物）、花篱（如栀子花、木槿、檵木、杜鹃花等花木）等类型。

(2)按高度分类　分为矮篱（20～25 cm）、中篱（50～120 cm）、高篱（120～160 cm）、绿墙（160 cm 以上）。

2. 整形式绿篱的修剪

整形式绿篱常用的形状有梯形、矩形、圆顶形、柱形、杯形、球形等（图 5-20）。此形式绿篱的整形修剪较简便,应注意防止下部光秃。绿篱栽植后,第一年可任其自然生长,使地上部和地下部充分生长。从第二年开始,按照要求的高度截顶,修剪时要根据苗木的大小,分别截去苗高的 1/3～1/2。为使苗高尽量降低,多发新枝,可在生长期(5—10 月份)对所有新梢进行 2 或 3 次的修剪,如此反复 2～3 年,直到绿篱的下部分枝长得均匀、稠密,上部树冠彼此密接成形。

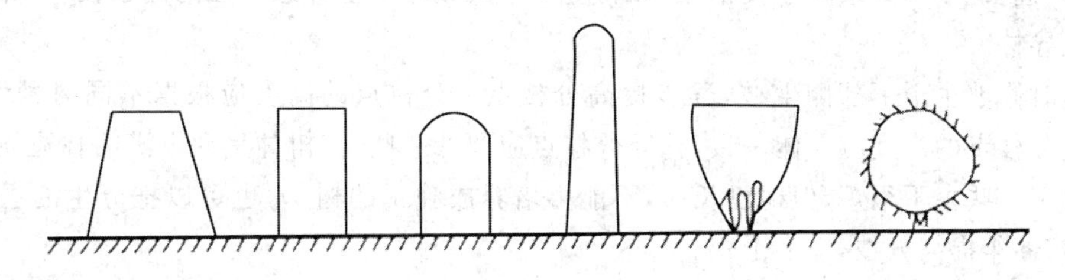

图 5-20 整形绿篱断面形状

3.绿篱的修剪时期

绿篱的修剪时期要根据树种来确定。常绿针叶树在春末夏初完成第一次修剪。盛夏前多数树种已停止生长,树形可保持较长一段时间。立秋以后,如果水肥充足,会抽生秋梢并旺盛生长,可进行第二次修剪,使秋、冬季都保持良好的树形。大多数阔叶树种生长期新梢都在生长,仅盛夏生长比较缓慢,春、夏、秋 3 季都可以修剪。花灌木栽植的绿篱最好在花谢后进行,既可防止大量结实和新梢徒长,又可促进花芽分化,为来年或下期开花创造条件。

4.绿篱的更新复壮

衰老的绿篱,萌枝能力差,新梢生长势弱,年生长量很小,侧枝少,篱体空裸变形,失去观赏价值,此时应当更新。大部分阔叶树种的萌发和再生能力都很强,当年老变形后,可采用平茬的方法更新,即将绿篱从基部平茬,只留 4～5 cm 的主干,其余全部剪去。1 年之后由于侧枝大量地萌发,重新形成绿篱的雏形,2 年后就能恢复原貌。也可以通过老干逐年疏伐更新。大部分常绿针叶树种再生能力较弱,不能采用平茬更新的方法,可以通过间伐,加大株行距,改造成非完全规整式绿篱,否则只能重栽,重新培养。更新要选择适宜的时期,常绿树种可选择在 5 月下旬到 6 月底进行,落叶树种以秋末冬初进行为好。

(八)色带色块修剪

块状栽植的面积和形状按照设计要求需要而定,其顶面有的是平的,有的是弧形的,给人以既不同于绿篱、又不同于球类的感觉。色块和色带的修剪方法与绿篱相同,块状栽植的面积越大,修剪就越麻烦,需要使用伸缩型绿篱剪或借助跳板等工具才能完成。

六、不同类型树木的修剪

(一)苗木及幼树修剪

苗木在圃期间主要根据将来不同用途和树种的生物学特性进行整形修剪。此期间的整形修剪工作非常重要,且在苗期的重点是整形。苗木如果经过整形,后期的修剪就有了基础,容易培养成理想的树形,如果从未修剪任其生长的树木,后期想要调整、培养成优美的树形就很难。所以,必须注意苗木在苗圃期间的整形修剪。对于幼树应以整形为主、轻剪为主。

(二)成年树木的整形修剪

1.成片树林的整形修剪

①对于主轴明显的树种，如杨树、油松等，修剪时注意保护中央领导枝。当出现竞争枝(双头现象)只选留1个；如果领导枝枯死折断，应于中央领导干上部选一强的侧生枝，培养成为新的中央领导枝。

②适时修剪主干下部侧生枝，逐步提高分枝点。分枝点的高度应根据不同树种、树龄而定。同一分枝点的高度应大体一致，林缘分枝点应留低一些，使树林呈现丰满的林冠线。

③对于一些主干很短，但树已长大，不能再培养成独干的树木，也可以把分生的主枝当做主干培养，逐年提高分枝，呈多干式。

2.行道树的整形修剪

行道树所处的环境比较复杂，多与交通、上下管线、建筑等有矛盾，必须通过修剪来解决这些矛盾。为便于交通，行道树的分枝点一般应在2.5～3.5 m，最低不能低于2 m，主枝呈斜上生长，下垂枝一定保持在2.5 m以上，防止刮车。郊区道路行道树分枝点可以略高些，高大乔木分枝点可提高到4～6 m。同一条街道行道树的分枝点必须整齐一致。为解决架空线的矛盾，采用杯状形整形修剪，可避开架空线。每年除冬季修剪外，夏季随时剪去触碰电线的枝条。枝梢与电话线垂直距离1 m，与高压线垂直距离1.5 m。对于偏冠行道树重剪倾斜方向枝条，另一方向轻剪以调整树势。

3.庭阴树的整形修剪

庭阴树整形时首先要培养1个高低适中、挺拔粗壮的树干。树干定植后，应尽早把1.0～1.5 m以下的枝条全部疏除，以后随着树体不断地增大再逐年疏除树冠下部的分生侧枝。作为遮阴树，树干高度相应要高些，要为游人提供在树下自由活动的空间，一般枝下高应在1.8～2.0 m之间。栽植在山坡或花坛中央的观赏树木，主干大多不超过1 m。庭阴树和孤植树的主干高度无固定的规定，主要应该与周围环境条件相适应，同时还要决定于立地的生态条件与树种的生态习性。

七、特殊树形的造型与修剪

(一)几何体造型修剪

这里所说的几何体造型，通常是指单株(或单丛)的几何体造型(图5-21)。通常有以下4种类型：

(1)球类　球类形式在上海绿地中应用较多。球类整形要求就地分枝，从地面开始。整形修剪时除球面圆整外，还要注意植株的高度不能大于冠幅，修剪成半个球或大半个球体即可。

(2)独干球类　如果球类有一个明显的主干，上面顶着一个球体，就称为独干球类。独干球类的上部通常是一个完整的球体，也有半个球或大半个球的，剪成伞形或蘑菇形。独干球类的乔木要先养干，如果选用灌木树种来培养，则采用嫁接法。

(3)其他几何体式　除球类和独干球类外，还有其他一些几何形体的造型，如圆锥形、金字塔形、立方体、独干圆柱形等，在欧洲各国比较热衷于此类造型。整形修剪的方法与球类大同小异。

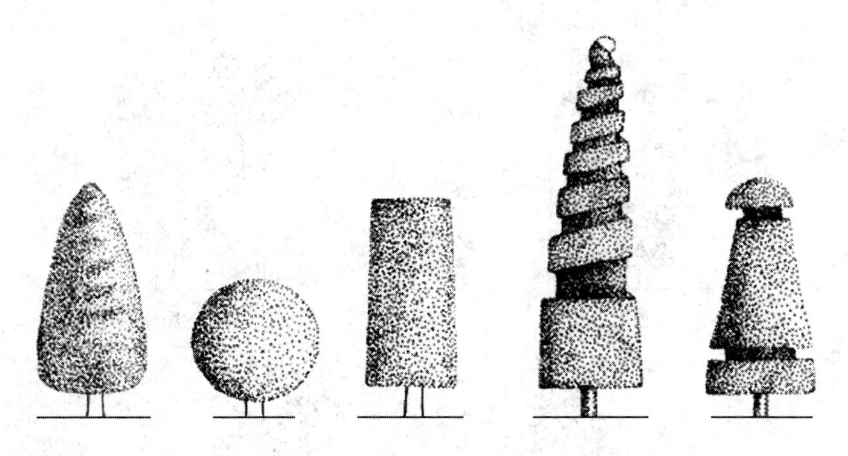

图 5-21　几何体造型

(4)复合型几何体　将不同的几何形状在同一株(或同一丛)树木上运用,称为复合型几何体。复合型几何体有的较简单,有的则很复杂,可以按照树木材料的条件和制作者的想象来整形。结合形式有上下结合、横向结合、层状结合的不同类型。上下结合、横向结合的复合型式通常用几株树木栽植在一起造型,而层状结合的复合型造型基本上都是单株的,2 层之间修剪时要剪到主干。

(二)雕塑式造型修剪

将树木进行某种具体或抽象形状的整剪称为雕塑式造型。有的是单株造型,有的是几株栽植在一起造型。

(1)仿真式　将树木雕塑修剪成貌似某种实物形状的形式称为仿真式。常见的有仿物体、仿动物,也有仿人体、仿建筑的(图 5-22)。仿真式的造型一般都需要有模具,模具通常用铁条制成框架,再在四周和顶部用铁丝制成网状,然后将模具套在适宜整形的树木上,以后不断地将长出网外的枝叶剪去,待网内生长充实后,将模具取走。仿真式造型也有不用模具,完全靠修剪造型,或修剪结合使用小木棒、小支架等材料,将树木的枝条牵引过去。其造型方法难度较大,需要掌握很高的造型技艺。

(2)抽象式　将树木雕塑修剪成立体的、具有一定艺术性的抽象形状。其创作灵感可能来源抽象派画风。欧洲的抽象式造型较多,而且大多数比较复杂,比较成功。复杂的抽象式造型有相当难度,人们在观赏时也较难领会其艺术精髓。

(三)组合式造型修剪

将绿篱、几何体造型、雕塑式造型 3 种整形方式中的 2 种以上结合在一起造型,就称为组合式造型(图 5-23)。组合式造型将高度不同、形状不同的造型结合在一起,形成一种十分和谐又富有变化的组合,造型可大可小,变化多端,给人一种愉悦的视觉效果。组合式造型目前主要有以下几种类型:

(1)绿篱和球类的组合　这是最常见、最简单的一种组合形式,主要作用是增添了绿篱的观赏性。绿篱和球类的组合有采用同一树种的,也有采用不同树种的。其整形修剪仍然是绿篱和球类修剪的基本技法。

图 5-22　仿真式造型

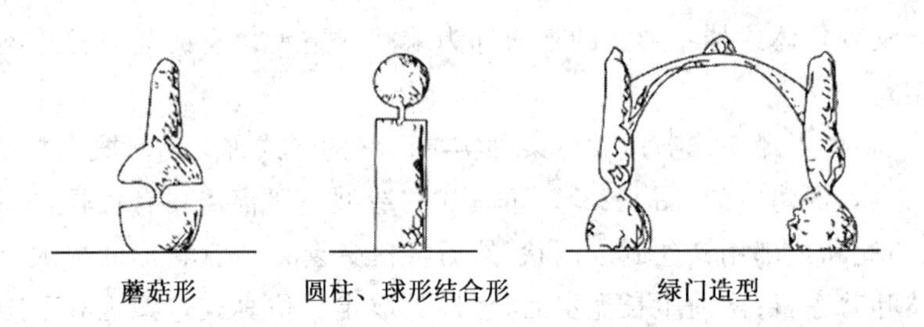

图 5-23　常见组合式造型

(2)绿篱和拱门的组合　将绿篱与拱门结合在一起,用拱门作为绿篱的出入口。有的绿篱与拱门采用同一树种,有的用乔木类或灌木类植物做拱门。

(3)绿篱和其他几何形体的组合　以绿篱为基础,在观赏效果上明显优于绿篱和球类的组合。方法是在绿篱间隔一定距离时,突出一个几何体的造型。这样既保留了绿篱的所有功能,又增加了观赏性。

(4)几何体和雕塑式的组合　几何体和雕塑式的组合,既增加了几何体的不足,又加深了造型的意境。要做到二者的协调,创作难度较高,需要有一定的艺术修养。好的组合最能体现设计者的创意和制作者的水平。

案例　碧桃开心形修剪

碧桃属落叶小乔木。树冠圆球形。花春天开放。花单生,色彩各异,多为粉红色。宜群植于山坡、溪畔、坞边,也可植于庭前、路侧、庭中等处。春日繁花似锦,颇有情趣。

修剪方法：幼树时，使其 3 大主枝，交错互生与主干呈 30°～60°角。来年冬短截各主枝，以利于扩大树冠。剪口留强壮的下芽，培养主枝延长枝。树冠形成后，将强壮的骨干枝剪去 1/3，弱枝剪去 1/2。剪去长势较弱的第 2、3 主枝，留其向上生长的壮分枝作为延长枝并剪去 1/3。不断回缩修剪，控制侧枝长、粗不得超过主枝，形成自然开心形。还要疏剪过密的弱小侧枝，使其分布合理。短截过强过弱的小侧枝，使其生长中庸，强枝留下芽、弱枝留上芽。保留发育中庸的长枝(30～50 cm)开花为宜(图 5-24)。花后短截，来年可多开花。花后，枝叶生长茂盛会杂乱无章，应及时剪去拥挤枝、无用枝。开花的强枝多留芽，弱枝少留芽及时回缩更新。每年早春萌芽前，短截所有的营养枝。

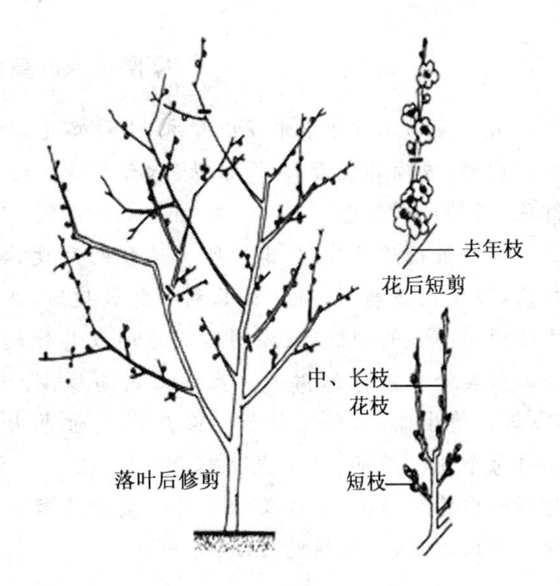

图 5-24 碧桃修剪示意图

案例 龙爪槐伞形修剪

龙爪槐为豆科槐属落叶乔木，是国槐的一个变种，因其枝干可自然扭曲下垂，状如龙爪故名，也叫垂槐和蟠槐。叶为羽状复叶，互生，小叶 7～17 枚，卵形或椭圆形，冠幅可自然长成浑圆状，宛如大绿伞插在地上。冬季落叶后仍可欣赏其扭曲多变的枝干和树冠。龙爪槐寿命长，适应性强，对土壤要求不严，较耐瘠薄，观赏价值高，故目前园林绿化上应用较多，常作为门庭及道旁树；或作庭阴树；或置于草坪中作观赏树。

图 5-25 修剪后的龙爪槐

不论将龙爪槐作为观赏树或庭阴树，人们都喜欢龙爪槐能形成一个大伞形的树冠，伞形越大，枝条越蟠蜒扭曲，观赏价值就越高。因此，对龙爪槐的修剪整形是不可忽视的。如果栽植后，两年不进行修剪整形，其枝条就下垂到地面，整株树仅嫩枝上顶端能发芽抽弱枝，老枝光秃，失去了观赏价值。

龙爪槐的修剪整形并不难，只要每年落叶后进行一次冬季修剪和结合夏季修剪即可。冬剪时对所留各主枝进行适度短截，剪口留向上、向外的芽(图 5-25)。短截时注意，强枝轻截长留，以减缓生长势；弱枝重截到朝上壮芽处，以增强树势，目的是取得枝间平衡，为早日达到丰满树形创造条件。每个主枝上的侧枝，要按一定间隔选留，并进行短截，使其长度不超过所属主枝，以明确从属关系。各个主枝上侧枝的安排要错落相间，充分利用空间。夏季修剪要及时抹除砧木上的新芽，为保持伞形要及时进行修剪，下面要修剪整齐，外围过高的枝要适度修剪，使之与整体相协调，保持优美树冠。

案例　大叶黄杨球形修剪

大叶黄杨属常绿灌木或小乔木，小枝略为四棱形，枝叶密生，树冠球形。单叶对生，倒卵形或椭圆形，边缘具钝齿，表面深绿色，有光泽。聚伞花序腋生，具长梗，花绿白色。蒴果球形，淡红色，假种皮橘红色。

图 5-26　大叶黄杨的修剪

大叶黄杨的修剪，只需按所需造型的高度，将中心主枝打顶，促使侧枝萌生，待侧枝长到必然长度时，再进行短截，促使萌生更多的侧枝，最终制造成球形或其他幻想的造型。如欲将其修剪成球形树冠。长到必然高度，将中心主枝打顶，促使萌生侧枝，待侧枝长到必然高度时再用剪枝剪，逐年将每个侧枝剪短，使之呈圆球形(图 5-26)。另外要注意对树冠内膛的弱枝、枯枝及病虫枝要实时修剪去除，以坚持树体通风透光，发展强健、树冠美好。

第二节　园林树木的树体保护

对树体、枝、干等部位的损伤进行防护和修补的技术措施称为树体保护，又称树木外科手术。

一、树皮保护

树皮受伤以后，有的能自愈，有的不能自愈。为了使其尽快愈合，防止扩大蔓延，应及时对伤口进行处理。对伤面不大的枝干，可于生长季移植新鲜树皮，并涂以 10%的萘乙酸，然后用塑料薄膜包扎缚紧。对皮部受伤面很大的枝干，可于春季萌芽前进行桥接以沟通输导系统，恢复树势。方法是剪取较粗壮的一年生枝条，将其嵌接入伤面两端切出的接口，或利用伤口下方的徒长枝或萌蘖，将其接于伤面上端；然后用细绳或小钉固定，再用接蜡、稀黏土或塑料薄膜包扎。

二、树干保护

由于风折使树木枝干折裂，应立即用绳索捆缚加固，然后消毒涂保护剂。北京有的公园用 2 个半弧圈构成的铁箍加固，为了防止摩擦树皮用棕麻绕垫，用螺栓连接，以便随着干茎的增粗而放松。另外一种方法，是用带螺纹的铁棒或螺栓旋入树干，起到连接和夹紧的作用。

由于雷击使枝干受伤的树木，应将烧伤部位锯除并涂保护剂。

三、伤口处理

进入冬季，园林工人经常会对园林树木进行修剪，以清除病虫枝、徒长枝，保持树姿优美。在修剪过程中常会在树体上留下伤口，特别是对大枝进行回缩修剪，易造成较大的伤口，或者因扩大枝条开张角度而出现大枝劈裂现象。另外，因大风和其他人力的影响也会造成树木受伤。这些伤口若不及时处理，极易造成枝条干枯，或经雨水侵蚀和病菌侵染寄生引起枝干病害，导致树体衰弱。针对伤口种类有以下几种不同处理技巧。

修剪造成的伤口处理技巧：在修剪中有时候需要疏枝，将枯死枝条锯平或剪除，在其附近选留新枝加以培养，以补充失去部分的树冠空缺。疏枝后树体上的伤口，尤其是直径 2 cm 以上的大伤口，应先用刀把伤口刮平削光，再用浓度为 2%～5%的硫酸铜溶液消毒，然后涂抹保护剂。一般保护剂是用动物油 1 份、松香 0.7 份、蜂蜡 0.5 份配制的，将这几种材料加热熔化拌匀后，涂抹于树体伤口即可。

大枝劈裂伤口的处理技巧：先将落入劈裂伤口内的土和落叶等杂物清除干净，再把伤口两侧树皮刮削至露出形成层，然后用支柱或吊绳将劈裂枝皮恢复原状，之后用塑料薄膜将伤处包严扎紧，以促进愈合。若劈裂枝条较粗，可用木钉钻在劈裂处正中钻一透孔，用螺丝钉拧紧，使劈裂枝与树体牢牢固定。如果劈裂枝附近有较长且位置合适的大枝，也可用“桥接法”把劈裂的枝条连接上，促进愈合，以恢复健壮的树势。若枝条损坏程度不是很严重，可借助木板固定、捆扎，短期内便可愈合，半年至一年后可解绑。被风将树干刮断的大树，可锯成 1～1.5 m 高的树桩，视树干粗细高接 2～4 根接穗，或在锯后把锯面切平刨光，消毒涂药保护后，让其自然发生萌蘖枝，逐渐培养成大树。

四、树干涂白

1. 树干涂白的作用

(1)杀菌　防止病菌感染，并加速伤口愈合。

(2)杀虫、防虫　杀死树皮内的越冬虫卵和蛀干昆虫。由于害虫一般都喜欢黑色、肮脏的地方，不喜欢白色、干净的地方。树干涂上了雪白的石灰水，土壤里的害虫便不敢沿着树干爬到树上来捣蛋，还可防止树皮被动物咬伤。

(3)防冻害和日灼　避免早春霜害。冬天，夜里温度很低；到了白天，受到阳光的照射，气温升高，而树干是黑褐色的，易于吸收热量，树干温度也上升很快。这样一冷一热，使树干容易冻裂。尤其是大树，树干粗，颜色深，而且组织韧性又比较差，更容易裂开。涂了石灰水后，由于石灰是白色的，能够使 40%～70%的阳光被反射掉，因此树干在白天和夜间的温度相差不大，就不易裂开。延迟果树萌芽和开花期，防止早春霜害。

(4)方便晚间行路　树木刷成白色后，会反光，夜间的行人，可以将道路看得更加清楚，并起到美化作用，给人一种很整齐的感觉。

2. 涂白液的制作方法

生石灰 10 份，水 30 份，食盐 1 份，黏着剂(如黏土、油脂等)1 份，石硫合剂原液 1 份，其中生石灰和硫黄具有杀菌治虫的作用，食盐和黏着剂可以延长作用时间，还可以加入少量有针对性的杀虫剂。先用水化开生石灰，滤去残渣，倒入已化开的食盐，最后加入石硫合剂、黏着剂等搅拌均匀。涂白液要随配随用，不宜存放时间过长。

3. 涂白树种

针对病虫害发生情况，对槐、榆、紫薇、合欢、杨、栾、柳、樱花、蔷薇科中经常发生病虫危害的和部分受蚧虫、天牛、蚜虫危害的常绿树以及易受冻害的杜英、含笑等树木可进行重点涂白，而其他病虫危害较少的如水杉、银杏、臭椿、火炬等，若无病虫危害则可不涂。

4.涂白高度

隔离带行道树统一涂白高度1.2～1.5 m,其他按1.2 m要求进行,同一路段、区域的涂白高度应保持一致,达到整齐美观的效果。

5.涂液要求

涂液要干稀适当,对树皮缝隙、洞孔、树杈等处要重复涂刷,避免涂刷流失、刷花刷漏、干后脱落。

6.涂白时间

每年应在秋末冬初雨季后进行,最好早春再涂一次,效果更好。

五、洗尘、设置围栏及定期巡查

(1)洗尘　树木也是要呼吸的,灰尘对其很有影响,另外影响光合作用,阻碍植物的生长,还有就是影响美观,因此要适时对其进行洗尘。

(2)设置围栏　树木干基很容易被动物啃食或机械损伤造成伤害,可为树木设置围栏,将树干与周围隔离开来,避免不必要的伤害。

(3)定期巡查　树体保护要贯彻"防重于治"的精神,做好预防工作,实在没有办法防的,应坚持定期巡查,及时发现问题,及早处理。

案例　桃树树干涂白

桃树树干涂白,有利于抗寒保暖和杀灭病虫害。

一、涂白剂

(一)硫酸铜石灰涂白剂

1.配方比例

硫酸铜10 kg、生石灰200 kg、水600～800 kg[或硫酸铜、生石灰、水以1∶20∶(60～80)的比例配制]。

2.调制方法

①用少量开水将硫酸铜充分溶解,再加用水量的2/3的水加以稀释。

②将生石灰加另1/3水慢慢熟化调成浓石灰乳。

③当以上两种液体充分溶解且温度相同后将硫酸铜倒入浓石灰乳中,并不断搅拌均匀即成涂白剂。

(二)石灰硫黄涂白剂

1.配方比例

生石灰100 kg、硫黄1 kg、食盐2 kg、动(植)物油2 kg、热水400 kg。配料中要求生石灰色白、质轻、无杂质,如采用不纯熟石灰做原料时,要先用少量水泡数小时,使其变成膏状无颗粒最好。把消化不完全的颗粒石灰刷到树干上,会在树干上继续消化吸收水分放热而烧伤树皮,对光皮或薄皮的树木更应该引起注意。硫黄粉越细越好,最好再加一些中性洗衣粉,占水重的0.2%～0.3%。

2.调制方法

①先用40～50℃的热水将硫黄粉与食盐分别泡溶化,并在硫黄粉液里加入洗衣粉。

②将生石灰慢慢放入80～90℃的开水慢慢搅动，充分溶化。

③石灰乳和硫黄加水充分混合。

④加入盐和油脂充分搅匀即成。

(三)石硫合剂生石灰涂白剂

1.配方比例

石硫合剂原液0.5 kg、食盐0.5 kg、生石灰3 kg、油脂适量、水10 kg。

2.调制方法

将生石灰加水熟化，加入油脂搅拌后加水制成石灰乳再倒入石硫合剂原液和盐水，充分搅拌即成。

(四)石灰黄泥涂白剂

1.配方比例

熟石灰100 kg、黄泥120 kg。

2.调制方法

将熟石灰、黄泥加水混合后搅拌成浆液状即可使用，可酌情加入杀虫剂，以兼治在林(果)木上越冬的枝干病虫害。

二、涂白注意事项

①果树涂白剂要随配随用，不得久放。

②使用时要将涂白剂充分搅拌，以利刷匀，并使涂白剂紧粘在树干上。

③在使用涂白剂前，最好先将林园行道树的林木用枝剪剪除病枝、弱枝、老化枝及过密枝，然后收集起来予以烧毁，并且把折裂、冻裂处用塑料薄膜包扎好。

④在仔细检查过程中如发现枝干上已有害虫蛀入，要用棉花浸药把害虫杀死后再进行涂白处理。

⑤涂刷时用毛刷或草把蘸取涂白剂，选晴天将主枝基部及主干均匀涂白，涂白高度主要在离地1～1.5 m为宜。如老树露骨更新后，为防止日晒，则涂白位置应升高，或全株涂白。

第三节　园林树木的损伤及养护

一、园林树木的安全性问题

(一)园林树木的不安全性因素

1.园林树木的不安全性概念

在人们居住的环境中总有许多大树、老树、古树，以及不健康的树木，由于种种原因而表现生长缓慢、树势衰弱，根系受损、树体倾斜，出现断枝、枯枝等情况，这些树木如遇到大风、暴雨等异常天气就容易折断、倒伏，树枝垂落而危及建筑设施，并构成对人群安全的威胁。事实上，几乎所有的树木多少都具有潜在的不安全因素，即使健康生长的树木，有的因生长过速枝干强度降低也容易发生意外情况而成为城市的不安全因素。有人曾说,城市树木经营中的一个重要方面,就是确保树木不会构成对设施与财产的损伤。因此,城市树木的经营者不仅要注意已经受损、发现问题的树木,而且要密切关注被暂时看做是健康的树木,并建立确保树木安全的管理体系。

一般把具有危险的树木定义为,树体结构发生异常并且有可能危及目标的树木。

(1)树体结构异常　如病虫害引起的枝干缺损、腐朽、溃烂,各种损伤造成树干劈裂、折断,一些大根损伤、腐朽,树冠偏斜、树干过度弯曲、倾斜等。

树木结构方面的因素主要包括以下几个方面。

树干部分:树干的尖削度不合理,树冠比例过大、严重偏冠,具有多个直径几乎相同的主干,木质部发生腐朽、空洞,树体倾斜等。

树枝部分:大枝(一级或二级分支)上的枝叶分布不均匀,大枝呈水平延伸、过长,前端枝叶过多、下垂,侧枝基部与树干或主枝连接处腐朽、连接脆弱;树枝木质部纹理扭曲,腐朽等。

根系部分:根系浅、根系缺损、裸出地表、腐朽,侧根环绕主根影响及抑制其他根系的生长。

上述这些潜在的危险是可以预测和预防的。必须强调的是,有些树种由于生长速度快,树体高大,树冠幅度大,但枝干强度低、脆弱,也很容易在异常的气候情况发生树倒或折断现象。

(2)危及目标　定义为不安全的树木,除了树木本身外还必须具有其危及的目标,如树木生长在旷野不会构成对财产或生命的威胁,因此不用判断为安全性有问题的树木,但在城区就要慎重处理。城市树木危及的目标包括,各类建筑、设施、车辆、人群等。对人群经常活动的地方,如人行道、公园、街头绿地、广场等,以及重要的建筑附近的树木应是主要的监管对象。也应注意树木对地面和地下部分城市基础设施的影响。

另外,树木生长的位置以及树冠结构等方面交通的影响,也是树木造成不安全的因素。例如,十字路口的大树行道树,过大的树冠或向路中伸展的枝叶可能会遮挡司机的视线;行道树的枝下高过低也可能造成对行人的意外伤害,这类问题在树木修剪规程、配置要求等有关介绍中已有阐述。

2.具有危险性树木的评测

对树木具有潜在危险性的评测,包括3个方面。

(1)对具有潜在危险的树木的检查与评测　一般通过观察或测量树木的各种表现,例如树木的生长、各部形状是否正常,树体平衡性及机械结构是否合理等,并与正常生长的树木进行比较作出诊断。这个方法称为望诊法(VTS方法),即通过对树木的表现来判断。

(2)对可能造成树木不安全的影响因素的评估　树木可能存在的潜在危险取决于树种、生长的位置、树龄、立地特点、危及的目标等,我们对这些因子有了充分的了解,就能够知道应该注意哪些问题,并及时避免不必要的损失。

(3)对树木可能伤害的目标的评估　树木可能危及的目标应包括人和物,当然人是首位的。因此在人群活动频繁处的树木是首先要认真检查与评测的,另外包括建筑、地表铺装、地下部分的基础设施等。

3.检查周期

城市树木的安全性检查应成为制度,进行定期检查与及时处理,一般间隔1～2年。我国在这方面还没有明确的规定，一般视具体情况；但在其他一些国家均制订具体的要求，例如美国林务局要求每年需检查1次，最好是1年2次，分别在夏季和冬季进行；美国加州的规定每2年1次，常绿树种在春季检查，落叶树种则在落叶以后。应该注意的是，检查周期的确定还需根据树种及其生长的位置来决定，树木的重要性以及可能危及目标的重要程度来决定。

（二）形成树木弱势的因素

1.树木的结构

乔木树种的树冠构成基本为两种类型，一种具有明显的主干、顶端生长优势显著；另一种相反，无明显的主干。

（1）有主干的树木　如果中央主干发生如虫蛀、损伤、腐朽，则其上部的树冠就会受影响；如果中央主干折断或严重损伤，有可能形成一个或几个新的主干，其基部的分枝处的连接强度较弱；有的树木具有双主干，两主干在直径生长过程中逐渐相接，相连处夹嵌树皮，其木质部的年轮组织只有一部分相连，结果在两端形成突起，使树干成为椭圆状、橄榄状，随着直径生长这两个主干交叉的外侧树皮出现褶皱，然后交叉的连接处产生劈裂，这类情况危险性极大。

（2）无主干类型　这类树木通常由多个直径和长度相近的侧枝构成树冠，它们的排列是否合理是树冠结构稳定性的重要因素。

以下几种情况构成潜在危险的可能性较大：

几个一级侧枝的直径与主干直径相似；几个直径相近的一级侧枝几乎着生在树干的同一位置；古树、老树树冠继续有较旺盛的生长。

2.分枝角度

如果侧枝在分枝部位曾因外力而劈裂但未折断，一般在裂口处可形成新的组织使其愈合，但该处容易发生病菌感染开始腐烂，如果发现有肿突、有锯齿状的裂口出现，应特别注意检查。对于有上述问题的侧枝应适当剪短减轻其重量，否则侧枝前端下沉可能造成基部劈裂，如果侧枝重量较大会撕裂其下部的树皮，结果造成该侧根系因没有营养来源而死亡。

3.分枝强度

侧枝特别是主侧枝与主干连接的强度远比分枝角度重要，侧枝的分枝角度对侧枝基部连接强度的直接影响不大，但分枝角度小的侧枝生长旺盛，而且与主干的关系要比那些水平的侧枝要强。树干与侧枝的年轮生长在侧枝与主干的连接点周围及下部，被一系列交叉重叠的次生木质层所包围，随着侧枝年龄的增长被深深地埋入树干，这些木质层的形成机理尚不清楚，可能是因为侧枝与主干的形成层生长的时间不一致所致，侧枝的木质部形成先于树干。研究表明，只有当树干的直径大于侧枝的直径时（连接处），树干的木质部才能围绕侧枝生长形成高强度的连接。

4.偏冠

树冠一侧的枝叶多于其他方向，树冠不平衡，因受风的影响树干呈扭曲状，如果长期在这种情况下生长，木质部纤维呈螺旋状方向排列来适应外界的应力条件，在树干外部可看到螺旋状的扭曲纹。树干扭曲的树木当受到相反方向的作用力时，如出现与主风方向相反的暴风等，树干易沿螺旋扭曲纹产生裂口，这类伤口如果未能及时愈合则成为真菌感染的入口。

5. 树干内部裂纹

如树干横断面出现裂纹，在裂纹两侧尖端的树干外侧形成肋状隆起的脊，如果该树干裂口在树干断面及纵向延伸、肋脊在树干表面不断外突、并纵向延长则形成类似斑状根的树干外突；树干内断面裂纹如果被今后生长的年轮包围、封闭，则树干外突程度小而近圆形。因此，从树干的外形的饱圆度可以初步诊断内部的情况，但必须注意有些树种树干形状的特点，不能一概而论。树干外部发现条状肋脊，表明树干本身的修复能力较强，一般不会发生问题。但如果树干内部发生裂纹而又未能及时修复形成条肋，而在树干外部出现纵向的条状裂口，则最终树干可能纵向劈成两半，构成危险。

6. 夏季的折枝与垂落

在夏季炎热无风的下午树枝折断垂落的现象，一般情况垂落的树枝大多位于树冠边缘，且呈水平状态、远离分枝的基部。断枝的木质部一般完好，但可能在髓心部位有色斑或腐朽，这些树枝可能在以前受到外力的损伤但未表现症状，因此难以预测和预防，可能严重危及行人的安全，因此应得到足够的重视。

7. 斜干

树干严重向一侧倾斜的树木最具潜在的危险性，如位于重点监控的地方，应采取必要的措施或伐除。如果树木一直是向一侧倾斜，那么在生长过程中形成了适应这种状态的其木质部以及根系，其倒伏的危险性要小于那些原来是直立的、以后由于外来的因素造成树体倾斜的树木。树干倾斜的树木，其倾斜方向另一侧的长根，像缆绳一样拉住倾斜的树体，一旦这些长根发生问题，或暴风来自树干倾斜的方向则树木极易倾倒。

8. 根系问题

根系暴露、根系固着力差、根系缠绕、根系分布不均匀、根及根颈的感病等都可能造成树体不平衡，在外界不良气候的影响下造成树体倾倒，造成危害。

9. 枯死树

城市树木发生死亡的现象十分常见，这为管理工作带来许多麻烦，理论上讲，应及时移去并补植，但不是什么时候都能达到这个要求，绝大部分情况会留在原地一段时间。问题是可以留多长时间而不会构成对安全的威胁，显然这是比较复杂的问题，因为取决于树种、死亡原因、时间、气候和土壤等因素。一般情况下，针叶树死亡时如果根系没有腐朽，在 3 年时间内其结构可保持完好，树脂含量高的树种时间更长些。但阔叶树死亡后其树枝折断垂落的时间要早于针叶树。死亡的树枝只要不腐朽相对比较安全，但要确认这些已死的树枝何时开始腐烂，并构成对安全的威胁显然不是一件容易的事，因此一旦发现大树上有已死亡的大枝，且附近是人群经常活动的场所则应通过修剪及时除去，直径 5 cm 的树枝一旦垂落足以使人受伤。

(三)园林树木的安全性管理

1. 建立管理系统

城市绿化管理部门应建立树木安全的管理体系作为日常的工作内容，加强对树木的管理和养护来尽可能地减少树木可能带来的损害。该系统应包括如下的内容。

确定树木安全性的指标，如根据树木受损、腐朽或其他各种原因构成对人群和财产安全的威胁的程度、划分不同的等级，最重要的是构成威胁的门槛值的确定。

建立树木安全性的定期检查制度，对不同生长位置、树木年龄的个体分别采用不同的检查周期。对已经处理的树木应间隔一段时间后进行回访检查。

建立管理信息档案，特别是对行道树、街区绿地、住宅绿地、公园等人群经常活动的场所的树木，具有重要意义的古树、名木，处于重要景观的树木等，建立安全性信息管理系统，记录日常检查、处理等基本情况，可随时了解，遇到问题及时处理。

建立培训制度，从事检查和处理的工作人员必须接受定期培训，并获得岗位证书。

建立专业管理人员和大学、研究机构的合作关系，树木安全性的确认是一项复杂的工作，有时需要应用各种仪器设备，需要有相当的经验，因此充分的利用大学及研究机构的技术力量和设备是必需的。明确经费渠道。

2. 建立分级系统

评测树木安全性是为了确认该树木是否可能构成对居民和财产的损害，如果可能发生威胁，那么需要作何种处理才能避免或把损失减小到最低程度。但对于一个城市，特别是拥有巨大数量树木的大城市来讲，这是一项艰巨的工作，几乎不可能对每一株树木实现定期检查和监控。多数情况是在接到有关的报告或在台风来到之前对十分重要的目标进行检查和处理。当然，对于现代城市的绿化管理来说这是远不够的。因此，必须采用分级管理的方法，即根据树木可能构成威胁程度的不同来划分等级，把那些最有可能构成威胁的树木作为重点检查的对象，并作出及时的处理。这样的分级管理的办法已在许多国家实施，一般根据以下几个方面来评测：①树木折断的可能性。②树木折断、倒伏危及目标（人、财产、交通）的可能性。③树种因子，根据不同树木种类的木材强度特点来评测。④对危及目标可能造成的损害程度。⑤危及目标的价值，以货币形式记价。

上述的评测体系包括 3 个方面的特点，其一，树种特性，是生物学基础；其二，树种受损伤、受腐朽菌感染、腐朽程度，以及生长衰退等因素，有外界的因素也有树木生长的原因；其三，可能危及的目标情况，如是否有危及的目标、其价值等因素。上述各评测内容，除危及对象的价值可用货币形式直接表达外，其他均用百分数来表示，也可给予不同的等级。

根据以上的分析，从城市树木的安全性考虑可根据树木生长位置、可能危及的目标建立分级监控与管理系统：

Ⅰ级监控生长在人群经常活动的城市中心广场、绿地的，主要商业区的行道树，住宅区，重要建筑物附近单株栽植的、已具有严重隐患的树木。

Ⅱ级监控除上述以外人群一般较少进入的绿地，住宅区等树木，虽表现出各种问题，但尚未构成严重威胁的树木。

Ⅲ级监控公园、街头绿地等成片树林中的树木。

二、园林树木的腐朽及处理

（一）树木的腐朽

了解树木腐朽的发生原因、过程，作出科学的诊断和合理的评价是十分重要的，一旦作出正确的诊断并给予适当的处理，那么这些树木不仅不会再构成威胁，更可以成为城市景观的组成，起到特殊的作用。

1.腐朽的特征

树木的腐朽过程是木材分解和转化的过程,即在真菌或细菌作用下、木质部这个复杂的有机物分解为简单的形式。腐朽一般发生在木质部,致死形成层细胞,最终造成树木死亡。

(1)变色　当木材受伤或受到真菌的侵蚀,木材细胞的内含物发生改变以适应代谢的变化来保护木材,这导致木材变色。木材变色是一个化学变化,可发生在边材或心材。木材变色本身并不影响到其材性,但预示木材可能开始腐朽,当然并非所有的木材变色都指示着腐朽即将发生,例如,松类、栎类、黑核桃树木的心材随着年龄增长心材的颜色变深,则是正常的过程。

(2)空洞　木材腐朽后期,腐朽部分的木材部分完全被真菌分解成粉末、掉落,而形成空洞。树干或树枝的空洞总有一侧向外,有的可能被愈合,有的因树枝的分叉而被隐蔽起来,有的树干心材的大部分腐朽形成纵向很深的树洞。沿着向外开口的树洞边缘组织常常愈合形成创伤材,特别是在沿树干方向的边缘。创伤材表现光滑、较薄覆盖伤口或填充表面,但向内反卷形成很厚的边,如果树干的空洞较大,该部分为树干提供了必要的强度。

2.树木腐朽类型

(1)褐腐　是因担子菌纲侵人木质部降解木材的纤维素和半纤维素,微纤维的长度变短失去其抗拉强度。褐腐过程并不降解木质素。

(2)白腐　是因担子菌纲和一些子囊菌的真菌导致的腐朽,这类真菌的特点是能降解纤维素、半纤维素和木质素,降解的速度与真菌种类及木材内部的条件有密切关系。

(二)树木的腐朽的诊断

1.通过观测和评测树干和树冠的外观特征来估计树木内部的腐朽情况

如在树干或树枝上有空洞、树皮脱落、伤口、裂纹、蜂窝、鸟巢、折断的树枝、残桩等,基本能指示树木内部可能出现腐朽。即使伤口的表面较好地愈合,也许内部仍可能有腐朽部分,因此通过外表观测来诊断有时是十分困难的,有的树木树干腐朽已十分严重,但生长依然正常。

2.通过观测腐朽部位颜色变化等表征来诊断

这依然是主要的方法,但不同树种、不同真菌的情况有很大的差别,因此为这项工作带来很大的难度。例如,山毛榉因感染真菌后造成的腐朽经常和根盘的衰退相关。另外,不同树种感染不同的树种。由此可以说明,我们应更多地了解为什么真菌导致其寄主腐朽,而腐朽的木质部物理性质具有差异性。不同树种具有不同的解剖特性,这在一定程度上决定了,因腐朽而造成的物理性质和强度的改变;同样不同的真菌也产生不同的结果,因为不同种类的真菌其形态特征不同;降解木材细胞壁的生化系统不同;对环境的忍受能力也不同。

3.通过对木材的直接诊断来确定腐朽程度

采用的方法有多种,例如敲击树干听声来判断内部是否有空洞;用生长锥钻取树干可直接了解树干内部的情况;采用仪器的方法来探测内部的腐朽。

(1)木槌敲击听声法　用木槌敲击树干,可诊断树干内部是否有空洞,或树皮是否脱离。但该方法需要有相当经验的人来做,一般的可信度小,对已发生严重腐朽的树干效果较好。

(2)生长锥　用生长锥在树干的横断面上抽取一段木材,直接观察木材的腐朽情况,例如是否有变色、潮湿区、可被抽出的纤维，在实验室培养来确定是否有真菌寄生。该方法一般适用处于腐朽早期或中期的树木，当然如果采用实验室培养的方法，则可在腐朽的初期就有效的诊断。但生长锥造成的伤口可能成为木腐菌侵入的途径，另外对于特别重要珍贵的古树名木也不宜采用。

(3)用小电钻　原理同上，用钻头直径 3.2 mm 木工钻在检查部位钻孔，检查者在工作时要根据钻头进入时感觉承受到的阻力差异，以及钻出粉末的色泽变化，来判断木材物理性质的可能变化，确认是否会有腐朽发生；与生长锥方法相同，可以取样来做实验室的培养，当不能取出一个完整的断面。该方法一般适用于腐朽达到中期程度的树木，但需要有经验的人员来操作，其主要的缺点是损伤了树木、造成新的伤口，增加感染的机会。

三、园林树木损伤的预防及处理

(一)园林树木损伤的预防

城市树木因自然灾害、人为伤害、养护不当，导致树木受到损伤的现象时有发生，对损坏严重、濒于死亡、容易构成严重危险的树木可采取伐除的办法，但对一些有保留价值的古树名木，就要采取各种措施来补救，延续其生命。

目前采用钢索悬吊、杆材支撑或螺栓加固等是主要办法之一。

(1)悬吊　悬吊是用单根或多股绞集的金属线、钢丝绳，在树枝之间或树枝与树干间连接起来，以减少树枝的移动、下垂，降低树枝基部的承重，或把原来树枝承受的重量转移到树干或另外增设的构架之上。

(2)支撑　支撑与悬吊作用一样，只是通过支杆从下方、侧方承托重量来减少树枝或树干的压力。

(3)加固　加固是用螺栓穿过已劈裂的主干或大枝，或把脱离原来位置与主干分离的树枝铆接加固的办法。

(二)园林树木损伤的处理

1.园林树木损伤的表现

在人们居住的环境中总有许多大树、老树、古树以及不健康的树木，由于种种原因而出现生长缓慢、树势衰弱、根系受损、树体倾斜、滋生断枝、枯枝等情况，这些树木如遇大风、暴雨等异常天气会倒伏、折断，不仅不能发挥其正常的功能，还可能直接构成对居民或财产的损害，也对过往行人、车辆、附近建筑等产生潜在的危害。

2.园林树木损伤的处理

(1)加强管理，及时清理伤口　加强树体管理。促使树木健康与旺盛生长，通过施肥、灌溉、病虫害防治与日常管理养护来提高树木的生长势，从而减少病腐菌的感染。除去伤口内及周围的干树皮。减少害虫的隐生场所。修理伤口必须用快刀，除去已翘起的树皮，削平已受伤的木质部，使形成的愈合也比较平整，不随意扩大伤口。同时在伤口表面涂层保护，促进伤口愈合，目前国内多采用沥青、杀菌剂涂抹修剪形成的新鲜伤口表面。

(2)移植与修补树皮　树干受到损伤，可被植一块树皮使上下已断开的树皮重新连接恢复传导功能或嫁接一个短枝来连接恢复功能。这个技术在果树栽培中经常采用，现在也在古树名木的复壮修复中使用。树皮受损与木质部分离，要立即采取措施使树皮恢复原状，保持木质部及树皮的形成层湿度，从伤口处去除所有撕裂的树皮碎片；然后把树皮覆盖在伤口上，并用几个小钉子或强力防水胶带固定；另外用潮湿的布带、苔藓、泥炭等包裹伤口，避免太阳直射。1～2周后检查树皮是否存活，如已存活，可去除覆盖，但仍需遮挡阳光。

(3)处理树洞　一般采用清理、消毒、支撑固定、密封、填充、覆盖等措施来终止树木的进一步腐朽，在表面形成愈伤组织保护树木。然而这些措施有时却对树木有害，大多数园艺家认为，用水泥、石块填补树洞对树木的生长与健康没有影响。使受伤古树名木等复壮最有效的措施是改善树木自身的健康状况，促其旺盛生长，修剪树冠，以减轻树干承受的重量，当心树洞引起的火灾，可采用网状材料覆盖防护。若必须要处理树洞，常用填充材料是水泥、沥青与沙的混合物等。

(4)治疗皮层腐烂　有些树木皮层严重受损但尚未环状烂通，用消过毒的刀片清除掉损伤坏死的树皮皮层和木质部，并沿病疤边缘向外削去宽3～4 cm的一圈健康树皮，同时对伤口进行消毒。在同一品种树体的光滑健壮枝干上取一块健康树皮，将其贴于病树枝条上，紧贴木质部，并使四周接触好，用塑料薄膜将伤口封严。

(5)树干涂白与立柱顶枝　及时对树十进行涂白，涂白剂的配制成分一般为：水10份，生石灰3份，石硫合剂0.5份，食盐0.5份，外加少许黏着剂，以便延长涂白期限。大树或古老树如有树身倾斜不稳时，大枝下垂需设支柱撑好，支柱(一般用金属、木桩、钢筋混凝柱等)要坚固，上端与树干连接处应设适当的托杆和托碗，加软垫，以免损害树皮。

(6)根系维护　在城市环境中树木的地下部分往往受到人行道、建筑物、地下管道等影响，生长势衰弱，从而影响整个树木的生长。可采用以下方式减少树木与建筑物相互的伤害：一是降低栽植区的土壤表面；二是采取特殊措施促使树木的根系向深层生长；三是对大的根系进行整修。最重要的是在人行道树种的选择上，要选择适当的树种，设计适当的栽植位置，以避免伤害。

案例　园林树木加固

对于具有弱分叉的健康树木和分叉处已经形成树洞或劈裂的树木，都要进行人工支撑。一般来说，无论什么情况下，如果大枝伸展长度已超过6 m，就应在分叉以上较高的位置安装缆绳加固。在小树或大树二次分叉处，可在分叉点以上穿入一根螺丝或螺栓，将两根枝条连接起来。粗大枝条则需水平安装两根相互平行的螺栓。两根螺栓之间的距离约为安装处枝条直径的一半。

对已经劈裂的大枝，在安装螺栓前应进行伤口消毒和涂漆，并在连接点以上的适当位置用定位绳和滑轮组将两根大枝拉到一起，使二者伤口紧紧闭合，再用比螺栓大0.15 cm左右的钻头，垂直通过伤面钻孔，两侧安上垫片，插入螺栓，用螺帽固定，必要时也可在装好的第一根螺栓以上数十厘米的地方安装第二根螺栓加固。

对于劈裂枝干的加固，用螺栓将劈裂的大枝或树干长缝固定在一起，一般应每隔30 cm安装一根。为了避免钻好的孔洞排在同一树液流动线上，妨碍树液流动和避免安装不当造成新的开裂，应使螺栓在枝、干轴线左右错位排列。

第四节 园林树木的树洞处理

一、树洞处理的意义

(一)树洞的形成原因

形成树洞的根源是忽视了树皮的损伤和伤口的恰当处理,皮不破则不会形成树洞。形成树洞的主要原因是机械损伤和某些自然因素(如病虫危害,人与动物的破坏、雷击、冰冻、雪压、日灼、风折、不合理修剪等)造成皮伤和孔隙,导致邻近的边材变干。若伤口大,愈合慢,或不能完全愈合,木腐菌和蛀干害虫就有充足的时间入侵,造成腐朽,形成树洞。

(二)树洞处理的目的及原则

(1)树洞处理的目的　通过去掉严重腐朽和虫蛀的木质部,消除有害生物的繁衍场所,重建保护性表面,防止腐朽,为愈伤组织的形成提供牢固平整的表面,刺激伤口的迅速封闭;通过树洞内部的支撑,提高树体的力学强度;改善树木的外貌,提高观赏价值。

(2)树洞处理的原则　尽可能保护伤面附近障壁保护系统,抑制病原微生物的蔓延造成新的腐朽;尽量不破坏树木输导系统和不降低树木的机械强度,必要时树洞加固,提高树木支撑力;通过洞口的科学整形与处理,加速愈伤组织的形成与洞口覆盖。

二、树洞处理的方法

(一)树洞的清理

树洞清理应保护障壁保护系统,小心地去掉腐朽和虫蛀的木质部。小树洞,应全部清除变色和水渍状木质部,因其所带木腐菌多,且处于最活跃时期;大树洞,变色木质部不一定都腐朽,还可能是障壁保护系统,不应全部去除,洞壁若薄易折断,可采取化学方式灭菌即可;基本封口的树洞,可不进行清理,注入消毒剂、防腐剂。

(二)树洞的整形

(1)内部整形　其目的是为了消除水袋,防止积水。浅树洞,只需切除洞口下方的外壳,使洞底向外向下倾斜;深树洞,应从树洞底部较薄洞壁的外侧树皮上,由下向内、向上倾斜钻孔直达洞底的最低点,在孔中安装稍突出于树皮的排水管;洞底低于土面的树洞,清理后,填入泥沙浆,高于地表 10～20 cm,向洞外倾斜。

(2)洞口的整形与处理　其目的是为了促进洞口的愈合与封闭(覆盖)。要求保持健康的自然轮廓线及光滑而清洁的边缘。洞口形状为边沿轮廓线修整成基本平行于树液流动方向、上下两段逐渐收拢交于一点,形成近椭圆形或梭形开口,并尽可能保留边材,防止形成层干枯。为了防止伤口干燥,应立即用紫胶清漆涂刷,保湿,防止形成层干燥萎缩。

(三)树洞的加固

(1)螺栓加固　用锋利的钻头在树洞相对两壁的适当位置钻孔,在孔中插入相应长度和粗度的螺栓，在出口端套上垫圈后，拧紧螺帽，将两边洞壁连接牢固。操作应注意钻孔的位置至少离伤口健康皮层和形成层带 5 cm；垫圈和螺帽必须完全进入埋头孔内，其深度应足以使形成的愈合组织覆盖其表面；所有的钻孔都应消毒并用树木涂料覆盖。

（2）螺丝杆加固　选用比螺丝直径小 0.16 cm 钻头，在适当的位置钻一个穿过相对两侧洞壁的孔。在开钻处向木质部铰大孔洞，深度应刚好使螺杆头低于形成层，将螺杆拧入钻孔。操作应注意对于长树洞，还应在上下两端健全的木质部上安装螺栓或螺杆加固。

（四）树洞消毒

消毒通常是对树洞内表的所有木质部涂抹木馏油或 3％的硫酸铜溶液。消毒之后，所有外露木质部和预先涂抹过紫胶漆的皮层都要涂漆。

（五）树洞的填充

1. 目的

树洞填充的目的是为了防止木材的进一步腐朽；加强树洞的机械支撑；防止洞口愈合体生长中的羊角形内卷；改善树木的外观，提高观赏效果；防止愈合体内卷。

2. 确定树洞是否需要填充的因素

树洞是否需要填充与树洞大小、树木的年龄、树木的生命力、树木的价值与抗性有关。

3. 树洞覆盖与填充的方法

（1）树洞填充　大而深或容易进水、积水的树洞，以及分叉位置或地面线附近的树洞应进行填充。填充前的树洞处理应注意在凿铣洞壁、清除腐朽木质部时，不能破坏障壁保护系统，也不能使洞壁太薄。为了使填充物更好地固定填料，可在内壁纵向均匀地钉上用木馏油或沥青涂抹过的木条；若用水泥填充，须有排液、排水措施。

树洞填充的填料通常要求不易分解，在温度剧烈变化期间不碎，夏天高温不熔化（持久性）；能经受树木摇摆和扭曲（柔韧性）；可以充满树洞的每一空隙，形成与树洞一致轮廓（可塑性）；不吸潮、保持相邻木质部不过湿（防水性）。

常见的填料有水泥砂浆（2 份净砂或 3 份石砾与 1 份水泥，加入足量的水）、沥青混合物（1 份沥青加热熔化，加入 3～4 份干燥的硬材锯末、细刨花或木屑，边加料边搅拌，使成为面糊颗粒状混合物）、聚氨酯塑料、木块、木砖、软木、橡皮砖等。

树洞填充时填料要充分捣实、砌严，不留空隙；填料外表面不高于形成层；填后定期检查。

（2）洞口覆盖　填充完成后，应用金属或新型材料板覆盖洞口。洞口周围切除 1.5 cm 左右宽的树皮带，切削深度应使覆盖物外表面低于或平于形成层，涂抹紫胶漆；切割一块镀锌铁皮或铜皮，背面涂上沥青或焦油后钉在露出的木质部上；覆盖物的表面涂漆防水，还可进行适当的装饰。

案例　雪松的树洞处理

雪松树洞形成后，改变了树体结构，妨碍营养物质的运输和新组织的形成，严重削弱树木生长势，使树木抗逆性减弱，给树体的健康和寿命造成严重影响。同时降低树木枝干的坚固性和负荷能力，在大风时会发生枝干折断或树木倒伏的情况，这时不仅仅树木受到了损害，而且还会造成其他一些伤害，如砸坏建筑物、车辆、广告牌或人身受到伤害等。如洞口朝上，下雨时雨水会直接灌入洞中，导致木质部腐烂，长此下去不但树木生长不良，而且还会造成树木死亡，缩短了树木观赏寿命,更有甚者还可能招致意外。如有的公园,树体上的雪松树洞没有及时发现并修补,由于游人不注意丢弃烟头而引起火灾,有的还会引发人身伤亡事故。所以补雪松树洞是非常重要的,不可忽视。

雪松树洞处理的原则:一是尽可能保护伤口附近的障壁保护系统,抑制病原微生物的蔓延造成新的腐朽;二是尽量不破坏树木的疏导系统,不降低树木的机械强度,必要时还应通过雪松树洞内部的支撑,加固提高树体的力学强度;三是通过洞口的整形与处理,加速愈合组织的形成,便于填充覆盖。

第五节 古树名木养护与管理

一、古树名木保护的意义

(一)古树名木的概念

古树是指树龄在100年以上的树木;名木是指国内外稀有的、具有历史价值和纪念意义以及重要科研价值的树木。古树、名木往往身兼二职。

(二)古树名木研究与保护的意义与作用

1.古树名木的社会历史价值

我国传说有周柏、秦松、汉槐、隋梅、唐杏(银杏)、唐樟,这些均可以作为历史的见证,当然对这些古树还应进一步考察核实其年代;北京颐和园东宫门内有两排古柏,八国联军火烧颐和园时曾被烧烤,靠近建筑物的一面从此没有树皮,它是帝国主义侵华罪行的记录。

2.古树名木的文化艺术价值

不少古树名木曾使历代文人、学士为之倾倒,吟咏抒怀。它在文化史上有其独特的作用。例如“扬州八怪”中的李鲤,曾有名画《五大夫松》,是泰山名木的艺术再现。此类为古树而作的诗画,为数极多,都是我国文化艺术宝库中的珍品。

3.古树名木的园林景观价值

古树名木苍劲古雅,姿态奇特,使万千中外游客流连忘返,如北京天坛公园的“九龙柏”,香山公园的“白松堂”等,它们把祖国的山河装点得更加美丽多娇。

4.古树的自然历史研究价值

古树名木复杂的年轮结构,常能反映过去气候的变化情况,植物学家可以通过古树名木来研究古代自然史和古树存活下来的原因。此外,古树名木中有各种孑遗植物如银杏、金钱松、鹅掌楸、伯乐树、长柄双花木、杜仲等,这在地史变迁、古气候、古地理、古植物区系等方面具有重要研究意义,这在群落结构、植物系统演化中也具有较高的学术价值。

5.古树在研究污染史中的价值

树木的生长与环境污染有着极其密切的关系。环境污染的程度、性质及其发生年代,都可在树体结构与组成上反映出来。美国宾夕法尼亚州立大学用中子轰击古树年轮取得样品,测定年轮中的微量元素,发现汞、铁和银的含量与该地区的工业发展有关。

6. 古树在研究树木生理中的特殊意义

树木的生长周期长，而人的寿命却很短，对它的生长、发育、衰老、死亡的规律我们无法用跟踪的方法加以研究，古树的存在就能把树木生长、发育在时间上的展现为空间上的排列，使我们能以处于不同年龄阶段的树木作为研究对象，从中发现该树种从生到死的总规律。

7. 古树对于树种规划有很大的参考价值

古树多为乡土树种，对当地气候条件和土壤条件有很高的适应性，因此古树是树种规划的最好的依据。例如，对于干旱瘠薄的北京市郊区种什么树最合适？在以前颇有争议:解放初期认为刺槐比较合适，不久证明它虽然耐旱，幼年速生，但它对土壤肥力反应敏感，很快生长出现停滞，最终长不成材;20 世纪 60 年代认为油松最有希望，因为解放初期的油松林当时正处于速成生阶段，山坡上一片葱翠，但到 70 年代也开始平顶分叉，生长衰退，这时才发现幼年并不速生的侧柏、桧柏却能稳定生长。北京市的古树中恰以侧柏及桧柏最多，故宫和中山公园都有几百株古侧柏和桧柏，这说明它是经受了历史考验的北京地区的适生树种。如果早日领悟了这个道理，在树种选择中就可以少走许多弯路。所以古树对于城市树种规划，有很大的参考价值。

8. 稀有、名贵的古树对保护种植资源有重要的价值

如上海古树名木中的刺楸、大王松、铁冬青等都是少见的树种，在当地生存下来更具有一定的经济价值和科学研究价值。同时，目前有的住宅开发商以当地现存的古树名木为依托，宣扬“人杰地灵”、“物华天宝”的地域文化，以进行促销;并以古树命名，如香樟苑、银杏苑、橡树园等，因备受居民的喜爱而畅销。

(三)国内外古树名木研究与保护现状

我国政府历来十分重视对古树名木的保护工作，尤其是 20 世纪 70 年代以来，随着国家社会经济实力和文化科学技术的不断发展，古树名木的价值及其保护意义引起人们的广泛关注，古树名木的保护工作也日益提到各级政府部门的议事日程。1982 年 3 月，国家城建总局出台了《关于加强城市与风景名胜区古树名木保护管理的意见》。1995 年 8 月，国务院颁布实施了《城市绿化条例》，对古树名木及其保护管理办法、责任以及造成的伤害、破坏等，作出了相关的规定、要求与奖惩措施，使古树名木的保护管理工作由政府行政管理行为上升到了依法保护的更高阶段，以法律的形式加以确定，做到有法可依，依法办事。2000 年 9 月，国家建设部重新颁布了《城市古树名木保护管理办法》，对古树名木的范围、分级进行了重新界定，并就古树名木的调查、登记、建档、归属管理以及责任、奖惩制度等也作出了具体的规定和要求。随后，许多省市也相继出台了地方性的古树名木管理与保护法规或条例，使一度疏于管理的古树名木又走向了规范保护的发展轨道。

在对古树衰老原因及复壮措施进行研究与探索的基础上，1989 年北京市研究科研所还研制成功了新型缓效肥料——棒状被膜长效树肥，将其应用于古树复壮，取得了良好效果。通过对北方地区 1 000 余株古树采用改良土壤结构，如挖复壮沟、埋通气管和设置渗水井、施用复壮基质、补充氮、磷、铁等元素，合理灌水并结合病虫防治，适当整形修剪等综合技术措施，复壮效果达到了 90%以上，使许多已经衰弱、濒于死亡的古树起死回生，重又焕发了青春，为古树的复壮与栽培养护积累了成功的经验。

在国外，日本研究出树木强化器，埋于树下来完成树木的土壤通气、灌水及供肥等工作。美国研究出肥料气钉，解决古树表层土供肥问题。德国在土壤中采用埋管、埋陶粒和高压打气

等方法解决通气问题，用土钻打孔灌液态肥料，用修补和支撑等外科手术保护古树。英国探讨了土壤坚实、空气污染等因素对古树生长的影响。

古树名木的保护与管理工作，是一项综合的长期艰巨任务，目前尚有许多问题有待进一步的研究，并会有更多的新问题不断出现，需要有更多的有志之士投入到这项有意义的工作中来，做出长期不懈的努力。

(四)古树名木的划分标准

凡树龄在300年以上，或者特别珍贵稀有，具有重要历史价值和纪念意义、重要科研价值的古树名木，为一级古树名木；其余为二级古树名木(《城市古树名木保护管理办法》，国家建设部，2000年)。

二、古树名木的衰老与复壮

(一)古树名木衰老原因的诊断与分析

1. 古树名木衰老的诊断

古树名木衰老的诊断应首先查明古树衰弱的主导因子；然后划分古树衰弱的等级，确定复壮重点；最后研究合理的复壮方案。

2. 古树名木衰老原因

任何树木都要经过生长、发育、衰老、死亡等过程，也就是说树木的衰老、死亡是客观规律。但是可以通过人为的措施使衰老以致死亡的阶段延迟到来，使树木最大限度地为人类造福，为此有必要探讨古树衰老原因，以便有效地采取措施。古树衰老原因主要有土壤密实度过高、树干周围铺装面过大、土壤理化性质恶化、根部的营养不足、人为的损害、病虫害、自然灾害等。由于以上原因，古树生长的基本条件日渐变坏，不能满足树木对生态环境的要求，树体如再受到破坏摧残，古树就会很快衰老，以致死亡。要保护好古树，就要投入经费和人力做好日常管理、防病灭虫、施肥、复壮等养护管理工作。

(二)古树名木的养护与复壮

古树是几百年乃至上千年生长的结果，一旦死亡则无法再现，因此我们应该非常重视古树的复壮与养护管理，避免造成不可挽回的损失与遗憾。

1. 地上部分

地上部分的复壮，指对古树树干、枝叶等的保护，并促使其生长，这是整体复壮的重要方面，但不能孤立地不考虑根系的复壮。

(1)抗旱与浇水　古树名木的根系发达，根冠范围较大，根系很深，靠自身发达的根系完全可满足树木生长的要求，无需特殊浇水抗旱。但生长在市区主要干道及烟尘密布，有害气体较多的工厂周围的古树名木，因尘土飞扬，空气中的粉尘密度较大，影响树木的光合作用，在这种情况下，需要定期向树冠喷水，冲洗叶面正反两面的粉尘，利于树木同化作用，制造养分，复壮树势。

(2)抗风防涝　台风对古树名木危害极大，深圳市中山公园一株110年的凤凰木，因台风吹倒致死。台风前后要组织人力检查，发现树身弯斜或断枝要及时处理，暴雨后及时排涝，以免积水，这是防涝保树的主要措施。土壤水分过多，氧气不足，抑制根系呼吸，减退吸收机能，严重缺氧时，根系进行无氧呼吸，容易积累酒精使蛋白质凝固，引起根系死亡。特别是对耐水能力差的树种更应抓紧时间及时排水。松柏类、银杏等古树均忌水渍，若积水超过2天，就会发生危险，忌水的树种有银杏、松柏、腊梅、广玉兰、白玉兰、桂花、枸杞、五针松、绣球、樱花等，忌干的树种有罗汉松、香樟等。

(3)松土施肥　根据树木生物学特性和栽培的要求与条件，其施肥的特点是：首次，古树名木是多年生植物，长期生长在同一地点，从肥料种类来说应以有机肥为主，同时适当施用化学肥料，施肥方式以基肥为主，基肥与追肥兼施。其次，古树名木种类繁多，作用不一，观赏、研究或经济效用互不相同。因此，就反映在施肥种类、用量和方法等方面的差异。另外，名木古树生长地的环境条件是很悬殊的，有高山，又有平原肥土，还有水边低湿地及建筑周围等，这样更增加了施肥的困难，应根据栽培环境特点采用不同的施肥方式。同时，对树木施肥时必须注意园容的美观，避免发生恶臭有碍游人的活动，应做到施肥后立即覆土。

(4)修剪、立支撑　古树由于年代久远，主干或有中空，主枝常有死亡，造成树冠失去均衡，树体倾斜，有些枝条感染了病虫害，有些无用枝过多耗费了营养，需进行合理修剪，达到保护古树的目的，对有些古树结合修剪进行疏花果处理，减少营养的不必要浪费；又因树体衰老，枝条容易下垂，因而需要进行支撑。在复壮时，可修去过密枝条，有利于通风，加强同化作用，且能保持良好树形，对生长势特别衰弱的古树一定要控制树势，减轻重量，台风过后及时检查，修剪断枝，对已弯斜的或有明显危险的树干要立支撑保护，固定绑扎时要放垫料，以免发生缢束，以后酌情松绑。

(5)堵洞、围栏　古树上的树干和骨干枝上，往往因病虫害、冻害、日灼及机械操作等造成伤口，这些伤口如不及时保护、治疗、修补，经过长期雨水浸泡和病菌寄生，易使内部腐烂形成树洞。因此，要及时补好树洞，避免被雨水侵蚀，引发木腐菌等真菌危害，日久形成空洞甚至导致整个树干被害。为了防止游人践踏，使古树根系生长正常并保护树体，可在来往行人较多的古树周围，加设围栏。

(6)防治病虫害　古树名木因长势衰退，极易发生病虫害，病虫的危害直接影响其观赏价值，同时也影响其正常生长发育。因此，要有专人定期检查，做好虫情预测预报，做到治早、治小，把虫口密度控制在允许范围内。主要虫害有松大蚜、红蜘蛛、吉丁虫、黑象甲、天牛等。主要病害有梨桧锈病、白粉病。

(7)装置避雷针　据调查千年古树大部分都受到过雷击，严重影响树势。有的在雷击后未采取补救措施甚至很快死亡。所以，凡没有装备避雷针的古树名木，要及早装置，以免发生雷击损伤古树名木。如果遭受了雷击，应立即将伤口刮平，涂上保护剂。

2. 地下部分

地下部分复壮目标是促使根系生长，可以做到的措施是土地管理和嫁接新根。一般地下复壮的措施有以下几种。

(1)深耕松土　操作时应注意深耕范围应比树冠大，深度要求在40 cm以上，要重复两次才能达到这一深度。园林假山上不能进行深耕的，要检查根系走向，用松土结合客土覆土保护根系。

(2)开挖土壤通气井(孔)　在古树林中，挖深1 m，四壁用砖砌成40 cm×40 cm孔洞，上覆水泥盖，盖上铺浅土植草伪装。

(3)地面铺梯形砖和草皮　在地面上铺置上大下小的特制梯形砖，砖与砖之间不勾缝，留有通气道，下面用石灰砂浆衬砌，砂浆用石灰、沙子、锯末配制比例为1∶1∶0.5。同时还可以在埋树条的上面种上花草，并围栏杆禁止游人践踏，或在其上铺带孔的或有空花条纹的水泥砖。此法对古树复壮都有良好的作用。

(4)耕锄松土时埋入聚苯乙烯发泡　将废弃的塑料包装撕成乒乓球大小、数量不限、以埋入土中不露出土面为度，聚苯乙烯分子结构稳定，目前没有分解它的微生物，故不会刺激根系。渗入土中后土壤容重减轻，气相比例提高，有利于根系生长。

(5)挖壕沟　一些名山大川上的古树，由于所处地位特殊不易截留水分，常受旱灾，可以在距树上方 10 m 左右处的缓坡地带挖水平壕，深至风化的岩层，平均为 1.5 m，宽 2～3 m，长 7.5 m，向外沿翻土，筑成截留雨水的土坝，底层填入嫩枝、杂草、树叶等，拌以表土。这种土坝在正常年份可截留雨水，同时待填充物腐烂后，可形成海绵状的土层，更多地蓄积水分，使古树根系长期处于湿润状态，如果遇到这样大旱之年，则可人工浇水到壕沟内，使古树得到水分。

(6)换土　古树几百年甚至上千年生长在一个地方，土壤里肥分有限，常呈现缺肥症状；再加上人为踩实，通气不良，排水也不好，对根系生长极为不利。因此造成古树地上部分日益萎缩的状态。北京市故宫园林科从 1962 年起开始用换土的办法抢救古树，使老树复壮。

(7)施用生物制剂　可对古树施用农抗 120 和稀土制剂灌根，根系生长量明显增加，树势增强。

案例　衰老期古树名木更新复壮技术

①对大树是否进入衰老期的判断。其症状一般表现为：a. 树木生长势开始衰弱，叶片变黄、变小、变薄等症状为衰弱初期；b. 树冠枝叶干枯、稀少或只有顶部有小部分绿叶等症状为衰弱晚期；c. 主枝、主干过长，并有严重的光秃现象。

②被确立为衰老期树木之后，首先要充分检查树木的生长环境是否发生改变，比如树穴基部是否被水泥或铺装占用，树穴标准是否符合，如发生改变应及时恢复清理，确保树木地下的生长。其次要了解和掌握需更新复壮树木的生长习性，检查衰老树木土壤是否符合树木的生长习性，如不适合应先换土或进行土壤改良。然后结合水肥，来改善树木的生长环境。

③确定树木更新复壮的具体操作时间。

④对树木的病虫害展开全面的检查，并进行清除。

⑤树木更新复壮之前必须对其孔洞进行清理、消毒及修补等具体措施。

⑥衰老期树木更新复壮的具体修剪方法

a. 重短截。一年生枝条的中下部 2/3～3/4 处短截，可促进基部隐芽萌发。

b. 回缩。对多年在枝条进行短截(2/3～3/4 处)，一般在树木生长减弱，部分枝条下垂，树冠中下部出现光秃现象采用此法，促使剪口下方枝条旺盛生长或刺激休眠芽萌发长枝。

c. 截干。对主干粗大的主枝，骨干枝进行的回缩可逼发隐芽的效用，进行壮树的树冠结构改造或老树的更新复壮。

d. 断根。进入衰老期的树木，结合施肥在一定的范围内切断根系，可促发新根，达到更新复壮的效用。在具体的操作过程中，应根据树木的具体树形和形状再结合以上四种方法进行操作。

e. 剪口的保护措施。伤口面尽量保持光滑，平整(要用锋利的刀削平)；伤口要用 2%硫酸铜消毒；消毒后的伤口要涂保护剂，常应的保护蜡或豆油铜素剂(可以自制)。

⑦吊挂营养液。在大树整形修剪之后还可根据树木的具体情况，采取树木吊挂营养液等

措施，来提高树木生长势的及时恢复。

本章小结

本章介绍了园林树木的树体结构，园林树木修剪的原则（因地制宜，按需修剪；随树作形，因枝修剪；主从分明、平衡树势），整形修剪的时期（休眠期修剪及生长期修剪）。介绍了园林树木截、疏、伤、变、放等修剪的方法及修剪技能要点。园林植物的常见树形有：中央领导干形、伞形、自然开心形、多领导干形、丛球形等。树体的保护措施有树皮保护、树干保护、伤口处理、树干涂白、洗尘、设置围栏等。园林树木的不安全性因素有树势衰弱，根系受损、树体倾斜，出现断枝、枯枝等。园林树木损伤的预防措施有悬吊、支撑、加固。园林树木树洞处理方法有清理、整形、加固、消毒、填充。本章还介绍了古树名木的概念复壮措施。

复 习 题

1. 简述园林树木整形修剪的目的和意义。
2. 简述园林树木整形修剪的原则与依据。
3. 简述园林树木整形修剪的方法。
4. 简述园林树木的常见树形及修剪方法。
5. 简述不同类型园林树木的修剪方法。
6. 举例说明几种特殊树形的修剪方法。
7. 简述修剪中常见的技术问题及注意事项。
8. 简述常见的园林树木树体保护技术。
9. 简述园林树木损伤的预防及处理技术方法。
10. 简述园林树木树洞处理的方法。
11. 简述古树名木更新复壮的技术方法。

第六章　园林花卉栽培与养护技术

【本章基本技能】了解园林花卉栽培中常见的设施，掌握园林花卉的花期调控技术及无土栽培技术；掌握露地栽培园林花卉的常规措施。

第一节　园林花卉栽培设施及其器具

一、温室

(一)温室及作用

温室是指覆盖着透明材料，附有防寒、加温设备的建筑。

温室的作用。对于花卉生产，温室能全面地调节和控制环境因子。尤其是温室设备的高度机械化、自动化，使花卉的生产达到了工厂化、现代化，生产效率提高数十倍，是花卉生产中最重要、应用最广泛的栽培设施。温室在花卉生产中的主要作用有：

①在不适合花卉生态要求的季节，创造出适合于花卉生长发育的环境条件，已达到花卉的反季节生产。

②在不适合花卉生态要求的地区，利用温室创造的条件来栽培各种类型的花，以满足人们的需求。

③利用温室可以对花卉进行高度集中栽培，实行高肥密植，以提高单位面积产量和质量，节省开支，降低成本。

(二)温室的类型和结构

1.根据建筑形式分类

(1)单屋面温室　温室的北、东、西面是墙体，南面是透明层。这种温室仅有一向南倾斜的透明屋面，构造简单，适合作小面积的温室，一般跨度在 6～8 m，北墙高 2.7～3.5 m，墙厚 0.5～1.0 m，顶高 3.6 m。其优点是节能保温，投资小，其缺点是光照不均匀。

(2)双屋面温室　这种温室通常是南北延长，东西两侧有坡面相等的透明材料。双屋面温室一般跨度在 6.0～10 m，也有达到 15 m 的。屋面的倾斜角要比单屋面温室的要小，一般在 28°～35°之间，使温室内从日出到日落都能受到均匀的光照，故又称全日照温室。双屋面温室的优点是光照均匀，温度较稳定，缺点是保温较差、通风不良，需要有完善的通风和加温设备。

(3)不等屋面温室　东西向延伸,温室的南北两侧具有两个坡度相同而斜面长度不等的屋面,向南一面较宽,向北一面较窄。跨度一般在 5～8 m,适合做小面积温室。与单屋面温室比,提高了光照,通风较好,单保温性能较差。

(4)连栋式温室　又称连续式温室,由两栋或两栋以上的相同结构的双屋面或不等屋面温室借纵向侧柱连接起来,形成室内联通的大型温室。这种温室的优点是占地面积小,建筑费用省,采暖集中,便于经营管理和机械化生产。其缺点是光照和通风不如单栋温室好。

2.根据温室设置的位置分类

(1)地上式　室内与室外地面近于水平。

(2)半地下式　四周矮墙深入地下,仅留侧窗在地面上。这类温室保温好,室内又可保持较高湿度。

(3)地下式　仅屋顶露于地面上。这类温室保温、保湿效果好,但光照不足,空气不流通。

3.根据屋面覆盖材料分类

(1)玻璃面温室　以玻璃作为覆盖材料。玻璃优点是透光度大,使用年限久(可到 40 年以上),缺点是玻璃重量重,要求加大支柱粗度,造成温室内遮光面积加大问题,同时玻璃不耐冲击,易破损。

(2)塑料温室　以塑料为屋面覆盖材料。塑料的优点是重量轻,可以减少支柱的数量,减少室内的遮光面积;价格便宜。缺点是易老化,使用寿命一般在 1～4 年;易燃、易破损和易污染。

(3)塑料玻璃温室　以玻璃钢(丙烯树脂加玻璃纤维或聚氯乙烯加玻璃纤维)作为覆盖材料。其特点是透光率高,重量轻,不易破损,使用寿命长(一般为 15～20 年)。缺点是易燃、易老化和易被灰尘污染。

4.根据建筑材料分类

(1)木结构温室　屋架、支柱及门窗等都为木质。木结构温室造价低,但使用几年后,温室密闭度降低。

(2)钢结构温室　屋架、支柱及门窗等都为钢材。优点是坚固耐用,用料较细,遮光面积小,能充分利用日光。缺点是造价高、容易生锈。

(3)铝合金结构温室　屋架、支柱及门窗等都为铝合金。特点是结构轻、强度大、密闭度高、使用年限长,但造价高。

(4)钢铝混合结构温室　支柱、屋架等采用钢材,门窗等与外界接触的部分是铝合金构件。这种温室具有钢结构和铝合金结构二者的长处。造价比铝合金结构低。

5.根据温度分类

(1)高温温室　冬季室温保持在 15℃以上。供冬季花卉的促成栽培及养护热带花卉。

(2)中温温室　冬季室温保持在 8～15℃,供栽培亚热带及对温度要求不高的热带花卉。

(3)低温温室　冬季室温保持在 3～8℃,用以保护不耐寒花卉越冬,也作耐寒性草花栽培。

另外还可根据加温设备的有无分为不加温温室和加温温室。

6.根据用途分类

(1)生产性温室　以花卉生产为主,建筑形式以适用于栽培需要和经济适用为原则,不追求外形美观。一般造型和结构都较简单,室内生产面积利用充分,有利于降低生产成本。

(2)观赏性温室　这种温室专供展览、观赏及科普之用，一般放置于公园、植物园及高校内，外观要求美观，高大。吸引和便于游人流连、观赏、学习。

(3)人工气候室　室内的全部环境条件由人工控制，一般供科学研究用。

(三)温室内的配套设备

为了调节温室内的环境条件，必须配套相应的光照、温度、湿度和灌溉设备及控制系统。

1.光照调节设备

(1)补光设备　补光的目的，一是为了满足花卉的光合作用的需求，在高纬度地区冬季进行花卉生产时，温室中的光照时数和光照强度均不足，因此需补充高强度的光照。二是调节光周期以调节花期，这种补光不需要很强的光照强度。常用的有人工补光和反射补光两种。

①人工补光设备。目前常用的人工补光设备主要有白炽灯、荧光灯、高压水银灯、金属卤化灯、高压钠灯、小型气体放电灯等。补光灯上有反光罩，安置在距离植物1.0～1.5 m处。

②反射补光设备。在单屋面温室中，因为墙体的影响北面、东西面的光照条件较差，所以可以通过将室内建材和墙面涂白，在墙面悬挂反光板等方法来提高温室内北部的光照条件。

(2)遮阴设备　夏季在温室内栽培花卉时，常由于光照强度太大而导致温室内温度过高，影响花卉的正常生长发育。为了削弱光照强度，减少太阳辐射，需要进行遮阴，遮阴材料以遮阳网最常用，其形式多样，透光率也各不相同，可根据所栽培植物选择合适的遮阳网。另外也可以使用苇帘或竹帘来进行遮阴。

(3)遮光设备　遮光的主要目的是通过缩短光照时间，以调节花卉的花期。常用的遮光材料是黑布或黑色塑料薄膜，铺设在温室顶部及四周。

2.温度调节设备

(1)加温设备

①烟道加温设备。通过燃烧产生烟雾，然后通过炉筒或烟道散热来增加温室温度，最后烟排除设施外。这种方法室内温度不易控制，且分布不均匀，空气干燥，室内空气质量差，但其设备投入较小，所以该法多见于简易温室及小型加温温室。

②暖风加温设备。用燃料加温使空气温度达到一定指标，然后通过风道输入温室。达到升温的目的暖风设备通常有两种：一是燃油暖风机，使用柴油作为燃料；二是燃气暖风机，使用天然气作为燃料。

③热水加温设备。通过锅炉加热，将热水送至热水管，再通过管壁辐射，使室内温度增高。这种加温方法温度均衡持久，缺点是费用大。这种方法主要用于玻璃温室以及其他大型温室和连栋塑料大棚。

④蒸汽加温设备。用蒸汽锅炉加热产生高温蒸汽。然后通过蒸汽管道在温室内循环，散发热量。蒸汽加温预热时间短，温度容易调节，多用于大面积温室加温，但其保温性较差，热量不均匀。

⑤电热加温设备。电热加温是采用电加热元件对温室内空气进行加热或将热量直接辐射到植株上。可根据加温面积的大小采用电加热线、电加热管、电加温片和电加温炉等。这种加温设备由于电费高，所以没有大面积使用。

(2)保温设备　设施的保温途径主要是增加外围维护结构的热阻，减少通风换气，减少维护结构底部土壤传热。常见的保温设备有：①外覆盖保温材料。一般夜间或遇低温天气时，在温室的透光屋面上覆盖保温材料来减少温室中的热量向外界辐射，以达到保温的目的。常用的保温材料有保温被、保温毯和草帘等。草帘的成本比较低,保温效果较好。保温被、保温毯外面用防水材料包裹,不怕雨雪、质量轻、保温效果好、使用年限长,但一次性投入较高。②防寒沟。在温度较低的地区可以在温室的四周挖防寒沟,一般沟宽 30 cm,深 50 cm 左右,内填干草,上面覆盖塑料薄膜,用以减少温室内的土壤热量散失。

(3)通风、降温设备　在炎热夏季,温室需要配置降温设施,以保护花卉不会受到高温影响,能正常地生长发育。常见降温设备有:

①遮阴设备。

②通风窗。在温室的顶部、侧方和后墙上设置通风窗,当气温升高时,将所有通风窗打开,以通风换气的方式达到降温的目的。

③压缩式制冷机。通过使用压缩式制冷机对温室进行降温,降温快、效果好,但是耗能大、费用高、制冷面积有限,所以只用于人工气候室。

④水帘降温设备。一般由排风扇和水帘两部分组成。排风扇装于温室的一端(一般为南端),水帘装于温室的另一端(一般为北端)。水帘由一种特制的"蜂窝纸板"和回水槽组成。使用时冷水不断淋过水帘使其饱含水分,开动排风扇,随温室气体的流动、蒸发、吸收而起到降温作用。该系统适合于北方地区,而在南方地区效果不理想。

⑤喷雾设备。通过多功能微雾系统,将水以微米级或 10 μm 级的雾滴形式喷入温室,使其迅速蒸发,利用水的蒸发潜热大的特点,大量吸收空气中热量,然后将湿空气排除室外,从而到达到降温的目的。

3.给水设备

(1)喷灌设备　喷灌是采用水泵和水塔通过管道输送到灌溉地段,然后再通过喷头将水喷成细小水滴或雾状,既补充了土壤水分、又能起到降温和增加空气湿度的作用,还可避免土壤板结。

(2)滴管设备　滴管系统由贮水池、过滤器、水泵、肥料注入器、输入管线、滴头和控制器组成。滴管从主管引出,分布各个单独植株上。滴管不沾湿叶片,省工、省水,防止土壤板结,可与施肥结合起来进行,但设备材料费用高。

二、塑料大棚

(一)塑料大棚的作用

塑料大棚是用塑料薄膜覆盖的一种大型拱棚,它与温室相比,具有结构简单,建造和拆除方便,一次性投资少等优点。

(二)塑料大棚的类型与构造

1.按屋顶的形状分

(1)拱圆形塑料大棚　我国绝大多数为拱圆形大棚,屋顶呈圆弧形,面积可大可小,可单栋也可连栋,建造容易,搬迁方便。

(2)屋脊形塑料大棚　采用木材或角钢为骨架的双屋面塑料大棚,多为连栋式。

2.按骨架材料分

(1)竹木结构大棚　以 3~6 cm 宽的竹片为拱杆,立柱为木杆或水泥柱。其优点是造价低廉,建造容易,缺点是棚内柱子多,折光率高,作业不方便,抗风雪荷载能力差。

(2)钢架结构　使用钢筋或钢管焊接成平面或空间桁架作为大棚的骨架,这种大棚骨架强度高,室内无柱,空间大,透光性能好,但由于室内高湿对钢材的腐蚀作用强,使用寿命受到很大影响。

(3)镀锌钢管结构大棚　这种大棚的拱杆、纵向拉杆、立柱均为薄壁钢管,并用专用卡具连接形成整体。塑料薄膜用卡膜槽和弹簧卡丝固定,所有杆件和卡具均采用热镀锌防腐处理,是工厂化生产的工业产品,已形成标准、规范的产品。这种大棚为组装式结构,建造方便,并可拆卸迁移;棚内空间大,作业方便;骨架截面小,遮阴率低;构建抗腐蚀能力强;材料强度高,承载能力强,整体稳定性好,使用寿命长。

三、阴棚

(一)阴棚的功能

多数温室花卉属于半阴植物,如兰花,观叶花卉等,不耐夏季温室内的高温,一般到夏季移到温室外;另外夏季扦插、播种、上盆均需遮阴。阴棚可以减少其下光照强度,降低温度,增加湿度,减少蒸腾作用。为夏季的花卉支配管理创造适宜的环境。

(二)阴棚的种类

(1)临时性阴棚　一般在春末夏初架设,秋凉时逐渐拆除。其主架由木材、竹材等构成,上面铺设苇帘或苇秆。建造时一般采用东西延长,高 2.5～3.0 m,宽 6.0～7.0 m,每隔 3 m 设立柱一根。为了避免上下午的阳光从东或西面照射到阴棚内,在东西两端还有设置遮阴帘,遮阴帘下缘要距离地面 60 cm 左右,以利通风。

(2)永久性阴棚　骨架用铁管或水泥柱构成,其形状与临时性阴棚相同。棚架上覆盖遮阳网、苇帘、竹帘等遮阴材料,也可以使用紫藤葡萄等藤本植物遮阴。

四、风障

风障是在栽培畦的北侧按与当地季风垂直的方向设置的一排篱笆挡风屏障。在我国北方常用于露地花卉的越冬,多与温床、冷床结合使用,以提高保温能力。

(一)风障的作用

风障具有减弱风速、稳定畦面气流的作用。风障一般可减弱风速 10%～50%,通常能使五六级大风在风障前变为一二级风。风障能充分利用太阳的辐射热,提高风障保护区的地温和气温。一般增温效果以有风天最显著,无风天不显著,距离风障越近增温效果越好。

(二)风障的结构和设置

风障包括篱笆、披风和基埂三个部分。

(1)篱笆　是风障的主要部分,一般高 2.5～3.5 m,通常使用芦苇、高粱秆、玉米秸秆、细竹等材料。具体方法是在设置垂直于风向挖深 30 cm 的长沟,载入篱笆,向南倾斜,与地面呈 70°～80°,填土压实。在距地面 1.8 m 左右处扎一横杆,形成篱笆。

(2)披风　是附在篱笆北面基部的柴草,高 1.3～1.7 m,其下部与篱笆一并埋入沟中,中部用横杆扎于篱笆上。

(3)基埂　风障北侧基部培起来的土埂,为固定风障及增强保温效果,高 17～20 cm。

风障一般为临时设施,一般在秋末建造,到第二年春季拆除。

五、温床与冷床

温床和冷床是一种花卉栽培常用的简易、低矮的设施。不加温只利用太阳辐射热的叫冷床;除了利用太阳辐射热外,还需要人为加温的叫温床。

(一)温床与冷床的作用

(1)提前播种,提早开花　春季露地播种要在晚霜后才能进行,但春季可以利用冷床或温床把播种期提前30～40天,以提早花期。

(2)花卉越冬保护　在北方地区,有些一二年生花卉不能露地越冬,如三色堇、雏菊等,可以在冷床或温床中播种并越冬。

(3)小苗锻炼　在温室或温床育成的小苗,在移入露地前,可以先在冷床中进行锻炼,使其逐渐适应露地气候条件,而后栽于露地。

(二)温床和冷床的结构和性能

温床和冷床的形式相同,一般为南低北高的框式结构。床框用砖或水泥砌成或直接用土墙建成,可建成半地下式,并且可以在北面建造风障以提高保温性能。床框一般宽1.2 m,北面高50～60 cm,南面高20～30 cm,长度依地形而定。床框上覆盖玻璃或塑料薄膜。

温床的加温通常有发酵加温和电热线加温两种。发酵加温是利用微生物分解有机质所发出的热能,以提高床内温度。常用的酿热物有稻草、落叶、马粪、牛粪等。使用时需提前将酿热物装入床内,每15 cm左右铺一层,装入三层,每层踏实并浇水,然后顶盖封闭,让其充分发酵。温度稳定后,再铺上一层10～15 cm后的培养土,作扦插或播种用,也可用于盆花越冬。电热线加温是在床底铺设电热线,在接通电源,以提高苗床温度。这种加温方法发热迅速,温度均匀,便于控制,但成本较高。

第二节　园林花卉无土栽培

一、无土栽培的概念与特点

无土栽培是近年来在花卉工厂化生产中较为普及的一种新技术。它是用非土基质和人工营养液代替天然土壤栽培花卉的新技术。

无土栽培的历史虽然悠久,但是真正的发展始于1970年丹麦Grodam公司开发的岩棉栽培技术和1973年英国温室作物研究所的营养液膜技术(NFT)。近30年来,无土栽培技术发展极其迅速。目前,美国、英国、俄罗斯、法国、加拿大等发达国家广泛应用。

无土栽培的优点:①环境条件易于控制,无土栽培不仅可使花卉得到足够的水分、无机营养和空气,并且这些条件更便于人工控制,有利于栽培技术的现代化。②省水省肥,无土栽培为封闭循环系统,耗水量仅为土壤栽培的1/7～1/5,同时避免了肥料被土壤固定和流失的问题,肥料的利用率提高了1倍以上。③扩大花卉种植的范围,在沙漠、盐碱地、海岛、荒山、砾石地或沙漠都可以进行,规模可大可小。④节省劳动力和时间,无土栽培许多操作管理课机械化、自动化,大大减轻劳动强度。⑤无杂草、无病虫、清洁卫生,因为没有土壤,病虫害等来源得到控制,病虫害减少了。

无土栽培的缺点:①一次性设备投资较大,无土栽培需要许多设备,如水培槽、营养液池、循环系统等,故投资较大。②对技术水平要求高,营养液的配置、调整与管理都要求有一些专业知识的人才能管理好。

二、无土栽培类型与方法

无土栽培的方式很多,大体上可分为两类:一类是固体基质固定根部的基质培;另一类是不用基质的水培。

(一)基质培及设备

在基质无土栽培系统中,固体基质的主要作用是支持花卉的根系及提供花卉的水分和营养元素。供液系统有开路系统和闭路系统,开路系统的营养液不循环利用,而闭路系统中营养液循环使用。由于闭路系统的设施投资较高,而且营养液管理比较复杂,所以在我国基质培只采用开路系统。与水培相较基质培缓冲性强、栽培技术较易掌握、栽培设备易建造,成本低,因此在世界各国的面积均大于水培,我国更是如此。

1.栽培基质

(1)对基质的要求　用于无土栽培的基质种类很多,主要分为有机基质和无机基质两大类。基质要求有较强的吸水和保水能力、无杂质,无病虫,卫生、价格低廉,获取容易,同时还需要有较好的物理化学性质。无土栽培对基质的理化性质的要求有:

①基质的物理性状。

容重:一般基质的容重在0.1～0.8 g/cm^3 范围内。容重过大基质过于紧实,透水透气性差;容重过小,则基质过于疏松,虽然透气性好,利于根系的伸展,但不易固定植株,给管理上增加难度。

总孔隙度:总孔隙度大的基质,其空气和水的容纳空间就大,反之则小;总孔隙度大的基质较轻、疏松,利于植株的生长,但对根系的支撑和固定作用较差,易倒伏,总孔隙度小的基质较重,水和空气的总容量少。因此,为了克服单一基质总孔隙度过大和过小所产生的弊病,在实际中常将两三种不同颗粒大小的基质混合制成复合基质来使用。

大小孔隙比:大小空隙比能够反映基质中水、气之间的状况。如果大小孔隙比大,则说明空气容量大而持水量较小,反之则空气容量小而持水量大。一般而言,大小空隙比在1.5～4范围内花卉都能良好生长。

基质颗粒大小:基质的颗粒大小直接影响容重、总孔隙度、大小空隙比。无土栽培基质粒径一般在0.5～50 mm。可以根据栽培花卉种类、根系生长特点、当地资源加以选择。

②基质化学性质。

pH值:不同基质其pH值不同,在使用前必须检测基质的pH值,根据栽培花卉所需的pH值采取相应的调节。

电导率(EC):电导率是指未加入营养液前基质本身原有的电导率,反映了基质含有可溶性盐分的多少,将直接影响到营养液的平衡。使用基质前应对其电导率了解清楚,以便于适当处理。

阳离子代换量:是指在 pH=7 时测定的可替换的阳离子含量。基质的阳离子代换量高既有不利的一面,即影响营养液的平衡;也有有利的一面,即保存养分,减少损失,并对营养液的酸碱反映有缓冲作用。一般有机基质如树皮、锯末、草炭等阳离子代换量高;无机基质中蛭石的阳离子代换量高,而其他基质的阳离子代换量都很小。

基质缓冲能力:是指基质中加入酸碱物质后,本身所具有的缓和酸碱变化的能力。无土栽培时要求基质缓冲能力越强越好。一般阳离子代换量高的基质的缓冲能力也高。有机基质都有缓冲能力,而无机基质有些有很强的缓冲能力,如蛭石,但大多数无机基质的缓冲能力都很弱。

(2)常用的无土栽培基质

①无机基质。

岩棉:岩棉是由辉绿岩、石灰岩和焦炭三种物质按一定比例,在 1 600℃的高炉中融化、冷却、黏合压制而成。其优点是经过高温完全消毒,有一定形状,在栽培过程中不变形,具有较高的持水量和较低的水分张力,栽培初期 pH 值是微碱性。缺点是岩棉本身的缓冲性能低,对灌溉水要求较高。

珍珠岩:珍珠岩由硅质火山岩在 1 200℃下燃烧膨胀而成。珍珠岩易于排水,通气,物理和化学性质比较稳定。珍珠岩不适宜单独作为基质使用,因其容重较轻,根系固定效果较差,一般和草炭、蛭石混合使用。

蛭石:蛭石是由云母类矿石加热到 800～1 100℃形成的。其优点是质轻,孔隙度大,通透性好,持水力强,pH 值中性偏酸,含钙、钾较多,具有良好的保温、隔热、通气、保水、保肥能力。因为经过高温煅烧,无菌、无毒,化学稳定性好。

沙:为无土栽培最早应用的基质。目前在美国亚利桑那州、中东地区以及沙漠地带,都用沙做无土栽培基质。其特点是来源丰富,价格低,但容重大,持水差。沙粒的大小应适当,一般以粒径 0.6～2.0 mm 为好。在生产中,严禁采用石灰岩质的沙粒,以免影响营养液的 pH 值,是一部分营养失效。

砾石:一般使用的粒径在 1.6～20 mm 的范围内。砾石保水、保肥力较沙低,通透性优于沙。生产中一般选用非石灰性的为好。

陶粒:陶粒是大小均匀的团粒状火烧豆页岩,采用 800℃高温烧制而成。内部为蜂窝状的空隙构造,容重为 500 kg/m^3。陶粒的优点是能漂浮在水面,透气性好。

炉渣:炉渣是煤燃烧后的残渣,来源广泛,通透性好、炉渣不宜单独用作基质。使用前要进行过筛,选择适宜的颗粒。

泡沫塑料颗粒:为人工合成物质,其特点为质轻,孔隙度大,吸水力强。一般多与沙、泥炭等混合应用。

②有机基质。

泥炭:习称草炭,由半分解的植被组成,因植被母质、分解程度、矿质含量而有不同种类。泥炭容重较小,富含有机质,持水保水能力强,偏酸性,含花卉所需要的营养成分。一般通透性差,很少单独使用,常与其他基质混合使用。

锯末与木屑:为林木加工副产品,锯末质轻,吸水、保水力强并含有一定营养物质,一般多与其他基质混合使用。注意含有毒物质树种锯末不宜采用。

树皮:树皮的化学组成因树种的不同差异很大。大多数树皮含有酚类物质且C/N较高,因此新鲜的树皮应堆沤1个月以上再使用。树皮有很多种大小颗粒可供利用,在无土栽培中最常用直径为1.5～6.0 mm的颗粒。

秸秆:农作物的秸秆均是较好的基质材料,如玉米秸秆、葵花秆、小麦秆等粉碎腐熟后与其他基质混合使用。特点是取材广泛,价格低廉,可对大量废弃秸秆进行再利用。

炭化稻壳:其特点为质轻,孔隙度大,通透性好,持水力较强,含钾等多种营养成分,pH高,使用中应注意调整。

此外用作栽培基质的还有砖块、火山灰、花泥、椰子纤维、木炭、蔗渣、苔藓、蕨根、沼渣、菇渣等。

(3)基质的混合及配制　在各种基质中,有些可以单独使用,有些则需要按不同的配比混合使用。但就栽培效果而言,混合基质优于单一基质,有机与无机混合基质优于纯有机或纯无机混合的基质。基质混合总的要求是降低基质的容重,增加孔隙度,增加水分和空气的含量。基质的混合使用,以2～3种混合为宜。

国内无土栽培中常用的一些混合基质。

草炭∶蛭石为1∶1。

草炭∶蛭石∶珍珠岩为1∶1∶1。

草炭∶炉渣为1∶1。

国外无土栽培中常用的一些混合基质。

草炭∶珍珠岩∶沙为2∶2∶3。

草炭∶珍珠岩为1∶1。

草炭∶沙为1∶1或1∶3。

草炭∶珍珠岩∶蛭石为2∶1∶1。

在混合基质时,不同的基质应加入一定量的营养元素,并均匀搅拌。

(4)基质的消毒　大部分基质在使用之前或使用一茬之后,都应该进行消毒,避免病虫害发生。常用的消毒方法有化学药剂消毒、蒸气消毒和太阳能消毒等。

①蒸汽消毒。将基质堆成20 cm高,长度根据地形而定,全部用防水防高温布盖上,用通气管通入蒸汽进行密闭消毒。一般在70～90℃条件下消毒1 h就能杀死病菌。此法效果良好,安全可靠,但成本较高。

②太阳能消毒。在夏季高温季节,在温室或大棚中把基质堆成20～25 cm高,长度视情况而定,堆的同时喷湿基质,使其含水量超过80%,然后用薄膜盖严,密闭温室或大棚,暴晒10～15天,消毒效果良好。

③化学药剂消毒。

甲醛:甲醛是良好的消毒剂,一般将40%的原液稀释50倍,用喷壶将基质均匀喷湿,覆盖塑料薄膜,经24～26 h后揭膜,再风干2周后使用。

溴甲烷:将基质堆起,用塑料管将药剂引入基质中,使用量为100～150 g/m^3,基质施药后，随即用塑料薄膜盖严，5～7 天后去掉薄膜，晒 7～10 天后即可使用。溴甲烷有剧毒，并且是强致癌物，使用时要注意安全。

2. 基质培的方法及设备

(1)槽培　槽培是将基质装入一定容积的栽培槽中以种植花卉。可用混凝土和砖建造永久性的栽培槽。目前应用较为广泛的是在温室地面上直接用砖垒成栽培槽，为降低生产成本，也可就地挖成槽再铺薄膜。总的要求是防止渗漏并使基质与土壤隔离，通常可在槽底铺 2 层薄膜。

栽培槽的大小和形状，取决于不同花卉，如每槽种植两行，槽宽一般为 0.48 m(内径)。如多行种植，只要方便田间管理就可。栽培槽的深度以 15～20 cm 为好，槽长可由灌溉能力、温室结构以及田间操作所需走道等因素来决定。槽的坡度至少应为 0.4%，这是为了获得良好排水性能，如有条件，还可在槽底铺设排水管。

基质装槽后，布设滴灌管，营养液可由水泵泵入滴灌系统后供给植株，也可利用重力法供液，不需动力。

(2)袋培　用尼龙袋或抗紫外线的聚乙烯塑料袋装入基质进行栽培。在光照较强的地区，塑料袋表面以白色为好，以便反射阳光并防止基质升温。光照较少的地区，袋表面以黑色为好，以利于冬季吸收热量，保持袋中基质温度。

袋培的方式有两种：一种为开口筒式袋培，每袋装基质 10～15 L，种植 1 株花卉；另一种为枕式袋培，每袋装基质 20～30 L，种植两株花卉。无论是筒式袋培还是枕式袋培，袋的底部或两侧都应该开两三个直径为 0.5～1.0 cm 的小孔，以便多余的营养液从孔中流出，防止沤根。

(3)岩棉栽培　岩棉栽培是指使用定型的、用塑料薄膜包裹的岩棉种植垫做基质，种植时在其表面塑料薄膜上开孔，安放已经育好小苗的育苗块，然后向岩棉种植垫中滴加营养液的一种无土栽培方式。开放式岩棉栽培营养液灌溉均匀、准确使用，一旦水泵或供液系统发生故障有缓冲能力，对花卉造成的损失也较小。

岩棉栽培时需用岩棉块育苗，育苗时将岩棉根据花卉切成一定大小，除了上下两面外，岩棉块的四周用黑色塑料薄膜包上，以防止水分蒸发和盐类在岩棉块周围积累，还可以提高岩棉块温度。种子可以直播在岩棉块中，也可以将种子播在育苗盘或较小的岩棉块中，当幼苗第一片真叶出现时，再移栽至大岩棉块中。

定植用的岩棉垫一般长 70～100 cm，宽 15～30 cm，高 7～10 cm，岩棉垫装在塑料袋内。定植前将温室内土地平整，必要时铺上白色塑料薄膜。放置岩棉垫时，注意要稍向一面倾斜，并在倾斜方向把塑料底部钻 2～3 个排水孔。在袋上开两个 8 cm 见方的定植孔，用滴灌的方法把营养液滴入岩棉块中，使之浸透后定植。每个岩棉垫种植 2 株。定植后即把滴灌管固定在岩棉块上，让营养液从岩棉块上往下滴，保持岩棉块湿润，促使根系迅速生长。7～10 天后，根系扎入岩棉垫，可把滴灌头插到岩棉垫上，以保持根基部干燥。

(4)立体栽培　立体栽培也称为垂直栽培，是通过竖立起来的栽培柱或其他形式作为花卉生长的载体，充分利用温室空间和太阳能，发挥有限地面生产潜力的一种无土栽培形式。主要适合一些低矮花卉。立体栽培依其所用材料的硬度，又分为柱状栽培和长袋栽培。

①柱状栽培。栽培柱采用石棉水泥管或硬质塑料管，在管四周按螺旋位置开孔，植株种植在孔中的基质中。也可采用专用的无土栽培柱，栽培柱由若干个短的模型管构成。每一个模形管上有几个突出的杯形物，用以种花卉。一般采取底部供液或上部供液的开放式滴灌供液方式。

②长袋状栽培。长袋状栽培是柱状栽培的简化，用聚乙烯袋代替硬管。栽培袋采用直径15 cm、厚0.15 mm的聚乙烯膜，长度一般为2 m，内装栽培基项，装满后将上下两端结紧，然后悬挂在温室中。袋子的周围开一些2.5～5 cm的孔，用以种植花卉。一般采用上部供液的开放式滴灌供液方式。

立柱式盆钵无土栽培 将一个个定型的塑料盆填装基质后上下叠放，栽培孔交错排列，保证花卉均匀受光。供液管道由上而下供液。

(5)有机生态型无土栽培 有机生态型无土栽培也使用基质但不用传统的营养液灌溉，而使用有机固态肥并直接用清水灌溉花卉的一种无土栽培技术。有机生态型无土栽培用固态有机肥取代传统的营养液，具有操作简单、一次性投资少、节约生产成本、对环境无污染、产品品质优良无害的优点。

(二)水培方法与类型

水培就是将花卉的根系悬浮在装有营养液的栽培容器中，营养液不断循环流动以改善供氧条件。水培方式主要有以下几种。

1.薄层营养液膜法(NFT)

仅有一薄层营养液流经栽培容器的底部，不断供给花卉所需营养、水分和氧气。NFT的设施主要由种植槽、贮液池、营养液循环流动三个主要部分组成。

(1)种植槽 种植槽可以用面白底黑的聚乙烯薄膜临时围合成等腰三角形槽，或用玻璃钢或水泥制成的波纹瓦作槽底。铺在预先平整压实的、且有一定坡降(1∶75左右)地面上，长边与坡降方向平行。因为营养液需要从槽的高端流向低端，故槽底的地面不能有坑洼，以免槽内积水。用硬板垫槽，可调整坡降，坡降不要太小，也不要太大，以营养液能在槽内浅层流动畅顺为好。

(2)贮液池 一般设在地平面以下，容量足够供应全部种植面积。大株形花卉每株3～5 L计，小株形以每株1～1.5 L计。

(3)营养液循环供液系统 主要由水泵、管道、过滤器及流量调节阀等组成。

NFT的供液时营养液层深度不宜超过1～2 cm，供液方法又可分为连续式或间歇式两种类型。间歇式供液可以节约能源，也可控制花卉的生长发育，它的特点是在连续供液系统的基础上加一个定时装置。NFT的特点是能不断供给花卉所需的营养、水分和氧气。但因营养液层薄，栽培难度大，尤其在遇短期停电时，花卉则面临水分胁迫，甚至有枯死的危险。

2.深液流法(DFT)

这种栽培方式与营养液膜技术差不多，不同之处是槽内的营养液层较深(5～10 cm)，花卉根部浸泡在营养液中，其根系的通气靠向营养液中加氧来解决。这种系统的优点是解决了在停电期间NFT系统不能正常运转的困难。

3.动态浮根法(DRF)

该系统是指在栽培床内进行营养液灌溉时，植物的根系随营养液的液位变化而上下左右波动。营养液达到设定的深度(一般为 8 cm)后,栽培床内的自动排液器将营养液排出去,使水位降至设定深度(一般 4 cm)。此时上部根系暴露在空气中可以吸收氧气,下部根系浸在营养液中不断吸收水分和养料,不会因夏季高温使营养液温度上升、氧气溶解度低,可以满足植物的需要。

4.浮板毛管法(FCH)

该方法是在 DFT 的基础上增加一块厚 2 cm、宽 12 cm 的泡沫塑料板,板上覆盖亲水性无纺布,两侧延伸入营养液中。通过毛细管作用,使浮板始终保持湿润。根系可以在泡沫塑料板上生长,便于吸收水中的养分和空气中的氧气。此法根际环境稳定,液温变化小,根际供氧充分。

5.鲁 SC 系统

又称"基质水培法",在栽培槽中填入 10 cm 厚的基质,然后又用营养液循环灌溉植物,这种方法可以稳定地供应水分和养分,所以栽培效果良好,但一次性的投资成本稍高。

三、无土栽培营养液的配制与管理

(一)营养液的配制

1.营养液配制原则

①营养液必须含有植物生长所必需的全部营养元素。高等植物必需的营养元素有 16 种,其中碳、氢、氧由水和空气供给,其余 13 种由根部从土壤溶液中吸收,所以营养液均是由含有这 13 种营养元素的各种化合物组成。

②含各种营养元素的化合物必须是根部可以吸收的状态,也就是可以溶液水的呈离子态的化合物。通常都是无机盐类,也有一些是有机螯合物。

③营养液中各种营养元素的数量比例应符合植物生长发育的要求,而且是均衡的。

④营养液中各营养元素的无机盐类构成的总盐浓度及其酸碱反应应是符合植物生长要求的。

⑤组成营养液的各种化合物,在栽培植物的过程中,应在较长时间内保持其有效状态。

⑥组成营养液的各种化合物的总体,在根吸收过程中造成的生理酸碱反应应是比较平衡的。

2.营养液的组成

营养液是将含有各种植物营养元素的化合物溶解于水中配制而成,其主要原料就是水和各种含有营养元素的化合物。

(1)水　无土栽培中对用于配制营养液的水源和水质都有一些具体的要求。

①水源。自来水、井水、河水、雨水和湖水都可用于营养液的配制。但无论用哪种水源都不应含有病菌,不影响营养液的组成和浓度。所以使用前必须对水质进行调查化验,以确定其可用性。

②水质。用来配制营养液的水,硬度以不超过 10°为好,pH 6.5～8.5 之间,溶氧接近饱和。此外,水中重金属及其他有害健康的元素不得超过最高容许值。

(2)含有营养元素的化合物　根据化合物纯度的不同,一般可以分为化学药剂、医用化合物、工业用化合物和农业用化合物。考虑到无土栽培的成本,配制营养液的大量元素时通常使用价格便宜的农用化肥。使用化学试剂配置见表 6-1。

表6-1 配制营养液所用肥料及其使用浓度

(引自张彦萍《设施园艺》)

元素	营养液中的浓度/(mg/kg)	肥料
硝态氮	70～210	硝酸钾、四水硝酸钙、硝酸铵、硝酸
铵态氮	0～40	磷酸二氢铵、磷酸氢二铵、硝酸铵、硫酸铵
磷	15～50	磷酸二氢铵、磷酸氢二铵、磷酸二氢钾、磷酸
钾	80～400	硝酸钾、磷酸二氢钾、磷酸氢二钾、硫酸钾、氯化钾
镁	10～50	七水硫酸镁
铁	1～5	Fe-EDTA
硼	0.1～1.0	硼酸
锰	0.1～1.0	Mn-EDTA、四水硫酸锰、四水氯化锰
锌	0.02～0.2	Zn-EDTA、七水硫酸锌
铜	0.01～0.1	Cu-EDTA、五水硫酸铜
钼	0.01～0.1	四水钼酸铵、二水钼酸钠

3. 营养液配方的计算

一般在进行营养液配方计算时，应为钙的需要量大，并在大多数情况下以硝酸钙为唯一钙源，所以计算时先从钙的量开始，钙的量满足后，再计算其他元素的量。一般依次是氮、磷、钾，最后计算镁，因为镁与其他元素互不影响。微量元素需要量少，在营养液中浓度又非常低，所以每个元素单独计算，而无须考虑对其他元素的影响。无土栽培营养液配方的计算方法较多，有3种较常用的方法：一是百分率(10^{-6})单位配方计算法；二是mmol/L计算法；三是根据1 mg/kg元素所需肥料用量，乘以该元素所需的mg/kg数，即可求出营养液中该元素所需的肥料用量。

计算顺序：①配方中1 L营养液中需Ca的数量(mg数)，先求出$Ca(NO_3)_2$的用量；②计算$Ca(NO_3)_2$中同时提供的N的浓度数；③计算所需NH_4NO_3的用量；④计算KNO_3的用量；⑤计算所需KH_2PO_4和K_2SO_4的用量；⑥计算所需$MgSO_4$的用量；⑦计算所需微量元素用量。

4. 营养液配制的方法

因为营养液中含有钙、镁、铁、锰、磷酸根和硫酸根等离子，配制过程中掌握不好就容易产生沉淀。为了生产上的方便，配制营养液时一般先配制浓缩贮备液(母液)，然后在稀释，混合配制工作营养液(栽培营养液)。

①母液的配制。母液一般分为A、B、C三种，称为A母液、B母液、C母液。A母液以钙盐为主，凡不与钙作用而产生沉淀的盐类都可配成A母液。B母液以磷酸根形成沉淀的盐都可以配成B母液。C母液由铁和微量元素配制而成。

②工作液的配制。在配制工作营养液时，为了防止沉淀形成，配制时先加九成的水，然后依次加入A母液、B母液和C母液，最后定容。配置好后调整酸度和测试营养液的pH值和EC值，看是否与预配的值相符。

(二)营养液管理

(1)浓度管理 营养液浓度的管理直接影响植物的产量和品质，不同植物、同一植物的不同生育期营养液浓度不同。要经常用电导仪检查营养液浓度的变化。

(2)pH值管理　在营养液的循环过程中随着植物对离子的吸收，由于盐类的生理反应会使营养液pH值发生变化，变酸或变碱。此时就应该对营养液的pH值进行调整。所使用的酸一般为硫酸、硝酸，碱一般为氢氧化钠、氢氧化钾，调整时应先用水将酸(碱)稀释成1～2 mol/L，缓慢加入贮液池中，充分搅匀。

(3)溶存氧管理　在营养液循环栽培系统中，根系呼吸作用所需的氧气主要来自营养液中溶解氧。增氧措施主要是利用机械和物理的方法来增加营养液与空气接触的机会，增加氧气在营养液中的扩散能力，从而提高营养液中氧气的含量。

(4)供液时间与次数　无土栽培的供液方法有连续供液和间歇供液两种，基质栽培通常采用间歇供液方式。每天供液1～3次，每次5～10 min。供液次数多少要根据季节、天气、植株大小、生育期来决定。水培有间歇供液和连续供液两种。间歇供液一般每隔2 h一次，每次15～30 min；连续供液一般是白天连续供液，夜晚停止。

(5)营养液的补充与更新　对于非循环供液的基质培，由于所配营养液一次性使用，所以不存在营养液的补充与更新。而循环供液方式存在营养液的补充与更新问题。因在循环供液过程中，每循环1周，营养液被植物吸收、消耗，营养液量会不断减少，回液量不足1天的用量时，就需要补充添加。营养液使用一段时间后，组成浓度会发生变化，或者是会发生藻类、发生污染，这是就要把营养液全部排出，重新配制。

案例　红掌无土栽培与养护

一、栽植前的准备

红掌栽培时要求基质具有良好的保水、疏水和透气性能，生产使用的栽培基质有花泥、椰子壳、珍珠岩、泥炭、木屑和碳渣等。种植时可根据各地条件和栽培方式，因地制宜红掌栽培基质。规模化生产常用泥炭、珍珠岩按2∶1进行混合，使用前用生石灰调pH值在5.5～6.5。栽植前经彻底消毒处理，以消灭病虫害。

盆栽时所用花盆根据品种、植株大小确定盆的规格，生产上一般选用15～17 cm规格和20～22 cm规格的塑料盆。布设滴灌系统。

二、定植

环境条件适宜时，红掌可四季定植，以3—5月份为最佳，9—10月份为其次。盆栽时可直接将种苗定植于盆中，深度以原苗坨上表面与基质相平或略深0.5 cm。定植后浇透水，适当遮阴，以促缓苗。

三、栽培管理

(1)水肥管理　红掌对水质要求较高，要求水中Cl^-＜3 mmol/L；pH值5.5～6.5；EC≤0.1 ms/cm。营养液可根据王芳华拟定的肥料配方配制：硝酸钙236 mg/kg、氯化钙86 mg/kg、硝酸铵80 mg/kg、硝酸钾354 mg/kg、磷酸二氢钾136 mg/kg、硫酸镁247 mg/kg。营养液要根据品种、苗期、季节做相应调整。苗期N肥适当提高，促营养生长；花期增高K肥用量，提高花质。冬季可适当提高微量元素的用量。如硼等，营养液的EC值一般控制在0.5～1.5 ms/cm之间，但因苗龄、品种而异。小苗EC值在0.5～0.75 ms/cm之间，中苗EC值0.8～1.0 ms/cm，成品苗EC值在0.9～1.5 ms/cm。营养液的pH值保持5.5～6.5。

(2)其他管理　红掌栽培时温度保持16～28℃，空气湿度控制在75％～85％，基质湿度60％～70％，光强7 500～10 000 lx。

第三节　园林花卉的促成及抑制栽培

一、促成及抑制栽培的意义

花期调控是采用人为措施，使花卉提前或延后开花的技术。其中比自然花期提前的栽培技术方式称促成栽培，比自然花期延迟的栽培称抑制栽培。我国自古就有花期调控技术，有开出“不时之花”的记载。现代花卉产业对花卉的花期调控有了更高的要求，根据市场或应用需求，尤其是在元旦、春节、五一劳动节、国庆节等节日用花，需求量大、种类多，按时提供花卉产品，具有显著的社会效益和经济效益。

二、促成及抑制栽培的原理

（一）阶段发育理论

花卉在其一生中或一年中经历着不同的生长发育阶段，最初是进行细胞、组织和器官数量的增加，体积的增大，这时花卉处于生长阶段，随着花卉体的长大与营养物质的积累，花卉进入发育阶段，开始花芽分化和开花。如果人为创造条件，使其提早进入发育阶段，就可以提前开花。

（二）休眠与催醒休眠理论

休眠是花卉个体为了适应生存环境，在历代的种族繁衍和自然选择中逐步形成的生物习性。要使处于休眠的园林花卉开花，就要根据休眠的特性，采取措施催醒休眠使其恢复活动状态，从而达到使其提前开花的目的。如果想延迟开花，那么就必须延长其休眠期，使其继续处于休眠状态。

（三）花芽分化的诱导

有些园林花卉在进入发育阶段以后，并不能直接形成花芽，还需要一定的环境条件诱导其花芽的形成。这一过程称为成花诱导。诱导花芽分化的环境因素主要有两个方面，一是低温，二是光周期。

(1)低温春化　多数越冬的二年生草本花卉，部分宿根花卉、球根花卉及木本花卉需要低温春化作用。若没有持续一段时期的相对低温，它始终不能成花。温度的高低与持续时间的长短因种类不同而异。多数园林花卉需要 0～5℃，天数变化较大，最大变动 4～56 天，并且在一定温度范围内，温度越低所需时间越短。

(2)光周期诱导　很多花卉生长到某一阶段，每一天都需要一定时间光照或黑暗才能诱导成花，这种现象叫光周期现象。长日照条件能促进长日照花卉开花，抑制短日照花卉开花。相反短日照条件能促使短日照花卉开花而抑制长日照花卉开花。所以可以人为改变光周期，就可以改变花卉的花期。

三、促进及抑制栽培的技术

(一)促成及抑制栽培的一般园艺措施

根据花卉的习性，在不同时期采取相应的栽培管理措施，应用播种、修剪、摘心及水肥管理等技术措施可以调节花期。

1. 调节花卉播种期和栽培期

不需要特殊环境诱导、在适宜的生长条件下只要生长到一定的大小即可开花的花卉种类，可以通过改变播种期和栽培期来调节开花期。多数一年生草本花卉属日中性，对光周期长短无严格要求，在适宜的地区或季节可分期播种。如翠菊的矮性品种，春季露地播种，6—7 月开花；7 月播种，9—10 月开花；2—3 月在温室播种，5—6 月开花。

二年生花卉在低温下形成花芽和开花。在温度适宜的季节或冬季在温室保护下，也可调节播种期使其在不同时期开花。如金盏菊在低温下播种 30～40 天开花，自 7—9 月陆续播种，可于 12 月至翌年 5 月先后开花。

2. 采用修剪、摘心、抹芽等栽培措施

月季花、茉莉、香石竹、倒挂金钟、一串红等在适宜的条件下一年中可以多次开花的，可以通过修剪、摘心等措施可以预订花期。如半支莲从修剪到开花 2～3 个月。香石竹从修剪到开花大约 1 个月。此类花卉就可以根据需花的时间提前一定时间对其进行修剪。如一串红从修剪到开花，约 20 天，“五一”需要一串红可以在 4 月 5 日前后进行最后一次修剪；“十一”需要的一串红在 9 月 5 日前后进行最后一次的修剪。

3. 肥水控制

人为地控制水分，强迫休眠，再于适当时期供给水分，则可解除休眠，又可发芽、生长、开花。采用此法可促使梅花、桃花、海棠、玉兰、丁香、牡丹等木本花卉在国庆节开花。氮肥和水分充足可促进营养生长而延迟开花，增施磷肥、钾肥有助于抑制营养生长而促进花芽分化。菊花在营养生长后期追施磷、钾肥可提早开花约 1 周。

(二)温度处理

温度处理调节花期主要是通过温度的作用调节休眠期、成花诱导与花芽形成期、花茎伸长期等主要进程而实现对花期的控制。大部分越冬休眠的多年生草本和木本花卉以及越冬期呈相对静止状态的球根花卉，都可以采用温度处理。大部分盛夏处于休眠、半休眠状态的花卉，生长发育缓慢，防暑降温可提前度过休眠期。

1. 增温处理

(1)促进开花　对花芽已经形成正在越冬休眠的种类，由于冬季温度较低而处于休眠状态，自然开花需要待来年春季。若移入温室给予较高的温度(20～25℃)，并增加空气湿度，就能提前开花。一些春季开花的秋播草本花卉和宿根花卉在入冬前放入温室，一般都能提前开花。木本花卉必须是成熟的植株，并在入冬前已经形成花芽，且经过一段时间的低温处理。否则不会成功。

利用增温方法来催花，首先要预定花期，然后在根据花卉本身的习性来确定提前加温的时间。在加温到 20～25℃、相对湿度增加到 80%以上时，垂丝海棠经 10～15 天就能开花，牡丹需要 30～35 天。

(2)延长花期 有些花卉在适宜的温度下，有不断生长，连续开花的习性。但在秋冬季节气温降低时，就要停止生长和开花。若能在停止生长之前及时移入温室，使其不受低温影响，提供继续生长发育的条件，就可使它连续不断开花。如月季、非洲菊、茉莉、美人蕉、大丽花等就可以采用这种方法来延长花期。要注意的是在温度下降之前，及时加温、施肥、修剪，否则一旦气温下降影响生长后，再加温就来不及了。

2.降温处理

(1)延长休眠期以推迟开花 一般多在早春气温回升之前，将一些春季开花的耐寒、耐阴、健壮、成熟及晚花品种移入冷室。使其休眠延长来推迟开花。冷室的温度要求在1～5℃。降温处理时要少浇水，除非盆土干透，否则不浇水。预定花期后一般要提前30天以上将其移到室外，先放在避风遮阴的环境下养护，并经常喷水来增加湿度和降温，然后逐渐向阳光下转移，待花蕾萌动后再正常浇水和施肥。

(2)减缓生长以延迟开花 较低的温度能延迟花卉的新陈代谢，延迟开花。这种措施大多用于含苞待放或开始进入初花期的花卉。如菊花、天竺葵、八仙花、月季、水仙等。处理的温度也因植物种类而异。

(3)降温避暑 很多原产于夏季凉爽地区的花卉，在适宜的温度下，能不断地生长、开花。但遇到酷暑，就停止生长，不再开花。如仙客来、倒挂金钟，为了满足夏季观花的需要，可以采用各种降温措施，使它们正常生长，进行花芽分化，或打破夏季休眠的习性，使其开花不断。

(4)模拟春化作用而提前开花 改秋播为春播的草花，为了使其在当年开花，可以用低温处理萌动的种子或幼苗，使其通过春花作用，在当年就可开花，适宜的处理温度为0～5℃。

(5)降低温度提前度过休眠期 休眠器官经一定时间的低温作用后，休眠即被解除，再给予转入生长的条件，就可以使花卉提前开花。如牡丹在落叶后挖出，经过1周的低温贮藏(温度在1～5℃)，再进入保护地加温催花，元旦就可以开花。

(三)光周期处理

光周期处理的作用是通过光照处理成花诱导、促进花芽分化、花芽发育和打破休眠。长日照花卉的自然花期一般为日照较长的春夏季，而要长日照花卉在日照短的秋冬季节开花，可以用灯光补光来延长光照时间。相反，在春夏季不让长日照花卉开花可以用遮光的方法把光照时间变短。对短日照花卉，在日照长的季节，进行遮光，促进开花，相反给予长日照处理，就抑制开花。

1.光周期处理时期的计算

光周期处理开始的时期，是由花卉的临界日长和所在地的地理位置来决定的。如北纬40°，在10月初到翌年3月初的自然日长小于12 h，对临界日长为12 h的长日照花卉如果要在此期间开花的话就要进行长日照处理。花卉光周期处理中计算日长小时数的方法与自然日长有所不同。每天日长的小时数应从日出前20 min至日落后20 min计算，因为在日出前20 min和日落后20 min之内的太阳散射光会对花卉产生影响。

2.长日照处理

用于长日照花卉的促成栽培和短日照花卉的抑制栽培。

(1)方法 长日照处理的方法较多，常用的主要有以下几种。

①延长明期法 在日落后或日出前给予一定时间的照明，使明期延长到该花卉的临界日长小时数以上。实际中较多采用的是日落后补光。

②暗中断法　在自然长夜的中期给予一定时间照明，将长夜隔断，使连续的暗期短于该花卉的临界暗期小时数。通常冬季加光 4 h，其他时间加光 1～2 h。

③间隙照明法　该法以“暗中断法”为基础，但午夜不用连续照明，而改用短的明暗周期，一般每隔 10 min 闪光几分钟。其效果与暗中断法相同。

(2)长日照处理的光源与照度　照明的光源通常用白炽灯、荧光灯，不同花卉适用光源有所差异，短日照花卉多用白炽灯、长日照花卉多用荧光灯。不同花卉照度有所不同。紫菀在 10 lx 以上，菊花需要 50 lx 以上，一品红需要 100 lx 以上。50～100 lx 通常是长日照花卉诱导成花的光强。

3. 短日照处理

(1)方法　在日出之后至日落之前利用黑色遮光物对花卉遮光处理，使日长短于该花卉要求的临界小时数的方法称为短日照处理。短日处理以春季和夏初为宜。盛夏做短日照处理时应注意防治高温危害。

(2)遮光程度　遮光程度应保持低于各类花卉的临界光照度，一般不高于 22 lx，对一些花卉还有特定的要求，如一品红不能高于 10 lx，菊花应低于 7 lx。

(四)应用花卉生长调节剂

花卉栽培中使用一些植物生长调节剂如赤霉素、萘乙酸、2,4-D 等，对花卉进行处理，并配合其他养护管理措施，可促进提前开花，也可使花期延后。

1. 促进诱导成花

矮壮素、B_9、嘧啶醇可促进多种花卉花芽分化。乙烯利、乙炔对凤梨科的花卉有促进成花的作用；赤霉素对部分花卉有促进成花作用，另外赤霉属可替代二年生花卉所需低温而诱导成花。

2. 打破休眠，促进花芽分化

常用的有赤霉素、激动素、吲哚乙酸、萘乙酸、乙烯等。通常用一定浓度药剂喷洒花蕾、生长点、球根或整个植株，可以促进开花。也可以用快浸和涂抹的方式，处理的时期在花芽分化期，对大部分花卉都有效应。

3. 抑制生长，延迟开花

常用的有三碘苯甲酸、矮壮素。在花卉旺盛生长期处理花卉，可明显延迟花期。

应用花卉生长调节剂对花卉花期进行控制时，应注意以下事项。

(1)相同药剂对不同花卉种类、品种的效应不同　如赤霉素对有些花卉，如万年青有促进成花的作用，对多数花卉如菊花，具有抑制成花的作用。相同的药剂因浓度不同，产生截然不同的效果。如生长素低浓度时促进生长，高浓度抑制生长。相同药剂在相同花卉上，因使用时期不同也产生不同效果，如 IAA 对藜的作用，在成花诱导之前使用可抑制成花，而在成花诱导之后使用则促进开花。

(2)不同生长调节剂使用方法不同　由于各种生长调节剂被吸收和在花卉体内运输的特性不同，因而各有其适宜的施用方法。如矮壮素、B_9、CCC 可叶面喷施；嘧啶醇、多效唑可土壤浇灌；6-苄基腺嘌呤可涂抹。

(3)环境条件的影响　有些生长调节剂以低温为有效条件，有些以高温为有效条件，有些需长日条件中发生作用，有的则在短日照条件下起作用。所以在使用中，需按照环境条件选择合适的生长调节剂。

案例 一品红“五一”节促花栽培

一品红别名圣诞红、猩猩木、象牙红等，属大戟科大戟属植物，原产墨西哥，喜欢温暖和阳光充足的气候。自然光照条件下，一品红在11、12月份开花，通过遮黑处理和加光处理，可调控花期。一品红是典型的短日照植物。在自然条件下，日照12 h 20 min为临界点，短于这个临界点，一品红就会转入生殖生长，开始花芽分化。其自然临界日为9月20—25日，之后5～7天。一品红从花芽分化到发育完全均要求短日条件，即夜温低于23℃，每天日照少于12 h 20 min。在自然光照条件下，以临界日开始到长成可出售的成花，所需的时间称为短日感应时间。不同品种的短日感应时间有一定的差异，一般都在8～10周。如果要国庆节开花即一品红提早开花，就要在8月初自然条件为长日情况下制造人工短日，即蒙黑幕。为保证短日效果，黑幕遮盖时间每日14～15 h，即每日下午5～6时起，到第二天上午8时左右。由于黑幕处理会增高夜温，所以一定要注意夜温不能超过23℃，否则就达不到预期效果。可在夜晚时将黑幕打开，帮助散热，然后在日出前把黑幕盖上，也可采用通风设备和水帘降温。另外需要注意的是，遮黑后的光照强度以1～2 lx为最好，同时避免漏光，从而降低花的品质。

第四节 园林花卉露地栽培与养护

一、一二年生草本花卉的栽培与养护

（一）概念及特点

1. 一年生花卉

一年生花卉是指生活周期即经营养生长至开花结实最终死亡在一个生长季内完成的花卉。典型的一年生花卉，即在一个生长季内完成全部生活史的花卉。另一种是多年生作一年生栽培的花卉，本身是多年生花卉，但在当地作一年生栽培。原因是这类花卉不耐寒，在当地露地环境中多年生栽培时，不能安全越冬；或栽培两年后生长不良，观赏价值降低，如一串红、矮牵牛、藿香蓟等。通常春季播种，夏秋开花结实，入冬前死亡。

一年生花卉依其对温度的要求分为三种类型：①耐寒性花卉。苗期耐轻霜，不仅不受害，在低温下还可以继续生长。②半耐寒性花卉。遇霜冻受害甚至死亡。③不耐寒花卉。遇霜立即死亡，生长期要求高温。

一年生花卉多数喜阳光，排水良好的而肥沃的土壤。花期可以通过调节播种期、光照处理或加施生长调节剂进行控制。

2. 二年生花卉

从播种到开花、结实和枯亡，这整个生命周期在两年内（跨年度在两个生长季内）完成的花卉。通常包括下述两类花卉。典型的二年生花卉，即在两个生长季内完成全部生活史的花卉。多年生作二年生栽培的花卉，本身是多年生花卉，但在当地作二年生栽培。原因是这类花卉喜冷凉，怕热，在当地露地环境中多年生栽培时对气候不适应；生长不良或栽培2年后生长变差，观赏价值降低。如三色堇、雏菊、金鱼草等。

二年生花卉通常秋季播种，种子发芽，营养生长，翌年春季至初夏开花、结实，在炎热来临时枯死。

二年生花卉耐寒力强，又耐零度以下低温的能力，但不耐高温。苗期要求短日照，0～10℃低温下通过春化阶段，成长阶段则要求长日照，并随即在长日照下开花。

（二）繁殖要点

一二年生花卉以播种繁殖为主，多年生作一二年生栽培的种类，有些也可以进行扦插繁殖，如一串红、矮牵牛、彩叶草等。

（1）一年生花卉　在春季晚霜过后，气温稳定在花卉种子萌发的最低温度时可以露地播种，但为了提早开花，也可以在温室、温床、冷床等保护地提早播种育苗。为了延迟花期，也可以延迟播种，具体时间依计划用花时间而定。

（2）二年生花卉　二年生花卉通常在秋季播种，保证出苗后根系和营养生体有一定的时间生长即可。

（三）栽培要点

一二年生花卉的露地栽培分两种情况。一是直接应用地栽植商品种苗，这时的栽培实质上是管理；另一种是从种子开始培育花苗，一般是先在花圃中育苗，然后在应用地使用，也可以应用地直接播种，这时的栽培则包括育苗和管理两方面的内容。

1. 自育苗的栽培

露地一二年生花卉对栽培管理条件要求比较严格，在花圃中要占用土壤、灌溉和管理条件最优越的地段。栽植过程如下：

整地作畦→播种→间苗→移栽→（摘心）→定植→管理

整地作畦→播种→间苗→移栽→越冬→移栽→（摘心）→定植→管理

（1）选地与整地

①选地。绝大多数花卉要求肥沃、疏松、排水良好的土壤。其中土壤的深度、肥沃度、质地与构造等，都会影响到花卉根系的生长与分布。一二年生花卉对土壤水肥条件要求较高，因此栽培地应选择管理方便、地势平坦、光照充足、水源便利、土壤肥沃的地块。一般一年生花卉忌干燥及地下水位低的沙土，秋播花卉以黏土为宜。

②整地。整地不仅可以增进土壤的风化和有益微生物的活动，增加土壤中可溶性养分含量，还可以将土壤中的病菌害虫翻至表层，暴露于日光或严寒等环境中杀灭。

整地的时间因露地栽植时间的不同而不同。一般情况下，春季使用的土地应在上一年秋季进行；秋季使用的土地应在上茬花苗出圃后进行。整地深度依花卉种类及土壤状况而定。一二年生花卉生长周期短，根系入土不深，一般土壤翻耕 20～30 cm 即可。整地的深度还因土壤质地不同而有异，沙土宜浅，黏土宜深。如果土质较差，还应将表层 30～40 cm 换以好土，同时根据需要施入适量有机肥。

（2）育苗

播种。根据种子的大小采用合适的方法进行播种。

间苗。播种苗长出 1～2 枚真叶时，拔出过密的幼苗，同时拔出混杂其间的其他种或品种的杂苗及杂草。间苗时同时要去弱留强，去密留稀。从幼苗出土到长成定植苗需间苗 2～3 次，间下来的健壮小苗也可另行栽植。间苗后及时灌水，使幼苗根系与土壤密接。

移栽。经间苗后的花卉幼苗生长迅速，为了扩大营养面积继续培育，还需分栽1～2次，即移栽，移栽通常在花苗长出4～5枚真叶时进行，过小操作不便，过大易伤根。

摘心。摘除枝梢顶芽称为摘心，摘心可以控制植株的高度，使植株矮化，株丛紧凑；可以促进分枝，增加枝条数目，开花繁多；摘心还可以控制花期。草花一般可摘心1～3次。适宜摘心的花卉有：万寿菊、一串红、百日草、半枝莲等。但主茎上着花多且花茎大或自然分枝能力强的种类不宜摘心，如鸡冠花、凤仙花、三色堇等。

(3)定植　将移栽过的花苗按绿化设计要求栽植到花坛、花境等应用地土壤中称为定植。移栽时要掌握土壤不干不湿。避开烈日、大风天气，一般在阴天或傍晚进行。定植包括起苗和栽植两个步骤。

起苗。起苗在幼苗长出4～5枚真叶时或苗高5 cm时进行，幼苗和易移栽成活的可以裸根移栽，大苗和难成活的带土移栽。起苗时应在土壤湿润状态下进行，土壤干旱干燥时，应在起苗前一天或半天将苗床浇一次水。裸根移栽的苗，将花苗带土挖掘出，然后将苗根附着的土块轻轻抖落，随即进行栽植：带土移栽的苗，先将幼苗四周的土铲开，然后从侧方将苗挖掘出，保持完整的土球。

栽植。按一定的株行距挖穴或以移栽器打孔栽植。裸根苗将根系舒展于穴中，不卷曲，防止伤根。然后覆土，再将松土压实；带土球苗填土于土球四周，再将土球四周的松土压实，避免将土球压碎。栽植深度与原种深度一致或深1～2 cm。移栽完毕后，以喷壶充分灌水；若光照过强，还应适当遮阴。花苗恢复生长后进行常规管理即可。

(4)栽后管理

①灌溉与排水。灌溉用水以清洁的河水、塘水、湖水为好。井水、自来水贮存1～2天后再用。已被污染的水不宜使用。

灌溉的次数、水量及时间主要根据季节、天气、土质、花卉种类及生长期等不同而异。花卉的四季需水不同，浇水应灵活掌握。春季逐渐进入旺盛生长时期，浇水量要逐渐增多。夏季花卉生长旺盛，蒸腾作用强，浇水量应充足。秋冬季节花卉生长缓慢，应逐渐减少浇水量。但秋冬季开花的花卉，应给予较充足的水分，以避免影响生长开花。冬季气温低，许多花卉进入休眠或半休眠期，要严格控制浇水量；同时还要看花卉的生长发育阶段，旺盛生长阶段宜多浇水，开花期应多浇水，结实期宜少浇水；最后要看土壤质地、深度、结构。黏土持水力强，排水难，壤土持水力强，多余水易排出；沙土持水力弱。一个基本原则是保证花卉根系集中分布层处于湿润状态，即根系分布范围内的土壤湿度达到田间最大持水量的70%左右。如遇表土较浅，下有黏土盘的情况，应少量多次，深厚壤土，水应一次灌足，待现干后再灌；黏土水分渗入慢，灌水时间应适当延长，最好采用间隙方法。

一天中灌溉时间因季节而异，一般春秋季，宜在上午9～10时进行；夏季宜在早晨8时前、下午6时后进行；冬季宜在上午10时以后、下午3时以前进行。原则上浇水时水温应与土温接近，温差不应超过5℃。

灌溉一般用胶管、塑料管引水灌溉；大面积的灌溉，需用灌溉机械进行沟灌、漫灌、喷灌和滴管。

②施肥。一二年生花卉因生长发育时间较短，对肥料的需求相对较少。基肥可结合整地过程施入土中。为补充基肥的不足，有时还需要进行追肥，以满足花卉不同生长发育阶段的需求。幼苗时期，主要促进茎叶的生长，追肥应以氮肥为主，以后逐渐增加磷、钾比例。施肥前要

先松土，施用后立即浇水，避免中午前后和有风的时候追肥，也可用根外追肥方式。

③中耕除草。中耕除草的作用在于疏松表土，减少水分蒸发，增加土温，增强土壤的通透性，促进土壤中养分的分解，以及减少花、草争肥而有利于花卉的正常生长。雨后和灌溉之后，没有杂草也需要及时进行中耕。苗小中耕宜浅，以后可随着苗木的生长而逐渐增加中耕深度。

④修剪与整形。

整形　一二年生花卉主要有以下几种整形形式。

从生形：生长期间多次进行摘心，促使萌发多数枝条，使植株成低矮丛生状。

单干形：保留主干，疏出侧枝，并摘除全部侧蕾，使养分向顶蕾集中。

多干形：留主枝数个，能开出较多的花。

修剪　摘心是指摘除正在生长的嫩枝顶端。摘心可以促使侧枝萌发，增加开花枝数，使植株矮化，株形圆整，开花整齐。摘心也有抑制生长，推迟开花的作用。抹芽是指剥去过多的腋芽或挖掉脚芽，限制枝数的增加或过多花朵的发生，使营养相对集中，花朵充实，花朵大，如菊花、牡丹等。剥蕾剥去侧蕾和副蕾，使营养集中供主蕾开花，保证花朵的质量，如芍药、牡丹、菊花等。

⑤越冬防寒。防寒越冬是对耐寒能力较差的花卉进行一项保护措施。我国北方地区寒冷季节，露地栽培二年生花卉必须进行防寒，否则易发生低温伤害。防寒方法很多，因地区及气候而异，常用的方法有：

覆盖法　霜冻到来之前，在畦面上覆盖干草、落叶、马粪、草帘等，直到翌年春季。

培土法　冬季将地上部分枯萎的宿根、球根花卉或部分木本花卉，壅土压埋或开沟压埋待春暖后，将土扒开，使其继续生长。

灌水法　冬灌能减少或防止冻害，春灌有保温、增温效果。由于水的热容量大，灌水后能提高土的导热量，使深土层的热量容易传导到土面，从而提高近地表空气温度。

浅耕法　浅耕可降低因水分蒸发而产生的冷却作用，同时因土壤疏松，有利于太阳热的导入，对保温和增温有一定效果。

2. 商品苗的栽培

露地栽培的一二年生花卉，可以使用花卉生产市场提供的育成苗，直接栽植在应用位置，商品苗尤其是穴盘苗有良好的根系，生长较好，使用方便、灵活，但受限于市场提供的种类。

二、宿根花卉的栽培与养护

(一)概念及特点

宿根花卉是指开花、结果后，冬季整个植株或仅地下部分能安全越冬的一类草本观赏花卉，其地下部分的形态正常，不发生变态。它包括落叶宿根花卉和常绿宿根花卉。

(1)落叶宿根花卉　指春季萌芽，生长发育开花后，遇霜地上部分枯死，而根部不死，以宿根越冬，待来春继续萌发生长开花的一类草本观赏花卉。如菊花、芍药、萱草、玉簪等。

(2)常绿宿根花卉　指春季萌发，生长发育至冬季，地上部分不枯死，以休眠或半休眠状态越冬，至翌年春天继续生长发育的一类草本观赏花卉。北方大多保护越冬或温室越冬，如中国兰花、君子兰等。

宿根花卉的常绿性及落叶性会随着栽培地区及环境条件的不同而发生变化。如菊花在北方是落叶宿根花卉，在南方是常绿或半常绿宿根花卉。

原产温带的耐寒、半耐寒的宿根花卉具有休眠特性，其休眠器官芽或莲座枝需要冬季低温解除休眠，翌年春萌芽生长，通常由秋季的低温与短日条件诱导休眠器官形成；春季开花的种类越冬后在长日条件下开花，如风铃草等；夏秋开花的种类需短日条件下开花或由短日条件促进开花，如秋菊、长寿花、紫菀等。

原产热带、亚热带的常绿宿根花卉，通常只要温度适宜即可周年开花。夏季温度过高可能导致半休眠，如鹤望兰等。

(二)宿根花卉的繁殖栽培要点

1. 繁殖要点

宿根花卉繁殖以营养繁殖为主，包括分株、扦插等。最普遍、最简单的方法是分株。为了不影响开花，春季开花的种类应在秋季或初冬进行分株，如芍药、荷包牡丹；而夏季开花的种类宜在早春萌芽前分株，如萱草、宿根福禄考。还可以用根蘖、吸芽、走茎、匍匐茎繁殖。此外，有些花卉也可以采用扦插繁殖，如荷兰菊、紫菀等。有时为了雨中和获得大量的植株也可采用播种繁殖，播种应种而异，可秋播或春播。播种苗有时 1～2 年后开花，也有 5～6 年后才开花。

2. 栽培要点

宿根花卉的栽培管理与一二年生花卉的栽培管理有相似的地方，但由于其自身的特点，应注意以下几个方面。

宿根花卉植株生长强壮，与一二年生花卉比较，根系强大，有不同粗壮程度的主根、侧根和须根，并且主、侧根可存活多年。栽植宿根花卉应选排水水良好的土壤，一般幼苗期喜腐殖质丰富的土壤，在第二年后则以黏质土壤为佳。栽植前，整地深度应达 30～40 cm，甚至 40～50 cm，并应施入大量有机肥，以长时期维持良好的土壤结构。

由于一次栽种后生长年限较长，植株在原地不断扩大占地面积，因此要根据花卉的生长特点，设计合理密度和种植年限。株行距根据园林布置设计的目的和观赏时期确定。如鸢尾株行距 30 cm×50 cm，2～3 年分株移植一次。

播种繁殖的宿根花卉，期育苗期应注意浇水、施肥、中耕除草等工作，定植以后一般管理比较粗放，施肥可以减少。但要使其生长茂盛，花朵大，最好在春季新芽抽生时施以追肥，花前、花后可再追肥一次，秋季落叶时可在植株四周施以腐熟厩肥或堆肥。

宿根花卉与一二年生花卉相比，能耐旱，适应环境的能力较强，浇水的次数可少于一二年生花卉。但在其旺盛的生长期，仍需按照各种花卉的习性，给予适当的水分，在休眠前则应逐渐减少浇水。

宿根花卉的耐寒性较一二年生花卉强，冬季无论地上部分落叶的，还是常绿的，均处于休眠，半休眠状态。常绿宿根花卉，在南方可露地越冬，在北方应温室越冬。落叶宿根花卉，大多数可露地越冬，其通常采用措施有覆盖法、培土法、灌水法等。

三、球根花卉的栽培与养护

(一)概念及特点

球根花卉的地下部分具肥大的变态根或变态茎。植物学上称球茎、块茎、鳞茎、块根、根茎等，园林花卉生产中总称为球根。所以，球根花卉可以根据其球根的形态分为以下几种：

(1)鳞茎类　指地下部分茎极度短缩，呈扁平的鳞茎盘，在鳞茎盘上着生多数肉质鳞片的花卉。它又可分为有皮鳞茎和无皮鳞茎。有皮鳞茎是指鳞叶在鳞茎盘上呈层状排列，在肉质鳞叶的最外层有一膜质鳞片包被着，如水仙、风信子、郁金香等。这一类花卉贮藏时可置于通风阴凉处干藏。无皮鳞茎是指鳞叶在鳞茎盘上呈覆瓦状排列，在肉质鳞叶的最外层没有膜质鳞片包被，如百合等。这一类花卉在贮藏时需埋于湿润的砂中。

(2)球茎类　指地下茎膨大呈球形，它内部全为实质，表面环状节痕明显，上有数层膜质外皮，在其(球茎)顶端有较肥大的顶芽，侧芽不发达，如唐菖蒲、香雪兰等。

(3)块茎类　指地下茎膨大呈块状，它的外形不规则，表面无环状节痕，块茎顶端通常有几个发芽点，如大岩桐、马蹄莲等。

(4)根茎类　指地下茎膨大呈粗长的根茎，为肉质，具有分枝，上面有明显的节与节间，在每一节上通常可发生侧芽，尤以根茎顶端处发生较多，生长时平卧。如美人蕉、鸢尾、荷花等。

(5)块根类　指地下根膨大呈块状，芽着生在根茎分界处，块根上无芽，富含养分。如大丽花、花毛茛等。

根据球根花卉的生长发育习性又可将球根花卉分为：

(1)一年生球根花卉　球根每年更新，母球生长季结束时营养耗尽而解体，并形成新的子球延续种族。一年生球根花卉是耐寒的球根花卉，包括郁金香、藏红花等。适应自然条件下寒冷的冬季，必须在低温下至少度过几周才能正常开花，自然条件下栽培，应于秋季种植，越冬后在春季抽芽发叶露出土面并开出鲜艳的花朵。

(2)多年生球根花卉　母球在生长季结束以后不解体，多年生长的种类。多年生球根花卉多数是不耐寒的球根花卉，如仙客来、花叶芋等；也有一些耐寒的种类，如百合。自然条件下这类花卉大都有明显的休眠期，栽培条件适宜时，这类花卉可常年生长和开花。

根据球根花卉的栽培时期又可将球根花卉分为：

(1)春植球根花卉　多原产于中南非洲、中南美洲的热带、亚热带地区和墨西哥高原等地区，如唐菖蒲、朱顶红、美人蕉、大岩桐、球根秋海棠、大丽花、晚香玉等。这些地区往往气候温暖，温差较小，夏季雨量充足，因此春植球根的生育适温普遍较高，不耐寒。这类球根花通常春季栽植，夏秋季开花，冬季休眠。进行花期调控时，通常采用低温贮球，先打破球根休眠再抑制花芽的萌动，来延迟花期。

(2)秋植球根花卉　秋植球根多原产地中海沿岸、小亚细亚、南非开普敦地区和澳洲西南、北美洲西南部等地，如郁金香、风信子、水仙、球根鸢尾、番红花、仙客来、花毛茛、小苍兰、马蹄莲，这些地区冬季温和多雨，夏季炎热干旱，为抵御夏季的干旱，植株的地下茎变态肥大成球根并贮藏大量水分和养分，因此秋植球根较耐寒而不耐夏季炎热。

秋植球根花卉往往在秋冬季种植后进行营养生长，翌年春季开花，夏季进入休眠期。其花期调控可利用球根花芽分化与休眠的关系，采用种球冷藏，即人工给予自然低温过程，再移入温室催花。这种促成栽培的方法对那些在球根休眠期已完成花芽分化的种类效果最好，如郁金香、水仙、风信子等。

球根花卉一般喜阳，如美人蕉、大丽花、百合等。各种球根花卉对水分的要求不同，如水仙喜土壤湿度大，而射干耐土壤干燥。对土壤性质要求也不同，大多数的球根花卉，如美人蕉、大丽花喜肥沃、排水良好的壤土。而酢浆草适合在稍黏重的土壤中生长。

(二)繁殖要点

(1)有性繁殖　球根花卉的有性繁殖主要用于新品种的培育，另外用于营养繁殖率较低的球根花卉，如仙客来等，在商品生产中主要用播种繁殖。球根花卉的种子繁殖方法、条件及技术要求与一二年生花卉基本相同。

(2)无性繁殖　无性繁殖方法球根花卉繁殖中广泛应用，常见的有分球法、扦插法、组织培养法，以分球法最常见。

(三)栽培管理要点

露地球根花卉栽培过程一般为：整地—施肥—种植种球—生长期管理—采收—贮藏。

1. 整地

球根花卉对整地、施肥、松土的要求较宿根花卉高，特别对土壤的疏松度及耕作层的厚度要求较高。因此，栽培球根花卉的土壤应适当深耕(30～40 cm，甚至 40～50 cm)，并通过施用有机肥料、掺和其他基质材料，以改善土壤结构。栽培球根花卉施用的有机肥必须充分腐熟，否则会导致球根腐烂。磷肥对球根的充实及开花极为重要，钾肥需要量中等，氮肥不宜多施。我国南方及东北等地区土壤呈酸性反应，需施入适量的石灰加以中和。

2. 土壤消毒

土壤消毒的方法有蒸汽消毒、土壤浸泡和药剂消毒、蒸汽消毒。

(1)高温消毒　利用高温杀死有害微生物，很多病菌遇 60℃高温 30 min 即能致死，病毒经过 90℃高温处理 10 min，杂草种子需 80℃高温处理 10 min。因此，球根花卉蒸汽消毒一般 70～80℃高温处理 60 min 的方法。

(2)土壤浸泡　常在温室中采用土壤浸泡的方法进行消毒，在不同种植球根花卉的季节，将土壤做成 60～70 cm 宽的畦，灌水淹没，并覆盖塑料薄膜，2～3 周后去膜耕地并检测土壤 pH 值和电解质浓度。

3. 栽植

球根花卉种植时间集中在春秋两个季节，一部分在春季 3—5 月，另一部分在秋季 9—11 月。

球根较大或数量较少时，可进行穴栽；球小而量多时，可开沟栽植。如果需要在栽植穴或沟中施基肥，要适当加大穴或沟的深度，撒入基肥后覆盖一层园土，然后栽植球根。

球根栽植的深度因土质、栽植目的及种类不同而有差异。黏质土壤宜浅些，疏松土壤可深些；为繁殖子球或每年都挖出来采收的宜浅，需开花多、花朵大的或准备多年采收的可深些，栽植深度一般为球高的 3 倍。但晚香玉及葱兰以覆土到球根顶部为宜，朱顶红需要将球根的 1/4～1/3 露出土面，百合类中的多数种类要求栽植深度为球高的 4 倍以上。

栽植的株行距依球根种类及植株体量大小而异，如大丽花为 60～100 cm，风信子、水仙 20～30 cm，葱兰、番红花等仅为 5～8 cm。

4. 生长期管理

(1)浇水　一年生球根栽植时土壤湿度不宜过大，湿润即可。种球发根后发芽展叶，正常浇水保持土壤湿润。

多年生球根应根据生长季节灵活掌握水分管理。原则上休眠期不要浇水，夏秋季节休眠的只有在土壤过分干燥时给予少量水分，防止球根干缩即可，生长期则应供给充足的水分。

(2)施肥　球根花卉喜磷肥，对钾肥需求量中等，对氮肥要求较少，追肥注意肥料比例，在土壤中施足基肥。磷肥对球根的充实及开花极为重要，有机肥必须充分腐熟，否则易招致球根腐烂。追肥的原则略同于浇水，一般旺盛生长季节定期施肥。应注意观花类球根花卉应多施磷钾肥，可保证花大色艳而花莛挺直。观叶类球根花卉应保证氮肥的供应，同时也要注意不要过量，以免花叶品种美丽的色斑或条纹消失。对于喜肥的球根种类应稍多施肥料，保证植株健壮生长和开出鲜艳的花朵。休眠期则不施肥。

5. 球根栽培时的注意事项

①球根栽植时应分离侧面的小球，将其另外栽植，以免分散养分，造成开花不良。②球根花卉的多数种类吸收根少而脆嫩，折断后不能再生新根，所以球根栽植后在生长期间不宜移植。③球根花卉多数叶片较少，栽培时应注意保护，避免损伤，否则影响养分的合成，不利于开花和新球的生长，也影响观赏。④花后及时剪除残花不让结实，以减少养分的消耗，有利于新球的充实。以收获种球为主要目的的，应及时摘除花蕾。对枝叶稀少的球根花卉，应保留花梗，利用花梗的绿色部分合成养分供新球生长。⑤开花后正是地下新球膨大充实的时期，要加强肥水管理。

(四)种球采收与贮藏

1. 种球采收

球根花卉停止生长进入休眠后，大部分的种类需要采收并进行贮藏，休眠期过后再进行栽植。有些种类的球根虽然可留在地中生长多年，但如果作为专业栽培，仍然需要每年采收，其原因如下：①冬季休眠的球根在寒冷地区易受冻害，需要在秋季采收贮藏越冬；夏季休眠的球根，如果留在土中，会因多雨湿热而腐烂，也需要采收贮藏。②采收后，可将种球分出大小优劣，便于合理繁殖和培养。③新球和子球增殖过多时，如不采收、分离，常因拥挤而生长不良，而且因为养分分散，植株不易开花。④发育不够充实的球根，采收后放在干燥通风处可促其后熟。⑤采收种球后可将土地翻耕，加施基肥，有利于下一季节的栽培。也可在球根休眠期栽培其他作物，以充分利用土壤。

采收要在生长停止、茎叶枯黄而没脱落时进行。过早采收，养分还没有充分积聚于球根，球根不够充实；过晚采收则茎叶脱落，不易确定球根在土壤中的位置，采收球根时易受损伤，子球容易散失。采收时土壤要适度湿润，挖出种，除去附土，阴干后贮藏。唐菖蒲、晚香玉等翻晒数天让其充分干燥。大丽花、美人蕉等阴干到外皮干燥即可，以防止过分干燥而使球根表面皱缩。秋植球根在夏季采收后，不宜放在烈日下暴晒。

2. 贮藏方法

贮藏前要除去种球上的附土和杂物，剔除病残球根。如果球根名贵而又病斑不大，可将病斑用刀剔除，在伤口上涂抹防腐剂或草木灰等留用。容易受病害感染的球根，贮藏时最好混入药剂或用药液浸洗消毒后贮藏。

球根的贮藏方法因球根种类不同而异。对于通风要求不高，需保持一定湿度的球根种类如大丽花、美人蕉等，可采用埋藏或堆藏法。量少时可用盆、箱装，量大时堆放在室内地上或窖藏。贮藏时，球根间填充干沙、锯末等。对要求通风良好、充分干燥的球根，如唐菖蒲、球根鸢尾、郁金香等，可在室内设架，铺上席箔、苇帘等，上面摊放球根。如设多层架子，层间距为30 cm以上，以利通风。少量球根可放在浅箱或木盘上，也可放在竹篮或网袋中，置于背阴通风处贮藏。

球根贮藏所要求的环境条件也因球根种类不同而异。春植球根冬季贮藏，室温应保持在4～5℃，不能低于0℃或高于10℃。在冬季室温较低时贮藏，对通风要求不严格，但室内也不能闷湿。秋植球根夏季贮藏时，首要的问题是保持贮藏环境的干燥和凉爽，不能闷热和潮湿。

球根贮藏时，还应注意防止鼠害和病虫的危害。

多数球根花卉在休眠期进行花芽分化，所以其贮藏条件的好坏，与以后开花有很大关系，不可忽视。

四、水生花卉的栽培与养护

(一)概念及特点

1. 水生花卉的含义

水生花卉是指终年生长在水中、沼泽地、湿地上，观赏价值高的花卉，包括一年生花卉、宿根花卉、球根花卉。

2. 类型

按其生态习性及与水分的关系，可分为挺水类、浮水类、漂浮类、沉水类等。

① 挺水类。根扎于泥中，茎叶挺出水面，花开时离开水面，是最主要的观赏类型之一。对水的深度要求因种类不同而异，多则深达 1～2 m，少则至沼泽地。属于这一类的花卉主要有荷花、千屈菜、香蒲、菖蒲、石菖蒲、水葱、水生鸢尾等。

②浮水类。根生于泥中，叶片漂浮水面或略高出水面，花开时近水面。是主要的观赏类型，对水的深度要求也因种类而异，有的深达 2～3 m。主要有睡莲、芡实、王莲、菱、荇菜等。

③漂浮类。根系漂于水中，叶完全浮于水面，可随水漂移，在水面的位置不易控制。属于这一类型的主要有凤眼莲、满江红、浮萍等。

④沉水类。根扎于泥中，茎叶沉于水中，是净化水质或布置水下景色的素材，许多鱼缸中使用的即是这类花卉。属于这一类的有玻璃藻、黑藻、莼菜等。

3. 特点

绝大多数水生花卉喜欢光照充足、通风良好的环境。但也有能耐半阴条件者，如菖蒲、石菖蒲等。

水生花卉因其原产地不同对水温和气温的要求不同。其中较耐寒的如荷花、千屈菜、慈姑等，可在我国北方地区自然生长；而王莲等原产热带地区的在我国大多数地区需行温室栽培。水生花卉耐旱性弱，生长期间要求有大量水分(或有饱和水的土壤)和空气。它们的根、茎和叶内有通气组织的气腔与外界互相通气，吸收氧气以供应根系需要。

(二)繁殖要点

水生花卉多采用分生繁殖，有时亦采用播种繁殖。分株一般在春季萌芽前进行。播种法应用较少，大多数水生花卉种子干燥后即丧失发芽能力，成熟后即行播种，或贮藏在水中。

(三)栽培要点

栽培水生花卉的水池应具有丰富的塘泥，其中必须具有充足的腐熟有机质，并且要求土质黏重。由于水生花卉一旦定植，追肥比较困难，因此，须在栽植前施足基肥。已栽植过水生花卉的池塘一般已有腐殖质的沉积，视其肥沃程度确定是否施肥。新开挖的池塘必须在栽植前加入塘泥并施入大量的有机肥料，如堆肥、厩肥等。

各种水生花卉，因其对温度的要求不同而采取不同的栽植和管理措施。耐寒的水生花卉直接栽在深浅合适的水边和池中，冬季不需保护。休眠期间对水的深浅要求不严。半耐寒的水生花卉栽在池中时，应在初冬结冰前提高水位，使根丛位于冰冻层以下，即可安全越冬。少量栽植时，也可撅起贮藏。或春季用缸栽植，沉入池中，秋末连缸取出，倒出积水。冬天保持缸中土壤不干，放在没有冰冻的地方即可。不耐寒的种类通常都盆栽，沉到池中，也可直接栽到池中，秋冬掘出贮藏。

有地下根茎的水生花卉一旦在池塘中栽植时间较长，便会四处扩散，以致与设计意图相悖。因此，一般在池塘内需建种植池，以保证其不四处蔓延。漂浮类水生花卉常随风而动，因根据当地情况确定是否种植，种植之后是否固定位置。如需固定，可加拦网。

清洁的水体有益于水生花卉的生长发育，水生花卉对水体的净化能力是有限的。水体静止容易滋生大量藻类，水质变浑浊，小范围内可以使用硫酸铜除去；较大范围可利用生物抗结，放养金鱼藻或河蚌等软体动物。

五、仙人掌及多浆花卉栽培与养护

(一)概念及特点

1.概念

多浆植物(又叫多肉植物)，多数原产于热带、亚热带干旱地区或森林中；植物的茎、叶具有发达的贮水组织，是呈肥厚而多浆的变态植物。多浆植物在花卉学分类上分别属于50个不同的科，集中分布在仙人掌科、大戟科、番杏科、萝摩科、景天科、龙舌兰科、百合科、菊科8个科。

2.分类

为了栽培管理及分类上的方便，常将仙人掌科植物另列一类，为仙人掌类植物；而将仙人掌科以外的其他科多浆植物(55科左右)，称为多浆植物。

(1)仙人掌类植物　仙人掌类植物共同特征为，茎粗大或肥厚，常呈球状、片状、柱状，肉质而多浆，通常具有刺座；刺座上着生刺与毛；叶一般退化或仅短期存在。

多数仙人掌类植物原产美洲。从产地生态环境类型上区分，可分为沙漠仙人掌和丛林仙人掌两类，目前室内栽培的种类绝大多数原产沙漠，如金琥。少数种类来自热带丛林，如蟹爪。

(2)多浆花卉　多浆花卉指茎、叶肥厚而多浆，具有发达的贮水组织，含水量高，大部分生长于干旱或一年中至少有一段时期为干旱地区且能长期生存的一类花卉。多浆花卉分布于干旱或半干旱地区，以非洲最为集中。其共同特点是具有肥厚多浆的茎或叶，或者茎叶同为多浆的营养器官。

3.特点

(1)温度　大部分的仙人掌及多浆类植物原产于热带、亚热带地区，一般都在18℃以上时才开始生长，有些种类甚至要到28℃以上才能生长。虽然仙人掌及多浆类植物生长在高温地区，对高温产生种种适应，但持续的高温对其生长是不利的，因为它们生长在干旱地区，在高温条件下，气孔常关闭，不可能像其他植物那样通过蒸腾作用来散发体内温度，因此它们不能忍受持续的高温。在栽培中温度达到38℃以上时，它们大多生长迟缓或完全停止生长而呈休眠或半休眠状态。另外，除了少数生长在高山地带的种类外，绝大多数的仙人掌和多浆类植物都不能忍受5℃以下的低温，如果温度继续下降到0℃，就会发生冻害。

对大多数的仙人掌及多浆类植物而言，生长最适宜的温度是20～30℃，少数种类生长适温25～35℃，而冷凉地带原产的种类维持在15～25℃。绝大多数的仙人掌类在生长期间要求保持较大的昼夜温差。

(2)光照 沙漠仙人掌类和原产沙漠的多浆花卉喜欢充足的阳光。在生长旺盛的春季和夏季应特别注意给予充足的光照。若光线不足会使植物体颜色变浅,株形非正常伸长而细弱。丛林仙人掌喜半阴环境,以散射光为宜。

另外,仙人掌及多浆植物幼苗较成株所需光照较少,幼苗在生出健壮的刺以前,应避免全光照射。

(3)通气条件 大多数的仙人掌及多浆类植物生长在沙漠半沙漠地区,该地区的环境空旷,所以通气条件非常好,所以原产在这里的植物都要求很好的通气条件,否则会出现生长不良和病虫害多发。

(4)水分与空气湿度 仙人掌及多浆类植物大多数较耐干旱,有些大型的球形植株,1～2年不浇水也不会干死。但能耐干旱不等于就是要求干旱,因此在栽培这类植物时不能忽视合理的浇水,特别在生长旺盛期必须经常注意补充水分。而进入休眠阶段,就要适当控制水分。

除土壤水分外,空气湿度对这类植物也很重要。原产热带雨林的附生型的种类,特别要求较高的空气湿度。而陆生型的种类,对空气湿度也有一定要求。如果植株长时间处于空气干燥的环境中,植株的茎、叶颜色暗淡没有光泽,有些则会发生叶尖或叶缘干枯,或叶面出现焦斑。对大多数仙人掌及多浆类植物而言,栽培环境的相对湿度保持在60%左右是比较合适的。

(二)繁殖要点

仙人掌及多浆类较容易,常用的方法为扦插、分株与播种,嫁接在仙人掌科中应用最多。

(三)栽培要点

沙漠地区的土壤多由沙与石砾组成,有极好的排水、通气性能,同时土壤的氮及有机质含量也很低。因此用完全不含有机质的矿物基质,如矿渣、花岗岩碎砾、碎砖屑等栽培沙漠型多浆花卉,其结果和用传统的人工混合园艺基质一样非常成功,矿物基质颗粒的直径以2～16 mm为宜。基质的pH值很重要,一般以pH值在5.5～6.9最适,pH值不要超过7.0,某些仙人掌在pH值超过7.2时,很快失绿或死亡。

附生型多浆花卉的基质也需要有良好的排水、透气性能,但需含丰富的有机质并常保持湿润才有利于生长。

多浆花卉大都有生长期与休眠期交替的节律。休眠期中需水很少,甚至整个休眠期中可完全不浇水,保持土壤干燥能更安全越冬。植株在旺盛生长期要严格而有规律地给予充足的水分,原则上1周应浇1或2次水,两次浇水之间应注意上次浇水后基质完全干燥再浇第二次水,不要让基质总是保持湿润状态。丛林仙人掌则应浇水稍勤一些。

多毛及植株顶端凹入的种类,浇水时不要从上部浇下,应靠近植株基部直接浇入基质为宜,以免造成植株腐烂。植株根部不能积水,以免造成烂根。

水质对多浆花卉很重要,忌用硬水及碱性水。水质最好先测定,pH值超过7.0时应先人工酸化,使pH值降至5.5～6.9。

欲使植株快速生长,生长期中可每隔1～2周施液肥1次,肥料宜淡,总浓度以0.05%～0.2%为宜,施肥时不沾在茎、叶上。

休眠期不施肥,要求保持植株小巧的也应控制肥水。附生型要求较高的氮肥。

六、园林花卉温室栽培与养护

在园林花卉栽培中使用温室，为花卉栽培提供了良好的物质环境条件。但是要取得良好的栽培效果，还必须掌握全面精细的栽培管理技术。即根据花卉的生态习性，采用相应的管理技术措施，创造最适宜的环境条件，取得优异的栽培效果，达到优质、低成本、栽培期短、产量高的生产要求。温室栽培花卉有地栽和盆栽两种形式。生产上以盆栽为主。

(一)栽培容器的种类与选择

花盆是重要的栽培器具，其种类很多，通常的花盆为素烧盆或称瓦盆，适用于花卉生长，价格便宜。塑料盆亦大量用于花卉生产中，它具有轻便、不易破碎和保水能力强的特点。此外应用的还有紫砂盆、水泥盆、木桶等，它们各自有自己的特点，在花卉栽培时要根据具体情况选择合适质地的花卉(表 6-2)。

表 6-2　栽培容器的类别及性能

(引自:包满珠. 花卉学)

材料	类别及制品	用途	透气性	水	花盆特性
土	素烧盆	栽培观赏	良好	良好	质地粗糙，不美观，易破碎，使用不方便
	陶瓷盆	栽培观赏	不透气	居中	观赏价值高，不太易破碎
	紫砂盆	栽培观赏	居中	良好	造型美观，形式多样
塑料	硬质盆	栽培观赏	不透气	居中	不易破碎，轻便，保水能力强
	软质盆	育苗	不透气	居中	不会破碎，使用方便，容易变形
	发泡盆	栽培观赏	不透气	居中	轻而体积大
木	木盆或木桶	栽培观赏	居中	良好	规格较大，盆侧有把手，便于搬运，整体美观
玻璃	玻璃钢花钵、瓶箱	栽培观赏	较差	居中	盆体质轻，耐腐蚀，各种造型都极为美观
石	石盆	栽培观赏	较差	居中	盆重不易搬动，适用于大型花卉的栽培
纸	纸钵	育苗	不一致	良好	易破损，质轻但使用费事，不能重复使用
泥炭	吉惠盆	育苗	良好	不好	易破损，质轻，使用方便，不能重复使用
专用盆	水养盆、兰盆等				

(二)盆栽时注意事项

(1)容器的规格　容器的规格会影响花卉在确定时间内所能达到的规格和质量。容器的规格要合适，过大或过小都不利于花卉生长。容器太小，所装基质少，供水供肥能力低，出现窝根或生长不良的现象，严重时甚至停止生长；容器过大，相应提高生产费用，花卉不能充分利用容器所提供的空间和生长基质，有时栽培花卉会因花盆过大导致生长不良。

(2)容器的排水状况　容器的排水性除了与容器的材质关系极大以外，还与容器深度有关。容器越深，排水状况就越好。但是，如果栽培基质的透气性、保水性、排水状况都颇为优良，则容器深度对花卉生长影响可以忽略不计。

(3)容器的颜色　深色的容器在阳光下会升温；浅色容器可以降低基质的温度。

(4)经济成本　不同的容器材质，成本相差较大。塑料盆、瓦盆等容器价格相对比较低廉，而陶瓷盆价格比较昂贵。因此,在选择容器时,应根据经济实力选用经济实用的栽培容器。

七、培养土的材料及其配制

培养土又叫营养土,是人工配制的专供盆花栽培用的一种特制土壤。盆栽观赏花卉由于盆土容积有限,花卉的根系局限于花盆中,要求培养土必须养分充足,具有良好的物理性质。一般盆栽花卉要求培养土,一要疏松,空气流通,以满足根系呼吸的需要;二要水分渗透性能良好,不会积水;三要能固持水分和养分,不断供应花卉生长发育的需求;四要培养土的酸碱度适应栽培花卉的生态要求;五是不允许有害微生物和其他有害物质的滋生和混入。因此,培养土必须按照要求进行人工配制。

(一)配制培养土的材料

用于配制培养土的材料很多,配制培养土要有良好的材料,但也要从实际出发,就地取材,降低费用。

1. 园田土

园田土又叫园土,即指耕种过的田地里耕作层的熟化土壤。这是配制培养土的基本材料,也是主要成分,经过堆积、暴晒、粉碎、过筛后备用。

2. 腐叶土和山林腐殖土

(1)腐叶土　是由人工将树木的落叶堆积腐熟而成。秋季将各种落叶收集起来,拌以少量的粪肥和水,经堆积腐熟而成。腐熟后摊开晒干,过筛备用。腐叶土是配制培养土应用最广泛的一种材料。

(2)山林腐殖土　是指在山林中自然堆积的腐叶土。若离林区较近,可到山林中挖取已经腐烂变成黑褐色,手抓成粉末状,比较松软的腐叶土。

腐叶土含有大量的有机质,疏松,透气,透水性能好,保水保肥能力强,质轻,是优良的盆栽用土,适于栽植多种盆花,如各种秋海棠、仙客来、大岩桐以及多种天南星科观叶观赏花卉、多种地生兰花、多种观赏蕨类花卉等。

3. 堆肥土

堆肥土又称腐殖土。各种花卉的残枝落叶、各种农作物秸秆及各种容易腐烂的垃圾废物都可以作为原料,经过堆积腐熟、过筛后,便可作为盆栽用土。堆肥土稍次于腐叶土,但仍是优良的盆栽用土。堆肥土使用前要进行消毒,杀灭害虫、虫卵、病菌及杂草种子。

4. 泥炭

泥炭土又称草炭土。泥炭土是由低洼积水处生长的花卉不断积累后在淹水、嫌气条件下形成,为酸性或中性土。泥炭土含有大量的有机质,疏松,透气、透水性能好,保水保肥能力强,质地轻,无病菌和虫卵,是优良的盆花用土。

在我国西南、华中、华北及东北有大量泥炭土分布。目前,在世界上的盆栽观赏花卉,尤其是观赏花卉生产中,多以泥炭土为主要的盆栽基质。

5. 河沙

河沙常作为配制培养土的透水材料,以改善培养土的排水性能。河沙的颗粒大小随栽培观赏花卉的种类而异,一般情况下沙粒直径在0.2～0.5 mm为宜,但作为扦插基质,颗粒应在1～2 mm。

6. 珍珠岩

珍珠岩是粉碎的岩浆岩加热至 1 000℃以上膨胀形成的，具有封闭的多孔性结构，质轻通气好、无营养成分。

7. 蛭石

蛭石属硅酸盐材料，在 800～1 100℃高温下膨胀而成，疏松、透气、保水，配在培养土中使用。容易破碎而致密，使通气和排水性能变差，最好不作长期盆栽花卉的材料用。如作扦插基质，应选较大的颗粒。

8. 草木灰

草木灰即秸秆、杂草燃烧后的灰，南方多为稻壳在寡氧条件下烧成的灰，叫砻糠灰；草木灰能增加培养土疏松、通气、透水的性能，并可提高钾素营养，但需堆积 2～3 个月，待碱性减弱后才能使用。

9. 锯末

锯末经堆积腐熟后，晒干备用。锯末是配制培养土较好的材料，与园土或其他基质混合配制，适宜栽植各类盆花。

10. 煤渣

煤渣作盆栽基质，经过粉碎、过筛，筛去粉末和直径 1 mm 以下的渣块，选留直径 2～5 mm 的颗粒，与其他基质配合使用。

11. 树皮

树皮主要是松树皮和较厚而硬的树皮，具有良好的物理性能，作为附生花卉的栽培基质。破碎成 1.5～2 cm 的碎块，只作为填充料，而且必须经过腐熟后才能使用，能够代替蕨根、苔藓作为附生花卉的栽培基质。

12. 苔藓

苔藓又叫泥炭藓，是生长在高寒地区潮湿地上的苔藓类植物，我国东北和西南高原林区有分布。其十分疏松，有极强的吸水能力和透气能性。泥炭藓以白色为最好，茶褐色次之，是一些兰花较好的栽培基质。

13. 蕨根

蕨根是指紫萁的根，呈黑褐色，耐腐朽，是热带附生兰花及天南星科观赏花卉、凤梨科观赏花卉及其他附生观赏花卉栽培中十分理想的材料。用蕨根和苔藓一起作盆栽材料，既透气、排水又能保湿。常与苔藓配合使用栽植热带附生类喜阴观赏花卉，效果很好。

14. 陶粒

陶粒是用黏土经煅烧而成的大小均匀的颗粒，一般分为大号和小号，大号直径约为 1.5 cm，小号直径大约为 0.5 cm。栽培喜好透气性的花卉时，可先在花盆底部铺一些大陶粒，然后铺小陶粒，再放培养土，以提高透气性，效果非常好。

(二)培养土的配制

盆花种类繁多，原产地不同，对盆土的要求也不尽相同。根据各类观赏花卉的要求，应将所需材料按一定比例进行混合配制。一般盆花常规培养土的配制主要有三类，其配制比例是：

(1)疏松培养土　园土 2 份，腐叶土 6 份，河沙 2 份。

(2)中性培养土　园土 4 份，腐叶土 4 份，河沙 2 份。

(3)黏性培养土　园土 6 份，腐叶土 2 份，河沙 2 份。

以上各类培养土,可根据不同观赏花卉种类的要求进行选用。一般幼苗移栽、多浆花卉宜选用疏松培养土,宿根、球根类观赏花卉宜选用中性培养土。木本观赏花卉宜选用黏性培养土。

在配制培养土时,还应考虑施入一定数量的有机肥作基肥,基肥的用量应根据观赏花卉的种类、植株大小而定。基肥应在使用前1个月与培养土混合。

(三)培养土的消毒

培养土的消毒方法与无土栽培基质消毒相同。

八、园林花卉的盆栽技术

(一)上盆

在盆花栽培中,将花苗从苗床或育苗容器中取出移入花盆中的过程称上盆。上盆时,首先应注意选盆,一般标准是容器的直径或周径应与植株冠幅的直径或周径接近相等。其次应根据花卉种类选用合适的花盆,根系深的花盆要用深桶花盆,不耐水湿的花卉用大水孔的花盆。花盆选好后,对新盆要退火,即新瓦盆应先浸水,让盆壁充分吸水后再上盆栽苗,防止盆壁强烈吸水而损伤花卉根系。旧花盆使用前应刮洗干净,以利于通气透水。

上盆方法是:先用瓦片盖住盆底排水孔,填入粗培养土2～3 cm,再加入一层培养土,放入植株,再向根的四周填加培养土,把根系全部埋住后,轻提植株使根系舒展,并轻压根系四周培养土,使根系与土壤密接,然后继续加培养土至盆口2～3 cm处。上完盆后应立即浇透水,需浇2～3遍,直至排水孔有水排出,放在蔽阴处4～5天后,逐渐见光,以利缓苗,缓苗后可正常养护。

(二)换盆和翻盆

(1)换盆　随着植株的不断长大,需将小盆逐渐换成与植株相称的大盆,在换盆的同时更换新的培养土。

(2)翻盆　只换培养土不换盆,以满足花卉对养分的需要。

(3)更换次数　一般一二年生花卉从小苗至成苗换盆2～3次,宿根花卉、球根花卉成苗后1年换1次,木本花卉小苗每年换盆1次,木本花卉大苗2～3年换盆或翻盆1次。

(4)更换时间　换盆和翻盆的时间多在春季进行。多年生花卉和木本花卉也可以在秋冬停止生长进行;观叶盆栽应该在空气湿度大的雨季进行;观花花卉除花期不宜换盆外,其他时间均可。

换盆或翻盆前,应停止浇水,使盆土稍干燥,便于植株倒出。倒出植株后,先除去根部周围的土。但必须保留根系基部中央的护根土。剪去烂根和部分老根,然后放入花盆,填入新的培养土。浇透水放置阴蔽处4～5天后,可逐渐见光,待完全恢复正常生长后,即转入正常养护。

(三)转盆

为了防止植株偏向一方生长,破坏株形,应定期转盆,使植株形态匀称,愈喜光的花卉。影响愈大;生长期影响大,休眠期影响小;生长快影响大,生长慢影响小。一般生长旺盛时期7～10天转一次盆,生长缓慢时期15～20天转一次盆,每次转盆180°。

(四)盆花施肥

盆花施肥应根据肥料的种类,严格掌握施肥方法和施肥量。盆栽观赏花卉因土壤容量和特定生长环境条件所限，应掌握“少、勤、巧、精”的施肥原则。

盆栽花卉的基肥，应在上盆或换盆、翻盆时施用，适宜的肥料有饼肥、粪肥、蹄片和羊角等。基肥的施用量不要超过盆土的20%，与培养土混合均匀施入。

追肥以薄肥勤施为原则，通常可以撒施和灌施。撒施是将腐熟的饼肥等撒入花盆中，但注意要求撒到花盆边缘，不能太靠近植株，撒后浇水。灌施时如果是饼肥或粪肥，需要经浸泡发酵后，再稀释才能使用，稀释浓度为15%～25%。如果施用化学肥料，追施过量易使花卉造成伤害，因此应进行灌施，不同肥料种类的施用方法及施用量不同，一般为：

氮肥：尿素、硫酸铵、硝酸铵等，在观赏花卉生育过程中宜作追肥，用0.1%～0.5%的溶液追施。

磷肥：过磷酸钙、钙镁磷肥、磷矿粉等，可用1%～2%的浸泡液（浸泡一昼夜）作追肥，也可以用0.1%的水溶液作根外追肥；磷酸二铵可用0.1%～0.5%的水溶液作追肥。

钾肥：主要有硫酸钾、硝酸钾、氢氧化钾等，适于球根类观赏花卉，可以作基肥和追肥。基肥用量为盆土的0.1%～0.2%，追肥为0.1%～0.2%的水溶液。

（五）盆花浇水

1. 浇水原则

盆花的浇水原则是“干透浇透，浇透不浇漏”，干透是指当盆土表层2 cm的土壤发白的时候。栽培时一般可以通过“看、捏、听、提”的方法来判断。“看”一般盆土表面失水发白时，是浇水的适宜时间；土壤颜色深时。说明盆土不缺水，不需浇水；“捏”手摸盆土表面，如土硬，用手指捏土成粉状，说明需要浇水。若土质松软，手捏盆土呈片状，则不需浇水；“听”用手指或木棍轻敲盆壁，如声音清脆时，说明盆土已干，需要浇水，若声音沉闷，则不需要浇水；“提”如用塑料盆栽种，可用一只手轻轻提起盆，若花盆底部很轻，则表示缺水，如果很沉，则不需要浇水。当有少量的水从排水孔流出时就是“浇透”了。如果水呈柱状从排水孔中流出则是“浇漏”了，“浇漏”后培养土中大量的养分会随水流出，造成花卉营养不良。

2. 盆花浇水时注意事项

（1）水质　盆栽花卉的根系生长局限在一定的空间里，因此对水质的要求比露地花卉高。一般可供饮用的地下水、湖水、河水可作适宜的浇花用水。但硬水不适于浇灌原产于南方酸性土壤的观赏花卉。源于原产热带和亚热带地区的观赏花卉，最理想的用水是雨水。自来水中氯的含量较多，水温也偏低，不宜直接用来浇花，应将自来水存放2～3天，使氯挥发，待水温和气温接近时再浇花。水温和土温的差距不应超过5℃。

（2）浇水量　根据花卉的种类及不同生育阶段确定浇水次数、浇水时间、浇水量。草本花卉本身含水量大、蒸腾强度也大，所以盆土应经常保持湿润。木本花卉则可掌握干透浇透的原则。蕨类植物、天南星科植物、秋海棠科植物等喜湿花卉要保持较高的空气湿度。多浆植物等旱生花卉要少浇。生长旺盛时期要多浇，开花前和结实期要少浇，盛花期要适当多浇，如果盆花在旺盛生长季节需水量大时，可每天向叶面喷水，以提高空气湿度。一般高温、高湿会导致病虫害的发生，低温、高湿易导致发生烂根现象，浇水时应多加注意。进入休眠期时浇水量应依花卉种类不同而减少或停止，解除休眠进入生长浇水量逐渐增加。

有些花卉对水分特别敏感，若浇水不慎会影响生长和开花，甚至死亡。如大岩桐、蟆叶秋海棠、非洲紫罗兰、荷包花等叶面有茸毛，不宜喷水，否则叶片易腐烂。尤其不应在傍晚喷水；有些花卉的花芽与嫩叶不耐水湿，如仙客来的花芽、非洲菊的叶芽，水湿太久易腐烂；墨兰、建兰叶片发现病害时，应停止叶面喷水等。

不同栽培容器和栽培土对水分的需求不同，瓦盆通过蒸发丧失的水分比花卉消耗的多，因此浇水要多些；塑料盆保水率强一般供给瓦盆水量的 1/3 就足够了。疏松土壤多浇，黏重土壤少浇。

3. 浇水方法

(1)浸盆 多用于播种育苗与移栽上盆期，先将盆坐入水中，让水沿盆底排水孔慢慢地由下而上渗入，直到盆土表面见湿时，再将盆由水中取出。这种方法既能使土壤吸收充足水分，又能防止盆土表层发生板结，也不会因直接浇水而将种子、幼苗冲出。此法可视天气或土壤情况每隔 2～3 天进行一次。

(2)喷水 向植株叶面喷水，可以增加空气湿度，降低温室，冲洗掉叶片上的尘土，有利于光合作用，一般夏季天气炎热、干燥时，应适当喷水。尤其是那些原产于热带和亚热带的观赏花卉，夏季应经常喷水。冬季休眠期，要少喷或不喷。

此外，盆栽花卉还可以施行一些特殊的水分管理，如找水、放水、扣水等。找水是补充浇水，即对个别缺水的植株单独补浇，不受正常浇水时间和次数的限制。放水是指生长旺季结合追肥加大浇水量，以满足枝叶生长的需要。扣水即在花卉生长的某一阶段暂停浇水，进行干旱锻炼或适当减少浇水次数和浇水量。

本章小结

本章主要讲述了园林花卉栽培设施和主要栽培技术，包括园林花卉的无土栽培技术、花期调控技术、露地栽培技术和温室栽培技术

复习题

1. 在当地找几个温室，依据不同的分类标准对其进行分类。分析其使用目的和结构。
2. 花期调控有哪些途径？
3. 无土栽培设施形式有哪些？
4. 无土栽培营养液如何配制？
5. 本地区常见的一二年生花卉有哪些？哪些作一二年生栽培？哪些作二年生栽培？
6. 宿根花卉的繁殖和栽培管理要点是什么？
7. 试述春植球根和秋植球根的异同点。
8. 当地有哪些水生花卉？各属于哪一类？
9. 温室花卉的栽培土壤如何进行消毒处理？
10. 如何把握温室花卉的上盆、换盆技术环节？

第七章 草坪的建植与养护

【本章基本技能】能够正确鉴别草坪草，能够进行草坪草建植与养护管理，在熟练技能的基础上，进而能够指导草坪草建植与养护生产。

第一节 草坪草

一、草坪草的概念及特征

1. 草坪草的概念

草坪草是指能够形成草皮或草坪，并能耐受定期修剪和人、物使用的一些草本植物品种或种。草坪草大多数是叶片质地纤细、生长低矮、具有扩散生长特性的根茎型和匍匐型或具有较强分蘖能力的禾本科植物，如草地早熟禾、结缕草、野牛草、狗牙根等；也有部分符合草坪性状的其他的矮生草类，如莎草科、豆科、旋花科等非禾本科草类，如马蹄金、白三叶等。

2. 草坪草的特性

①植株低矮，有茂密的叶片及根系，或能蔓延生长，覆盖力强，能形成以叶为主体的草坪层面，长期保持绿色。

②耐修剪(耐频繁修剪，耐强度修剪，修剪高度为 3～6 mm)，生长势强劲而均匀，耐机械损伤，尤其在践踏或短期被压后能迅速恢复。

③便于大面积铺设，便于机械化施肥、修剪、喷水等作业。

④开花及休眠期尚具有一定观赏效果和保护作用，对景观影响不大。

⑤弹性好，无刺无毒，无不良气味，叶汁不易挤出，对人畜无害。

⑥分布广泛，适应性、抗逆性强，抗病虫、抗寒、抗热、抗盐碱性强，抗性相对牧草要强。与杂草竞争力强。易养护管理。

⑦繁殖要容易，生长快，易于建成大面积草坪，绿色期长。

⑧一般多年生，寿命 3 年以上。若为一二年生，则具有较强的自繁能力。

二、草坪草的分类

(一)依气候与地域分类

(1)冷季型(冷地型)草坪草　最适生长温度为 15～25℃，主要分布在我国长江流域以北地区(华北、东北、西北),生长的主要限制因子是最高温与持续时间,在春秋季各有一个生长高峰。冷季型草坪草耐高温能力差,在南方越夏困难,必须采取特别的养护措施,否则易衰老和死亡。但某些冷季型草坪草,如高羊茅和草地早熟禾的某些品种可在过渡带或暖季型草坪区的高海拔地区生长。欧洲大多数国家常用。因欧洲冬季不冷、夏季不热,且降雨多,所以也叫西洋草。主要是早熟禾属、黑麦草属、羊茅属、剪股颖属等。

(2)暖季型(暖地型)草坪草　最适生长温度为26～32℃,生长的主要限制因子是低温强度与持续时间,夏季生长最为旺盛。

暖季型草坪草最易受到的伤害是低温及其持续的时间长短。冬季呈休眠状态,早春返青复苏后生长旺盛,进入晚秋,一经初霜,其茎、叶枯萎褪绿,只要低于10℃,“十一”过后不久就枯黄。

暖季型草坪草大多有匍匐茎、根茎,耐踩,许多运动场草坪用。生长相对冷季型草坪草速度慢,形成大量草坪用的时间长。光和能力强,生活力强,所以耐干旱;分布在热带、亚热带地区,喜温暖湿润,不耐严寒,在原产地绿期可达280～290天,在华中、华南、西南均可,在北京只有180～190天。有少数适合华南栽,如地毯草。

主要有结缕草属、狗牙根属、假俭草属、地毯草属、野牛草属等。

(二)依草叶宽度分类

(1)宽叶草坪草　叶宽茎粗(叶宽在4 mm以上),适应性强,适用于较大面积的草坪地,如结缕草(北京球场用得多)、假俭草、地毯草(华南用得多)、竹节草、高羊茅等。

(2)细叶草坪草　茎叶纤细(叶宽1～4 mm),可形成平坦致密的草坪,但生长势较弱,要求光照充足、土质好和较高的管理水平,如剪股颖、细叶结缕草、早熟禾、细叶羊茅及野牛草、紫羊茅、马尼拉、台湾草。

(三)依株体高度分类

(1)高型草坪草　株高通常为20～100 cm,一般用播种繁殖,生长较快,能在短期内形成草坪,适用于大面积草坪的铺植,其缺点是必须经常进行刈剪,才能形成平整的草坪,多为密丛型草类,无匍匐茎,补植和恢复较困难。常见草种有早熟禾、剪股颖、多年生黑麦草、高羊茅等。

(2)低矮型草坪草　株高一般在20 cm以下,可形成低矮致密草坪,具有发达的匍匐茎和根状茎。耐践踏,管理方便,大多数种类适应我国夏季高温多雨的气候条件,多行无性繁殖,形成草坪所需时间长,若铺装建坪则成本较高,不适于大面积和短期形成草坪。常见种有结缕草、细叶结缕草、狗牙根、野牛草、地毯草、假俭草、马尼拉、台湾草等。

(四)依生长习性分类

(1)匍匐型　匍匐剪股颖、狗牙根。

(2)根茎型　草地早熟禾。

(3)直立(丛生)型　高羊茅、结缕草。

三、主要草坪草种类

(一)冷季性草坪草

1. 早熟禾属(*Poa*. L)

早熟禾属草坪草是世界上最为广泛使用的冷季型草坪草之一,有200余种。生长特性包括丛生型、根状茎型和匍匐茎型。最常用的有草地早熟禾、加拿大早熟禾、普通早熟禾、一年生早熟禾、林地早熟禾等。早熟禾属草坪草共有特征是具有船型的叶尖及位于叶片中心主脉两侧的两条半透明平行线。

草地早熟禾(*Poa pratensis*) 原产欧洲、亚洲北部及非洲北部，现遍及全球温带地区。我国主要分布区域：黄河流域、东北、江西、新疆、内蒙古、甘肃、西藏等省区均有野生种分布。

[形态特征] 多年生草本，具细根状茎，秆直立、丛生、光滑，高 30～80 cm；叶鞘疏松、包茎，具纵条纹；叶舌膜质；叶片条形，柔软，宽 2～4 mm，叶尖船型，在叶片主脉两侧各有一条半透明的平行线；圆锥花序开展，分支下部裸露；小穗长 4～6 mm，含 3～5 朵小花；颖果纺锤形，具三棱，长约 2 mm。

[生态习性] 喜光耐阴，喜温暖湿润，耐寒能力强。抗旱性差，夏季炎热时生长停滞，春秋生长繁茂。适于生长在湿润、肥沃、排水良好的土壤中。根茎繁殖力强，再生性好，较耐践踏。具有较强的抗病性。

[应用特点] 生长期较长，草质细软，颜色光亮鲜绿，绿色期长，耐践踏性较差，适宜公共场所作观赏草坪。常与黑麦草、小糠草、紫羊茅等混播建立运动草坪场地，效果较好。

2. 羊茅属(*Festusa* L.)

该属约 100 个种，分布于全世界的寒温带和热带的高山地区，我国有 14 种。高羊茅、草地羊茅是粗叶型，其他属细叶型。

高羊茅(*Festusa arundinacea*) 又称苇状羊茅，草坪性状非常优秀，适于多种土壤和气候，应用非常广泛。我国主要分布区域有华北、华中、中南和西南。

[形态特征] 多年生草本，丛生型，高可达 40～70 cm。幼叶卷叠式，茎圆形，直立、粗壮，基部红色或紫色。成熟的叶片扁平，宽 5～10 mm，坚硬，上面接近顶端处粗糙，个脉不明显，中脉明显，根颈显著，宽大。圆锥花序直立或下垂。

[生态习性] 适于寒冷潮湿和温暖湿润过渡地带生长，对高温有一定的抵抗能力，是最耐旱、最耐践踏的冷季型草坪草之一，耐阴性中等，较耐盐碱耐土壤潮湿。

[应用特点] 高羊茅耐践踏而适应范围很广，叶片质地粗糙而不能称为高质量的草坪草，用于中、低质量的草坪及斜坡防护草坪，如机场、运动场、庭院、公园等。

3. 黑麦草属(*Lolium* L.)

禾本科黑麦草属，约 10 个种，分布于世界温暖地区。我国引种树种，可作为草坪草的有多年生黑麦草和一年生黑麦草。

多年生黑麦草(*Lolium perenne*) 又名宿根黑麦草、黑麦草。原产于南欧、北非和亚洲西南部。我国早年从英国引入，现已广泛栽培，是一种很好的草坪草。

[形态特征] 多年生草本。具短根状茎，茎直立，丛生，高 70～100 cm，叶片窄长，长 9～20 cm，宽 3～6 cm，深绿色，具光泽，富有弹性。叶脉明显，幼叶折叠于芽中。穗状花序，稍弯曲。小穗扁平无柄，含 3～5 朵小花。

[生态习性] 喜温暖湿润夏季较凉爽的环境。抗寒、抗霜而不耐热，气温 27℃、土温 20℃左右生长最适，15℃分蘖最多，气温低于－15℃产生冻害。抗寒性不如草地早熟禾、抗热性不如高羊茅。耐湿而不耐干旱，也不耐瘠薄。春季生长快，夏季呈休眠状态，秋季生长较好。寿命较短，只 4～6 年，精细管理下，可延长寿命。耐践踏，不耐低修剪，耐阴性差。

[应用特点] 多年生黑麦草多与其他草坪草种混播，作为先锋草种，提高成坪速度。

4.剪股颖属(*Agrostis* L.)

该属约220个种,主要分布于温带和副热带气候地区及热带和亚热带的高海拔地区,我国分布广泛。剪股颖属草坪草以质地细腻和耐低修剪而著称,在所有冷季型草坪草中最能忍受频繁低修剪,修剪高度可为0.5 cm,甚至更低。

匍茎剪股颖(*Agrostis stolonifera*)又名本特草。我国三北及江西、浙江等地均有分布。

[形态特征] 多年生草本。秆的基部偃卧地面,茎高15~40 cm,具长达8 cm左右的匍匐枝,有3~6节,节着土生不定根,须根多而弱,叶鞘无毛,下部的长于节间,稍带紫色。叶舌膜质,长圆形,背面微粗糙。叶片扁平线形,先端尖,具小刺毛。圆锥花序,卵形,开展。小穗长卵形。

[生态习性] 喜冷凉湿润气候,耐寒、耐热、耐瘠薄、耐低修剪,较耐阴。匍匐枝横向蔓延能力强,能迅速覆盖地面,形成密度很大的草坪。由于匍匐节上不定根入土较浅,耐旱性稍差。对土壤要求不严,在微酸至微碱性土壤上均能生长,最适土壤pH值5.5~6.5,以雨多肥沃的土壤生长最好。侵占能力强,春季返青晚。

[应用特点] 匍茎剪股颖生长繁殖快,可作急需绿化的种植材料,常选用其优良品种作高尔夫球场进洞区草坪的建植材料。

5.苔草属(*Carex* L.)

莎草科,属下有1 300余种,我国分布广泛,约有400个种,其中用于草坪草种的主要有卵穗苔草、异穗苔草、白颖苔草、细叶苔草等。

卵穗苔草(*Carex duriuscula*)又名寸草苔、羊胡子草。莎草科,苔草属。分布于北半球的温带和寒温带。

[形态特征] 多年生草本,具节间很短的根状茎;茎直立、纤细,质柔,基部具灰黑色纤维状分裂的旧叶鞘;叶纤细、深绿色,卷折。穗状花序,卵形。

[生态习性] 喜冷凉而稍干燥的气候。耐旱、耐寒、喜光、耐阴。对土壤要求也不严,肥沃、瘠薄、酸性土壤或碱性土壤均能生长。在水分充足、土壤肥沃、杂草少的情况下,颜色翠绿,绿色期也长。

[应用特点] 在北方干旱区为较好的细叶观赏草坪草类,也是干旱坡地理想的护坡植物。

6.三叶草属(*Trifolium* L.)

豆科,三叶草属,约有360种,其中用作草坪草的主要有白三叶、红三叶。

白三叶(*Trifolium repens*)又名白车轴草。我国北大到黑龙江、南到江浙一带均有分布。

[形态特征] 多年生草本植物,植株低矮。侧根发达,主茎短,由茎节上长出匍匐茎,长30~60 cm,节向下产生不定根,向上长叶,茎光滑细软,叶腋又可长出新的匍匐茎向四周蔓延,因而侵占性强,成坪快。掌状三出复叶,互生,叶柄细长直立。小叶倒卵形或心脏形,叶缘有细齿,叶面中央有“V”形白斑。托叶小,膜质包茎。全株光滑无毛。腋生头型总状花序,白色或略带粉红色。荚果细小,包存于宿存的花被内。

[生态习性] 喜温凉湿润气候,生长适宜温度19~24℃,适应性强,抗寒、较耐热、耐阴、耐瘠薄、耐酸、不耐盐碱。基本无夏枯现象。在遮阴的林园下也能生长。

[应用特点] 白三叶具匍匐茎,繁殖力强,能很快覆盖地面。绿期长,是优良观赏草坪。

(二)暖季型草坪草

1. 结缕草属(*Zoysia* Willd.)

结缕草属草坪草是当前最广泛应用的暖季型草坪之一。结缕草原产我国胶东半岛和辽东半岛。常用做草坪草的有结缕草、沟叶结缕草、细叶结缕草等。

结缕草(*Zoysia japonica*)为禾本科结缕草属。

[形态特征] 多年生草本,茎叶密集,株体低矮,秆高15~20 cm。属深根性植物,须根可入土30 cm以上。具坚韧的地下根状茎及地上匍匐枝,于茎节上产生不定根。植株直立,叶片革质丛生,呈狭披针形,先端锐尖,具一定韧度和弹性。叶舌不明显,表面具白色柔毛。总状花序穗状,长2~4 cm。种子细小。外层附有蜡质保护物。

[生态习性] 适应性强,喜光、耐旱、耐高温、耐瘠和抗寒。喜深厚肥沃排水良好的砂质土壤。在微碱性土壤中亦能正常生长。草根在-20℃左右能安全越冬,20~25℃生长最盛,30~32℃生长减弱,36℃以上生长缓慢和停止;但极少出现夏枯现象。秋季高温干燥可提早枯萎,绿色期缩短。竞争力强,易形成连片平整美观的草坪,耐磨、耐践踏、病害较少。不耐阴,匍匐茎生长较缓慢,蔓延能力较差。种子外壳致密且具有蜡质,自然状态下发芽率低。

[应用特点] 植株低矮、坚韧耐磨、耐践踏、弹性好,在园林、庭园和体育运动场地广为利用。由于根系发达,耐旱,故也是良好的道路护坡材料。由于结缕草抗病虫、环保、节水、省肥,被称为"21世纪最优秀的环保生态型草坪"。

2. 野牛草属(*Buchloe Engelm*)

原产美洲,该属仅有一种即野牛草。

野牛草(*Buchloe dactyloides*)为禾本科多年生低矮草本植物,产于北美洲,早年引入我国,现为华北、东北、内蒙古等北方地区的当家品种。

[形态特征] 多年生草本。具匍匐茎,秆高5~25 cm。叶片线形较细弱,有卷曲变形现象,长10~20 cm,宽1~2 mm,两面疏生细小柔毛,叶色灰绿色,色泽美丽。雌雄同株或异株,雄花序有两三枚总状排列的穗状花序,雌花序常呈头状,含1花。

[生态习性] 野牛草适应性强。喜光,亦能耐半阴,耐土壤瘠薄,具较强的耐寒能力,在-36~-33℃条件下能顺利越冬。极耐热、耐旱,其适生地的每年降水量只有256~266 mm。竞争力、耐践踏力强。耐盐,在含盐量1%时仍能生长良好。与杂草竞争力强,可节省人力、物力。

[应用特点] 野牛草植株低矮,枝叶柔软,较耐践踏,繁殖容易,生长快,养护简便,抗旱、耐寒,管理粗放,耐寒性强,可作固土护坡植物。

3. 狗牙根属(*Cynodon* Rich.)

狗牙根属草坪草是最具代表性的暖季型草坪草,有9个种。具有发达的匍匐茎和(或)根状茎,是建植草坪的优良材料。常用做草坪草的有狗牙根和杂交狗牙根。

狗牙根(*Cynodon dactylon*)为禾本科狗牙根属。我国黄河流域以南各地均有野生。

[形态特征] 多年生草本。具根状茎和匍匐茎,节间长短不一。秆平卧部分长达1 m,并于节上产生不定根和分枝,故又名"爬根草"。叶扁平线条形,长3.8~8 cm,宽1~2 mm,先端渐尖,边缘有细齿,叶色浓绿。叶舌短小,具小纤毛。穗状花序,3~6枚呈指状排列于茎顶,绿色或稍带紫色。

[生态习性] 狗牙根喜光稍耐阴,较抗寒,抗寒能力仅次于结缕草和野牛草。当土壤温度

低于 10℃，狗牙根开始褪色，并且直到春天高于这个温度时才逐渐恢复。浅根系，少须根，遇旱，易出现匍匐茎嫩尖成片枯头。极耐热，耐践踏，喜肥沃排水良好的土壤，在轻盐碱地上生长也较快，且侵占力强，常侵入其他草坪地生长。

[应用特点] 狗牙根极耐践踏，再生力强，广泛应用于庭院、公园、高尔夫球场、机场草坪。覆盖力强，管理粗放，也是很好的固土护坡草坪材料。

4. 地毯草属(*Axonopus* Beauv.)

地毯草属约 40 个种，大都产于美洲，只有 2 个种可以用做草坪草，即普通地毯草(*Axonopus affinis*)和地毯草(*Axonopus compressus*)。本书只介绍地毯草。

地毯草(*Axonopus compressus*)为禾本科地毯草属。原产南美洲，我国早期从美洲引入。

[形态特征] 多年生草本，植株低矮，具匍匐茎。因其匍匐茎蔓延迅速，每节上都生根和抽生性的植株，植物平铺地面呈毯状，故称“地毯草”。秆扁平，节上密生灰白色柔毛，高 8～30 cm；叶片柔软，翠绿色，短而钝，长 4～6 cm，宽 8 mm 左右，新叶在芽中折叠。叶舌膜质，短小。总状花序，长 4～6 cm，小穗长圆状披针形，2.2～2.5 mm。

[生态习性] 地毯草是典型热带、亚热带暖季型宽叶草坪草。喜光，也较耐阴，喜高温高湿，即使 35℃以上持续高温也很少出现夏枯现象。耐寒性较差，易受霜冻，10℃以下停止生长，低于 0℃植株顶端枯黄，低于－15℃时不能安全越冬。再生力强，亦耐践踏。对土壤要求不严，冲积土和肥沃的沙质壤土上生长好，匍匐茎蔓延迅速，每节均能产生不定根和分蘖新枝，侵占力极强。春季返青早速度快。

[应用特点] 地毯草低矮，耐践踏，较耐阴，常用它铺设庭院、公园草坪和与其他草种混合用做运动场草坪。地毯草在华南地区还是优良的固土护坡植物。

5. 钝叶草属(*Stenotaphrum* Trin.)

钝叶草属约 8 种，分布于太平洋各岛屿以及美洲和非洲。我国有 2 个种，最常用做草坪草的是钝叶草(*Stenotaphrum helferi*)。

[形态特征] 多年生草本。秆下部匍匐，于节处生根，具匍匐茎，幼叶对折。叶舌毛簇状，长 0.3 mm。无叶耳。根颈宽，在叶片基部变狭形成短的柄；叶片扁平，宽 4～10 mm，长 5～17 cm，两表面光滑，无毛，具圆钝的顶端，叶片和叶鞘相交处有一个明显的缢痕及有一个扭转角度。穗状花序短，扁平状。

[生态习性] 钝叶草适宜广泛的土壤条件，在潮湿、排水良好、沙质、中等到高肥力的弱酸性土壤上生长良好，抗寒力较差，仅适应冬天温暖的沿海地区。具有很强的耐盐性。

[应用特点] 钝叶草再生性强，建坪快。主要用于温暖潮湿地区的草坪建植。

6. 马蹄金属(*Dichondra* Forst.)

马蹄金(*Dichondra repens*)为旋花科马蹄金属。主产于美洲，世界各地均有生长。我国主要分布在长江沿岸及以南地区。

[形态特征] 多年生匍匐性草本。株体低矮，须根发达。具较多纤细的匍匐茎，被白色柔毛，并于节上生根。单叶互生，全缘，肾形(似马蹄状)，叶柄细长。花冠钟状，黄色，花期 4 月。蒴果近球形。

[生态习性] 通常生于干燥地方，耐阴性强。抗旱性、抗热性强。不耐紧实土壤，不耐碱。具有匍匐茎可形成致密的草坪，有侵占性，有一定的耐践踏性。属暖地型草坪草。

[应用特点] 马蹄金叶形奇特，色泽鲜艳，四季常青，株丛密集，侵占力强，宜作多种草坪，

既可用于花坛内作最低层的覆盖材料，也可作盆栽花卉或盆景的盆面覆盖材料。

7. 沿阶草属(*Ophiopgon* Kergawl.)

沿阶草(*Ophiopgon japonicus*)，百合科，沿阶草属。我国主要分布区域：华东、华中、华南。

[形态特征] 多年生草本，高 15～40 cm。根纤细，在近末端或中部常膨大成为纺锤形肉质小块根。地下根茎细，粗 1～2 mm；茎短，包于叶基中；叶丛生于基部，禾叶状，下垂，常绿，长 10～30 cm，宽 2～4 mm，具 3～7 条脉。总状花序，花葶较短，花期 6～8 月，花白色或淡紫色。种子球形，茎 5～8 mm，成熟时浆果蓝黑色。

[生态习性] 沿阶草喜温暖湿润及通风良好环境，抗性强，较耐寒，－10℃低温条件下仍能维持生长。耐阴，怕阳光暴晒。在积水、重沙、重黏土壤上生长不良。耐瘠薄，不耐盐碱和干旱。不耐践踏。

[应用特点] 沿阶草是一种应用广泛、园林价值较高的草坪植物。主要供草坪、花圃镶边等用途。该草可做药用。

第二节 草坪建植

一、草坪草的选择

(一)根据当地地带类型选择草坪草

按照我国宏观生态条件和草坪绿地的建植特点，采用 5 个基本地带类型划分法，简便实用。

(1)冷凉、温润带　该地带主要分布在寒温带和青藏高原高寒气候区，冬季寒冷，夏季凉爽。适宜的草坪草种主要有早熟禾、剪股颖、狐茅等属的种类；靠南一些的冷湿地带可选择高羊茅。一些特殊生境也可选用梯牧草、无芒雀、鸭茅等。

(2)冷凉、干旱、半干旱带　该区域分布范围较广，位于大陆型气候控制区，冬季干燥、寒冷，春季干旱，夏季且个明显的酷热期。主要分布在秦岭-淮河以北的广大中温带和部分暖温带区域。适宜在该地区种植的草坪草种主要是草地早熟禾和细弱剪股颖、匍匐剪股颖、高羊茅间或黑麦草等种类。干旱地区，只要供水充足，便可拥有高等级草坪。红狐茅、丘氏累羊茅、硬羊茅常常出现在更为凉湿的北部和海拔较高的地区；靠南的一些地区高羊茅、黑麦草表现较好；野牛草更适应无灌溉条件、管理粗放的干旱平原区；狗牙根、结缕草属、无芒雀麦、冰草属的草种可出现在低维护水平的道路边坡、机场等地段，用做景观维护草种。

(3)温暖、湿润带　夏季高温、高湿，冬季温和是该区域的气候特征。7 月份日平均温度常常高达 30℃以上，并伴随有很高的湿度。主要分布在亚热带区域，向北插入成都、重庆、西安、郑州等城市。狗牙根在该区域生长良好，耐寒性稍中的结缕草，可选择在靠北一些的地区种植。斑雀稗、钝叶草、地毯草、百喜草、弯叶画眉草等则适宜种植在靠南的地区。冷季型的高羊茅、黑麦草、草地早熟禾等也常出现在该区域靠北或海拔较高的地方。

(4)温暖、干旱半干旱带　该区域星散分布于亚热带、热带及云贵高原的部分地区和其他类似地区。常伴随着干旱的夏季,昼夜温差较大。狗牙根是当家草种,灌溉条件下,结缕草、高羊茅、草熟禾等的使用也非常普遍。该区域内保持有草坪,必须进行灌溉。景观维护可选用野牛草、百喜草、弯叶画眉草等种类。

(5)过渡带　呈隐域性分布和梯度性变化特征,镶嵌或穿插于各带之间。草种选择时,应根据具体建坪地所处的主要地带类型,选择配比不同草种。

(二)根据种类及种间搭配选择草坪草

用于草坪建植的植物种类很多,约有 20 多个种。但是,最适宜草坪建植的植物种类则主要集中在禾本科的少数几个属种。依据这些种类的地理分布和对温度条件的适应性,可将其分为冷季型和暖季型两大类。早熟禾类、高羊茅、紫羊茅、剪股颖、黑麦草等多数种类为冷季型;而结缕草、狗牙根、雀稗等则为暖季型。

冷季型草坪草广泛适应于北方冷凉、温润和冷凉、干旱半干旱地区。它们生长最适宜的温度为 15～24℃;耐寒力虽然强,但不适宜长时间在温度超过 30℃以上的高温、高湿条件下存活。相比之下,暖季型种类则分布在温暖、湿润和温暖、干燥的南方地区,适宜温度为 27～35℃。当温度低于 10℃时,常常进入休眠状态。总体上看,暖季型草生长低矮,根系发达,抗旱、耐热、耐磨损,维护成本低,质地略显粗糙;而冷季型草种耐寒力强,绿期长,质地好,坪质优,色泽浓绿、亮丽。草种选择时,除了应对不同草种的植物学和生物学特性有所了解外,还应依据具体建植的草坪类型、用途和计划投入的管理维护费用来确定适宜的草种。

单一种群形成的草坪绿地,均匀性好;同一类型的草坪植物种间科学搭配,可丰富群落的遗传多样性,增强对逆境胁迫的耐受力,稳定草坪群落,延长利用期。草坪草家族中,草地草熟禾,可单独或与其他冷季型种类配比,适宜建植多种类型的草坪。高羊茅耐热性突出,抗磨损性好;多年生草坪黑麦草虽然绿期稍显不足,但色泽好、建坪快,抗磨损性强,与草地早熟禾科学搭配,在运动草坪建植中发挥着重要作用。而具有耐超低修剪特性、质地柔细的剪股颖、狗牙根,则是高尔夫球场果岭(进球)区的主要种类。

二、草坪草的混合使用

草坪草混播是指把两种或两种以上的草种混在一起或同一草种的不同品种混在一起的播种方法。合理混播可以实现草种间的优势互补,可以提高草坪的抗病、耐阴、耐踏、耐磨、耐修剪等总体抗性,可以延长绿期、提高草坪受损后的恢复能力。草坪草混合使用时,应遵循以下原则。

(1)目的性　为提高草坪的抗病性,常把对不同病害抗性较好的草坪草种或品种放在一起混播。如某些草地早熟禾品种抗褐斑病较好,但抗锈病能力差,秋季易发生锈病,可以选择另外抗锈病品种混合建坪,这样可以提高草坪的总体抗病性。再如,在疏林下建坪时,由于树木分布不匀,树冠大小、遮阴不同,单一草坪草种很难适应各种场合,因而可在某一主导草种内加入耐阴种。例如,紫羊茅是常见的耐阴草坪种,在草地早熟禾或黑麦草内加入一定比例的紫羊茅可提高草坪耐阴性。

(2)兼容性　不同草坪草混播后形成的草坪应该在色泽、质地、均一性、生长速度等方面相一致。即不同混合草种之间要有相互兼容的特性。例如,参与混播的草坪草在叶片颜色上深浅要基本一致,否则影响观赏质量。草坪叶片质地也不宜相差太大。

(3)生物学一致性　混播草坪的生态习性如生长速度、扩繁方式、分生能力应基本相同。

有的草坪草分生能力很强，如剪股颖、马尼拉、狗牙根等，与其他类型的草坪草如黑麦草、早熟禾混播，最后会出现块斑状分离现象，使草坪的总体质量下降。生长太快与生长太慢的草种混播也易产生参差不齐的感觉，使草坪的观赏性大大降低。

三、草坪草建植前的准备

(一)坪址环境调查

新建草坪所在地的环境决定了场地准备的工作内容和工作方法。

1. 气象环境

气象环境对草坪场地准备的影响主要是降雨量的影响。降水量多且集中的地区，排水设施应放在首位；降水量少的干旱地区，灌水系统则更重要。

2. 地形环境

地形因素对场地准备的影响是场地准备要考虑的主要因子之一。地形决定大面积的地表排水状况，与周边排水系统的高差。处于低洼地带应回填土，避免场地积水。

3. 土壤环境

(1)质地　粗细不同的土粒在土壤中占有不同比例，形成不同的质地。根据土壤质地可把土壤划分为沙土、壤土、黏土。

沙土：含沙多，土质疏松，通气透水，是较理想的草坪基质，但不能很好地蓄水、保肥，因此管理费用较高。

壤土：沙、黏粒适中。通气，透水，蓄水，保肥。水、肥、气、热状况比较协调，草坪生长很适宜。但由于践踏和灌溉等因素的影响，后期容易板结，通气、透水受到影响，需要通过打孔来改良。

黏土：含黏粒多，土质黏重，通气、透水差，对草坪的生长发育有不利的影响，必须通过换土或者加沙等改良措施后才能种植草坪。

(2)持水量　这是与土壤质地相关联的因子。田间持水量25%左右对草坪的生长最合适。太大则通气不良，太小则根系不易吸水，需经常浇水灌溉。

(3)孔隙　草坪的根系发达，呼吸需要大量的空气。因此需要土壤中有一定的孔隙，土壤孔隙率一般25%～30%最适宜。

(4)酸碱度　一般用pH值表示。草坪生长最适宜的pH值是6～7.5，即土壤既不太酸，也不太碱。pH值在5.5以下和8.0以上时除少数草种能适宜生长外，对大部分草坪生长不利，必须经过中和改良，才能适于草坪的生长。

(二)基础整地

1. 木本植物的清理

木本植物包括乔木和花灌木以及树桩、树根和倒木等的清理。对于木本的地上部分，清除前应准备适当的采伐与运输机械。对于倒木、腐木、树桩、树根则可用挖掘机或其他方法挖除。一方面应避免有些具有根芽的木本植物(如构树、意杨)重新萌发；另一方面应避免残体腐烂后形成洼地，破坏草坪的一致性、平整性，并防止伞菌等的滋生与生成。根据设计的要求，决定保留和移植的方案，能起景观作用的或有纪念意义的古树，要尽量保留，此外一律铲除。

2. 岩石、巨砾、建筑垃圾的清理

(1)岩石、巨砾　除去露出地表的岩石是清理坪床的主要工作之一。根据设计的总体要求，除确需保留有观赏价值的布景石外，其余一律清除或深埋。通常应在坪床面以下不少于60 cm处将其除去，用回填土填平，并灌水使其沉降后再填平，否则将形成水分供给能力不均匀现象。

(2)建筑垃圾　指石块、石子、砖瓦、碎片、水泥、石灰、泡沫、塑料制品及其建筑机械留下的油污等。这些建筑垃圾，不仅影响草坪建植操作，而且阻碍草坪根系的生长与下扎。因此，在播种前应用耙子耙除，也可用人工或捡石机械清除。

3.污染物的清理

污染物包括农业污染、生活垃圾和化工污染。

(1)农业污染、生活垃圾　农用薄膜、化肥袋子、泡沫塑料等塑料制品不易风化，能长期保留在土壤中，严重影响草坪草根系的生长，进而影响到草坪草对水分、肥料的吸收、在播种前应清除干净，并送废品回收站。油污、药污会造成土壤多年的寸草不长，最有效的办法是进行换土。

(2)化工污染　化工污染是指化工等工业企业产生的废气、废液、废尘对草坪植物的毒害。较严重者影响草坪草的生长发育；严重的，会使土壤寸草不长。对于“三废”污染，在换土的同时，还要严格防止废气、废液漂浮或移流到坪床上来。

4.杂草的防除

(1)物理防除　是指用人工或土壤耕作的手段清除杂草的方法。包括人工或机械耕翻、人工拔除、秋季火烧和冬季翻冻等。根据不同的季节和不同的杂草生长期而采取不同的灭除方法。若在生长季节，杂草尚未结籽，可用人工、机械翻压土壤中用作绿肥；若在秋冬季节或夏季，杂草种子已经或接近成熟，可铲除或收割贮藏用作牧草；若是空闲地，可采用诱杀法灭除杂草；若是具有较深根茎的杂草(如空心莲子草、白茅等)，则需冬季深翻，进行干冻或人工拣除。

(2)化学防除　是指用化学除草剂杀灭杂草的方法。通常是用高效、低毒、低残留的灭生性的内吸型除草剂和熏蒸剂，如草甘膦、克芜踪、必速灭等。如必速灭是一种新型广谱土壤消毒剂，对线虫等地下害虫、非休眠杂草种子及块根的杀灭非常彻底，且无残毒，是理想的土壤熏蒸剂，广泛应用于花卉、草坪、苗床、温室等。

对急需种草，只有一年生和越年生杂草的欲建坪地，可用触杀型的克芜踪防除，用后2～3天即可植草；对有一定时段空闲，并且有较多多年生杂草的欲建坪地，可用草甘膦、必速灭防除，用后7～15天即可种植草坪；对场地中需保留一些草坪草时，可有针对性地选用具有选择性的除草剂，如苯达松、2,4-D、丁酯、二甲四氯、阔叶净、禾草克、丁草胺等，这类除草剂应在杂草苗期(5叶前)使用，用后7～30天植草。

(三)排灌系统的配置

对确定欲建草坪的坪床，在土壤改良之前或同时，应建立好排水与灌溉系统。排水系统排出坪床多余的水分，而灌溉系统则是在土壤水分不足时，能及时供给水分，只有二者相互配合，才能给草坪创造一个良好的水、气环境。一般而言，我国东南部地区以排水为主，而西北部地区以灌水为主。

1.排水系统

对大多数土壤而言，排水均有良好的作用，主要表现在：①排出过多的水分，改善土壤的通气性，有利于养分的供给；②降低和排出地下水，防止淹害，促进草坪草的根系向深层扩展，当干旱尤其是夏秋季表层土壤缺水时，草坪草能吸收到土壤深层的水分；③早春土壤升温快；

④可以扩大草坪，尤其是运动场草坪的使用时间和使用范围。

排水可分为两类，即地表排水和地下排水。地表排水可将草坪草根部多余的水分迅速排出，地下排水的目的是排除土壤深层过多的水分。

(1)地表排水　一般公共绿地或较小的绿地，采用地表排水即可达到排水目的。

①利用地形排水。通常使坪床表面保持0.5%～5%的坡度进行排水，如围绕建筑物的草坪，从建筑物到草坪的边缘，视地势，做成1%～5%的自然坡度；足球场等运动场地也应保持0.5%～1%的自然坡度。

②明沟排水。对地形较为复杂的坪床，则可根据地形的变化、地势的走向，在一定位置开挖不太明显的沟，或明暗结合的沟，以排出局部的积水。

③改良土质。草坪土壤一般以沙壤土为好，因为该土壤既具有良好的排水性，又具有较强的保水性。在草坪建植与养护实践中，常通过掺沙、增施有机肥等措施来增加土壤的通透性，以利于土壤的排水。对板结的土壤，可通过打孔、垂直修剪等措施，来保持草坪土壤的通透性，以利于土壤爽水。

(2)地下排水　是在地表下挖一些必要的底沟，以排除地下多余的水分。一般城市绿化草坪、运动场草坪，都应设置地下排水系统。

①暗沟排水。这是一种用地下管道与土壤相结合的排水方式。地下水可通过土坡、石头到暗管，最终流到主管排出场地外。排水管的排布常采用网格状、人字形(主干管与支管的连接成45°左右)或其他形式放置于水的走势位置。排水管放置的深度，依地形地貌、主干管深度、是否有盐碱等因素而定。一般应铺设在草坪下40～90 cm深处，在沿海地区或半干旱地区，因地下水可能造成表土返盐，排水管深可达2 m。排水管的间距5～20 m。常用的排水管有水泥管和陶管，现在广泛应用的是穿孔的塑料管。在放置排水管时，应在其周围放置一些砾石，以防止细土堵塞管道。

②盲沟排水。在运动场地上，为使水分迅速排出场地，在种植草坪前，常在场地内，按一定格式，设置盲沟。盲沟的规格是：深50～60 cm，宽10～15 cm，沟间距2～3 m，沟底填10～15 cm厚的砾石，其上填10 cm左右厚的细石，细石上覆5～10 cm粗沙，粗沙上再覆5 cm左右的细沙，最后覆25 cm左右的土壤。

2.灌溉系统

灌溉对于促进草坪草的茁壮生长、保持旺盛的生长势与良好的景观，以及延长草坪草的寿命是非常重要的，尤其是景观草坪、运动草坪和在半干旱、干旱地区建立灌溉系统是非常必要的。根据坪床的大小、建坪的目的、草坪草的特点、地理区域和经济条件决定灌溉的形式。灌溉系统可归纳为三种形式。

(1)人工浇灌　主要是用软管的方式浇水。其水源是自来水，或用动力在自然水源中抽水引入坪床。

(2)地面漫灌　主要是用引水或动力抽水等方式，将水引入坪床，进行地面漫灌。地面漫灌的缺点是会使土壤板结，影响草坪草的生长。

(3)喷灌　草坪喷灌应用得较多，尤其是景观草坪、运动草坪已基本采用。喷灌有三个基本类型，即固定式喷灌系统、半固定式喷灌系统、移动式喷灌系统。

(四)草坪整地

1. 改良土壤质地

最适宜草坪草生长的土壤是壤土或沙壤土，对不适宜草坪草生长的过黏、过沙土壤，就需要改良。改良土壤的总目标是使土壤形成良好的结构，促进草坪草健壮生长。改良土壤的方法很多，一般原则是黏土掺沙，沙土掺黏，使得改良后土壤质地为壤土或沙壤土。具体掺入量多少，要依据原土壤质地、改良厚度和客土质地而定。

改良土壤主要是在土壤中加入改良剂，以调节土壤的通透性及提高蓄水、保肥能力，施用改良剂对黏土和沙土均有改良作用。目前生产上主要施用泥炭、锯木屑、植物秸秆、粪肥、堆肥等，一般施用量为覆盖坪床表面 5 cm 或 5 kg/m^2。

2. 调节土壤酸碱度

草坪草大都适应 pH 5.8～7.4 弱酸至微碱的土壤。我国北方与沿海的一些地区土壤偏碱，pH 值常大于 8.0，但南方部分地区土壤则偏酸，pH 值常在 5.8 以下。对过酸或过碱的土壤需改良，以确保草坪草的正常生长。

对于碱性土常用掺石膏、明矾、硫黄来调节 pH 值。石膏本身是酸性物质，而明矾、硫黄则在施入土壤后，经水解或氧化产生硫酸，都能起到中和碱性土壤的效果。对于酸性土常用掺石灰粉来调节 pH 值。使用时石灰粉越细越好，以增加土壤离子的交换强度，以达到调节土壤 pH 值的目的。

对于沿海的盐碱地，可通过排碱洗盐法、开沟降盐法、增施有机肥、换土等措施。此外，对酸碱性不是很重的土壤，也可施用有机肥或种植绿肥来调节土壤的酸碱性。

3. 换土或客土

换土是将耕作层的原土用新土全部或部分更换。客土则是完全引进场外的土壤。

欲建草坪的场地上发现下列情况之一时应考虑换土或客土：①欲建草坪的地块上，没有或基本没有土壤；②坪址上原土层太薄，不能保证草坪草正常的生长发育；③坪床上有难以改良的因素，如石块、恶性杂草、过酸过碱等；④地势太低或地下水位太高，又无法排除；⑤严重的化工污染；⑥改土所花费用比换土或客土费用更高时。

4. 施足基肥

草坪草同所有植物一样，需要从土壤中吸收植物良好生长的 16 种必需元素。缺乏其中任何一种元素，草坪草的正常生长就会受阻。可通过看苗诊断的方式，确认营养元素的余缺。其中氮、磷、钾是草坪草茁壮生长的基本物质保障。氮素是叶绿素、氨基酸、蛋白质、核酸的组成成分。土壤中缺氮时，生长受阻，叶面积变小，分蘖减少，下部叶片先褪绿变黄，枯死，然后上部叶片发黄，易发锈病。氮过多时，叶色暗绿，生长过快，细胞壁变薄，茎叶柔嫩，抗性差，易发多种病虫害。磷素是细胞质遗传物质的组成元素，还起着能量传递和贮存的作用。磷肥有助于草坪草根系的生长发育。钾素在大量化合物合成(氨基酸、蛋白质、碳水化合物)中起重要作用。钾肥能促进草坪健壮生长，有助于抗病和抗严寒能力的提高。

草坪要保持持久的景观，必须施足长效基肥。基肥中，应以长效的有机肥为主，速效的化学肥料为辅，并采用深施或全层施的施肥方法。有机肥主要是农家肥(沤肥、堆肥、粪肥)植物肥料(饼肥、绿肥、泥炭、砻糠)。化肥以 N、P、K 三元素复合肥为主。基肥的施用量，要看土壤的肥沃程度、草坪的种类、建坪的目标和播种的时期而灵活掌握，一般农家肥、泥炭的施用量为

4～6 kg/m²,饼肥 0.2～0.4 kg/m²,复合肥 0.1～0.2 kg/m²。

在方法上,应采用有机肥深施或全层施、化肥浅施的施肥方法。即结合耕翻或旋耕将有机肥深施在 20～30 cm 土层中,在粗整或精整时,将化肥施在 5～10 cm 土层中。

5. 应用土壤保水剂

在湿润地区,也常有干旱的季节,应用土壤保水剂能发挥很好的保水作用,在半干旱、干旱地区等缺水地区应用土壤保水剂,显得更为重要。近年来,我国已研制的专用土壤保水剂,是一种高分子物质,吸水量是其自重的几千倍以上,又不易蒸发,可长期供给草坪根系吸收。一般施用量在 5 g/m² 左右。施用锯木屑、砻糠、泥炭等也能起到很好的保水、改土作用。

6. 土壤耕作

土壤耕作是建坪前对土壤进行耕、旋、耙、平等一系列操作的总称。

为草坪草生长发育创造一个理想的土壤环境,减少土壤阻力,促进草坪草生长发育和形成良好的根系;使土壤的固、液、气三相趋于合理化,改善土壤结构和通透性,提高持水保肥能力;增加太阳的辐射能,促进微生物的活动;使土壤表面疏、松、透、平,从而形成良好的团粒结构;使坪床表面平整一致,形成良好的草坪景观。

适耕时间的长短取决于土壤性质、质地、有机质含量和土壤含水量。适耕期的简易检验方法:用手把土捏成团,齐胸落地即散开时,是最佳的耕作期。当然不同土壤质地,其适耕期的长短也不同。土壤越黏,其适耕期越短,在适耕期内应抓紧耕作;越是沙性土壤,其适耕期越长。

平整的标准是达到"平、细、实",即坪面平整,土块细碎、上虚下实。主要是抓好以下几道工序:

①挖高填低。对欲建草坪的地面不平整的地块,应按设计的要求,进行挖高填低,使坪面达到设计的要求。对达不到设计标高的场地,要从外地运土,使之达到标高;反之,对超过标高的场地,要将多余的土外运。

②整理坡度。为防坪床积水,坪床表面应整成一定的坡面,适宜的坡度为 0.5%～2.5%。在建筑物附近,坡向应是远离建筑物的方向;运动场、开放式的广场应以场所中点为中心,向四周排水;高尔夫球场草坪,发球台和球道则应在一个或多个方向上向障碍区倾斜,坡度的整理可以与整平工序同时进行。

③精整。是整成光滑的地表,为种植草坪作准备的操作。平整要坚持的原则是"小平大不平",即除了地形设计的起伏和应保留的坡度外,其余都应平整一致。精整主要是将小起伏整平,将较大的土垡细碎,并进一步捡除杂物。小面积上人工平整是理想的方法,常用工具为搂耙,来回疏理,也可用一条绳拉一个钢垫进行精整;大面积上精整则需要借助专用设备,包括刮平机械、板条大耙、重钢耱等。

四、草坪草的建植

(一)草坪草种子建植

1. 播种时间的确定

从理论上讲,草坪草在一年的任何时候均可播种。但在生产中,由于种子萌发的自然环境因子气温是无法人为控制的,所以建坪时必须抓住播种适期,以利种子萌发,提高幼苗成活率,保证幼苗有足够的生长时间,能正常越冬或越夏,并抑制苗期杂草的为害。如冷季型禾草最适宜的播种时间是夏末,暖季型草坪草则在春末和初夏。

暖季型草坪草发芽温度相对较高，一般为 20～35℃，最适温度为 25～30℃。所以暖季型草坪草必须在春末和夏初播种，这样才能有足够的时间和条件形成草坪。

冷季型草坪草发芽温度为 10～30℃，最适发芽温度为 20～25℃。所以冷季型草坪草适宜播种期在春季、夏末和秋季。在春季日平均温度稳定通过 6～10℃，保证率 80%以上，至夏季日平均气温稳定达到 20℃之前，夏末日平均气温稳定降到 24℃以下，秋季日平均气温降到 15℃之前，均为播种适期。秋天播种杂草少，是建坪最好的季节。春天播种杂草多，病虫害多，管理难度较大。但是，在有树遮阴的地方建植草坪时，由于光线不足，会使草坪稀疏或导致建坪失败。在此条件下，春季播种比秋季播种建植要好，因为春季落叶树叶子较小、光照较好。

2.播种量的确定

播种所遵循的一般原则是要保证足够量的种子发芽，每平方米出苗应在 10 000～20 000 株。根据这项原则，如果草地早熟禾种子的纯度 90%，发芽率 80%，每克种子 4×10^3 粒时，每平方米应播 3.6～7.2 g 种子。这个计算是假定所有的纯活种子都能出苗，而实际上由于种子的质量和播后环境条件的影响，幼苗的致死率可达 50%以上，因此，草地早熟禾的建议播种量为 6～8 g/m^2。特殊情况下，为了加快成坪速度，可加大播种量，草坪草种子的播种量除了取决于种子质量，还与草种的混合组成、土壤状况以及工程的性质有关。

混播组合的播种量计算方法：当两种草混播时选择较高的播种量，再根据混播的比例计算出每种草的用量。例如，若配制 90%高羊茅和 10%草地早熟禾混播组合，混播种量 40 g/m^2。首先计算高羊茅的用量 40 $g/m^2\times90\%=35$ g/m^2，然后计算草地早熟禾的用量 40 $g/m^2\times$ $10\%=4$ g/m^2。

当播种量算出来之后，即可根据需要建植草坪的面积，计算出总的种子需要量。实际种子备量，一般取“足且略余 5%～10%”为宜。对照实有的种子贮备量，若有多余，满足备补种子，多余的部分可及时转让。若数量不足，缺口又不大，宜做好播种前的种子处理，提高播种质量，争取少损失、多出苗；若缺口较大，应及时补足。

3.播种方法

草坪草播种是把大盆的种子均匀地撒在坪床上，并把它们混入 0.5～1.5 cm 的表土层中，或覆土 0.5～1.0 cm 厚。播种过深或覆土过厚，导致出苗率下降；过浅或不覆土，种子会被地表径流冲走或发芽后干枯。一般播种深度以不超过种子长径的 3 倍为准。

播种的技术关键是把种子均匀地撒于坪床上，只要能达到均匀播种，用任何播种方法都可以。一般可把播种方法归纳为人工撒播和机械播种两类。

人工撒播：很多草坪是用人工撒播的方法建成的。这种方法要求工人播种技术熟练，否则很难达到播种均匀一致的要求。其优点是灵活，尤其在有乔、灌木等障碍物的位置、坡地及狭长和小面积建植地上适用，缺点是播种不均匀，用种量不易控制，有时造成种子浪费。人工撒播大致分以下五步：第一步，把建坪地划分成若干块或条。第二步，把种子相应地分成若干份。第三步，把种子均匀地撒播在相应的地块上，种子细小可掺细沙、细土，分 2～3 次横向、纵向均匀撒播。第四步，用细齿耙轻搂或竹丝扫帚轻拍，使种子浅浅地混入表土层。若覆土，所用细土也要分成相应的若干份撒盖在种子上。第五步，轻度镇压，使种子与土壤紧密接触。第六步，浇水，必须用雾状喷头，以避免种子冲刷。

机械播种：在草坪建植时，使用机械播种可大大提高工作效率，尤其当草坪建植面积较大时，如各类运动场草坪的建植，适宜用机械完成。机械播种的优点是容易控制播种量、播种均匀、省时、省力；不足之处是不够灵活。

常用播种机根据动力类型可分为手摇式播种机、手推式播种机和自行式播种机；根据种子下落方式可分为旋转式播种机和下落式播种机。经过校正的施肥器可用于小面积草坪定量播种。

（二）草坪草营养繁殖建植

营养体繁殖法包括铺植法、直栽法、插枝条和匍匐茎撒播（播茎法）。除铺草皮之外，以上方法仅限于具有强匍匐茎和强根茎的草坪草的繁殖建坪。

营养体建植与播种相比，其主要优点是：能迅速形成草坪，见效快，坪用效果直观；无性繁殖种性不易变异，观赏效果较好；营养体繁殖各方法对整地质量要求相对较低。主要缺点是：草皮块铲运、种茎加工或铺（栽）植费时费工，成本较高。

1. 铺植法建坪

（1）满铺法（密铺法） 满铺是将草皮或草毯铺在整好的地上，将地面完全覆盖，人称“瞬时草坪”，但建坪的成本较高，常用来建植急用草坪或修补损坏的草坪。可采用人工或机械铺设。

机械铺设通常是使用大型拖拉机带动起草皮机起皮，然后自动卷皮，运到建坪场地机械化铺植，这种方法常用于面积较大的场地，如各类运动场、高尔夫球场等。

用人工或小型铲草皮机起出的草皮采用人工铺植。从场地边缘开始铺，草皮块之间保留1 cm左右的间隙，主要是防止草皮块在搬运途中干缩，浇水浸泡后，边缘出现膨大而凸起。第二行的草皮与第一行要错开，就像砌砖一样。为了避免人踩在新铺的草皮上造成土壤凹陷、留下脚印，可在草皮上放置一块木板，人站在木板上工作。铺植后通过滚压，使草皮与土壤紧密接触，易于生根，然后浇透水。也可浇水后，立即用锄头或耙轻拍镇压，之后再浇水，把草叶冲洗干净，以利光合作用。

如草皮一时不能用完，应一块一块地散开平放在遮阴处，因堆积起来会使叶色变黄，必要时还需浇水。

（2）间铺法 间铺是为了节约草皮材料。用长方形草皮块以3～6 cm间距或更大间距铺植在场地内，或用草皮块相间排列，铺植面积为总面积的1/2。铺植时也要压紧、浇水使用间铺法比密铺法可节约草皮1/3～1/2，成本相应降低，但成坪时间相对较长。间铺法适用于匍匐性强的草种，如狗牙根结缕草和剪股颖等。

2. 直栽法建坪

直栽法是种植草坪块的方法。最常用的直栽法是栽植正方形或圆形的草坪块，草坪块的大小约为5 cm×5 cm，栽植行间距为30～40 cm，栽植时应注意使草坪块上部与土壤表面齐平。结缕草常用此法建植草坪，其他多匍匐茎或强根茎的草坪草也可用此法建植。直栽法除了用在裸土建植草坪外，还可用于把新品种引入现有的草坪中。如用直栽法能把草地早熟禾草坪转变成狗牙根或结缕草草坪，通常转换过程非常缓慢。

第二种直栽法是把草皮切成小的草坪草束，按一定的间隔尺寸栽植。这一过程可以用人工，也可以用机械完成。机械直栽法是采用带有正方形刀片的旋筒把草皮切成小块，通过机器进行直栽，这是一种高效的种植方法，特别适用于不能用种子建植的大面积草坪中。

3. 插枝条建坪

枝条是单株草坪草或是含有几个节的植株的一部分，节上可以长出新的植株。插枝条法主要用来建植有匍匐茎的暖季型草坪草，如狗牙根、结缕草等，但也能用于匍匐剪股颖。

通常,把枝条种在条沟中,沟间距 15～30 cm,深 5～7 cm。每个枝条要有 2～4 个节。栽植过程中,要在条沟填土后使枝条的一部分露出土壤表面。枝条插完后要立刻滚压和灌溉,以加速草坪草的恢复和生长。也可以用上述直栽法中使用的机械来栽植枝条,它能够把枝(而非草坪块)成束地送入机器的滑槽内,并且自动地种植在条沟中。有时也可直接把枝条放在土壤表面,然后用扁棍把枝条插入土壤中。

4.播茎法建坪

播茎法是把草坪草的匍匐茎均匀地撒在土壤表面,然后再覆土和轻轻滚压的建坪方法。

播茎法在南方地区建坪的过程中运用较多,主要适用于具有匍匐茎的草坪草,常用的草坪草有狗牙根、结缕草、剪股颖、地毯草等。匍匐茎上的每一节都有不定根和不定芽、在适宜条件下都能生根发芽,利用这一生物学特性,可以把草坪草的匍匐茎作为播种材料。播茎法具有取材容易、成坪快、成本低的优点,但种茎的贮运较种子贮运麻烦。

草茎长度以带 2～3 个茎节为宜,采集后要及时进行撒播,用量为 0.5 kg/m^2 左右。一般在坪床土壤潮而不湿的情况下,用人工或机械把打碎的匍匐茎均匀地撒到坪床上,然后覆细土 0.5 cm 左右,部分覆盖草茎,或者用圆盘犁轻轻耙过,使匍匐茎部分插入土壤中。轻轻滚压后立即喷水,保持湿润,直至匍匐茎生根。

第三节 草坪养护

一、修剪

(一)草坪修剪的作用

修剪,又称剪草、轧草或刈割,是指为了维护草坪的美观或者为了特定的目的使草坪保持一定高度而进行的定期剪除草坪多余枝条的工作。它是保证草坪质量的重要措施。

通常情况下,草坪应定期修剪。在草坪草能忍受的修剪范围内,草坪修剪得越短,草坪越显得均一、平整和美观。草坪若不修剪,长高的草坪草将干扰运动的进行,使草坪失去坪用功能,降低品质,进而失去其经济价值和观赏价值。

草坪草的修剪一般都是短刈,即剪去枝叶的上半部分。修剪会去掉部分叶组织,对草坪草是一种伤害,但它们又会因很强的再生能力而得到恢复。如矮生百慕大在生长季节里,草高 4 cm,修剪到 2 cm,经过 3～4 天的生长就可以恢复。草坪草的再生部位主要有:一是剪去上部叶片的老叶可继续生长;二是未被伤害的幼叶尚能长大;三是基部的分蘖节可产生新的枝条。又由于根与留茬具有贮藏营养物质的功能,能保障再生对养分的需要,所以草坪是可频繁修剪的。

适当的修剪,可抑制草坪的生殖生长,从而获得平坦均一的草坪表面,促进草坪的分枝,利于匍匐枝的伸长,增大草坪的密度。据测定,一年未修剪的草坪,翌年返青时每 100 cm 有 8 片叶子,盖度仅有 10%;而经过 8 次修剪的则有 50 片叶,盖度达 80%。在一定范围内,修剪次数与枝叶密度成正比。

修剪会使叶片的宽度变窄,提高草坪的质地,使草坪更加美观。如在运动场经过定期修剪的高羊茅叶片只有 2～4 mm 宽，而在一般的绿化地不常修剪的高羊茅叶片可宽达 6 mm。

另外，定期修剪，还能抑制杂草的入侵，提高草坪的美观性及其利用效率。因为一般双子叶杂草的生长点都位于植株的顶部，通过修剪可以去除杂草的顶部生长点，使其经常处于受抑制状态，最终就会被消除。单子叶杂草的生长点虽剪不掉，但由于修剪后其叶面积减少，从而降低其竞争能力。多次修剪还可能防止杂草种子的形成，减少杂草的种源。

任何事物都有两面性，同样修剪也存在不利的影响。对草坪草而言，修剪毕竟是被强加的外力伤害。修剪改变了草坪草的生长习性，由于分蘖增多，使地上部分密度大大增加，却减少了根和茎的生长。因为产生新茎叶组织需要营养，这就减少了供给根和根状茎生长的养分。同时，植物贮存营养的减少，也会对草坪生长产生不利影响。

修剪使叶片变窄，增加了叶子的多汁性，也给虫害的发生造成了有利环境。另外，剪草往往会发生病害问题，这是因为剪去茎叶组织，留下切开的伤口，会大大增加病菌侵染的机会。

总之，修剪，尤其是不正确的修剪，如留茬太低、修剪次数太少、使用的刀片钝等，都会引起草坪质量的严重下降，为了减轻修剪对草坪草带来的不利影响，草坪应适当修剪并辅之以施肥、浇水、打药、覆沙等作业。

(二)草坪修剪的方法

1. 修剪时间和频率

(1)修剪频率的影响因素　草坪的修剪频率应由草坪草的生长速度及草坪的用途来决定，而草坪草的生长速度取决于草坪草的种类及品种、草坪草的生育时期、草坪的养护管理水平以及环境条件等。

草坪草的生长时期　一般来说，冷季型草坪草有春秋两个生长高峰期。因此，在两个高峰期应加强修剪，可 1 周 2 次。但为了使草坪有足够的营养物质越冬，在晚秋，修剪次数应逐渐减少。在夏季，冷季型草坪也有休眠现象，也应根据情况减少修剪次数，一般 2 周 1 次即可满足修剪要求。暖季型草坪草一般 4—10 月份，每周都要修剪 1 次草坪，其他时候则 2 周 1 次。

草坪草的种类及品种　不同类型和品种的草坪草其生长速度是不同的，修剪频率也自然不同。生长速度越快，修剪频率越高。在冷季型草中，多年生黑麦草、高羊茅等生长量较大，暖季型草中，狗牙根、结缕草等生长速度较快，修剪频率高。

草坪的用途　草坪的用途不同，草坪的养护管理精细程度也不同，修剪频率自然有差异。用于运动场和观赏的草坪，质量要求高，修剪高度低，得到大量施肥和灌溉，养护精细，生长速度比一般养护草坪要快，需经常修剪。如南方高尔夫球场的果岭地带，在生长季需每天修剪，而管理粗放的草坪则可以 1 个月修剪 1～2 次，或根本不用修剪。

(2)修剪频率的确定因素　究竟如何确定修剪时间呢？在草坪养护管理实践中，通常可根据草坪修剪的 1/3 原则来确定修剪时间和频率。1/3 原则也是确定修剪时间和频率的唯一依据。

1/3 原则　是指每次修剪时，剪掉的部分不能超过草坪草茎叶自然高度(未修剪前的高度)的 1/3。当草坪草高度大于适宜修剪高度的 1/2 时，应遵照 1/3 原则进行修剪。不能伤害根颈，否则会因地上茎叶生长与地下根系生长不平衡而影响草坪草的正常生长。

如果一次修剪的量多于了 1/3，由于大量的茎叶被剪去，势必引起养分的严重损失。叶面积的大量减少，导致草坪草光合能力的急剧下降，仅存的有效碳水化合物被用于新的嫩枝组织，大量的根系因没有足够的养分而粗化、浅化、减少，最终导致草坪的衰退。在草坪实践中，把草坪的这种极度去叶现象称为“脱皮”，草坪严重“脱皮”后，将使草坪只留下褐色的残茬和裸露的地面。

频繁的修剪使剪除的顶部远不足1/3时，也会出现许多问题。诸如根系、茎叶的减少，养分储量的降低，真菌及病原体的入侵，不必要的管理费用的增加等等。所以，每次修剪必须严格遵循1/3原则。

修剪高度　也称留茬高度，是指草坪修剪后立即测得的地上枝条的垂直高度。在1/3原则的基础上，修剪频率的确定决定于修剪高度。显然，修剪高度越低，修剪频率越高，修剪次数越多；相反，修剪高度越高，修剪频率越低，修剪次数越少。只有这样，才能符合1/3原则的要求。

通常，当草坪草长到6 cm以上时，就应修剪。从理论上讲，就是草坪草的实际高度超出适宜留茬高度的1/3时，就必须修剪。例如，当草高已到6 cm，而要求的修剪高度是2 cm，那么，根据1/3原则，不能一次就剪掉4 cm，而是应先剪掉2 cm，再分几步，逐步剪到2 cm。

一般草坪草的适宜留茬高度为3～4 cm，部分遮阴地带、水土保持草坪、绿化草坪等，可适当留高一些，直立生长的也可留高一点，匍匐型的可低一点，如匍匐剪股颖可低到0.6～1.5 cm。

如果在潮湿多雨季节或地下水位较高的地方，留茬宜高，以便加强蒸腾耗水；干旱少雨季节应低修剪，以节约用水和提高植物的抗旱性。当草坪草在某一时期处于逆境时，应提高修剪高度，如在夏季高温时期，对冷地型草坪提高修剪高度，有利于增强其耐热、抗旱性；而早春或晚秋的低温阶段，提高暖季型草坪的修剪高度，同样可以增强其抗寒性；对病虫害和践踏等损害较重的草坪，可延缓修剪或提高留茬；局部遮阴的草坪生长较弱，修剪高度提高有利于复壮生长。

在草坪草休眠期和生长期开始之前，可剪得很低，并对草坪进行全面清理，以减少土表遮盖，达到提高土壤温度、降低病虫害等寄生物宿存侵染的机会，促进草坪快速返青和健康生长。

2.修剪的质量

修剪的质量即修剪后的草坪质量。修剪质量的高低，取决于剪草机的类型、功能、修剪方法和草坪草的生长状况。

(1)剪草机的选择　修剪工具的选择应以能快速、优质地完成剪草作业且费用适度为依据。目前，用于草坪修剪的机械种类很多，按作业时的行进动力有机动式和手推式之分，按工作方式可分为滚筒式和圆盘式两类。

滚筒式剪草机能将草坪修剪得十分干净整齐，只是价格较高，保养较严格。常用于网球场、高尔夫球场等运动场草坪。

圆盘式剪草机修剪质量稍差，但价格较低，保养也较简便，用于低保养草坪和大部分绿地。

(2)修剪方法

修剪方向　剪草机作业时运行的方向和路线，显著地影响着草坪草枝叶的生长方向和草坪土壤受挤压的程度。因此，同一草坪，每次修剪应避免使用同一种方式，要防止多次在同一行列，以同一方向重复修剪，以免草坪草趋于瘦弱和发生“纹理”现象(草叶趋向同一方向生长)，使草坪生长不均衡。

草坪图案的修剪　可根据预定设计，运用间歇修剪技术而形成色泽深浅相间的图形，如彩条形、彩格形、同心圆形等，常见于球类运动场和观赏草坪。

草坪边缘的修剪　可视情况而采用相应的方法。越出边界的茎叶，可用切边机或平头铲等切割整齐；毗邻路牙或栅栏，可用割灌机或刀修剪整齐。

(3)草屑处理　剪草机剪下的草坪组织总体称为草屑。草屑的处理可根据具体情况而定。如果修剪下来的草屑较短，可留在草坪内，有一定营养作用。但是，在大多数情况下，草屑留在草坪内弊大于利，既影响了外观，降低了坪床的通透性，又容易诱发病害，而使草坪过早退化。一般每次修剪后，建议将草屑及时集中，移出草坪；若天气干热，也可将草屑留放在草坪表面，以减少土壤水分蒸发。

3. 草坪修剪的技术要点

(1)遵循1/3原则　合理、科学的修剪是使草坪生长良好、使用年限增长的主要措施之一，无论何时修剪都要严格遵守1/3原则。长时间留茬得过低，会出现“脱皮”现象，留茬过高会影响观赏，景观效果差。

(2)修剪机具的刀片要锋利　草坪修剪前要对剪草机进行全面的检查，其中包括检查刀片是否锋利。刀片钝会使草坪草叶片受到机械损伤，严重的会把整个植株拔出来。叶片切的不齐，有“拔丝”现象出现，修剪完太阳光一晃，坪面上像撒了一层干草碎屑，观赏效果极差。

(3)同一草坪避免同一地点、同一方向重复修剪　修剪时最好要不断变换剪草的样式，每次剪草不应总从同一地点开始、朝同一方向修剪。否则，草坪草易向剪草的方向倾斜或生长，形成谷穗状样式。另外，每次剪草机的轮子压过同一地方，时间长了会使土壤板结、草坪草矮化或出现秃斑，严重影响景观。

(4)修剪完的草屑要处理干净　草屑细碎时可以留在坪床上，进行养分循环，而草屑过长时最好移出坪地，以免草茎分解缓慢或不彻底，引起病害等难以控制的后果。

(5)修剪机具的刀片和工作人员的衣服要经常消毒　草坪修剪机的使用频率很高，但在病害高发季节要特别注意刀片和工作人员服装的消毒工作。一旦局部的病菌被修剪机具的刀片和工作人员带到其他草坪上，会使病害广泛传播，造成严重的经济损失。

(6)修剪避免在有露水和阳光直射时进行　修剪时为何要避开露水和直射的阳光呢？原因是修剪必定要对草坪形成剪口，也就是创伤，如果有露水易使切口腐烂、引发病害；直射的阳光会使草坪草脱水重，造成草坪草萎蔫，甚至死亡。

二、滚压

(一)滚压的时间及作用

滚压是用压辊在草坪上边滚边压。通过滚压可改善草坪表面的平整度，适度滚压对草坪是有利的。但滚压也会带来土壤坚实等问题，因此要根据实际情况决定是否进行。

(1)坪床准备时进行滚压　对耕翻、平整后的坪床进行滚压，对坪床表面进行微调，可使坪床表面平整、结实。

(2)播种后进行滚压　滚压可使得种子与土壤紧密接触，出苗整齐。常应用带细棱的压轮，使得坪床表面产生细微的凹凸，在凹处形成一个湿润的小环境，有利于种子发芽。

(3)草皮铺设后进行滚压　滚压既可使坪面平整，又可使草皮根系与坪面接触良好，保证根系正常生长。

(4)生长季节滚压　抑制顶芽生长，增加草坪草分蘖、分枝，促进匍匐茎生长，使匍匐茎的上浮受到抑制，节间变短，增加草坪密度。使叶丛紧密而平整，抑制杂草入侵。可以抑制地上部的生长，促进根系发育，从而提高草坪抗逆性。

（5）春季解冻后进行滚压 由于冻融作用反复交替进行，植株会逐渐被拱起，草坪表面会产生起伏；修剪时，草层被整块揭起；同时由于根系裸露，植株的抗寒性降低。所有这些都会影响草坪质量。因此进行滚压，把凸出的草坪压回原处，消除这些不良影响。

（6）运动场草坪比赛前后进行滚压 对运动场草坪进行滚压，可增加场地硬度，使场地平坦。通过不同走向滚压，使草坪草叶反光，形成各种形状的花纹，提高草坪的观赏效果。运动后进行滚压，可使运动过程中被拉出根的草坪草复位。

（7）草皮生产时进行滚压 以获得厚度均匀一致的高质量草皮。同时也可以减少草皮厚度，降低土壤损失，延长土地使用年限。还可以降低草皮重量减少运输费用。

（8）蚯蚓、鼹鼠、蚂蚁等驱赶、杀灭后进行滚压 蚯蚓、鼹鼠、蚂蚁等在土壤中的活动虽然可以疏松土壤，有利于草坪草生长，但也堆土于草坪上，既影响草坪的平整，也直接影响草坪质量。因此除了予以驱赶、杀灭外，还通过滚压来进行修复。

（二）滚压方法及注意事项

1. 滚压的方法

滚压可用人力推动或机械牵引手推辊轮重 60～200 kg，机动辊轮重 80～500 kg，机动辊为空心的铁轮，可充水，可通过调节水量来调整重量。滚压的重量依滚压的次数和目的而定，如为了修整床面宜少次重压（200 kg），出苗后的首次滚压则宜轻（50～60 kg）。

2. 注意事项

①观赏草坪在春季至夏季滚压为好，有特殊用途的则在建坪后不久进行滚压，降霜期、早春修剪时期也可进行滚压。

②土壤黏重、水分过多、过于干燥时，应避免高强度的滚压，可在草坪草生长旺盛时进行。在有机质含量高的人工土壤上，滚压是最有效的方法，可以最大限度地改善表面平整度，有机土壤不易板结。

③对冷季型草坪草而言，滚压应在春、秋草坪生长旺盛的季节进行，而暖季型草坪草则宜在夏季进行。同修剪一样，应避免每次都在同一起点、按同一方向、同一路线进行滚压，否则会出现纹理现象。

④为减轻滚压的副作用，滚压应结合打孔通气、梳耙、施肥和覆沙等管理措施，改善表层土壤的紧实状况，使草坪草达到最好的生长状态。

三、灌溉

在自然条件下，草坪植物所需要的水分，主要由降水和土壤供给。但由于降水时间分布的不均匀性和土壤保水能力的限制，往往满足不了草坪草生长发育的需要，草坪草常常发生旱害，影响优质草坪的培育，足见人工适时灌水对保持草坪草的正常生长、维护草坪功能的重要性。

（一）找准灌水时机

灌水的目的是补充草坪土壤水分的不足，以满足草坪草生长发育的需要。草坪何时需要灌水，生产中一般可用下列方法加以判断。

1. 植株观察法

当草坪草缺水时，首先出现膨压改变的症状，就是出现不同程度的萎蔫，进而叶片变为青绿色或灰绿色。借助房屋、树木等遮阴物，比较阳光下与遮阴中草坪草叶片的色泽。若两者亮度一致，或光下尤甚，表明不缺水；若光下较暗，则表明已缺水。植株观察法获得的缺水特征，只能说明草坪草生理上缺水，是土壤干旱所致，还是另有他因，尚需辅以目测土壤含水量，才能确切地加以判断。

2. 土壤含水量目测法

土壤颜色随含水量不同而有变化，湿润土壤一般呈灰至暗黑色（土壤含水量为 30%）；干旱土壤呈浅白色，无湿润感。用小刀或土钻分层取土观察，当土壤干至 10～15 cm 深时，就是“干旱”，草坪就需灌水。

（二）草坪灌溉方法

1. 确定灌水时间

根据草坪和天气状况，应选择一天中最适宜的时间浇水。早晚浇水，蒸发量最小，而中午浇水，蒸发量大。黄昏或晚上浇水，草坪整夜都会处于潮湿状态，叶和茎湿润时间过长，病菌容易侵染草坪草，引起病害，并以较快的速度蔓延。所以，最佳的浇水时间应在早晨，除了可以满足草坪一天需要的水分外，到晚上叶片已干，可防止病菌滋生。但对于宽敞通风良好的地方，适宜傍晚浇水，如高尔夫球场、较大的公园等。

2. 确定灌水量

草坪每次灌水的总量取决于两次灌水期间草坪的耗水量。它受草种和品种、土壤类型、养护水平、降雨次数和降雨量，以及天气条件，如湿度和温度等多个因子的影响。

不同的草坪草种或品种，需水量是不同的，一般暖季型草坪草比冷季型草坪草耐旱性强，根系发达的草坪草较耐旱。

土壤质地对土壤水分的影响也很大。沙性土壤每次的灌水量宜少，黏重土壤则相反；保水性好的土壤，可每周 1 次，保水性差的土壤，可每周 3 次。低茬修剪或浅根草坪，每次灌水量宜少。

草坪草生长季节内，一般草坪的每次灌水量以湿润到 10～15 cm 深的土层为宜；冬灌则应增至 20～25 cm。

在一般条件下，在草坪草生长季内的干旱期，为保持草坪鲜绿，大概每周需补充 3～4 cm 深的水；在炎热和严重干旱的条件下，旺盛生长的草坪每周约需补充 6 cm 或更多的水分。

通常不能每天灌水。如果土壤表面经常潮湿，根系会靠近表土生长。在两次灌溉之间，如果使上层几厘米的土壤干燥，可使根系向土壤深处生长，寻找水分。浅根性草坪草较弱，易遭受各种因素的伤害，受害后也不像深根性草坪草那样容易恢复。灌溉次数太多，也会引起较大的病害和杂草问题。

检查土壤充水的深度是确定实际灌水量的有效方法。当土壤湿润到 10～15 cm 深时（有时会更深些，以根层的深度为准），草坪草可获得充足的水分供给。在实践中，草坪管理人员可在已定的灌溉系统下，测定灌溉水渗入土壤额定深度所需时间，从而通过控制灌水时间的长短来控制灌水量。也可估计灌水量，如果管理者想浇 2.5 cm 的水，且草坪草生长在黏土上，土壤湿润的深度应为 12 cm 左右。

另外一种测定灌水量的方法是在一定的时间内，计量每一喷头的供水量。离喷头不同的距离至少应放置 4 个同样直径的容器，1 h 后，将所有容器的水倒在一个容器里，并量其深度，然后以厘米为单位，深度除以容器数，来决定灌溉量。例如使用 5 个容器，收集的总水量是 6.35 cm，则灌溉量为每小时 1.27 cm。

由于黏土或坚实土壤及斜坡上水的渗透速度缓慢，很容易发生径流。为防止这种损失，喷头不宜长时间连续开动，而要通过几次开关，逐渐浇水。例如，灌适量需要 30 min，那么，对于渗透能力低的地草坪灌溉中需水量的大小，在很大程度上决定于草坪坪床土壤的性质。细质的黏土和粉沙土持水力大于沙土，水分易被保持在表层的根层内，而沙土中水分则易向下层移动。一般而言，土壤质地越粗，渗透力越强，使额定深度土壤充水湿润所需水量越少。但是，一个较粗质地的土壤在生长季节内，欲维持草坪草生长所消耗的总需水量是很大的。因为与细质土壤相比，粗质土壤具有大的孔隙，高排水量和蒸发蒸腾量，使之比细质土壤失水更多。当土壤质地变粗时，每次灌水量应减少，但需要较多的灌水次数和较多的总水量才能满足草坪草的生长需要。

3. 灌水技术要点

①初建草坪苗期最理想的灌水方式是微喷灌。出苗前每天灌水 1～2 次，随苗出、苗壮逐渐减少灌水次数和增加灌水量。

②为减少病、虫危害，在高温季节应尽量减少灌水次数，并以下午实施为佳。

③灌水与施肥，灌水尽可能与施肥作业相结合。

④冬季严寒的地区入冬前必须灌好封冻水(在地表刚刚出现冻结时进行)。灌水量以充分湿润 40～50 cm 的土层为度，但要防止“冰盖”的发生。在翌春土地开始解冻之前、草坪开始萌动时，灌好返青水。

其实，在达到灌溉日的的前提下，可以利用相关技术措施(如增加修剪留茬高度、减少修剪次数、干旱季节少施氮肥、进行垂直修剪、草坪穿孔等)，减少草坪灌水量，节约用水。

四、施肥

(一)计算肥料用量

在所有肥料中，氮是首要考虑的营养元素。草坪氮肥用量不宜过大，否则会引起草坪徒长增加修剪次数，并使草坪抵抗环境胁迫的能力降低。一般高养护水平的草坪年施氮量每 667 m^2 30～50 kg，低养护水平的草坪年施氮量每 667 m^2 4 kg 左右。草坪草的正常生长发育需要多种营养成分的均衡供给。磷、钾或其他营养元素不能代替氮，磷施肥量一般养护水平草坪每 667 m^2 为 3～9 kg，高养护水坪草坪每 667 m^2 为 6～12 kg，新建草坪每 667 m^2 可施 3～15 kg。对禾本科草坪草而言，一般氮、磷、钾比例宜为 4∶3∶2。

(二)确定施肥时期

合理的施肥时间与许多因素相关联，例如草坪草生长的具体环境条件、草种类型以及以何种质量的草坪为目的等等。

施肥的最佳时期应该是温度和湿度最适宜草坪草生长的季节。不过，具体施肥时期，随草种和管理水平不同而有差异。全年追肥一次的，暖地型草坪以春末开始返青时为好，冷地型草坪以夏末为宜。追肥两次的，暖地型草坪分别在春末和仲夏施用，以春末为主，第一次施肥可选用速效肥，但夏末秋初施肥要小心，以防止寒冷来临时草坪草受到冻害；冷地型草坪分别在仲春和夏末施用，以夏末为主，仲夏应少施肥或干脆不施，晚春施用速效肥应十分小心，这时速效氮肥虽促进草坪草快速生长，但有时会导致草坪抗性下降而不利于越夏。对管理水平高、需多次追肥的草坪，除春末(暖地型草坪)或夏末(冷地型草坪)的常规施肥以外，其余各次的追肥时间，应根据草情确定。

(三)施肥方法

1.颗粒撒施

草坪的施肥方法可分为基肥、种肥和追肥。基肥以有机肥为主，结合耕翻进行；种肥一般用质量高、无烧伤作用的肥料，要少而精；追肥主要为速效的无机肥料，要少施和勤施。

肥料施用大致有人工施肥(撒施、穴施和茎叶喷洒)、机械施肥和灌溉施肥三种方式。不论采用何种施肥方式，肥料的均匀分布是施肥作业的基本要求。人工撒施是广泛使用的方法；液肥应采用喷施法施用；大面积草坪施肥，可采用专用施肥机具施用。

一些有机或无机的复混肥是常见的颗粒肥，可以用下落式或旋转式施肥机具进行撒施。在使用下落式施肥机时，料斗中的化肥颗粒可以通过基部一列小孔下落到草坪上，孔的大小可根据施用量的大小来调整。对于颗粒大小不均的肥料应用此机具较为理想，并能很好控制用量。但由于机具的施肥宽度受限，因而工作效率较低。旋转式施肥机的操作是随着人员行走，肥料下落到料斗下面的小盘上，通过离心力将肥料撒到半圆范围内。在控制好来回重复的范围时，此方式可以得到满意的效果，尤其对于大面积草坪，工作效率较高。但当施用颗粒不均的肥料时，较重和较轻的颗粒被甩出的距离远近不一致，将会影响施肥效果。

2.叶面喷施

将可溶性好的一些肥料制成浓度较低的肥料溶液或将肥料与农药一起混施时，可采用叶面喷施的方法。这样既可节省肥料，又可提高效率。但溶解性差的肥料或缓释肥料则不宜采用。

3.灌溉施肥

经过灌溉系统将肥料与灌溉水同时经过喷头喷施到草坪上。

(四)施肥技术要点

(1)各种肥料平衡施用　为了确保草坪草所需养分的平衡供应，不论是冷地型草坪，还是暖地型草坪，在生长季节内要施1～2次复合肥。

(2)多使用缓效肥料　草坪施肥最好采用缓效肥料，如施用腐熟的有机肥或复合肥。

(3)在草坪草生长盛期适时施肥　冷地型草坪应避免在盛夏施肥，暖地型草坪宜在温暖的春、夏生长旺盛期，适时供肥。

(4)调节土壤pH值　大多数草坪土壤的酸碱度应保持在pH 6.5的范围内。一般每3～5年测1次土壤pH值，当pH值明显低于所需水平时，需在春季、秋末或冬季施石灰等进行调整。

五、打孔

(一)草坪打孔的作用

由于黏粒含量高的土壤容易板结，从而影响草坪草根系的正常生长、一般采用专用机具对草坪土壤进行划破、穿刺和打孔等维护。

打孔是用打孔机械在草坪上打出许多孔洞的一种中耕方式。打孔机可在草坪上打出深度、大小均匀一致的孔，孔的直径一般在 1～2.5 cm 之间，孔距一般为 5 cm、11 cm、13 cm 和 15 cm。孔深随打孔机类型、土壤坚实度和土壤湿度的不同而不同，最深可达 8～11 cm。

打孔的主要作用：

(1)改善土壤通气性　促进了气体交换，提高了土壤的通气性，有利于好气微生物的生长；减少了土壤中的有毒物质。

(2)改善土壤渗透性　提高草坪土壤的渗透性、吸水性和透水性；刺激根系的生长，加速长期潮湿土壤的干燥。

(3)提高土壤的供肥性、保肥性　打孔施肥使得石灰和磷肥可以均匀地进入草坪土壤，而氮素则可以进入土壤深层，减少氮肥损失，提高肥效。

(4)加速枯草层的分解　打孔带出土条，使枯草层内有了土壤，加速枯草层和有机残体的分解，促进草坪草的生长发育。

(5)产生负面影响　打孔会破坏草坪表面的完整性，影响草坪的美观；易造成草坪草脱水干枯；增加杂草入侵的机会；提高地老虎和其他喜穴居孔内害虫的发生概率。

(二)草坪打孔方法

1. 打孔机械

常用的打孔机械有垂直运动型打孔机和旋转型打孔机两种。

(1)垂直运动型打孔机　具有许多空心管。排列在轴上，工作时对草坪造成的扰动较小，深度较大。由于兼具水平运动和垂直运动，所以工作速度较慢。每 100 m^2 草坪约需 10 min。调节打孔机的前进速度或空心管的垂直运动速度可改变孔距。这种机械常用于果岭等低修剪的草坪上。

(2)旋转型打孔机　具有一圆形滚筒或卷轴，其上装有空心管或半开放式的小铲，通过滚筒或卷轴的滚动完成打孔作业。除了去除部分心土外，还具有松土的作用。孔距由滚筒上或卷轴上安装的小铲或空心管的数目和间距决定。同垂直运动型打孔机相比，孔深要浅一些，工作速度较快，效率较高，但对草坪表面的破坏性也较大。该种打孔机常用于使用频度高的草坪，如运动场和操场等。

2. 打孔时间

最佳时间是草坪生长旺季，不受逆境胁迫时，冷季型草坪适合在夏末秋初，暖季型草坪适合在春末夏初进行。

3. 注意事项

(1)配合进行覆土或覆沙　打孔后草坪根系和附近土壤会很快把孔填满，灌溉和践踏会加速这一过程，草坪打孔的好处会很快消失。所以一般草坪打孔后配合进行覆土或覆沙，使打孔的效果更持久。

(2)配合拖耙或垂直修剪　打孔后不马上清除心土，而是等心土稍干燥后用垂直修剪机或通过拖耙来破碎心土，使之重回草坪，其效果与表施土壤相同，而且破碎的心土其质地和组成与原草坪土壤相同，不会产生层次。没有进入孔洞中的碎土，在草层中与枯草层结合，形成有利于草坪草的土壤层。

(3)配合施药作业　打孔后及时喷施除草剂和杀虫剂，能很好地解决打孔后杂草、害虫易入侵的负面影响。

六、覆沙

在高水平草坪养护过程中一直都离不开覆沙。在草坪建植过程中，覆沙可以覆盖和固定种子、种茎等繁殖材料，并可提高土壤的保墒能力，有利于出苗。在已经建成的草坪上覆沙，可以改善草坪的土壤结构，控制枯草层，防止草坪草徒长等。覆沙可以使草坪保持良好的剖面结构、透水性、通气性及养分状况。对于表面凹凸不平的草坪可以起到填凹找平，促进平面平整、外观漂亮，提高草坪均一性和平滑度的作用。入冬前的草坪覆沙，还可以有效地提高草坪草的越冬能力，提高抗旱、抗寒能力，对于秋播的新草坪尤为重要。

可以根据草坪面积及实际情况等选择机械覆沙或人工覆沙。无论机械覆沙还是人工覆沙，都应该提前对草坪进行修剪，然后设计好覆沙厚度，计算好用沙量，并将草坪划分适当大小区域，确保沙量均匀撒入草坪中。覆沙具体方法：先将各个小区内预计的覆沙量尽可能均匀地撒入草坪，然后用机械或硬扫帚轻扫坪面，使沙滑入草坪叶片以下，落到土壤表面，覆盖住枯草层或填入坑凹处、洞孔中。对于运动场或高尔夫球场草坪覆沙，最好是在铺完沙后进行适当镇压作业，以确保坪面的平整度和坚实性。

覆沙作业中对于覆沙的厚度、沙的用量与覆沙的目的性有关，应根据实际情况灵活处理。一般，为了改善草坪表面平整度、光滑度进行覆沙时，应薄施、勤施；用来填充孔洞时，可适当增加用量；当覆沙的主要目的是为了对草坪表层土壤进行改良时，可再加大些用量；如用于整个坪床土层改造，则更要加大用量。

一般 3—10 月份是草坪的旺盛生长期，加强覆沙作业可促进枯草层的快速分解，提高草坪坪面光滑度和平整度。对于大多数运动场草坪，可在夏季使用间隔期间覆沙 1 次。为起到防寒防护作用时，可在初冬进行，并适当加大覆沙厚度。

七、切边

草坪切边是用切边机将草坪的边缘修齐，以控制草坪根茎或匍匐茎等营养器官的越范围扩展，使线条清晰，增加景观效应的一种管理措施。切边时可以选择小型手推式切边机，其前侧面有一切割刀片垂直于地面，安装在一根动力轴上，机器支架上有三个行走轮，手柄上有油门和刀片旋转离合装置。作业时，推动手柄使切边机沿草坪边缘前进，刀片高速旋转切割草坪植株，达到修边目的，切边深度通过升降前后行走轮实现。

案例　早熟禾草坪草栽培与养护

(1)坪址选择　草地早熟禾在我国北方及中部地区、南方部分冷凉地区，可用于一般绿化、运动场草坪、高尔夫发球台及球道。通常采用播种方式建植。由于耐旱性和耐热性较差，在缺水情况下或在炎热的夏季生长缓慢或停滞，叶尖变黄，绿度较差。应当选择排水良好，质地疏松而含有机质丰富的土壤，在含石灰质的土壤上生长更为旺盛，最适宜 pH 值为 6.0～7.0。如果土壤条件不理想，可以通过深翻细耙，翻压绿肥，施有机肥料，开挖排灌渠道加以改良。

(2)整地施肥　播种前应认真细致整地，清除坪床上一切杂物。打碎土壤块，平整地面，施底肥、施腐熟有机肥 22.5～37.5 t/hm^2。播种前 1～2 天，应预先灌水，在土壤半干半湿的情况下进行播种，播种深度 1～1.5 cm。

(3)播种技术　草地早熟禾既可用种子繁殖,又可用营养体繁殖。通常多采用种子播种。一般春播在当地温度10℃以上时即可播种,也可秋播,在夏末秋初播种。条播、撒播均可,播种量以15～20 g/m^2 为宜。为了使播种均匀,按照预定的播种量把种子按划分的地块数分开,按块进行播种,播种后用钉耙轻轻地把种子耙到土中,覆土应做到浅而不露种子。由于种子细小,覆土深度不应超过0.5 cm,切忌过深。播种后用镇压器轻轻地镇压土壤,以保证种子土壤能紧密接触。草地早熟禾可单播也可混播,但混播更具有优势。草地早熟禾种子发芽约为10～15天,播后10～18天出苗,成坪较慢约60天。苗期与杂草竞争能力差,常与多年生黑麦草、紫羊茅等生长迅速的草种混播。在冬季比较寒冷的地区,多年生黑麦草的混合比例一般不应超过15%。一般的混播方式,在冷凉地区,可选择60%草地早熟禾,30%紫羊茅,10%多年生黑麦草;85%草地早熟禾,15%多年生黑麦草;35%草地早熟禾,50%紫羊茅,10%多年生黑麦草,5%匍匐剪股颖。在炎热干旱地区,可选择25%草地早熟禾,65%高羊茅,10%多年生黑麦草;10%草地早熟禾,85%高羊茅,5%多年生黑麦草。各地气候差异较大,混播方式可因地制宜加以修改。

(4)田间管理　草地早熟禾叶色浓绿,外观极美,养护时必须做到细致,应及时修剪(留茬3～6 cm)、施肥和浇水。播种后要经常保持土壤湿润,以利于种子发芽,还要勤除杂草,当苗长到5～6 cm时,可追施化肥(氮肥)施量为5 g/m^2。如果草地早熟禾生长年限较长,易出现草垫层,影响水、肥的渗透和空气的流通,从而导致草坪逐渐退化,这时可采用竖切机以2～3 cm的间隔竖切,这样做既能改善地表的通透性,又能切断根茎,促进植株分蘖,使草坪持久。

案例　土麦冬草坪草栽培与养护

1.栽培

①栽植时间。春季3月下旬或秋季10月中旬,以春季为佳。②整地。将表土深翻20 cm以上,拣净碎石、草根等杂物,每667 m^2 施磷肥25 kg、尿素50 kg,有条件的每667 m^2 施农家肥或腐质土500～1 000 kg,耙平整细。③栽植。采用分株栽植,将丛生老植株挖出分成单株,剪去叶片长度的1/3,以叶片不散为度,随挖随栽,株行距10 cm×10 cm,每穴栽苗3～5株,然后浇透定根水。

2.养护

①灌水。旱季要注意灌溉,保持土壤湿润。②中耕除草。土麦冬草前期生长缓慢,特别是栽后第一年杂草滋生,应及时除草。③追肥。春季和秋季是麦冬大量分蘖和块根膨大阶段,每667 m^2 每次撒尿素20 kg,撒后及时喷水。

3.修剪

土麦冬草坪一般不用修剪,当草坪长到5年15 cm以上时,可剪去1/3,留10 cm高,剪下的叶片应马上清除,以免影响景观和感染病害。病虫防治:病虫害较少,主要有黑斑病危害叶片,叶片呈褐色叶斑,发病时,用65%代森锌,0.25%溶液喷雾防治。

本章小结

本章主要介绍了草坪草的概念、特征,草坪草分类方法、主要草坪草种类,草坪草建植前准备工作,草坪建植技术,以及两种草坪草的栽培与养护案例。

复习题

1. 什么是草坪草,草坪草的主要特征是什么?
2. 草坪草是如何分类的?简要介绍以下你所熟悉的草坪草种类。
3. 草坪草建植前需要做好哪些准备工作?
4. 详细阐述草坪草建植的技术环节。

第八章　园林植物的土、肥、水管理

【本章基本技能】掌握松土除草的作用，树盘覆盖和土壤改良的方法；根据植株的生长情况，正确进行营养诊断；根据肥料的性质和土壤状况，确定正确的施肥时期和施肥方法；根据土壤含水量，能及时进行灌水或排水。

第一节　土壤管理

土壤是园林植物生长的基础，它不仅支持、固定园林植物，而且还是园林植物生长发育所需水分、各种营养元素和微量元素的主要来源。因此，土壤的好坏直接关系着园林植物的生长。园林植物土壤管理的任务就在于，通过多种综合措施来提高土壤肥力，改善土壤结构和理化性质，保证园林植物健康生长所需养分、水分、空气的不断有效供给；同时，结合园林工程的地形地貌改造，土壤管理也有利于增强园林景观的艺术效果，并能防止和减少水土流失与尘土飞扬的发生。

一、松土除草

松土可以切断土壤表层的毛细管，减少水分蒸发，还可防止土壤返碱，改良土壤通气状况和水分供给，尤其是早春松土，还有助于提高土温，有利于树木根系生长和土壤内微生物的活动，有利于难溶解养分的分解，提高土壤肥力。除去杂草，可减少水分、养分的消耗，并可使得游人践踏的园土恢复疏松，进一步改善通气和水分状况。清除杂草又可以提高景观效果，减少病虫害，做到清洁美观。

松土与除草常同时结合进行。应在天气晴朗时，或初晴之后，要选土壤不过干又不过湿时进行，才可获得最大的效果。松土除草不可碰伤树皮，可适当切断植物生长在地表的浅根，松土除草的次数和时期可根据当地具体条件及园林植物生育特性等综合考虑确定。例如杭州市园林局规定：市区级主干道的行道树，每年松土、除草应不少于 4 次，市郊每年不少于 2 次……，对新栽 2～3 年生的风景树，每年应该松土除草 2～3 次。松土的深度视园林植物根系的深浅而定，一般在 6～10 cm，大树松土深度 6～9 cm，小树 3 cm。

松土除草对促进园林植物生长有密切关系，如牡丹在每年解冻后至开花前松土 2～3 次，开花后至白露松土 6～8 次，总之，见草就除，除草随即松土。每次雨后要松土一次，松土保水作用有“地湿锄干，地干锄湿”和“春锄深一犁，夏锄刮地皮”之说。对于人流密集的地方每年应松土1～2次,以疏松土壤,改善通气状况。

人工清除杂草,劳力花费较多。因此,化学除草剂的应用开始受到重视,可根据杂草种类选择适宜的除草剂。目前较常用的除草剂有除草醚、扑草净、西马津、阿特拉津、茅草枯、灭草灵等。

二、树盘覆盖

利用有机物或活的植物体覆盖土面,可以防止或减少水分蒸发,减少地面径流,增加土壤有机质,调节土壤温度,减少杂草生长,为园林植物生长创造良好的环境条件。若在生长季进行覆盖,以后把覆盖的有机物翻入土中,还可增加土壤有机质,改善土壤结构,提高土壤肥力。

覆盖的材料以就地取材、经济实用为原则,如水草、谷草、豆秸、树叶、树皮、锯屑、马粪、泥炭等均可应用。在大面积粗放管理的园林中还可将草坪上或树旁割下来的草头随手堆于树盘附近,用以进行覆盖。一般对于幼龄的园林植物或草地疏林的园林植物,多在树盘下进行覆盖,覆盖的厚度通常以3～6 cm,过厚会有不利的影响。一般均在生长季节温度较高而较干旱时进行土壤覆盖为宜。

地被植物可以是紧伏地面的多年生植物,也可以是一二年生的较高大的绿肥作物,如绿豆、黑豆、苜蓿、豌豆、羽扇豆等。前者除覆盖作用之外,还可以减免尘土飞扬,增加园景美观,又可占据地面,竞争掉杂草,降低园林植物养护成本;后者除覆盖作用之外,还可在开花期翻入土内,收到施肥的效用。对地被植物的要求是适应性强、有一定的耐阴力、覆盖作用好、繁殖容易、与杂草竞争的能力强,但与园林植物矛盾不大,同时还要有一定的观赏或经济价值。常用的地被草本植物有铃兰、石竹类、勿忘草、酢浆草、鸢尾类、麦冬类、丛生福禄考、玉簪类、沿阶草等。木本植物有地锦类、金银花、扶芳藤、蛇葡萄、凌霄类等。

三、土壤改良

(一)土壤耕作改良

在城市里,人流量大,游客践踏严重,大多数城市园林绿地的土壤,物理性能较差,水、气矛盾十分突出,土壤性质恶化。主要表现是土壤板结,黏重,土壤耕性极差,通气透水不良。在城市园林中,许多绿地因人群踩踏,压实土壤厚度达3～10 cm,土壤硬度达每平方厘米14～70 kg,机车压实土壤厚度为20～30 cm,在经过多层压实后其厚度可达80 cm以上,土壤硬度每平方厘米12～110 kg。通常当土壤硬度在每平方厘米14 kg以上,通气孔穴度在10%以下时,会严重妨碍微生物活动与园林植物根系伸展,影响园林植物生长。

通过合理的土壤耕作,可以改善土壤的水分和通气条件,促进微生物的活动,加快土壤的熟化进程,使难溶性营养物质转化为可溶性养分,从而提高土壤肥力;同时,由于大多数园林植物都是深根性植物,根系活动旺盛,分布深广,通过土壤耕作,特别是对重点地段或重点树种适时深耕,为根系提供更广的伸展空间,才能保证园林植物随着年龄的增长对水、肥、气、热的不断需要。

1. 深翻熟化

深翻就是对园林植物根区范围内的土壤进行深度翻垦。深翻的主要目的是加快土壤的熟化。这是因为通过深耕可以增加土壤孔隙度,改善理化性状,促进微生物的活动,加速土壤熟化,使难溶性营养物质转化为可溶性养分,提高土壤肥力,从而为园林植物根系向纵深伸展创造有利条件，增强园林植物的抵抗力，使树体健壮，新梢长，叶色浓，花色艳。

(1)深翻时期　总体上讲，深翻时期包括园林植物栽植前的深翻与栽植后的深翻。前者是在栽植园林植物前，配合园林地形改造，杂物清除等工作，对栽植场地进行全面或局部的深翻，并暴晒土壤，打碎土块，填施有机肥，为园林植物后期生长奠定基础；后者是在园林植物生长过程中进行的土壤深翻。实践证明，园林植物土壤一年四季均可深翻，但具体应根据各地的气候、土壤条件以及园林植物的类型适时深翻，才会收到良好效果。就一般情况而言，深翻主要在以下两个时期。

①秋末。此时，园林植物地上部分基本停止生长，养分开始回流、积累，同化产物的消耗减少，此时结合施基肥，有利于损伤根系的恢复生长，刺激长出部分新根，对园林植物来年的生长十分有利。同时，秋耕有利于雪水的下渗，可以松土保墒，一般秋耕过的土壤比未秋耕的土壤含水量要高3%～7%；此外，秋耕后，经过大量灌水，使土壤下沉，根系与土壤进一步紧密接合，有助于根系生长。

②早春。应在土壤解冻后及时进行。此时，园林植物地上部分尚处于休眠状态，根系则刚开始活动，生长较为缓慢，伤根后容易愈合和再生。从土壤养分的季节变化规律来看，春季土壤解冻后，土壤水分开始向上移动，土质疏松，操作省工，但土壤蒸发量大，易导致园林植物干旱缺水。因此，在春季干旱多风地区，春季翻耕后需及时灌水，或采取措施覆盖根系，耕后耙平、镇压，春翻深度也要较秋耕为浅。

(2)深翻方式　园林植物土壤深翻方式主要有树盘深翻与行间深翻两种。树盘深翻是在园林植物树冠边缘，于地面的垂直投影线附近挖取环状深翻沟，有利于园林植物根系向外扩展，适用于园林草坪中的孤植树和株间距较大的园林植物；行间深翻则是在两排园林植物的中间，沿列方向挖取长条形深翻沟，用一条深翻沟，达到了对两行园林植物同时深翻的目的，这种方式多适用于呈行列布置的园林植物，如风景林、防护林带、园林苗圃等。

此外，还有全面深翻、隔行深翻等形式，应根据具体情况灵活运用。各种深翻均应结合进行施肥和灌溉。深翻后，最好将上层肥沃土壤与腐熟有机肥拌和，填入深翻沟的底部，以改良根层附近的土壤结构，为根系生长创造有利条件，而将心土放在上面，促使心土迅速熟化。

(3)深翻次数与深度　①深翻次数。土壤深翻的效果能保持多年，因此，没有必要每年都进行深翻。但深翻作用持续时间的长短与土壤特性有关。一般情况下，黏土、涝洼地深翻后容易恢复紧实，因而保持年限较短，可每1～2年深翻耕1次；而地下水位低，排水良好，疏松透气的沙壤土，保持时间较长，可每3～4年深翻耕1次。②深翻深度。理论上讲，深翻深度以稍深于园林植物主要根系垂直分布层为度，这样有利于引导根系向下生长，但具体的深翻深度与土壤结构、土质状况以及树种特性等有关。如山地土层薄，下部为半风化岩石，或土质黏重，浅层有砾石层和黏土夹层，地下水位较低的土壤以及深根性树种，深翻深度较深，可达50～70 cm；反之，则可适当浅些。

2. 中耕通气

中耕不但可以切断土壤表层的毛细管，减少土壤水分蒸发，防止土壤泛碱，改良土壤通气状况，促进土壤微生物活动，有利于难溶性养分的分解，提高土壤肥力；而且，通过中耕能尽快恢复土壤的疏松度，改进通气和水分状态，使土壤水、气关系趋于协调，因而生产上有“地湿锄干，地干锄湿”之说；此外，早春季节进行中耕，还能明显提高土壤温度，使园林植物的根系尽快开始生长，并及早进入吸收状态，以满足地上部分对水分、营养的需求。中耕还是清除杂草的有效办法，可以减少杂草对水分、养分的竞争，使园林植物生长的地面环境更清洁美观，同时还可阻止病虫害的滋生蔓延。

中耕是一项经常性的养护工作。中耕次数应根据当地的气候条件、树种特性以及杂草生长状况而定。通常各地城市园林主管部门对当地各类绿地中的园林植物土壤中耕次数都有明确的要求，有条件的地方或单位，一般每年园林绿地的中耕次数要达到2～3次。土壤中耕大多在生长季节进行，如以消除杂草为主要目的的中耕，中耕时间在杂草出苗期和结实期效果较好，这样能消灭大量杂草，减少除草次数。具体时间应选择在土壤不过于干，又不过于湿时，如天气晴朗，或初晴之后进行，可以获得最大的保墒效果。

中耕深度一般为6～10 cm，大苗6～10 cm，小苗2～3 cm，过深伤根，过浅起不到中耕的作用。中耕时，尽量不要碰伤树皮，对生长在土壤表层的园林植物须根，则可适当截断。

3. 客土、培土

(1)客土　实际上就是在栽植园林植物时，对栽植地实行局部换土。通常是在土壤完全不适宜园林植物生长的情况下需进行客土栽培。当在岩石裸露，人工爆破坑栽植，或土壤十分黏重、土壤过酸过碱以及土壤已被工业废水、废弃物严重污染等情况下，就应在栽植地一定范围内全部或部分换入肥沃土壤。如在我国北方种植杜鹃、茶花等酸性土植物时，就常将栽植坑附近的土壤全部换成山泥、泥炭土、腐叶土等酸性土壤，以符合酸性土树种生长要求。

(2)培土　培土就是在园林植物生长过程中，根据需要，在园林植物生长地加入部分土壤基质，以增加土层厚度，保护根系，补充营养，改良土壤结构。

在我国南方高温多雨的山地区域，常采取培土措施。在这些地方，降雨量大，强度高，土壤淋洗流失严重，土层变得十分浅薄，园林植物的根系大量裸露，园林植物既缺水又缺肥，生长势差，甚至可能导致园林植物整株倒伏或死亡，这时就需要及时进行培土。

培土工作要经常进行，并根据土质确定培土基质类型。土质黏重的应培含沙质较多的疏松肥土，甚至河沙；含沙质较多的可培塘泥、河泥等较黏重的肥土以及腐殖土。培土量视植株的大小、土源、成本等条件而定。压土厚度要适宜，过薄起不到压土作用，过厚对园林植物生长不利。连续多年压土，土层过厚会抑制园林植物根系呼吸，从而影响园林植物生长和发育，造成根系腐烂，树势衰弱。所以，为了防止接穗生根或对根系的不良影响，一般压土可适当扒土露出根颈。

(二)土壤化学改良

1. 施肥改良

土壤的施肥改良以有机肥为主。一方面，有机肥所含营养元素全面，除含有各种大量元素外，还含有微量元素和多种生理活性物质，包括激素、维生素、氨基酸、酶等，能有效地供给园林植物生长需要的营养；另一方面，有机肥还能增加土壤的腐殖质，其有机胶体又可改良土壤，增加土壤的空隙度，改良黏土的结构，提高土壤保水保肥能力，缓冲土壤的酸碱度，从而改善土壤的水、肥、气、热状况。

施肥改良常与土壤的深翻工作结合进行。一般在土壤深翻时，将有机肥和土壤以分层的方式填入深翻沟。生产上常用的有机肥料有厩肥、堆肥、禽肥、鱼肥、饼肥、人粪尿、土杂肥、绿肥以及城市中的垃圾等，这些有机肥均需经过腐熟发酵才可使用。

2. 土壤酸碱度调节

土壤的酸碱度主要影响土壤养分物质的转化与有效性，土壤微生物的活动和土壤的理化性质。因此，与园林植物的生长发育密切相关。通常情况下，当土壤 pH 值过低时，土壤中活性铁、铝增多，磷酸根易与它们结合形成不溶性的沉淀，造成磷素养分的无效化，同时，由于土壤吸附性氢离子多，黏粒矿物易被分解，盐基离子大部分遭受淋失，不利于良好土壤结构的形成；相反，当土壤 pH 值过高时，则发生明显的钙对磷酸的固定，使土粒分散，结构被破坏。

绝大多数园林植物适宜中性至微酸性的土壤。然而，我国许多城市的园林绿地酸性和碱性土面积较大。一般说来，我国南方城市的土壤 pH 值偏低，北方偏高。所以，土壤酸碱度的调节是一项十分重要的土壤管理工作。

(1)土壤酸化　土壤酸化是指对偏碱性的土壤进行必要的处理，使之 pH 值有所降低，符合酸性园林树种生长需要。目前，土壤酸化主要通过施用释酸物质进行调节，如施用有机肥料、生理酸性肥料、硫黄等，通过这些物质在土壤中的转化，产生酸性物质，降低土壤的 pH 值。据试验，每亩施用 30 kg 硫黄粉，可使土壤 pH 从 8.0 降到 6.5 左右。硫黄粉的酸化效果较持久，但见效缓慢。对盆栽园林植物也可用 1∶50 的硫酸铝钾，或 1∶180 的硫酸亚铁水溶液浇灌植株来降低 pH 值。

(2)土壤碱化　土壤碱化是指对偏酸的土壤进行必要的处理，使之土壤 pH 值有所提高，符合一些碱性树种生长需要。土壤碱化的常用方法是向土壤中施加石灰、草木灰等碱性物质，但以石灰应用较普遍。调节土壤酸度的石灰是农业上用的“农业石灰”，并非工业建筑用的烧石灰。农业石灰石实际上就是石灰石粉(碳酸钙粉)。使用时，石灰石粉越细越好，这样可增加土壤内的离子交换强度，以达到调节土壤 pH 值的目的。

(三)疏松剂改良

近年来，有不少国家已开始大量使用疏松剂来改良土壤结构和生物学活性，调节土壤酸碱度，提高土壤肥力，并有专门的疏松剂商品销售。如国外生产上广泛使用的聚丙烯酰胺，为人工合成的高分子化合物，使用时，先把干粉溶于 80℃以上的热水，制成 2%的母液，再稀释 10 倍浇灌至 5 cm 深土层中，通过其离子键、氢键的吸引，使土壤连接形成团粒结构，从而优化土壤水、肥、气、热条件，其效果可达 3 年以上。

土壤疏松剂可大致分为有机、无机和高分子三种类型，它们的功能分别表现在膨松土壤、提高置换容量、促进微生物活动；增多孔穴，协调保水与通气、透水性；使土壤粒子团粒化。

目前，我国大量使用的疏松剂以有机类型为主，如泥炭、锯末粉、谷糠、腐叶土、腐殖土、家畜厩肥等，这些材料来源广泛，价格便宜，效果较好，但在运用过程中要注意腐熟，并在土壤中混合均匀。

(四)土壤污染防治

1. 土壤污染的概念及危害

土壤污染是指土壤中积累的有毒或有害物质超过了土壤自净能力，从而对园林植物正常生长发育造成的伤害。一方面，土壤污染直接影响园林植物的生长，如通常当土壤中砷、汞等重金属元素含量达到 2.2～2.8 mg/kg 土壤时，就有可能使许多园林植物的根系中毒，丧失吸收功能；另一方面，土壤污染还导致土壤结构破坏，肥力衰竭，引发地下水、地表水及大气等连锁污染。因此，土壤污染是一个不容忽视的环境问题。

2. 土壤污染的途径

城市园林土壤污染主要来自工业和生活两大方面，根据土壤污染的途径不同，可分为以下几种：

(1)水质污染　由工业污水与生活污水排放、灌溉而引起的土壤污染。污水中含有大量的汞、镉、铜、锌、铬、铅、镍、砷、硒等有毒重金属元素，对园林植物根系造成直接毒害。

(2)固体废弃物污染　包括工业废弃物、城市生活垃圾及污泥等。固体废弃物不仅占用大片土地，并随运输迁移不断扩大污染面，而且含有重金属及有毒化学物质。

(3)大气污染　即工业废气、家庭燃气以及汽车尾气对土壤造成的污染。大气污染中最常见的是二氧化硫或氟化氢，它们分别以硫酸和氢氟酸随降水进入土壤，前者可形成酸雨，导致土壤不同程度的酸化，破坏土壤理化性质，后者则使土壤中可溶性氟含量增高，对园林植物造成毒害。

(4)其他污染　包括石油污染、放射性物质污染、化肥、农药等。

3.防治土壤污染的措施

(1)管理措施　严格控制污染源，禁止工业、生活污染物向城市园林绿地排放，加强污水灌溉区的监测与管理，各类污水必须净化后方可用于园林植物的灌溉；加大园林绿地中各类固体废弃物的清理力度，及时清除、运走有毒垃圾、污泥等。

(2)生产措施　合理施用化肥和农药，执行科学的施肥制度，大力发展复合肥、控释肥等新型肥料，增施有机肥，提高土壤环境容量；在某些重金属污染的土壤中，加入石灰、膨润土、沸石等土壤改良剂，控制重金属元素的迁移与转化，降低土壤污染物的水溶性、扩散性和生物有效性；采用低量或超低量喷洒农药方法，使用药量少，药效高的农药，严格控制剧毒及有机磷、有机氯农药的使用范围；广泛选用吸毒、抗毒能力强的园林树种。

(3)工程措施　常见的有客土、换土、去表土、翻土等。除此之外，工程措施还有隔离法、清洗法、热处理法以及近年来为国外采用的电化法等。工程措施治理土壤污染效果彻底，是一种治本措施，但投资较大。

第二节　施肥

一、园林植物施肥的意义和特点

俗话说，“地凭肥养，苗凭肥长”。施肥是改善园林植物营养状况，提高土壤肥力的积极措施。

园林植物和所有的绿色植物一样，在生长过程中，需要多种营养元素，并不断从周围环境，特别是土壤中摄取各种营养成分。与草本植物相比，园林植物多为根深、体大的木本植物，生长期和寿命长，生长发育需要的养分数量很大；再加之园林植物长期生长于一地，根系不断从土壤中选择性吸收某些元素，常使土壤环境恶化，造成某些营养元素贫乏；此外，城市园林绿地土壤人流践踏严重，土壤密实度大，密封度高，水、气矛盾突出，使得土壤养分的有效性大大降低；同时城市园林绿地中的枯枝落叶常被彻底清除，营养物质被带离绿地，极易造成养分的枯竭。如据重庆市园林科研所调查，重庆园林绿地土壤养分含量普遍偏低，近一半土壤保肥供肥力较弱，尤其碱解氮和速效磷含量水平低，若碱解氮和速效磷分别以 60 mg/kg 和 5 mg/kg 作为缺素临界值，调查区土壤有 58%缺氮，45%缺磷。因此，只有正确的施肥，才能确保园林植物健康生长，增强园林植物抗逆性，延缓园林植物衰老，达到花繁叶茂，提高土壤肥力的目的。

二、园林植物的营养诊断

园林树木营养诊断是指导树木施肥的理论基础，根据树木营养诊断进行施肥，是实现树木养护管理科学化的一个重要标志。营养诊断是将树木矿质营养原理运用到施肥措施中的一个关键环节，它能使树木施肥达到合理化、指标化和规范化。

园林树木营养诊断的方法很多，包括土壤分析、叶样分析、外观诊断等，其中外观诊断是行之有效的方法，它是通过园林树木在生长发育过程中，当缺少某种元素时，在植株的形态上呈现一定的症状来判断树体缺素种类和程度，此法具有简单易行、快速的优点，在生产上有一定实用价值。

现将 A. laurie 及 C. H. Poesch 概括的树木缺素时的表现列述如下：

1. 病症通常发生于全株或下部较老的叶片上
 2. 病症通常出现于全株，但常先是老叶黄化而死亡
  3. 叶淡绿色，生长受阻；茎细弱并有破裂，叶小，下部叶比上部叶的黄色淡，叶黄化而干枯，呈淡褐色，少有脱落 …………………… 缺氮
  3. 叶暗绿色，生长延缓；下部叶的叶脉间黄化，常带紫色，特别是在叶柄上，叶早落 …………………… 缺磷
 2. 病症通常发生于植株下部较老叶片上
  4. 下部叶有病斑，在叶尖及叶缘出现枯死部分。黄化部分从边缘向中部扩展，以后 边缘部分变褐色而向下皱缩，最后下部和老叶脱落 …………………… 缺钾
  4. 下部叶黄化，在晚期常出现枯斑，黄化出现于叶脉间，叶脉仍为绿色，叶缘向上或向下反曲，而形成皱缩 …………………… 缺镁
1. 病斑发生于新叶
 5. 顶芽存活
  6. 叶脉间黄化，叶脉保持绿色
   7. 病斑不常出现，严重时叶缘及叶尖干枯，有时向内扩展，形成较大面积，仅有较大叶脉保持绿色 …………………… 缺镁
   7. 病斑通常出现，且分布于全叶面，极细叶脉仍保持为绿色，形成细网状，花小而花色不良 …………………… 缺锰
  6. 叶淡绿色，叶脉色泽浅于叶脉相邻部分，有时发生病斑，老叶少有干枯 …………………… 缺硫
 5. 顶芽通常死亡
   8. 嫩叶的顶端和边缘腐败，幼叶的叶尖常形成钩状，根系在上述病症出现以前已经死亡 …………………… 缺钙
   8. 嫩叶基部腐败，茎与叶柄极脆，根系死亡，特别是生长部分 …………………… 缺硼

三、施肥的原则

(一)根据园林植物种类合理施肥

园林植物种类不同,习性各异,需肥特性有别。例如泡桐、杨树、重阳木、香樟、桂花、茉莉、月季、茶花等生长速度快,生长量大的种类,就比柏木、马尾松、油松、小叶黄杨等慢生耐瘠树种需肥量要大;又如在我国传统花木种植中,"矾肥水"就是养殖牡丹的最好用肥等。

(二)根据生长发育阶段合理施肥

总体上讲,随着园林植物生长旺盛期的到来,需肥量逐渐增加,生长旺盛期以前或以后需肥量相对较少,在休眠期甚至就不需要施肥;在抽枝展叶的营养生长阶段,园林植物对氮素的需求量大,而生殖生长阶段则以磷、钾及其他微量元素为主。根据园林植物物候期差异,施肥方案上有萌芽肥、抽枝肥、花前肥、壮花稳果肥以及花后肥等。就生命周期而言,一般处于幼年期的树种,尤其是幼年的针叶树种生长需要大量的化肥,到成年阶段,对氮素的需要量减少;对古大树供给更多的微量元素有助于增强对不良环境因子的抵抗力。

(三)根据园林植物用途合理施肥

园林植物的观赏特性以及园林用途要影响其施肥方案。一般来说,观叶、观形树种需要较多的氮肥,而观花观果树种对磷、钾肥的需求量大。有调查表明,城市里的行道树大多缺少钾、镁、磷、硼、锰、硝态氮等元素,而钙、钠等元素又常过量,这对制定施肥方案有参考价值。也有人认为,对行道树、庭阴树、绿篱树种施肥,应以饼肥、化肥为主,郊区绿化树种可更多地施用人粪尿和土杂肥。

(四)根据土壤条件合理施肥

土壤厚度、土壤水分与有机质含量、酸碱度高低、土壤结构以及三相比例等均对园林植物的施肥有很大影响。例如,土壤水分含量和酸碱度就与肥效直接相关。土壤水分缺乏时施肥有害无利。由于肥分浓度过高,园林植物不能吸收利用而遭毒害;积水或多雨时又容易使养分被淋洗流失,降低肥料利用率。土壤酸碱度直接影响营养元素的溶解度。有些元素,如铁、硼、锌、铜,在酸性条件下易溶解,有效性高,当土壤呈中性或碱性时,有效性降低,另一些元素,如钼,则相反,其有效性随碱性提高而增强。

(五)根据气候条件合理施肥

气温和降雨量是影响施肥的主要气候因子。如低温,一方面减慢土壤养分的转化,另一方面削弱园林植物对养分的吸收功能。试验表明,在各种元素中,磷是受低温抑制最大的一种元素。雨量多寡主要通过土壤过干过湿左右营养元素的释放、淋失及固定。干旱常导致发生缺硼、钾及磷,多雨则容易促发缺镁。

(六)根据营养诊断合理施肥

根据营养诊断结果进行施肥,是实现园林植物栽培科学化的一个重要标志,它能使园林植物的施肥达到合理化、指标化和规范化,完全做到园林植物缺什么,就施什么,缺多少,就施多少。目前,园林植物施肥的营养诊断方法主要有叶样分析、土样分析、植株叶片颜色诊断以及植株外观综合诊断等,不过,叶样与土样分析均需要一定的仪器设备条件,而其在生产上的广泛应用受到一定限制,植株叶片颜色诊断和植株外观综合诊断则需有一定的实践经验。

(七)根据养分性质合理施肥

养分性质不同,不但影响施肥的时期、方法、施肥量,而且还关系到土壤的理化性状。一些易流失挥发的速效性肥料,如碳酸氢铵、过磷酸钙等,宜在园林植物需肥期稍前施入,而迟效性肥料,如有机肥,因腐烂分解后才能被园林植物吸收利用,故应提前施入。氮肥在土壤中移动性强,即使浅施也能渗透到根系分布层内,供园林植物吸收利用,鳞、钾肥移动性差,故宜深施,尤其磷肥需施在根系分布层内,才有利于根系吸收。对化肥类肥料,施肥用量应本着宜淡不宜浓的原则,否则,容易烧伤园林植物根系。事实上,任何一种肥料都不是十全十美的,因此,生产上,我们应该将有机与无机,速效性与缓效性,酸性与碱性,大量元素与微量元素等结合施用,提倡复合配方施肥,以扬长避短,优势互补。

四、施肥的时期

肥料的具体施用时间,应视园林植物生长情况和季节而定,生产上一般分为基肥和追肥。

(一)基肥的施用时期

基肥一般在园林植物生长期开始前施用,通常有栽植前基肥、春季基肥和秋季基肥。秋施以秋分前后施入效果最好,此时正值根系又一次生长高峰,伤根后容易愈合,并可发新根;有机质腐烂分解的时间也长,可及时为次年园林植物生长提供养分。春施基肥,不但有利于提高土壤孔隙度,疏松土壤,改善土壤中水、肥、气、热状况,有利微生物活动,而且还能在相当长的一段时间内源源不断地供给园林植物所需的大量元素和微量元素。但如果施入太晚,有机质没有充分分解,肥效发挥较慢,早春不能供给根系吸收,到生长后期肥效才发挥作用,往往造成新梢的二次生长,对园林植物生长发育尤其是对花芽分化和果实发育不利。

(二)追肥的施用时期

又叫补肥。基肥肥效发挥平稳缓慢,当园林植物需肥急迫时就必须及时补充肥料,才能满足园林植物生长发育需要。追肥一般多为速效性无机肥,并根据园林植物一年中各物候期特点来施用。具体追肥时间,则与树种、品种习性以及气候、树龄、用途等有关。如对观花、观果园林植物而言,花芽分化期和花后追肥尤为重要,而对于大多数园林植物来说,一年中生长旺期的抽稍追肥常常是必不可少的。天气情况也影响追肥效果,晴天土壤干燥时追肥好于雨天追肥,而且重要风景点还宜在傍晚游人稀少时追肥。

与基肥相比,追肥施用的次数较多,但一次性用肥量却较少,对于观花灌木、庭阴树、行道树以及重点观赏树种,每年在生长期进行 2～3 次追肥是十分必要的,且土壤追肥与根外追肥均可。至于具体时期则需视情况合理安排,灵活掌握。园林植物有缺肥症时可随时进行追肥。

五、肥料种类、性质及用途

(一)肥料的种类

根据肥料的性质及使用效果,园林植物用肥大致包括化学肥料、有机肥料及微生物肥料三大类。

1. 化学肥料

由物理或化学工业方法制成,其养分形态为无机盐或化合物,化学肥料又被称为化肥、矿质肥料、无机肥料。有些农业上有肥料价值的无机物质,如草木灰,虽然不属于商品性化肥,习惯上也列为化学肥料,还有些有机化合物及其缔结产品,如硫氰酸化钙、尿素等,也常被称为化肥。化学肥料种类很多,按植物生长所需要的营养元素种类,可分为氮肥、磷肥、钾肥、钙肥、镁肥、硫肥、微量元素肥料、复合肥料、草木灰、农用盐等。化学肥料大多属于速效性肥料,供肥快,能及时满足园林植物生长需要,因此,化学肥料一般以追肥形式使用,同时,化学肥料还有养分含量高,施用量少的优点。但化学肥料只能供给植物矿质养分,一般无改土作用,养分种类也比较单一,肥效不能持久,而且容易挥发、淋失或发生强烈的固定,降低肥料的利用率。所以,生产上不宜长期单一施用化学肥料,必须贯彻化学肥料与有机肥料配合施用的方针,否则,对园林植物、土壤都是不利的。

2. 有机肥料

有机肥料是指含有丰富有机质,既能提供植物多种无机养分和有机养分,又能培肥改良土壤的一类肥料,其中绝大部分为农家就地取材,自行积制的。由于有机肥料来源极为广泛,所以品种相当繁多,常用的有粪尿肥.堆沤肥、饼肥、泥炭、绿肥、腐殖酸类肥料等。虽然不同种类有机肥的成分、性质及肥效各不相同,但有机肥大多有机质含量高,有显著的改土作用;含有多种养分,有完全肥料之称,既能促进园林植物生长,又能保水保肥;而且其养分大多为有机态,供肥时间较长。不过,大多数有机肥养分含量有限,尤其是氮含量低,肥效来得慢,施用量也相当大,因而需要较多的劳力和运输力量,此外,有机肥施用时对环境卫生也有一定不利影响。针对以上特点,有机肥一般以基肥形式施用,并在施用前必须采取堆积方式使之腐熟,其目的是为了释放养分,提高肥料质量及肥效,避免肥料在土壤中腐熟时产生某些对园林植物不利的影响。

3. 微生物肥料

微生物肥料也称生物肥、菌肥、细菌肥及接种剂等。确切地说,微生物肥料是菌而不是肥,因为它本身并不含有植物需要的营养元素,而是含有大量的微生物,它通过这些微生物的生命活动,来改善植物的营养条件。依据生产菌株的种类和性能,生产上使用的微生物肥料大致有根瘤菌肥料、固氮菌肥料、磷细菌肥料及复合微生物肥料等几大类。根据微生物肥料的特点,使用时需注意,一是使用菌肥要具备一定的条件,才能确保菌种的生命活力和菌肥的功效,如强光照射、高温、接触农药等,都有可能会杀死微生物,又如固氮菌肥,要在土壤通气条件好,水分充足,有机质含量稍高的条件下,才能保证细菌的生长和繁殖;二是微生物肥料一般不宜单施,一定要与化学肥料、有机肥料配合施用,才能充分发挥其应有作用,而且微生物生长、繁殖也需要一定的营养物质。

六、施肥量

施肥量过多或不足,对园林植物均有不利影响。显然,施肥过多,园林植物不能全部吸收,既造成肥料的浪费,还有可能使园林植物遭受肥害,当然,肥料用量不足就达不到施肥的目的。

对施肥量含义的全面理解应包括肥料中各种营养元素的比例、一次性施肥的用量和浓度以及全年施肥的次数等数量指标。施肥量受园林植物生活习性、物候期、植株大小、株龄、土壤与气候条件、肥料的种类、施肥时间与方法、管理技术等诸多因素影响,难以制定统一的施肥量标准。目前,关于施肥量指标有许多不同的观点。应该说,根据植株主干的直径来确定施肥量较为科学可行。在我国一些地方,有以园林植物每厘米胸高直径 0.5 kg 的标准作为计算施肥量依据的,如主干直径 3 cm 左右的园林植物,可施入 1.5 kg 完全肥料。就同一园林植物而言，一般化学肥料、追肥、根外施肥的施肥浓度分别较有机肥料、基肥和土壤施肥要低，而且要求更严格。化学肥料的施用浓度一般不宜超过1%～3%，而在进行叶面施肥时，多为0.1%～0.3%，对一些微量元素，浓度应更低。

近年来，国内外已开始应用计算机技术、营养诊断技术等先进手段，在对肥料成分、土壤及植株营养状况等给以综合分析判断的基础上，进行数据处理，很快计算出最佳的施肥量，使科学施肥、经济用肥发展到了一个新阶段。

七、施肥方法

依肥料元素被园林植物吸收的部位，园林植物施肥主要有以下两大类方法。

(一)土壤施肥

土壤施肥就是将肥料直接施入土壤中，然后通过园林植物根系进行吸收的施肥，是园林植物主要的施肥方法。

土壤施肥必须根据根系分布特点，将肥料施在吸收根集中分布区附近，才能被根系吸收利用。施肥要在要根部的四周，不要靠近树干。根系强大，分布较深远的园林植物，施肥宜深，范围宜大；根系浅的园林植物施肥宜浅，范围宜小。理论上讲，在正常情况下，园林植物的多数根集中分布在地下20～60 cm深范围内，具吸收功能的根，则分布在20 cm左右深的土层内；根系的水平分布范围，多数与园林植物的冠幅大小相一致，即主要分布在树冠外围边缘的圆周内，所以，应在树冠外围于地面的水平投影处附近挖掘施肥沟或施肥坑。由于许多园林植物常常都经过了造型修剪，树冠冠幅大大缩小，这就给确定施肥范围带来困难。有人建议，在这种情况下，可以将离地面30 cm高处的树干直径值扩大10倍，以此数据为半径，树干为圆心，在地面做出的圆周边即为吸收根的分布区，也就是说该圆周附近处即为施肥范围。

事实上，具体的施肥深度和范围还与园林植物种类、植株大小、土壤和肥料种类等有关。深根性树种、沙地、坡地、基肥以及移动性差的肥料等，施肥时，宜深不宜浅，相反，可适当浅施；随着树龄增加，施肥时要逐年加深，并扩大施肥范围，以满足园林植物根系不断扩大的需要。应选天气晴朗、土壤干燥时施肥。阴雨天由于树根吸收水分慢，不但养分不易吸收，而且肥分还会被雨水冲失，造成浪费。施肥后(尤其是追肥)又必须及时适量灌水，使肥料渗透，否则土壤溶液浓度过大对树根不利。

现将生产上常见的土壤施肥方法介绍如下：

(1)全面施肥　分撒施与水施两种。前者是将肥料均匀地撒布于园林植物生长的地面，然后再翻入土中。这种施肥的优点是，方法简单，操作方便，肥效均匀，但因施入较浅，养分流失严重，用肥量大，并诱导根系上浮，降低根系抗性，此法若与其他方法交替使用，则可取长补短，发挥肥料的更大功效；后者主要是与喷灌、滴灌结合进行施肥。水施供肥及时，肥效分布均匀，既不伤根系，又保护耕作层土壤结构，节省劳力，肥料利用率高，是一种很有发展潜力的施肥方式。

(2)沟状施肥　沟状施肥包括放射沟状施肥、环状沟施和条状沟施(图8-1)，其中以环状沟施较为普遍。环状沟施是在树冠外围稍远处挖环状沟施肥，一般施肥沟宽30～40 cm，深30～60 cm，它具有操作简便，用肥经济的优点，但易伤水平根，多适用于园林孤植树；放射状沟施较环状沟施伤根要少，但施肥部位也有一定局限性；条状沟施是在园林植物行间或株间开沟施肥，多适合苗圃里的园林植物或呈行列式布置的园林植物。

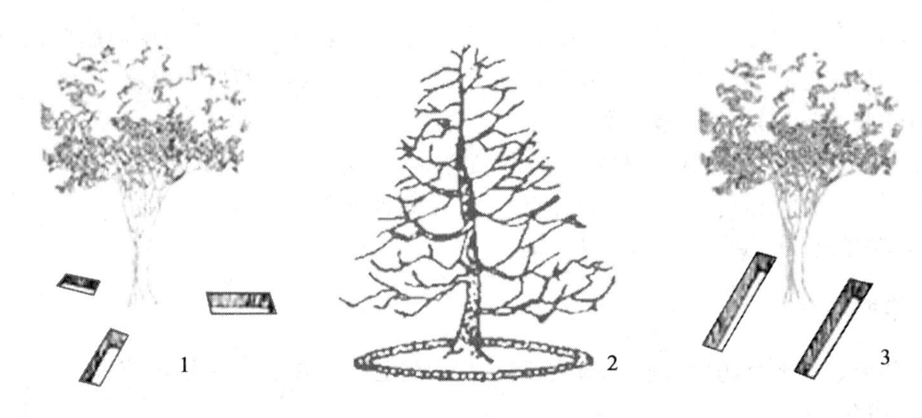

图 8-1 沟状施肥方法

1.放射沟状施肥 2.环状沟施肥 3.条状沟施肥

(3)穴状施肥 穴状施肥与沟状施肥很相似,若将沟状施肥中的施肥沟变为施肥穴或坑就成了穴状施肥(图 8-2),栽植前的基肥施入,实际上就是穴状施肥。生产上,以环状穴施居多。施肥时,施肥穴同样沿树冠在地面投影线附近分布,不过,施肥穴可为 2~4 圈,呈同心圆环状,内外圈中的施肥穴应交错排列,因此,该种方法伤根较少,而且肥效较均匀。目前,国外穴状施肥已实现了机械化操作。把配制好的肥料装入特制容器内,依靠空气压缩机,通过钢钻直接将肥料送入到土壤中,供园林植物根系吸收利用。这种方法快速省工,对地面破坏小,特别适合城市里铺装地面中园林植物的施肥。

图 8-2 穴状施肥

(二)根外施肥

1.叶面施肥

叶面施肥(图 8-3)实际上就是水施。它是用机械的方法,将按一定浓度要求配制好的肥料溶液,直接喷雾到园林植物的叶面上,再通过叶面气孔和角质层吸收后,转移运输到树体各个器官。叶面施肥具有用肥量小,吸收见效快,避免了营养元素在土壤中的化学或生物固定等优点,因此,在早春园林植物根系恢复吸收功能前、在缺水季节或缺水地区以及不便土壤施肥的地方,均可采用叶面施肥,同时,该方法还特别适合于微量元素的施用以及对树体高大,根系吸收能力衰竭的古树、大树的施肥。

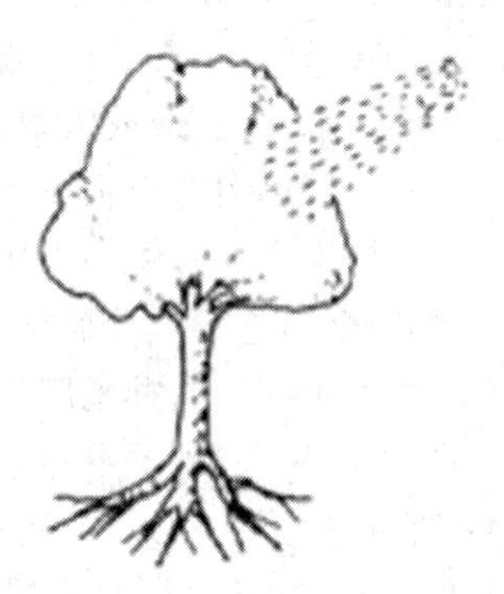

图 8-3 叶面喷施

叶面施肥的效果与叶龄、叶面结构、肥料性质、气温、湿度、风速等密切相关。幼叶生理机能旺盛,气孔所占比重较大,较老叶吸收速度快,效率高;叶背较叶面气孔多,且表皮层下具有较疏松的海绵组织,细胞间隙大而多,利于渗透和吸收,因此,应对树叶正反两面进行喷雾。肥料种类不同,进入叶内的速度有差异。如硝态氮、氯化镁喷后 15 s 进入叶内,而硫酸镁需 30 s,氯化镁 15 min,氯化钾 30 min,硝酸钾 1 h,铵态氮 2 h 才进入叶内。许多试验表明,叶面施肥最适温度为 18~25℃,湿度大些效果好,因而夏季最好在上午 10 时以前和下午 4 时以后喷雾。

叶面施肥多作追肥施用,生产上常与病虫害的防止结合进行,因而喷雾液的浓度至关重要。在没有足够把握的情况下,应宁淡勿浓。喷布前需作小型试验,确定不能引起药害,方可再大面积喷布。

叶面喷肥时,一般幼叶较老叶,叶背较叶面吸水快,吸收率也高。所以实际喷布时一定要把叶背喷匀、喷到,使之有利于园林植物吸收。叶面喷肥要严格掌握浓度,以免烧伤叶片,最好在阴天或上午 10 时以前和下午 4 时以后喷施,以免气温高,溶液很快浓缩,影响喷肥或导致药害。

2. 枝干施肥

枝干施肥就是通过园林植物枝、茎的韧皮部来吸收肥料营养,它吸肥的机理和效果与叶面施肥基本相似。枝干施肥又大致有枝干涂抹和枝干注射两种方法,前者是先将园林植物枝干刻伤,然后在刻伤处加上固体药棉;后者是用专门的仪器来注射枝干,目前国内已有专用的树干注射器。枝干施肥主要可用于衰老古大树、珍稀树种、树桩盆景以及观花园林植物和大树移栽时的营养供给。例如,有人分别用浓度 2%的柠檬酸铁溶液注射和用浓度 1%的硫酸亚铁加尿素药棉涂抹栀子花枝干,在短期内就扭转了栀子花的缺绿症,效果十分明显。

施肥方法还有滴灌施肥、冲施肥料等方法,国外还生产出可埋入树干的长效固体肥料,通过树液湿润药物缓慢的释放有效成分,有效期可保持 3～5 年,主要用于行道树的缺锌、缺铁、缺锰的营养缺素症。

有机肥料要充分发酵、腐熟,切忌施用生粪,且浓度宜稀,化肥必须完全粉碎成粉状,不宜成块施用。基肥因发挥肥效较慢,应深施;追肥肥效较快,则宜浅施,以供园林植物及时吸收。城镇园林绿化地施肥,在选择肥料种类和施肥方法时,应考虑到不影响市容卫生,散发臭味的肥料不宜施用。

第三节　灌水与排水

一、园林植物对水分的需求

正确全面认识园林植物的需水特性,是制定科学的水分管理方案,合理安排灌排工作,适时适量满足园林植物水分需求,确保园林植物健康生长,充分有效利用水资源的重要依据。园林植物需水特性主要与以下因素有关。

(一)园林植物种类与水分的需求

园林植物的种类、品种不同,自身的形态构造、生长特点、生物学与生态学习性不同,在水分需求上有较大差异。一般说来,生长速度快,生长期长,花、果、叶量大的种类需水量较大,相反需水量较小。因此,通常乔木比灌木,常绿树种比落叶树种,阳性树种比阴性树种,浅根性树种比深根性树种,中生、湿生树种比旱生树种需要较多的水分。但值得注意的是,需水量大的种类不一定需常湿,需水量小的也不一定要常干,而且园林植物的耐旱力与耐湿力并不完全呈负相关。

（二）生长发育阶段与水分的需求

就生命周期而言，种子萌发时，必须吸足水分，以便种皮膨胀软化，需水量较大，特别在幼苗状态时，因根系弱小，于土层中分布较浅，抗旱力差，虽然植株个体较小，总需水量不大，但也必须经常保持表土适度湿润，以后随着植株体量的增大，根系的发达，总需水量应有所增加，个体对水分的适应能力也有所增强；在年生长周期中，总体上是生长季的需水量大于休眠期。秋冬季气温降低，大多数园林植物处于休眠或半休眠状态，即使常绿树种的生长也极为缓慢，这时的需水量较少，应少浇或不浇水；春季开始，气温上升，随着园林植物大量的抽枝展叶，需水量也逐渐增大，应适时灌水。

在生长过程中，许多园林植物都有一个对水分需求特别敏感的时期，即需水临界期，此时如果缺水，将严重影响园林植物枝梢生长和花的发育，以后即使更多的水分供给也难以补偿。需水临界期因各地气候及园林植物种类而不同，但就目前研究的结果来看，呼吸、蒸腾作用最旺盛时期以及观果类树种果实迅速生长期都要求充足的水分。由于相对干旱有助于园林植物枝条停止加长生长，使营养物质向花芽转移，因而在栽培上常采用减水、断水等措施来促进花芽分化。如对梅花、桃花、榆叶梅、紫薇、紫荆等，在营养生长期即将结束时适当扣水，少浇或停浇几次水，能提早并促进花芽的形成和发育，从而达到开花繁茂的观赏效果。

（三）园林植物栽植年限与水分的需求

显然，园林植物栽植年限越短，需水量越大。刚刚栽植的园林植物，由于根系损伤大，吸收功能弱，根系在短期内难与土壤密切接触，常常需要连续多次反复灌水，方能保证成活，如果是常绿树种，还有必要对枝叶进行喷雾。园林植物定植经过一定年限后，进入正常生长阶段，地上部分与地下部分间建立起了新的平衡，需水的迫切性会逐渐下降，灌水次数可适当减少。

（四）园林植物用途与水分的需求

生产上，因受水源、灌溉设施、人力、财力等因素限制，常常难以对全部园林植物进行同等的灌溉，而要根据园林植物的用途来确定灌溉的重点。一般需水的优先对象是观花灌木、珍贵树种、孤植树、古老大树等观赏价值高的园林植物以及新栽园林植物。

（五）园林植物立地条件与水分的需求

生长在不同地区的园林植物，受当地气候、地形、土壤等影响，其需水状况有差异。在气温高，日照强，空气干燥，风大的地区，叶面蒸腾和株间蒸发均会加强，园林植物的需水量就大，反之，则小些。由于上述因素直接影响水面蒸发量的大小，因此在许多灌溉试验中，大多以水面蒸发量作为反映各气候因素的综合指标，而以园林植物需水量和同期水面蒸发量比值反映需水量与气候间的关系。土壤的质地、结构与灌水密切相关。如沙土，保水性较差，应“小水勤浇”，较黏重土壤保水力强，灌溉次数和灌水量均应适当减少。若种植地面经过了铺装，或对游人践踏严重，透气差的园林植物，还应给予经常性的地上喷雾，以补充土壤水分的不足。

（六）管理技术措施与水分的需求

管理技术措施对园林植物的需水情况有较多影响。一般说来，经过了合理的深翻、中耕、客土，施用丰富有机肥料的土壤，其结构性能好，可以减少土壤水分的消耗，土壤水分的有效性高，能及时满足园林植物对水分的需求，因而灌水量较小。

二、灌水

(一) 灌溉水的质量

灌溉水的质量好坏直接影响园林植物的生长。用于园林植物灌溉的水源有雨水、河水、地表径流水、自来水、井水及泉水等，由于这些水中的可溶性物质、悬浮物质以及水温等的差异，对园林植物生长及水的使用有不同影响。如雨水含有较多的二氧化碳、氨和硝酸，自来水中含有氯，这些物质不利于园林植物生长，且费用高；地表径流水则含有较多的园林植物可利用的有机质及矿质元素；而河水中常含有泥沙和藻类植物，若用于喷、滴灌水时，容易堵塞喷头和滴头；井水和泉水温度较低，伤害园林植物根系，需贮于蓄水池中，经过短时间增温充气后方可利用。总之，园林植物灌溉用水以软水为宜，不能含有过多的对园林植物生长有害的有机、无机盐类和有毒元素及其化合物，一般有毒可溶性盐类含量不超过 1.8 g/L，水温与气温或地温接近。

(二)灌水时期

正确的灌水时期对灌溉效果以及水资源的合理利用都有很大影响。理论上讲，科学的灌水是适时灌溉，也就是说在园林植物最需要水的时候及时灌溉。根据园林生产管理实际，可将园林植物灌水时期分为以下两种类型。

1. 干旱性灌溉

干旱性灌溉是指在发生土壤、大气严重干旱，土壤水分难以满足园林植物需要时进行的灌水。在我国，这种灌溉大多在久旱无雨，高温的夏季和早春等缺水时节，此时若不及时供水就有可能导致园林植物死亡。

根据土壤含水量和园林植物的萎蔫系数确定具体的灌水时间是较可靠的方法。一般认为，当土壤含水量为最大持水量的 60%～80%时，土壤中的空气与水分状况，符合大多数园林植物生长需要，因此，当土壤含水量低于最大持水量的 50%以下，就应根据具体情况，决定是否需要灌水。随着科学技术和工业生产的发展，用仪器测定土壤中的水分状况，来指导灌水时间和灌水量；还可以通过测定园林植物地上部分生长状况，如叶片的色泽和萎蔫程度气孔开张度等生物学指标，或测定叶片的细胞液浓度、水势等生理指标，以确定灌水时期。生产上，许多园林工作者常凭经验确定是否需要灌水，如根据园林植物外部形态，早晨看树叶是上翘还是下垂，中午看树叶是否萎蔫及其程度轻重，傍晚看萎蔫后恢复的快慢等，以此作为是否需要灌水的参考。又如对沙壤土和壤土，手握成团，挤压时土团不易碎裂，说明土壤水分约为最大持水量的 50%以上，一般可不必灌溉；若手松开，轻轻挤压容易碎裂，则说明水分含量少，需要进行灌溉。

2. 管理性灌溉

目前在生产上，除定植时要浇充足的定根水外，大体上还是按照物候期进行浇水，基本上分休眠期灌水和生长期灌水。

(1)休眠期灌水　是在秋冬和早春进行的。我国华北、西北、东北等地降水量较少，冬春严寒干旱，休眠期灌水非常重要。秋末冬初(在 11 月上中旬)的灌水一般称为灌冻水或封冻水，有利于木本园林植物安全越冬和防止早春干旱的作用，故北方地区的这次灌水不可缺少，特别是越冬困难的园林植物以及幼龄植株等，灌冻水更为重要。

我国北方早春干旱多风，早春灌水也很重要，不但有利于园林植物顺利通过被迫休眠期，有利于新梢和叶片的生长，而且有利于开花和坐果，同时促进园林植物健壮生长，是实现花繁果茂的关键措施之一。

(2)生长期灌水　一般分花前灌水、花后灌水和花芽分化期灌水。

①花前灌水。在北方经常出现风多雨少的干旱现象。及时灌水补充土壤水分的不足，是解决树木萌芽、开花、新梢的生长和提高坐果率的有效措施，同时还可以防止春寒、晚霜的危害。盐碱地早春灌水后进行中耕，还可起到压碱的作用。花前水的具体时间，要因地、因植物种类而异。

②花后灌水。多数园林植物在花谢后半个月左右是新梢迅速生长期，如果水分不足，会抑制新梢生长，对于结果树种则会引起大量落果。尤其是北方各地，春天多风，地表蒸发量大，适当灌水可保持土壤湿度。前期灌水可促进新梢和叶片生长，提高坐果率和增大果实，同时对后期的花芽分化有良好的作用。没有灌水条件的应采取保墒措施，如覆草、盖沙等。

③花芽分化期灌水。这次灌水对观花、观果植物非常重要。因为园林植物一般是在新梢缓慢或停止生长时开始花芽的形态分化，此时正是果实速生期，需要较多的水分和养分，若水分不足会影响果实生长和花芽分化。因此，在新梢停止生长前及时而适量的灌水，可促进新梢的生长而抑制秋梢的生长，有利于花芽分化和果实发育。

(三)灌溉量

灌水量受气候、园林植物种类、土质、树木生长状况等多方面因素的影响。最适宜的灌水量，应在一次灌水中，使树木根系分布范围的土壤湿度达到最有利于园林植物生长发育的程度。灌水要一次灌透，不可只浸润表层或上层根系分布的土壤。一般对于深厚的土壤需要一次浸湿 1 m 以上，浅薄土壤经过改良也应浸湿 0.8～1.0 m。灌水量一般以达到土壤最大持水量的 60%～80%为标准。

(四)灌水方法

灌水方法正确与否，不但关系到灌水效果好坏，而且还影响土壤的结构。正确的灌水方法，要有利水分在土壤中均匀分布，充分发挥水效，节约用水量，降低灌水成本，减少土壤冲刷，保持土壤的良好结构。随着科学技术的发展，灌水方法也在不断改进，正朝机械化、自动化方向发展，使灌水效率和灌水效果均大幅度提高。我们根据供水方式的不同，将园林植物的灌水方法分为以下三种。

1.地上灌水

(1)机械喷灌　这是一种比较先进的灌水技术，目前已广泛用于园林苗圃、园林草坪、果园等的灌溉。机械喷灌的优点是，由于灌溉水首先是以雾化状洒落在树体上，然后再通过园林植物枝叶逐渐下渗至地表，避免了对土壤的直接打击、冲刷，因此，基本上不产生深层渗漏和地表径流，既节约用水量，又减少了对土壤结构的破坏，可保持原有土壤的疏松状态，而且，机械喷灌还能迅速提高园林植物周围的空气湿度，控制局部环境温度的急剧变化，为园林植物生长创造良好条件，此外，机械喷灌对土地的平整度要求不高，可以节约劳力，提高工作效率。机械喷灌的缺点是，有可能加重某些园林植物感染真菌病害；灌水的均匀性受风影响很大，风力过大，会增加水量损失；同时，喷灌的设备价格和管理维护费用较高，使其应用范围受到一定限制。但总体上讲，机械喷灌还是一种发展潜力巨大的灌溉技术，值得大力推广应用。机械喷灌系统一般由水源、动力、水泵、输水管道及喷头等部分组成。

(2)汽车喷灌 汽车喷灌实际上是一座小型的移动式机械喷灌系统,目前,它多由城市洒水车改建而成,在汽车上安装储水箱、水泵、水管及喷头组成一个完整的喷灌系统,灌溉的效果与机械喷灌相似。由于汽车喷灌具有移动灵活的优点,因而常用于城市街道行道树的灌水。

(3)人工浇灌 虽然人工浇灌费工多,效率低,但在交通不便,水源较远,设施条件较差的情况下,仍不失为一种有效的灌水方法。人工浇灌大致有人工挑水浇灌与人工水管浇灌两种,并大多采用树盘灌水形式。灌溉时,以树干为圆心,在树冠边缘投影处,用土壤围成圆形树堰,灌水在树堰中缓慢渗入地下。人工浇灌属于局部灌溉,灌水前最好应疏松树堰内土壤,使水容易渗透,灌溉后耙松表土,以减少水分蒸发。

2. 地面灌水

地面灌水可分为漫灌与滴灌两种形式。前者是一种大面积的表面灌水方式,因用水极不经济,生产上很少采用;后者是近年来发展起来的机械化与自动化的先进灌溉技术,它是将灌溉用水以水滴或细小水流形式,缓慢的施于植物根域的灌水方法。滴灌的效果与机械喷灌相似,但比机械喷灌更节约用水。不过滴灌对小气候的调节作用较差,而且耗管材多,对用水要求严格,容易堵塞管道和滴头。目前国内外已发展到自动化滴灌装置,其自动控制方法可分时间控制法、电力抵抗法和土壤水分张力计自动控制法等,而广泛用于蔬菜、花卉的设施栽培生产中。滴灌系统的主要组成部分包括水泵、化肥罐、过滤器、输水管、灌水管和滴水管等。

3. 地下灌水

地下灌水是借助于地下的管道系统,使灌溉水在土壤毛细管作用下,向周围扩散浸润植物根区土壤的灌溉方法。地下灌水具有地表蒸发小,节省灌溉用水,不破坏土壤结构,地下管道系统在雨季还可用于排水等优点。

地下灌水分为沟灌与渗灌两种。沟灌是用高畦低沟方法,引水沿沟底流动来浸润周围土壤。灌溉沟有明沟与暗沟,土沟与石沟之分。对石沟,沟壁应设有小型渗漏孔。渗灌是目前应用较普遍的一种地下灌水方式,其主要组成部分是地下管道系统。地下管道系统包括输水管道和渗水管道两大部分。输水管道两端分别与水源和渗水管道连接,将灌溉水输送至灌溉地的渗水管道,它做成暗渠和明渠均可,但应有一定比降。渗水管道的作用在于通过管道上的小孔,使管道中的水渗入土壤中,管道的种类众多,制作材料也多种多样,例如有专门烧制的多孔瓦管、多孔水泥管、竹管以及波纹塑料管等,生产上应用较多的是多孔瓦管。

三、排水

(一)排水的必要性

土壤中的水分与空气是互为消长的。排水的作用是减少土壤中多余的水分,增加土壤空气的含量,促进土壤空气与大气的交流,提高土壤温度,激发好气性微生物活动,加快有机质的分解,改善园林植物营养状况,使土壤的理化性状全面改善。

在有下列情况之一时,就需要进行排水:

①园林植物生长在低洼地,当降雨强度大时,汇集大量地表径流,且不能及时宣泄,而形成季节性涝湿地。

②土壤结构不良,渗水性差,特别是土壤下面有坚实的不透水层,阻止水分下渗,形成过高的假地下水位。

③园林绿地临近江河湖海，地下水位高或雨季易遭淹没，形成周期性的土壤过湿。

④平原与山地城市，在洪水季节有可能因排水不畅，形成大量积水，或造成山洪暴发。

⑤在一些盐碱地区，土壤下层含盐量高，不及时排水洗盐，盐分会随水的上升而到达表层，造成土壤次生盐渍化，对园林植物生长很不利。

(二)排水方法

应该说，园林绿地的排水是一项专业性基础工程，在园林规划及土建施工时就应统筹安排，建好畅通的排水系统。园林植物的排水通常有以下四种方法：

(1)明沟排水　明沟排水是在地面上挖掘明沟，排除径流。它常由小排水沟、支排水沟以及主排水沟等组成一个完整的排水系统，在地势最低处设置总排水沟。这种排水系统的布局多与道路走向一致，各级排水沟的走向最好相互垂直，但在两沟相交处应成锐角(45°～60°)相交，以利水畅其流，防止相交处沟道淤塞，且各级排水沟的纵向比降应大小有别。

(2)暗沟排水　暗沟排水是在地下埋设管道，形成地下排水系统，将地下水降到要求的深度。暗沟排水系统与明沟排水系统基本相同，也有干管、支管和排水管之别。暗沟排水的管道多由塑料管、混凝土管或瓦管作成。建设时，各级管道需按水力学要求的指标组合施工，以确保水流畅通，防止淤塞。

(3)滤水层排水　滤水层排水实际就是一种地下排水方法。它是在低洼积水地以及透水性极差的地方栽种园林植物，或对一些极不耐水湿的树种，在当初栽植园林植物时，就在园林植物生长的土壤下面填埋一定深度的煤渣、碎石等材料，形成滤水层，并在周围设置排水孔，当遇有积水时，就能及时排除。这种排水方法只能小范围使用，起到局部排水的作用。

(4)地面排水　这是目前使用较广泛、经济的一种排水方法。它是通过道路、广场等地面，汇聚雨水，然后集中到排水沟，从而避免绿地园林植物遭受水淹。不过，地面排水方法需要设计者经过精心设计安排，才能达到预期效果。

本章小结

本章主要讲述园林植物的土壤、水分和养分管理，内容包括：①松土除草、树盘覆盖、土壤的改良及管理；②园林植物施肥的原则、方法及应该注意的问题；③园林植物的需水特性、园林植物的灌水与排水。通过本章的学习，使学生掌握园林植物土壤改良的措施、园林植物施肥方法及灌排水基本技能。

复习题

1. 造成园林绿地中土壤状况恶化的原因都有哪些？

2. 如何对园林植物进行合理施肥？

3. 观察园林植物的日常养护管理中，土肥水管理方面存在哪些不合理的现象？

第九章　生长调节剂在园林植物栽培与养护中的应用

【本章基本技能】能够根据调控目标，正确选择植物生长调节剂；能够根据园林植物生长状况和环境实际合理使用植物生长调节剂。

第一节　主要生长调节剂的种类

一、生长素类

(一)吲哚乙酸(IAA)

其他名称：生长素(auxin)，吲哚醋酸，异生长素(heteroauxin)，茁壮素。

分子式：$C_{10}H_9NO_2$

相对分子质量：175.19

性质：纯品无色晶体，见光氧化成玫瑰红，活性降低。在酸性介质中不稳定，pH值低于2时很快失活，不溶于水，易溶于热水、乙醇、乙醚、丙酮等有机溶剂，其钠盐、钾盐比较稳定，易溶于水。

用途：植物组织培养，促进种子萌发，促进插条生根，促进单性结实等。

(二)吲哚丁酸(IBA)

其他名称：Seradix，In-Rootone，Hormodin

分子式：$C_{12}H_{13}NO_2$

相对分子质量：203.23

性质：白色或微黄色，不溶于水，溶于乙醇、丙酮等有机溶剂。

用途：诱导插条生根，诱导的不定根多而长，诱导作用强。

(三)萘乙酸(NAA)

其他名称：Treold，Anastop，Planofix，NAA-800，Fruitone-N，Rootone

分子式：$C_{12}H_{10}O_2$

相对分子质量：186.2

性质：无色无味结晶，性质稳定，遇湿气易潮解，见光易变色。不溶于水，易溶于乙醇、丙酮等有机溶剂。其钠盐溶于水。

用途:促进植物代谢,如开花、生根、早熟、增产等,用途广泛。

(四)2,4-D

其他名称:2,4-二氯苯氧乙酸

分子式:$C_8H_6O_3Cl_2$

相对分子质量:221

性质:白色或浅棕色结晶,不吸湿,常温下性质稳定。难溶于水,溶于乙醇、乙醚、丙酮等。其铵盐和钠盐溶于水。

用途:植物组织培养,防止落花落果,诱导无籽,果实保鲜,高浓度杀阔叶杂草等。

(五)防落素

其他名称:促生灵,番茄灵,PCPA,4-CPA,CLPA

分子式:$C_8H_7O_3Cl$

相对分子质量:186.6

性质:纯品无色结晶,性质稳定。易溶于乙醇、酯等有机溶剂。

用途:促进植物生长,防止落花落果,诱导无籽果实,提早成熟,增加产量,改善品质等。

(六)吲熟酯

其他名称:丰果乐,Figaron,IZAA,T455

分子式:$C_{11}H_{11}N_2O_2Cl$

相对分子质量:238.6

性质:纯品为白色针状结晶,有杂质存在时褐色。难溶于水,易溶于甲醇、乙醇、丙酮等有机溶剂,遇碱易分解。

用途:疏花疏果,促进果实成熟,改变品质。

二、赤霉素类

(一)赤霉素

其他名称:GA_3,920

分子式:$C_{19}H_{22}O_6$

相对分子质量:346.4

性质:纯品为白色结晶,工业品为白色粉剂,难溶于水,易溶于甲醇、乙醇、丙酮、醋酸乙酯、冰醋酸等有机溶剂。其钠钾盐易溶于水。结晶较稳定,溶液易缓慢水解,加热超过50℃会逐渐失去活性,在碱性条件下被中和失效。

用途:使茎伸长,部分代替低温长日照,促进叶的扩大和侧枝生长,促进雄花形成,种子发芽,单性结实和果实形成,贮藏保鲜,抑制成熟和衰老,抑制侧芽休眠和地下块茎形成。

(二)其他赤霉素类

GA_{1+2},GA_{4+7},GA_4,GA_7 等国外也有应用的报道。

三、细胞分裂素类

(一)玉米素

其他名称:6-(4-羟基-3 甲基-丁-2-烯基)-氨基嘌呤

分子式:$C_{10}H_{13}N_5O$

相对分子质量:255.2

性质:纯品为白色晶体,难溶于水和有机溶剂,易溶于盐酸。

用途:植物组织培养,防衰保鲜。

(二)激动素

其他名称:KT,FAP,动力精(Ku),6-呋喃甲基腺嘌呤

分子式:$C_{10}H_9N_5O$

相对分子质量:215.2

性质:纯品为无旋光性白色结晶,不溶于水,微溶于乙醇、丁醇、丙酮和乙醚等有机溶剂,能溶于强酸、强碱、冰醋酸。

用途:促进坐果,打破休眠,花果保鲜,组织培养。

(三)绿丹

其他名称:6-苄基腺嘌呤,BA,BAP

分子式:$C_{12}H_{11}N_5$

相对分子质量:225.3

性质:白色针状晶体,难溶于水,可溶于酸性或碱性溶液。

用途:植物组织培养,提高坐果率,促进果实生长,防衰保鲜。

四、其他生长调节剂

(一)植物蒸腾保护剂

植物蒸腾保护剂,不含化学药剂,物理防护,广泛用于树木移栽、剪枝和造型后防护,高温干旱期植物抗蒸腾保护、越冬期植物防冻,以及预防树木抽条等,为环保型生态材料。

(1)作用机理　高分子网状结构合成材料,使用后可在植物枝干及叶面表层形成保护膜,无外力破坏的情况下,有效期长达 3 个月。抑制蒸发指数 65%。

(2)主要功能　①有效抑制植物蒸腾,减缓外部环境对植物的伤害,同时不影响植物正常呼吸及光合作用。缩短树木移栽缓苗期,提高成活率。②平衡调节植物生长,增强植物免疫力,提高植物抗逆能力。缓解抽条和冻害现象发生,减少因过度蒸腾及风蚀造成的植物损伤。③预防高温期和过冬期的植物水分与营养缺失,从而提高植物抗旱,耐高温及抗寒能力,减少植物死亡,增强植物恢复能力。④可与杀虫剂、农药、其他营养剂混合使用,可提高药效。无副作用。

(3)使用方法　①用水稀释 100～150 倍后用喷雾器均匀喷洒于植物枝叶表面(注意使用洁净水)。②使用时环境温度应在 5℃以上,风力小于 3 级。③新植苗木移栽前后喷施,大型苗木移栽后最好喷施两次,喷施间隔为 3～7 天。④冬季植物防护可在入冬前和初春时各喷施一次。

(4)注意事项 ①不要用含有盐碱和无机肥料的溶液稀释。②抗蒸腾剂的使用环境温度范围是−5℃以上。因此在冬季不宜野外环境使用。③置于阴凉处密封保存,保质期为3年。

(二)土壤保水剂

土壤保水剂号称植物微型水库,是一种独具三维网状结构的有机高分子聚合物。在土壤中能将雨水或浇灌水迅速吸收并保住,不渗失,进而保证根际范围水分充足、缓慢释放供植物利用。它特有的吸水、贮水、保水性能,在改善生态环境、防风固沙工程中起到决定成败的作用。广泛用于土地荒漠化治理、农林作物种植、园林绿化等领域。

1.作用机理

本剂是具有电离性基团羧基结构的高吸水性有机分子,分子间为交联聚合而成的网络状结构,含有强亲水性基团,通过其分子内外侧电解质离子浓度所产生的渗透压,对水有强烈的缔合作用。

2.主要功能

(1)吸水保水性 能迅速吸住400～500倍的纯水。可把以往蒸发、渗漏和流失掉的雨水或浇灌水吸收贮存起来,形成"微型水库",天旱时释放供植物利用。因其保水力为13～14 kg/cm²,保住的水不流动不渗失,抗外界物理压力强,不会被一般的物理方法挤压出来;而一般植物根系的吸水力为16～17 kg/cm²,所以能被植物根系轻易吸收利用。

(2)吸水释水可逆性 环境水多时吸收,环境水少时释放,如此吸水、释水反复循环,仅需很少的灌溉或降雨即可,并不易被环境中的微生物破坏,能够长时间保持三维立体结构,从而长期向植物供水。

(3)吸肥保肥性 按传统的施肥方法,很多肥料元素由于阳光的分解和雨水的冲刷,来不及被植物吸收就浪费掉了。土壤保水剂可吸附自重100倍左右的尿素,而固定在土壤中并缓慢释放,可极大地减少养分的流失,有效节肥20%～40%,并将肥效期拉长。

(4)改良土壤 因其颗粒吸水后膨胀而释水后缩小,可使土壤形成团粒多孔结构、松软透气,既保证植物需求,又可增加黏土的通透性和沙土的持水力。

(5)安全性 pH值中性,在释放的水分中没有不良物质,对环境和植物无毒无害,不随雨水流失,多年后自然降解,还原为氨态氮、水和少量钾离子,有效改良土壤。

(6)降温保温性 土壤中掺入土壤保水剂后,由于水分大而提高墒情,白天降低了热传导率,致使有土壤保水剂的土壤比没有土壤保水剂的土壤白天温度低1～4℃,而晚上湿度大的土层传导地热能力强,所以晚上温度高2～4℃,使昼夜温差缩小。

(7)广泛适用性 根据其保水原理,可以适用于任何作物,无论是农林作物还是绿化植物。

3.使用方法

(1)乔木、灌木定植时基施 在常规种植沟穴中,在旱季、缺水地块或反季节种植,按每株施入已吸水200倍的凝胶剂0.5～50 kg后,与穴土拌匀再定植,最后覆土做成凹窝状,以收集雨水。在雨水较多的季节则可将干状剂直接撒入,与穴土拌匀后定植。用量应视植株大小,该品种需水量多少来决定,每穴施干品2～500 g。

(2)成树追施 在树冠滴水线以内,距树干0.3～2 m处,环树干挖3～5个直径15～40 cm,深20 cm以上至根系分布层的坑,株用已吸水200倍的凝胶剂2～50 kg,与挖出的1/3左右的土拌匀后平均施入,再覆盖余土并整成凹窝状,以收集雨水;特别疏松的花坛或花盆可用"追肥枪"将凝胶剂分多点施入,用量一样。

(3)草坪基施　将已吸水 200 倍的凝胶剂按 1～4 kg/m^2 的量均匀撒在平整地块上，稍加覆盖薄土后即可植入草皮，或播草籽后再盖一层土。

(4)草坪追施　先用多齿钉钯将草坪戳一些密集均匀的小穴，然后均匀撒布保水剂干品 5～20 g/m^2(可混土扩大)，撒施后用稍有压力的散喷水将土壤保水剂颗粒冲入小穴中，当天多次浇足水。

(5)名贵乔木长途移栽　移栽前取蘸根型保水剂适量，投入 300 倍水中吸成糊状后，加入适量腐殖土、草木灰和生根粉调成稠浆，将此浆蘸满根部并用草绳及薄膜捆扎，可经长途运输几天而成活率很高。定植时再在坑穴内混土施入 5～100 kg 吸水 200 倍以上的凝胶剂。此法用于道路绿化和园林、楼盘反季节绿化植树，效果较好。

(6)盆栽定植　用吸水 200 倍以上的凝胶剂 1 份兑土 2～5 份(视需水量不同而定用量)，与土拌匀后先装小部分到花盆底，定植后装至 7 成满，再在表面覆盖 2 cm 以上的净土。追施可用追肥枪将凝胶剂注施。

4. 注意事项

①施在根部。施在种植坑穴中根系分布的土壤层中，任何植物都必须让部分根系接触到土壤保水剂。

②根据施用土壤保水剂的季节或地块的雨水多少，选择采用“湿施法”或“干施法”。

湿施法：雨水少的季节或地块，应将本剂吸水成凝胶后施用。

干施法：雨水多的季节或地块，可将干状本剂直接施用。

③勿让阳光照晒土壤保水剂，因为紫外线对其有裂解作用。无论凝胶剂还是干剂均匀撒在地面，都需撒施在沟穴内，并与根土拌匀(或先拌土 10～20 倍后施用)，最后用土盖住。

④因全国地域性的土壤、气候及干旱情况差异较大，具体使用时可根据实际情况酌情调整。

第二节　生长调节剂的应用

一、影响药液吸收的因素

(一)环境条件

(1)温度　在适宜的温度范围内，植物生长调节剂的作用效果随温度的升高而增大，因为温度升高会增大叶面角质层的透性，加快叶片对药液的吸收，同时，温度升高，叶片的蒸腾和光合作用增强，水分及同化物的运转加快，有利于植物生长调节剂在作物体内的传导，提高了药效。所以，对茎叶施用植物生长调节剂，夏季往往比春季和秋季效果好。一般，在高温下使用浓度要低些，在低温下使用时浓度要高些。

(2)光照　光照能促进作物的蒸腾和光合作用。蒸腾量加大，有利于药液的吸收，光合作用增强则有利于叶片中有机物的合成和运转，从而会加快植物生长调节剂在体内的传导。同时，在阳光下，叶片气孔开放，便于药液渗入。因此，植物生长调节剂一般要求在晴天使用。但阳光过强，药液干燥过快，不利于叶片表面的吸收，反而会影响药效，所以要尽量避开夏天中午灼强的阳光下叶面喷施。

(3)湿度　空气湿度大,植物生长调节剂在叶片上不容易干燥,会延长叶片对药液的吸收时间,进入植物体内的数量相对增多,叶片上残留量也相对较少,所以,较高的空气湿度会提高药效。但若喷药后短时间内降雨,则会降低药效。

(4)风　风速过大,植物叶片的气孔可能关闭,且药液易干燥,不利于药液吸收。一般不在强风时施用。

(5)降雨　施药时或施药后下雨会冲刷掉药液。在一般情况下,要求施用后12～24 h不下雨才能保证药效不受影响,否则应重施。

(二)栽培措施

植物生长调节剂在农业生产上的用效应用,一定要配合其他栽培措施。例如,萘乙酸、吲哚丁酸处理插条后可以促进生根,但是不保持苗床内一定温度和湿度,生根是难以保证的。如果栽培措施不合理,土壤瘠薄,肥水不足或有病虫害等,也不能产生应有效果。又如,用防落素、2,4-D、萘乙酸、B_9 等能防止落花落果,但需要加强肥水管理,保证营养物质不断供给,才能获得高产。因此,使用生长调节剂只有与合理的栽培措施相结合,才能达到预期效果。

(三)植物种类和生长状况

不同植物,由于其对植物生长调节剂的敏感性不同,适合使用的调节剂种类也不相同。如鸡冠花用多效唑好;天竺葵用矮壮素较好;长春花、天竺葵、三色堇、秋海棠、凤仙用 B_9 和矮壮素的混合剂效果好,若施用多效唑或烯效唑,秋海棠会停止生长,凤仙会延迟开花,长春花会长黑点等不良反应。

生长状况良好的植株,使用生长调节剂的效果较好;反之,效果较差。如植物生长调节剂能促进果树坐果和增大果实,但只有在健壮果树上的效果才明显,而在营养生长不良的弱树上,提高坐果率和促进果实增大的效果就较差。

二、生长调节剂在树体内的代谢与运输

植物主要通过根系和叶片来吸收植物生长调节剂的,在某些情况下,嫩茎、茎的基部、根茎等部位以及果皮和种皮也可以吸收生长调节剂。其从叶片进入植物细胞时,一般要经过蜡质层、角质层、细胞壁、细胞质膜。吸收过程先是药剂在植物叶片表面的黏着与展布,在通过角质层和细胞壁后,到达质膜的表面,这些过程往往是通过物理扩散实现的。由质膜进入细胞,是一个主动运输过程。植物生长调节剂进入植物体内后,经维管组织运输到其作用部位发挥其生理效应。大多数生长调节剂在体内的运输是通过韧皮部(从叶片吸收)或木质部(从根系吸收)向生长中心运输,有些在体内不移动。植物生长调节剂能远距离运输到生长中心,但对个体较大的观赏植物和林木,从处理部位运到其他分枝还是相对较少,因此喷洒药液要全株均匀。进入植物体内的生长调节剂代谢方式主要是钝化、转化和分解。

三、浓度、次数与用量

植物对植物生长调节剂的作用浓度要求比较严格,而植物生长调节剂的应用效果与使用浓度有密切的关系。浓度过低,效果不明显或达不到应有的效果;浓度过高,会破坏植物正常的代谢活动,造成叶片增厚变脆,出现畸形或干枯脱落甚至全株死亡。如生长素类,在低浓度

时，对茎和芽有促进作用，当浓度增加至一定程度后，则变为抑制作用。因此，要根据植物生长调节剂的品种类型、应用目的、植物生育期以及生长势、天气状况等因素掌握施药浓度，严格按比例配制药液，绝不能用估算办法盲目配制。

同种植物生长调节剂因处理目的不同，其使用浓度有很大差异。如乙烯利促进橡胶树排胶，要用1%～2%浓度；对番茄、香蕉等果实催熟，一般用500～1 000 mg/kg。

使用植物生长调节剂的浓度还受到使用方法的影响。如用生长素处理插条生根，采用低浓度慢浸法只需2 mg/kg，而采用高浓度快浸法，则需要500～2 000 mg/kg，浓度高低相差很大。

植物生长调节剂的使用次数受到生育期长短的左右。通常一年生作物，生育期较短，一般施用1次生长调节剂就有明显效果；而一些多年生作物，如柑橘生理落果期长达60～80天，若采用2,4-D防止生理落果，喷1次的药效期仅维持10～25天，因此，需要每隔10～25天喷1次药，共喷2～3次的比仅喷1次的保果效果好。用多效唑控制柑橘春、夏梢时，则应间隔使用，即连续施用2年后，需隔数年后再用；否则，会影响树体生长。

植物的种子、根、茎、叶、芽及花果部位对同一种植物生长调节剂的反应不同，吸收速率也不同。同一种浓度对根可能有抑制作用，而对茎可能有促进作用，应根据不同的目的灵活掌握使用方法。

四、施用时期与方法

（一）施用时期

适宜的施用时期主要决定于植物生长发育阶段和应用目的。用乙烯利诱导黄瓜雌花形成，必须在幼苗1～3叶期喷洒，过迟用药，则早期花的雌雄性别已定，达不到诱导雌花的目的。用乙烯利对棉铃进行催熟，应在棉田大部分棉铃生长到45天以上时进行，才有较好的催熟效果。使用过早，会使棉铃催熟过快，铃重减轻，甚至幼龄脱落；使用过迟，则对棉铃催熟效果不好。葡萄花前1周喷施矮壮素，能延缓离层的形成，显著提高坐果率。因此，确定最佳的施用时期，是使植物生长调节剂充分发挥作用的重要因素。

（二）施用方法

（1）喷洒法　这是生产上最常用的一种方法。将植物生长调节剂按所需浓度配制成溶液，用喷雾器或其他工具，喷洒到叶片及植物体表面。生产上为提高药效，增强药液的附着力，配制溶液时常添加一些表面活化剂，如中性肥皂液、洗衣粉液等提高吸收质量。

（2）浸（拌）种法　将作物的种子浸在植物生长调节剂的溶液中或用一定数量的溶液拌种，经一定时间的处理，取出晒干（或阴干），然后播种。这种方法省时、省工，有利于促苗早发、培育壮苗。

（3）蘸根法　这种方法多用于林果业苗木扦插和农作物水稻、地瓜等，可促根早发、提高成活率，培育壮苗。

（4）涂抹法　用毛笔等软工具把药液涂抹在待处理部位，可以有效避免大量喷施容易引发的药害。这种方法多用于保护地蔬菜的保花保果。如用2,4-D溶液，在日光温室茄子开花期涂抹花柄，温室西葫芦开花期涂抹柱头，番茄开花期喷花均有良好的保花保果作用。

（5）土壤浇施法　把植物生长调节剂按一定的浓度和数量浇到土壤中由根系吸收，多依株浇施,大面积应用也可随浇水施入。

(6)点滴法　为促进开花、控制植株茎、枝伸长生长,可将水溶液直接注入筒状叶中,如凤梨、郁金香等。处理叶腋或花芽,为防止药剂流失,可事先放一小块脱脂棉,将药剂滴注在脱脂棉上,使能充分吸收而不致流失。

(7)注射法　借助医学注射器,将激素溶液注入植物体内。如从植物茎干、叶面或休眠芽下的皮层处注入。表皮附有蜡质,溶液不易透入的植物,可用注射法,将药剂通过注射器,多方向地注入植物辅导系统中,以助吸收。

(8)高枝压条切口涂抹法　多用于名贵的难生根植株繁殖。在枝条上进行环割,露出韧皮部,将含有生长素类药剂的羊毛脂涂抹在切口处,用苔藓保持湿润,外面用薄膜包裹防止水分蒸发,当枝条在母枝上长出根以后,可切下生根枝条进行扦插。

(9)扦插法　一般用于移栽的植株。将浸泡过生长素类药液的小木签,插在移植后的苗木或幼树根际四周的土壤中。木签中的药剂溶入土壤水中,被根系吸收,有助于长新根,提高移栽成活率。

本章小结

本章主要介绍了植物生长调节剂的种类、用途、使用方法、影响因素,植物生长调节剂的应用现状、研究趋势、发展前景以及其在园林花卉和园林树木上的应用案例。

复习题

1. 常用植物生长调节剂种类有哪些?各有何用途?
2. 植物蒸腾保护剂、土壤保水剂各自功能是什么?如何合理应用?
3. 影响植物生长调节剂应用效果的因素有哪些?
4. 使用植物生长调节剂应注意什么?

第十章　园林树木的灾害及预防

【本章基本技能】掌握灾害发生发展的规律及其对园林树木的危害。落实“预防为主，综合防治”方针，采取积极的预防措施来保证树木的正常生长并增强其抗灾能力。从而充分发挥园林树木的多种功能效益。

第一节　自然灾害及预防

一、低温危害

不论是生长期还是休眠期，低温都可能对树木造成伤害。低温既可伤害树木的地上或地下组织与器官，又可改变树木与土壤的正常关系，进而影响树木的生长与生存。

(一)低温危害的类型

1.冻害

冻害是树木在休眠期因受0℃以下低温，而使细胞、组织、器官受伤害，甚至死亡的现象。也可以说，冻害是树木在休眠期因受0℃以下的低温，使树木组织内部结冰所引起的伤害。树木冻害依不同部位有下列的一些具体表现。

(1)花芽　花芽是抗寒力较弱的器官，花芽冻害多发生在春季回暖时期。腋花芽较顶花芽的抗寒力强。花芽受冻后，内部变褐色，初期从表面上只看到芽鳞松散，不易鉴别，到后期则芽不萌发，干缩枯死。

(2)枝条　枝条的冻害与其成熟度有关。成熟的枝条，在休眠期以形成层最抗寒，皮层次之，而木质部、髓部最不抗寒。所以随受冻程度的加重，髓部、木质部先后变色，严重冻害时韧皮部才受伤，如果形成层变色则枝条失去了恢复能力。但在生长期则以形成层抗寒力最差。

幼树过多徒长，枝条生长不充实，易受冻害。特别是成熟不良的先端对严寒较敏感，经常先发生冻害，轻者髓部变色，较重时枝条脱水干缩，严重时枝条可能冻死。多年生枝条发生冻害，常表现树皮局部冻伤，受冻部分最初稍变色下陷，不易发现，如果用刀挑开，可发现皮部已变褐，逐渐干枯死亡，皮部裂开或脱落。但是如果形成层未受冻，则可逐渐恢复。

(3)枝杈和基角　枝杈或主枝基角部分进入休眠较晚，位置比较隐蔽，输导组织发育不好，通过抗寒锻炼较迟。因此遇到低温或昼夜温差变化较大时，易引起冻害。枝杈冻害有各种表现：有的受冻后皮层和形成层变褐色，而后干枯凹陷。有的树皮成块状冻坏，有的顺主干垂直冻裂形成劈枝。主枝与树干的基角愈小，枝杈基角冻害也愈严重。这些表现依冻害的程度和树种、品种而有所不同。

(4)树干　树干皮因冻而开裂的现象，一般称为“冻裂”现象。冻裂常在气温突然降至0℃以下，树干木材内外收缩不均而引起的。冻裂多发生在树干向阳的一面，因为这一方向昼夜温差大。通常落叶树种较常绿树种易发生冻裂，一般孤立木和稀疏的林木比密植的林木冻裂严重，幼壮龄树比老年树冻裂严重。冻裂常造成树干纵裂，给病虫的入侵制造机会，影响树木的健康生长。

(5)根颈　在一年中根颈停止生长最迟，进入休眠期最晚，而开始活动和解除休眠又较早，因此在温度骤然下降的情况下，根颈未能很好地通过抗寒锻炼，同时近地表处温度变化又剧烈，因而容易引起根颈的冻害。根颈受冻后，树皮先变色随后干枯，可发生在局部也可能成环状，根颈冻害对植株危害很大。

(6)根系　根系无休眠期，所以根系较其地上部分耐寒力差。但根系在越冬时活动力明显减弱，故耐寒力较生长期略强。新栽的树或幼树因根系小又浅，易受冻害，而大树则相当抗寒。冻拔会影响树木扎根，导致树木倒伏死亡。冻拔指温度降至0℃以下，土壤结冰与根系连为一体，由于水在结冰时体积会变大，使根系和土壤同时被抬高。化冻后，土壤与根系分离，土壤在重力作用下下沉，而根系则外露，看似被拔出，故称冻拔。树木越小，根系越浅，受害越严重。

2. 干梢

干梢是指幼龄树木因越冬性不强，受低温、干旱的影响而发生枝条脱水、皱缩、干枯的现象。有些地方称为抽条、灼条、烧条等。受害枝条在冬季低温下即开始失水、皱缩。轻者可随着气温的升高而恢复生长，但会推迟发芽，而且虽然能发枝但易造成树形紊乱，不能更好地扩大树冠。重者可导致整个枝条干枯死亡。发生抽条的树木，影响树木的观赏和防护功能。干梢的发生一般不是在严寒的1月份，而是多发生在气温回升、干燥多风、地温低的2月中下旬至3月中下旬左右。干梢的发生原因，有下列三点。

(1)干梢的发生与树种有关　南方树种或是一些耐寒性差的树种移植到北方，由于不适应北方冬季寒冷干旱的气候，往往会发生干梢现象。

(2)干梢的发生与枝条的成熟度有关　枝条组织生长得充实，则抗性强，枝条组织生长得不充实，则易发生干梢。幼树枝条往往会徒长，组织不充实，成熟度低，当低温出现时，枝条受冻后表现自上至下脱水、干缩。

(3)干梢的发生是水分供应失调所致　初春气温升高，空气干燥度增大，枝条解除休眠早，水分蒸腾量猛增。而地温回升慢，温度低，土温过低导致根系吸水困难，消耗的水分量大于吸收的水分量。就造成树体内水分供应失调，发生较长时间的生理干旱而使枝条逐渐失水，表皮皱缩，严重时甚至干枯死亡。

3. 霜冻

由于气温急剧下降至0℃或0℃以下，空气中的饱和水汽与树体表面接触，凝结成霜，使幼嫩组织或器官受害的现象，叫霜冻。

(1)霜冻危害的表现　树木在休眠期抵抗低温的能力最强，而在解除休眠后短时间的低温都可能造成伤害。在早秋及晚春寒潮入侵时，常使气温骤然下降，形成霜冻。春季初展的芽很嫩，容易遭受霜冻，芽越膨大，受霜冻危害就越严重。气温突然下降至0℃以下，阔叶树的嫩叶片会萎蔫、变黑和死亡，针叶树的叶片会变红和脱落，这些是叶片受到霜冻危害的表现。当幼嫩的新叶被冻死以后，母枝的潜伏芽或不定芽会发出许多新叶，但若重复受冻，最终会因为贮藏的碳水化合物被耗尽而引起整株树木的死亡。植物花期受冻，较轻的霜冻可将雌蕊和花托冻死，但花朵可照常开放，稍重的霜冻可将雄蕊冻死，严重的霜冻使花瓣受冻变枯脱落。幼果受霜冻较轻时幼胚变色，以后逐渐脱落，受霜冻较重时，则全果变色很快脱落。

(2)早霜危害和晚霜危害　霜冻危害一般发生在生长期内。霜冻可分为早霜和晚霜，秋末的霜冻叫早霜，春季的霜冻叫晚霜。

①早霜危害。早霜危害的发生通常是因为当年夏季天气较为凉爽，而秋季天气又比较温暖，树木生长期推迟，树木的小枝和芽不能及时成熟。当霜冻来临时，导致一些木质化程度不高的组织或器官受伤。在正常年份，秋天异常寒潮的袭击也可导致严重的早霜危害，甚至使无数乔灌木死亡。南方树种引种到北方，以及秋季对树木施氮肥过多，尚未进入休眠的树木易遭早霜危害。

②晚霜危害。晚霜危害是指在春季树木萌动以后，气温突然下降，而对树木造成的伤害。气温突然下降至0℃或更低，使刚长出的幼嫩部分受损。在北方，晚霜较早霜具有更大的危害性。因为从萌芽至开花期，抗寒力越来越弱，甚至极短暂的零度以下温度也会给幼嫩组织带来致死的伤害。所以霜冻来临越晚，则受害越重。北方树木引种到南方，由于气候冷暖多变，春霜尚未结束，树木开始萌动，易遭晚霜危害。

树木在休眠期抵抗霜冻的能力最强，生殖生长阶段最弱，营养生长阶段居中。花比叶易受冻害，叶比茎对低温敏感。一般实生起源的树木比分生繁殖的树木抗霜冻的能力强。

(二)低温危害的预防措施

1.预防冻害的措施

(1)选择抗寒性强的树种　选择耐寒树种是避免冻害的最有效措施。在栽植前必须了解树种的抗寒性，要尽可能栽植在当地抗寒性较强的树种。在树种选择上，乡土树种由于长期适应当地气候，具有较强的抗寒性，是园林栽植的主要树种。引进外来树种，要经过引种试验，证明具有较强抗寒性的树种再推广。一些抗寒力一般的树种可以利用与抗寒力强的砧木进行高接，减轻树木的冻害。选择树种时，就同一个树种也应尽量选择抗寒性强的种源和品种。

(2)加强树体保护　为了降低冻害的危害，可以采取一些措施对树体进行保护。

①搭风障。用草帘、帆布或塑料布等遮盖树木，防寒效果好。此法成本较高，且影响观赏效果。对于珍贵的园林树种可用此法。

②培土增温法。低矮的植物可以全株培土，较高大的可在根颈处培土或者西北面培半月形土埂。防寒土堆内不仅温度较高，而且温差变化较小，土壤湿润，因此能保护树木安全越冬。对于一些容易受冻的树种可采用此法。

③灌水法。就是每年灌“冻水”和浇“春水”来防寒的措施。冻前灌水、特别是对常绿树周围的土壤灌水，保证冬季有足够的水分供应，对防止冻害非常有效。在北方地区大雪后可以将积雪堆在树坑里，这样可以阻止土壤上层冻结而且春季融雪后，土壤能充分吸水，增加土壤的含水量。

④其他树体保护措施。对于新栽植树和不太耐寒的树，可用草绳卷干或用稻草包裹枝干来防寒。为了防止土壤深层冻结和有利于根系吸水，可以采用腐叶土或泥炭藓、锯末等保温材料覆盖根区或树盘。

以上这些措施应该在冬季低温到来之前就做好准备，以免来不及而造成冻害。

(3)加强养护管理，提高树体抗寒性　经验证明，春季加强肥水管理，合理运用排灌和施肥技术，可以促进新梢生长和叶片增大，提高光合效率，增加营养物质的积累，保证树体健壮。后期控制肥水，适量施用磷钾肥，勤锄深耕，可促使枝条成熟，有利于组织充实，从而能更好地进行抗寒锻炼。经验证明,正确的松土和施肥,不但可以增加根系量,而且促进根系深扎,有助于减少根部冻害。此外,夏季可以适期摘心,促进枝条成熟,冬季适量修剪,减少蒸腾面积,或采用人工落叶等措施均对预防冻害有良好的效果。

(4)注意地形和栽培位置的选择　不同的地形造就了不同的小气候,可使气温相差3～5℃。一般而言,背风处,温度相对较高,冻害危害较轻。风口处,温度较低,树木受害较重。地势低的地方为寒流汇集地,受害程度重;反之受害轻。在栽植树木时,应根据城市地形特点和各树种的耐寒程度,有针对性地选择栽植位置。

2.预防干梢的措施

(1)使枝条成熟充实　主要是通过合理的肥水管理,促进枝条前期生长,防止后期徒长,促使枝条成熟,增强其抗性,就是人们常说的"促前控后"的措施。

(2)加强秋冬养护管理　为了预防发生抽条,在秋冬季节会采取一些具体的预防措施。如秋季定植的不耐寒树种可采用埋土防寒的方法,即把苗木地上部分向北卧倒,然后培土防寒,这样既可以保湿减少蒸发,又可以防止冻伤。但植株较大者则不易卧倒,可以在树干西北面培一个半月形土埂(高60 cm),使南面充分接受阳光,提高地温。在树干的周围撒布马粪,也可增加土温,防止干梢。另外,在秋季对幼树枝干缠纸、缠塑料薄膜或喷胶膜、涂白等,对防止或减轻抽条的发生具有一定的作用。

3.预防霜冻的措施

(1)推迟萌动期,避免晚霜危害　人们利用生长调节剂或其他方法使树木萌动推迟,延长树木休眠期,可以躲避早春寒潮袭击所引起的霜冻。在萌芽前或秋末将乙烯利、青鲜素、萘乙酸钾盐等溶液喷洒在树上,可以抑制萌动。在早春灌返浆水,可以降低地温,推迟萌动。树体在萌芽后至开花前灌水2～3次,一般可延迟开花2～3天。树干涂白可使树木减少对太阳热能的吸收,使温度升高较慢,发芽可延迟2～3天。涂白剂各地配方不一,常用的配方是:水10份、生石灰3份、石硫合剂原液0.5份、食盐0.5份、油脂少许。

(2)改善树木生长的小气候条件　人工改善林地小气候,减少树体的温度变化,提高大气湿度,促进上下层空气对流,避免冷空气聚集,可以减轻降低霜冻的危害。

①喷水法。根据当地天气预报,在将要发生霜冻的凌晨,利用人工降雨和喷雾设备,向树冠喷水。因为水的温度比气温高,水洒在树冠的地表上可减少表面的辐射散热,水遇冷结冰还会释放热能,喷水能有效阻止温度的大幅度降低,减轻霜冻危害。

②熏烟法。熏烟法是在林地人工放烟,通过烟幕减少地面辐射散热,同时烟粒吸收湿气,使水汽凝结成水滴放出热量,从而提高温度,保护林木免受霜冻危害。熏烟一般在晴朗的下半夜进行,根据当地的天气预报,事先每隔一定距离设置发烟堆(秸秆、谷壳、锯末、树叶等),在3～6时点火放烟。该法的优点是简便、易行、有效。缺点是在风大或极限低温低于－3℃时,效果不明显。同时放烟本身会污染环境,在中心城区不宜用此法。

③加热法。是现代防霜先进而有效的方法。在林中每隔一定距离放置加热器,在霜将要来临时通电加温,使下层空气变暖而上升,上层原来温度比较高的空气下降,在园地周围形成一个暖气层。以园中放置加热器数量多,而每个加热器放出热量小为好。这样既可起到防霜作用,又不会浪费太大。加热法适用于大面积的园林,面积太小,微风即可将暖气吹走。

④遮盖法。在南方对珍贵树种的幼苗为了防霜冻多采用遮盖法。用蒿草、芦苇、布等覆盖树冠,既可保温,起到阻挡外来寒流袭击的作用,又可保留散发的湿气,增加湿度。缺点是需要人力和物力较多,所以只有珍贵的幼树采用此法。

⑤吹风法。利用大型吹风机增加空气流动，将冷空气吹散，可以起到防霜效果。在林地中隔一定距离放一个旋风机，在霜冻前开动，可起到一定的效果。

二、高温危害

树木在异常高温的影响下，生长下降甚至会受到伤害。以仲夏和初秋最为常见，它实际上是在太阳强烈照射下，树木所发生的一种热害。

(一)高温危害的表现

(1)叶焦　叶片烧焦变褐的现象。由于叶片在强烈光照下的高温影响，叶脉之间或叶缘变成浅褐或深褐色的星散分布的区域，其边缘很不规则。在多数叶片表现出相似的症状，叶片褪色时，整个树冠表现出一种灼伤的干枯景象。

(2)干皮烧　由于树木受强烈的太阳辐射，局部温度过高发生的皮烧现象。温度过高，引起细胞原生质凝固，破坏新陈代谢，使形成层和树皮组织局部死亡。树木干皮烧与树木的种类、年龄及其位置有关，多发生在树皮光滑的薄皮成年树上，特别是耐阴树种，树皮呈斑状死亡或片状脱落。干皮烧给病菌侵入创造了有利条件，从而影响树木的生长发育。严重时，树叶干枯、凋落，甚至造成植株死亡。

(3)根颈烧　由于太阳的强烈照射，土壤表面温度增高，灼伤幼苗根颈的现象。夏季太阳辐射强烈，过高的地表温度会伤害幼苗或幼树的根颈形成层，即在根颈处造成一个宽几毫米的环带。环带里的输导组织和形成层被灼伤死亡，影响树体发育直至死亡。

(二)高温危害的预防措施

①选择抗性强、耐高温的树种或品种栽植。园林树木的种类不同，抗高温能力也不相同。一般原产热带的园林树木耐热能力远强于原产于温带和寒带的园林树木。

②栽植、移栽前对树木加强抗性锻炼。对原产于寒带、温带的园林树木，在温暖地区引种时要进行抗性锻炼。如逐步疏开树冠和遮蔽的树，以便适应新的环境。

③保持移栽植株较完整的根系。移栽时尽量保留比较完整的根系，使土壤与根系密接，以便顺利吸水。因为如果根系吸收的水分不能弥补蒸腾的损耗，将会加剧高温危害。

④树干涂白。涂白可以反射阳光，缓和树皮温度的剧变，对减轻干皮烧有明显的作用。涂白多在秋末冬初进行，也有的地区在夏季进行。涂白剂的配方为：水 72%，生石灰 22%，石硫合剂和食盐各 3%，将其均匀混合即可涂刷(图 10-1)。

图 10-1　树干涂白

⑤树干缚草、涂泥及培土等也可防止高温危害。

⑥加强树冠的科学管理。在整形修剪中，可适当降低主干高度，多留辅养枝，避免枝、干的光秃和裸露。在去头或重剪的情况下，应分 2～3 年进行，避免一次透光太多，否则应采取相应的防护措施。在需要提高主干高度时，应有计划地保留一些弱小枝条自我遮阴，以后再分批修除。必要时还可给树冠喷水或抗蒸腾剂。

⑦加强综合管理，促进根系生长，改善树体状况，增强抗性。生长季要特别防止干旱，避免各种原因造成的叶片损伤，防治病虫危害，合理施用化肥，特别是增施钾肥，树木缺钾会加速叶片失水。

⑧加强受害树木的管理，对于已经遭受伤害的树木应进行审慎的修剪，去掉受害枯死的枝叶。皮焦区域应进行修整、消毒、涂漆，必要时还应进行桥接或靠接修补。适时灌溉和合理施肥。

三、雷击危害

雷击危害指雷对园林植物造成的机械伤害。全国每年有数百棵园林植物遭受雷击的伤害。树木遭受雷击的数量、类型和程度差异极大。它不但受负荷电压大小的影响，而且与树种及其含水量有关。如树体高大，在空旷地孤立生长的树木，生长在湿润土壤或沿水体附近生长的树木最易遭受雷击。在乔木树种中，有些树木，如水青冈、桦木和七叶树，几乎不遭雷击；而银杏、白蜡、皂荚、榆、槭、栎、松、云杉等较易遭雷击。树木对雷击敏感性差异很大的原因尚不太清楚，但大部分人认为与树木的组织结构及其内含物有关。如水青冈和桦木等，油脂含量高，是电的不良导体；而白蜡、槭树和栎树等，淀粉含量高，是电的良导体，较易遭雷击。

（一）雷击危害的表现

(1)木干枝劈裂　出现闪电时，闪道中因高温使水滴汽化，空气体积迅速膨胀，而发生的强烈爆炸声即为雷。这种爆炸效应会造成树干或主枝折断或劈裂，木质部可能完全破碎或烧毁，树皮可能被烧伤或剥落，对树木造成伤害(图 10-2)。

图 10-2　木干枝劈裂

(2)枝叶烧焦　雷电打在园林植物上就像电线短路了，因为木材的电阻比空气小多了，在瞬间释放大量电势能并转化成内能，园林植物的温度瞬间升高几百度，使枝叶烧焦受害。

（二）雷击危害的预防措施

生长在易遭雷击位置的树木和高大珍稀古树及具有特殊价值的树木，应安装避雷器，预防雷击伤害。

树木安装避雷器的原理与其他高大建筑物安装避雷器的原理相同。主要差别在于所使用的材料、类型与安装方法不同。安装在树上的避雷器必须用柔韧的电缆，并应考虑树干与枝条的摇摆和随树木生长的可调性。垂直导体应沿树干用铜钉固定。导线接地端应连接在几个辐射排列的导体上。这些导体水平埋置在地下，并延伸到根区以外，再分别连接在垂直打入地下长约 2.4 m 的地线杆上。以后每隔几年检查一次避雷系统，并将上端延伸至新梢以上。

四、风害

在多风地区，大风使树木偏冠、偏心或出现风折、风倒和树杈劈裂的现象，称为风害。偏冠给整形修剪带来困难，影响树木生态效益。偏心的树木易遭冻害和高温危害。北方冬季和早春的大风，易使树木枝梢干枯而死亡。

（一）风害的表现

（1）风倒　因大风造成树木严重倾斜后，露根到底现象。在沿海地区，夏季常遭受台风的袭击，容易造成风倒。

（2）枝断　因大风枝条剧烈摆动而造成枝干木质部、韧皮部劈裂、折断的现象。

（二）风害的预防措施

（1）选择抗风性强的树种　为提高树木抵御自然灾害的能力，在种植设计时应根据不同的地域，因地制宜选择或引进各种抗风力强的树种。尤其要注意在风口、过道等易遭风害的地方选择深根性、抗风力强的树种，株行距要适度，采用低干矮冠整形。

（2）合理的整形修剪　合理的整形修剪，可以调整树木的生长发育，保持优美的树姿，做到树形、树冠不偏斜，冠幅体量不过大，叶幕层不过高和避免 V 形杈的形成。

（3）树体的支撑加固　在易受风害的地方，特别是在台风和强热带风暴来临前，在树木的背风面用竹竿、钢管、水泥柱等支撑物进行支撑，用铁丝、绳索扎缚固定。

（4）促进树木根系生长　在养护管理措施上促进根系生长，包括改良土壤，大穴栽植，适当深栽等措施。

（5）设置防风林带　防风林带既能防风，又能防冻，是保护林木免受风害的有效的措施。

五、根环束的危害

根环束是指树木的根环绕干基或大侧根生长且逐渐逼近其皮层，像金属丝捆住枝条一样，使树木生长衰弱，最终形成层被环割而导致植株的死亡。

（一）根环束危害的表现（束根）

根环束的绞杀作用，限制了环束处附近区域的有机物运输。根颈和大侧根被严重环束时，树体或某些枝条的营养生长减弱，并可导致其“饥饿”而死亡。如果树木的主根被严重环束，中央领导干或某些主枝的顶梢就会枯死。对于这样的植株，即使加强土肥水管理和进行合理的修剪，也会在 5～10 年或更长一点的时间内，生长进一步衰退。沿街道或铺装地生长的树木一般比空旷地生长的树木遭受根环束危害的可能性大，而且中、老龄树木受害比幼龄树木多。

(二)根环束危害的预防措施

①在园林树木栽植前，在整地挖穴中，要尽量扩大破土范围，改善土壤通透性与水肥条件。

②在栽植时对园林树木的根系进行修剪，疏除过密、过长和盘旋生长的根，使根系自然舒展。

③应尽量减少铺装或进行透气性铺装，提供根系疏松的土壤和足够的生长空间。

④对已经受到根环束的严重危害，树势不能恢复的园林树木加强水肥管理和合理修剪，以减缓树势的衰退。

⑤对已经受到根环束的危害但能够恢复生机的园林树木，可以将根环束从干基或大侧根着生处切断，再在处理的伤口处涂抹保护剂后，回填土壤。

六、雪灾

雪灾是降雪时因树冠积雪重量超过树枝承载量而造成的雪压、雪倒、雪折危害。

(一)雪灾危害的表现

(1)雪压　因积雪压迫而导致树形散乱现象，影响树体美观。

(2)雪倒　因积雪压迫而导致树体严重倾斜倒地的现象(图 10-3)。

图 10-3　雪倒

(3)雪折　树冠积雪重量超过树枝承载量而导致的大枝被压裂或压断的现象。

(二)雪灾危害的预防措施

①要通过培育措施促进树木根系的生长，形成发达的根系网，根系牢，树木的承载力就强，头重脚轻的树木易遭雪压。

②修剪要合理，不要过分追求某种形状而置树木的安全而不顾。事实上，在自然界中树木枝条的分布是符合力学原理的，侧枝的着力点较均匀地分布在树干上，这种自然树形的承载力强。

③栽植时应合理配置，注意乔木与灌木、常绿与落叶之间的合理搭配，使树木之间能相互依托，以增强群体的抗性。

④对易遭雪害的树木进行必要的支撑。

⑤下雪时及时摇落树冠积雪。

七、雾凇

雾凇是过冷却雨滴在温度低于0℃的物体上冻结而成的坚硬冰层，多形成于园林植物的迎风面上。

(一)雾凇危害的表现

雾凇由于冰层不断地冻结加厚，常压断树枝，对园林植物造成严重的破坏。

(1)冰挂　树木因雾凇导致极冷的水滴同物体接触而形成冰层，或在低于冰点的情况下雨落在物体上形成的。常称作“冰挂”(图10-4)。

图10-4　冰挂

(2)冰倒　树木因雾凇导致冰层不断冻结加厚，最终造成树体倾斜倒地的现象。

(二)雾凇危害的预防措施

采取人工落冰措施、竹竿打击枝叶上的冰、设立支柱支撑等措施都可减轻雾凇危害。

第二节　市政工程、酸雨、煤气、融雪剂对树木的危害及预防

一、市政工程对树木的危害及预防

(一)地面铺装对树木生长的危害及预防

1. 危害

(1)地面铺装影响土壤水分渗入，导致城市园林树木水分代谢失衡　地面铺装使自然降水很难渗入土壤中，大部分排入下水道，以致自然降水量无法充分供给园林树木，满足其生长需要。地下水位的逐年降低，使根系吸收地下水的量也不足。城市园林树木水分平衡经常处于

负值，进而表现生长不良，早期落叶，甚至死亡。

(2)地面铺装影响植物根系的呼吸，影响园林树木的生长　城市土壤由于路面和铺装的封闭阻碍了气体交换。植物根系是靠土壤氧气进行呼吸作用产生能量来维持生理活动的。由于土壤氧气供应不足，根呼吸作用减弱，对根系生长产生不良影响。这样就破坏了植物地上和地下的平衡，会减缓树木生长。

(3)地面铺装改变了下垫面的性质　地面铺装加大了地表及近地层的温度变幅，使植物的表层根系易遭受高温或低温的伤害。一般园林树木受伤害程度与材料有关，比热小、颜色浅的材料导热率高，园林树木受害较重；相反，比热大、颜色深的材料导热率低，园林植物受害相对较轻。

(4)近树基的地面铺装会导致干基环割　随着树木干径的生长增粗，树基会逐渐逼近铺装，如果铺装材料质地脆而薄，会导致铺装圈的破碎、错位和突起，甚至会破坏路牙和挡墙。如果铺装材料质地厚实，则会导致树干基部或根颈处皮部和形成层的割伤。这样会影响园林植物生长，严重时输导组织会彻底失去输送养分的功能而最终导致园林树木的死亡。

2. 预防措施

(1)树种选择　选择较耐土壤密实和对土壤通气要求较低及抗旱性强的树种。较耐土壤密实和对土壤通气要求较低的树种有国槐、绒毛白蜡、栾树等，在地面铺装的条件下较能适应生存。不耐密实和对土壤通气要求较高的树种如云杉、白皮松、油松等则适应能力较低，不适宜在这类树种的地面上进行铺装。

(2)采用透气的步道铺装方式　目前应用较多的透气铺装方式是采用上宽、下窄的倒梯形水泥砖铺设人行道。铺装后砖与砖之间不加勾缝，下面形成纵横交错的三角形孔隙，利于通气。另外在人行道上采用水泥砖间隔留空铺砌，空档处填砌不加沙的砾石混凝土的方法，也有较好的效果。也可以将砾石、卵石、树皮、木屑等铺设在行道树周围，在上面盖有艺术效果的圆形铁艺保护盖，既对园林植物生长有益，又较美观(图 10-5)。

图 10-5　中空透气铺装

(3)铺装材料改进成透气性铺装，促进土壤与大气的气体交换　透气性铺装具有与外部空气及下部透水垫层相连通的孔隙构造，其上的降水可以通过与下垫层相通的渗水路径渗入下部土壤，对于地下水资源的补充具有重要作用。透水性铺装既兼顾了人类活动对于硬化地面的使用要求，又能减轻城市硬化地面对大自然的破坏程度。

（二）侵入体对树木生长的危害及预防

(1)危害　土壤侵入体来源于多方面的，有的是战争或地震引起的房屋倒塌，有的因为老城区的变迁，有的是因为市政工程，有的是因为兴修各种工程、建筑或填挖方等，都可能产生土壤侵入体。有的土壤侵入体对树木有利无害，如少量的砖头、石块、瓦砾、木块等，但数量要适度，这种侵入体太多会致使土壤量少，会影响树木的生长。而有的土壤侵入体对树木生长非常有害，如被埋在土壤里面的大石块、老路面、经人工夯实过的老地基以及建筑垃圾等，所有这些都会对种植在其土壤上面的树木生长不利，有的阻碍树木根系的伸展和生长，有的影响渗水与排水。下雨或灌水太多时会造成土壤积水，影响土壤通气，致使树木生长不良，甚至死亡。有的如石灰、水泥等建筑垃圾本身对树木生长就有伤害作用，轻者使树木生长不良，重者很快使树木致死。

(2)防治措施　将大的石块、建筑垃圾等有害物质清除，并换入好土。将老路面和老地基打穿并清除，才能彻底解决根系生长空间与排水的问题。

（三）土壤紧实度对树木生长的危害及预防

1. 危害

人为的践踏、车辆的碾压、市政工程和建筑施工时地基的夯实及低洼地长期积水等均是造成土壤紧实度增高的原因。在城市绿地中，由于人流的践踏和车辆的碾压等使土壤紧实度增加的现象是经常发生的，但机械组成不同的土壤压缩性也各异。在一定的外界压力下，粒径越小的颗粒组成的土壤体积变化越大，因而通气孔隙减少也越多。一般砾石受压时几乎无变化，沙性强的土壤变化很小，壤土变化较大，变化最大的是黏土。土壤受压后，通气孔隙度减少，土壤密实板结，园林树木的根系常生长畸形，并因得不到足够的氧气而根系霉烂，长势衰弱，以致死亡。

2. 预防措施

①做好绿地规划，合理开辟道路。很好地组织人流，使游人不乱穿行，以免践踏绿地。

②做好维护工作。在人们易穿行的地段，贴出告示或示意图，引导行人的走向。也可以做栅栏将树木围护起来，以免人流踩压。

③耕翻。将压实地段的土壤用机械或人工进行耕翻，将土壤疏松。耕翻的深度，根据压实的原因和程度决定，通常因人为的践踏使土壤紧实度增高的，压得不太坚实，耕翻的深度较浅。夯实和车辆碾压使土壤非常坚实，耕翻得要深。根据耕翻进行的时间又分为春耕、夏耕和秋耕。还可在翻耕时适当加入有机肥，既可增加土壤松软度，还能为土壤微生物提供食物，增大土壤肥力。

④低洼地填平改土后才能进行栽植。

二、酸雨对树木的危害及预防

酸雨是空气污染的另一种表现形式，通常将 pH 值小于 5.6 的雨雪或其他方式形成的大气降水（如雾、露、霜等），统称为酸雨。

酸雨的成因是一种复杂的大气化学和大气物理的现象。酸雨中含有多种无机酸和有机酸，绝大部分是硫酸和硝酸。工业生产、民用生活燃烧煤炭排放出来的二氧化硫，燃烧石油以及汽车尾气排放出来的氮氧化物,经过“云内成雨过程”,即水汽凝结在硫酸根、硝酸根等凝结核上,发生液相氧化反应,形成硫酸雨滴和硝酸雨滴。又经过“云下冲刷过程”,即含酸雨滴在下降过程中不断合并吸附、冲刷其他含酸雨滴和含酸气体,形成较大雨滴,最后降落在地面上,形成了酸雨。

(一)酸雨危害

1.酸雨对园林树木的直接危害

植物对酸雨反应最敏感的器官是叶片,叶片通常会出现失绿、坏死斑、失水萎蔫和过早脱落的症状。其症状与其他大气污染症状相比,伤斑小而分散,很少出现连成片的大块伤斑。多数坏死斑出现在叶上部和叶缘。由于叶部出现失绿、坏死的症状减少了叶部叶绿素的含量和光合作用的面积,影响了光合作用的效率。受酸雨危害的园林树木生理活性下降,长势较弱,抗病虫害能力减弱,导致树木生长缓慢或死亡。

2.酸雨导致土壤酸化,间接伤害园林树木

酸雨能使土壤酸化,当酸性雨水降到地面而得不到中和时,就会使土壤酸化。首先,酸雨中过量氢离子的持久输入,使土壤中营养元素(钙、镁、钾、锰等)大量转入土壤溶液并遭淋失,造成土壤贫瘠,致使园林植物生长受害。其次,土壤微生物尤其是固氮菌,只生存在碱性条件下,而酸化的土壤影响和破坏土壤微生物的数量和群落结构,造成枯枝落叶和土壤有机质分解缓慢,养分和碱性阴离子返回到土壤有机质表面过程也变得迟缓,导致生长在这里的植物逐步退化。

(二)酸雨危害的预防措施

(1)使用低硫燃料　采用含硫量低的煤和燃油作燃料是减少 SO_2 污染最简单的方法。据有关资料介绍,原煤经过清洗之后,SO_2 排放量可减少 30%～50%,灰分去除约 20%。改烧固硫型煤、低硫油,或以煤气、天然气代替原煤,也是减少硫排放的有效途径。政府部门应控制高硫煤的开采、运输、销售和使用,减少环境污染。

(2)加强技术研究,减少废气排放　改进燃煤技术,改进污染物控制技术,采取烟气脱硫、脱氮技术等重大措施。烟气脱硫脱氮这是一种燃烧后的过程。当煤的含硫量较高时,改变燃烧方法,在燃料中加石灰,从而固化燃煤中的硫化物,燃烧后的废气用一定浓度的石灰水洗涤。其中的碳酸钙与 SO_2 反应,生成 $CaSO_3$,然后由空气氧化为 $CaSO_4$。可作为路基填充物或制造建筑板材或水泥。

(3)调整能源结构　增加无污染或少污染的能源比例,发展太阳能、核能、水能、风能、地热能等不产生酸雨污染的能源。

(4)支持公共交通,减少尾气排放　减少车辆就可以减少汽车尾气排放,降低空气污染,汽车尾气中含有大量的一氧化碳、氮氧化物和碳氢化合物等污染气体。

(5)生物防治　在酸雨的防治过程中,生物防治可作为一种辅助手段。在污染重的地区可栽种一些对二氧化硫有吸收能力的植物,如山楂、洋槐、云杉、桃树、侧柏等。

三、煤气对树木的危害及预防

现在很多城市已经大规模地使用天然气,地下都埋有天然气管道。但由于不合理的管道结构、不良的管道材料、震动导致的管道破裂、管道接头松动等不同原因都会导致管道煤气的泄漏,对园林树木造成伤害。

(一)煤气危害

天然气中的成分主要是甲烷,泄漏的甲烷被土壤中的某些细菌氧化变成二氧化碳和水。煤气发生泄露,会使土壤中通气条件进一步恶化,二氧化碳浓度增加,氧的含量下降。影响植物生存。在煤气轻微泄漏的地方,植物受害轻,表现为叶片逐渐发黄或脱落,枝梢逐渐枯死。在煤气大量或突然严重泄漏的地方受害重,一夜之间几乎所有的叶片全部变黄,枝条枯死。如果不及时采取措施解除煤气泄漏,其危害就会扩展到树干,使树皮变松,真菌侵入,危害症状加重。

(二)煤气危害的防治

①立即修好渗漏的地方。

②如果发现煤气渗漏对园林树木造成的伤害不太严重,在离渗漏点最近的树木一侧挖沟,尽快换掉被污染的土壤。也可以用空气压缩机以 700～1 000 kPa 将空气压入 0.6～1.0 m 土层内,持续 1 h 即可收到良好的效果。

③在危害严重的地方,要按 50～60 cm 距离打许多垂直的透气孔,以保持土壤通气。

④给树木灌水有助于冲走有毒物质。

⑤合理的修剪、科学的施肥对于减轻煤气的伤害都有一定的作用。

四、融雪剂树木的危害及预防

在北方地区,冬季常常会下雪。在路上的积雪被碾压结冰后会影响交通的安全,所以常常用融雪剂来促进冰雪融化。我们目前普遍使用的融雪剂主要成分仍然是氯盐,包括氯化钠(食盐)、氯化钙、氯化镁等。冰雪融化后的盐水无论是溅到树木干、枝、叶上,还是渗入土壤侵入根系,都会对树木造成伤害。

(一)融雪剂危害

城市园林树木受盐水伤害后,表现为春天萌动晚、发芽迟、叶片变小,叶缘和叶片有枯斑,黑棕色,严重时叶片干枯脱落。秋季落叶早、枯梢,甚至整枝或整株死亡。

盐水会对树木根系的吸水产生影响,盐分能阻碍水分从土壤中向根内渗透和破坏原生质吸附离子的能力,引起原生质脱水,使树木失水、萎蔫。氯化钠的积累还会削弱氨基酸和碳水化合物的代谢作用,阻碍根部对钙、镁、磷等基本养分的吸收,对树木的伤害往往要经过多年才能恢复生长势。盐水会破坏土壤结构,造成土壤板结,通气不良,水分缺少,影响园林树木生长。

(二)融雪剂危害预防

(1)选用耐盐植物　植物的耐盐能力因不同树种、树龄大小、树势强弱、土壤质地和含水率不同而不同,一般来说,落叶树耐盐能力大于针叶树,当土壤中含盐量达 0.3%时,落叶树引起伤害,而土壤中含盐量达到 0.2%时,就可引起针叶树伤害。大树的耐盐能力大于幼树,浅根性树种对盐的敏感性大于深根性树种。在土壤盐分种类和含盐量相同情况下,若土壤水分充足,则土壤溶液浓度小,另外土壤的质地疏松,通气性好,则树木根系发达,也能相对减轻盐对树木的危害。

(2)控制融雪剂的用量　由于园林树木吸收盐量中仅一部分随落叶转移,多数贮存于树体内，次年春天，才会随蒸腾流而被重新输送到叶片。植物这种对盐分贮存的特性更容易使植物受到盐的伤害。因此要严格控制融雪剂的用量。一般 15～25 g/m^2 就足够了，喷洒也不能超越行车道的范围。

(3)采取措施让融雪剂尽量不要与植物接触　要及时消除融化雪水，将融化过冰雪的盐连同雪一起运走，远离树木。树池周围筑高出地面的围堰，以免融雪剂溶液流入。融化的盐水通过路牙缝隙渗透到植物的根区土壤而引起伤害，所以将路牙缝隙封严可以阻止植物受害。对树木采用雪季遮挡，对减少车行飞溅融雪剂对树木的伤害有很好的作用，但成本太高。

(4)增施硝态氮、钾、磷等肥料，可以减少对氯化钠的吸收　增加灌水量可以把盐分淋溶到根系以下更深的土层中而减轻对植物的危害。

(5)开发环保的融雪剂　开发无毒的氯盐替代物，使其既能融解冰和雪又不会伤害园林植物。

案例　樱桃常见的灾害预防措施

樱桃(*Cerasus pseudocerasus*)为落叶小乔木，高达 8 m。花期 3—4 月，果期 5—6 月。喜光，喜肥沃、排水良好的沙壤土。耐寒、耐旱。萌蘖力强，生长迅速。产于黄河流域至长江流域。早春先花后叶，后有红果，观花、观果树种，也是园林结合生产树种。

常见的灾害预防措施。

(1)预防低温伤害　尽量选择在霜冻高发期过后萌芽开花的品种。此外还可以通过树干涂白、早春浇水等措施延迟萌芽期和花期。在萌芽前全树喷萘乙酸甲盐(250～500 mg/kg)溶液或 0.1%～0.2%青鲜素液可抑制芽的萌动，推迟花期 3～4 天。通过合理负载、合理施肥浇水、科学修剪、综合病虫害防治等措施，增强树势和树体的营养水平，提高抗寒力。

(2)预防风害　大樱桃根系分布浅，遇大风易倒伏。特别是沿海地区，常因大风袭击引起树体倒伏，枝干劈裂，甚至整株死亡。

可以采取如下措施预防风害。①积极营造防风林。②选用根系发达的砧木进行嫁接，如马哈利、毛把酸等作砧木。③选用抗风树形，如低干、矮冠、无中心领导干的自然开心形或丛状树形。④立支柱、培土堆。在幼树阶段可采用树干培土和立支柱的办法来增强抗风能力，保持树干直立。

(3)预防旱害和涝害　大樱桃既不抗旱，又不耐涝，如土壤水分过多，土壤氧气不足，根系正常呼吸受阻，就会造成树叶黄落，树势变弱，甚至整株或成片死树；反之，干旱严重时，地上部停止生长，引起落叶落果。所以要注意大樱桃园的防旱排涝。

具体措施可以挖排水沟、健全排灌系统、结合起垄栽培。挖好排水沟，采用滴灌、渗灌等现代化灌溉方式，可以为樱桃创造一个适宜的土壤环境，保证树体良好的生长发育。

(4)预防鸟害　大樱桃成熟时节常有鸟类取食，造成很大经济损失。国内外防鸟的方法较多，用撒网，播放害鸟惨叫声的录音，用高频警报装置干扰鸟类听觉系统，树上系锡箔，悬稻草人等方法，都有较好的效果。

(5)预防雨害　大樱桃成熟期雨量多，易裂果，严重影响果实的外观和降低商品价值。目前，国外用加盖活动塑料薄膜屋顶的方法避雨，效果很好。

(6)病虫害防治　使用脱毒苗木建园，减少根癌病的发生率。定植前对苗木进行挑选，彻底去除有根瘤的苗木，用 K84 生物农药对苗木进行消毒处理。2～3 年生树用 30 倍 K84，于发芽前浇灌根部，用药量为1～2 kg/株。对发病树，彻底切除病瘤，然后用100倍硫酸铜溶液消毒切口，外涂波尔多液保护，刮下的病组织应及时清理烧毁。发现流胶后，挖除流胶眼，并涂抹梳理剂或石硫合剂。如病斑较大，在病斑处纵割几刀，挤出汁液，涂刷石硫合剂原液，可基本治愈流胶。

本章小结

本章介绍了园林树木低温危害、高温危害等自然灾害的基本原理及预防措施以及市政工程、酸雨、煤气、融雪剂对树木的危害及预防的相关内容。园林树木在漫长的生命历程中，经常面对各种灾害的侵扰，要预防和减轻灾害的危害，就必须掌握各种灾害的发生规律和树木致害的原理。今后才能在规划设计中考虑到各种可能的灾害，合理地选择树种并进行科学的配置。同时在树木栽培养护的过程中，可以有针对的采取综合措施促进树木健康生长，增强其抗灾能力。

复 习 题

一、名词解释

1. 干梢　2. 霜冻　3. 风害　4. 根环束　5. 酸雨

二、填空题

1. 高温危害的园林植物外部表现为________、________、________。

2. 根环束是指园林植物的根环绕________或________生长且逐渐逼近其皮层，像金属丝捆住枝条一样，使园林植物生长衰弱，最终________被环割而导致植株的死亡。

3. 雷击伤害园林植物的症状有________、________等。

4. 雪灾伤害园林植物的症状有________、________、________等。

5. 低温危害的类型有________、________、________等。

三、简述题

1. 简述低温危害的类型及防治。

2. 简述高温危害及防治措施。

3. 简述雷击危害及防治措施。

4. 简述风害及防治措施。

5. 简述根环束危害及防治措施。

6. 简述雪灾危害及防治措施。

7. 简述雾凇危害及防治措施。

8. 简述地面铺装危害。

9. 简述土壤侵入体危害。

10. 简述土壤紧实对园林树木的危害。

11. 简述酸雨对园林树木的危害及预防。

12. 简述煤气对园林树木的危害及预防。

13. 简述融雪剂对园林树木的危害及预防。

第十一章　园林植物养护机具的使用与维护

【本章基本技能】本章基本技能包括有常用手工工具、割灌机、绿篱修剪机、草坪修剪机具、手动喷雾器、机动喷雾机、喷雾喷粉机、喷灌系统、微喷系统、草坪播种机、草坪施肥机、草坪打孔机、草坪梳草机等常用园林植物养护机具的使用与维护，通过技能训练使学生掌握相关的基本技能。

第一节　常用手工工具

园林绿化乔、灌、花、草各项培育和管理中，除使用各种机械设备外，同时也使用大量各种功用的手工工具。一方面，这些工具成本低，能满足各种作业需要，适于各种规模范围，使用维护都很方便，对使用者没有特殊技术要求，一般无需培训，因此使用很普遍；另一方面，这些不同用途的手工工具可以调剂人们紧张的生活节奏，成为一部分人的休闲工具，甚至溶入娱乐的色彩，增添人们生活情趣。

一、常用手工工具的种类

(1)园林手工工具　根据适用范围可以分为通用型、专用型和家用型。通用型是指大多数作业都可以用的工具；专用型是指在某种特定作业所专门使用的工具；家用型是指在庭院、花园、家庭等较小范围、较固定使用者使用的小巧工具。上述不同型式的手工工具，因作业环境及对象、使用人员、管理条件等不同，因此技术指标差异较大，如表 11-1 所示。

表 11-1　不同型式手工工具技术指标

技术指标	通用型	专用型	家用型
功能	全面	专一	较全面
形态	尽量美丽	适用作业为主，外形一般	美观
尺寸	较大	可以较小	较小
强度	高	高	一般

(2)园林手工工具　根据其功用不同可以分为锹、铲、锄、镐、耙、镰、叉、刷；锯、剪、斧共 11 种(图 11-1)。一般包括以下工具。

①锹包括圆头锹、平方锹、尖头锹、单脊锹、开脊锹、闭脊锹。

②铲包括园艺苗圃铲、排水铲、沟槽铲、杆桩铲、拨盖铲、月牙铲、雪铲。

③锄包括园艺锄、松土锄、杂草锄、栽培锄。

④镐包括开山镐、挖根镐、尖头镐。

⑤耙包括硬齿耙(弯齿耙、平齿耙)、软齿耙(落叶耙、草耙)、滚齿耙(松土耙、边耙)。

⑥镰包括草镰、山镰。

⑦叉包括勾叉、平叉、肥料叉。

⑧刷包括板刷、块刷、滚刷等。

⑨锯包括弯把锯、鱼头锯、罗汉锯、弓线锯、手板锯、折合锯、高枝锯。

⑩剪包括园艺剪、稀果剪、疏枝剪、树篱剪、高枝剪。

⑪斧包括开山斧、劈木斧。

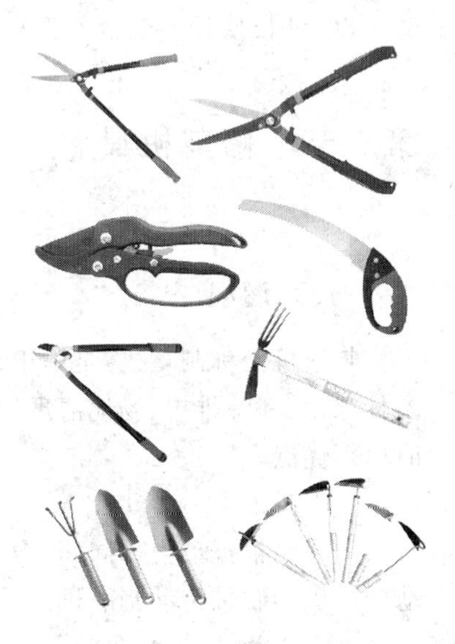

图 11-1 常用手工工具

二、园林手工工具的选择

1. 根据使用者选用

手工工具的选择首先要看使用者,使用者是群体、单位、集体从事的作业,如园林绿化施工单位或机关、团体、学校等,一般应选择坚固、耐用、功能比较全面的通用型工具;而对家庭、花房的花匠、庭院的拥有者,工作量不大,而且使用者很少,并且应成为环境的点缀,所以应选用美观、小巧、强度不一定很高的家用型工具。

2. 根据作业内容选用

根据作业内容选择专用型工具,如绿篱修剪,虽在花园、庭院、家庭中使用,但也应选择专用型的绿篱剪;再如高枝修剪,必须选用高枝剪,这便于完成这些专业作业任务。弯口剪枝剪用于剪切幼枝;平口剪枝剪用于剪切幼枝、枯枝;园艺专业剪不锈钢刀片,用于修剪插花,除玫瑰刺等;专业园艺剪适合园艺工作者使用;绿篱剪利用齿形传动结构、省力,可用于日常绿篱修剪;草剪刀片涂有不粘涂层,可旋转 90°,适用于草坪修边;剪枝剪齿形结构省力,用于剪切粗枝、枯枝,最大剪切直径 40~45 mm。

三、常用手工工具的维护保养

手工工具维护保养的好坏,对延长工具使用寿命,保持其良好性能关系很大。一般应注意下面几点。

(1)注意防锈 手工工具的工作部件多为金属材料制成,而金属材料很容易生锈,一旦生锈,轻则影响使用,重则可能失去使用价值,而且生锈后也不易去除,所以使用中应特别注意防锈处理。

(2)保持清洁 每日工作后应将使用过的工具作一整理,清除泥土、杂物,擦干,放在通风地方,保持干燥,避免生锈。

(3)妥善保管 作业结束,长期闲置时,应注意妥善保管,清洗干净,擦干,金属表面涂抹防锈油,放在适当位置,最好应存放在为不同工具而设计的存物架上,避免多层挤压;放在通风干燥的地方。

(4)保护刃口 对工具中带有刃口的部分,应特别注意保护,存放时应全部浸油,最好用蜡纸包好,避免倾斜重叠,防止受压弯曲变形,对刃口部分的刃磨应有专用工具,保证刃磨角度，延长使用寿命。

第二节　修剪机具

一、割灌机

割灌机又称割草机，是用于杂草、低矮小灌木的割除和草坪边缘修剪的机械。可广泛用于园林绿化、庭院维护、场地清理等相关作业，具有重量轻，结构紧凑，操作方便，使用可靠，维修简单等优点。

1. 类型

割灌机根据动力不同，分为电动割灌机和汽油机割灌机。根据传动方式不同分为软轴传动割灌机和硬轴传动割灌机。园林作业中硬轴传动的汽油机割灌机应用最广泛。

2. 主要构造

目前园林作业广泛应用的硬轴汽油机割灌机，主要由汽油发动机、传动部件、工作部件、操纵装置和背挂部分组成(图 11-2)。

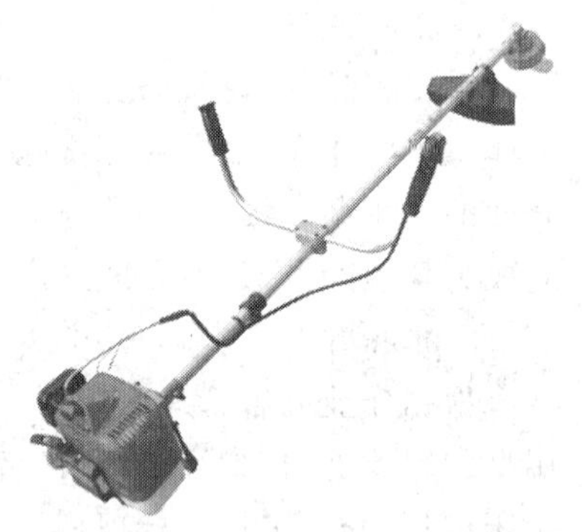

图 11-2　割灌机

3. 安全操作要求

加油前须关闭发动机，严禁在发动机运转时加油，严禁在室内添加燃料；严禁加油时吸烟。工作中热机无燃油时，应停机 3 min，发动机冷却后再加油，且油料不能溢出，如果溢出了，应擦拭干净。添加完燃油后，应旋紧燃料容器盖并且检查是否漏油，如果有漏油出现，在启动发动机前必须修好以预防发生火灾；启动割灌机时保证与易燃物品的安全距离，不得小于 1 m；禁止在室内启动发动机和使用割灌机；严禁在没有肩挎吊带和防护罩的情况下使用割灌机；工作时应穿工作服和戴相应劳保用品，如头盔、防护眼镜、手套、工作鞋等；启动发动机的时候一定要将割灌机刀片或尼龙绳离开地面或有障碍的地方；严禁使用刀片已经磨钝、弯曲、有裂缝或者变颜色及螺母已经磨损或者损坏的机器，不要用锯片切割超过 2 cm 灌木；空负荷时应将油门扳到怠速或小油门位置，严禁在空载下全速运转发动机；长时间使用操作时，中间应停机检查各个零部件是否松动，特别是刀片部位；剪草机在工作过程中，如果出现旋转修剪头阻塞，在发动机仍在运转时严禁强行拿出阻塞之物。如果强行拿出阻塞物，旋转修剪头会重新旋转从而对人体造成伤害。一旦旋转修剪头阻塞必须立即关闭发动机，然后再进行清除阻塞物；操作中断或移动时，一定要先停止发动机。

4. 使用操作

(1)操作前检查

①检查各部分的螺栓和螺母是否松动，特别是检查刀片安装螺母，刀盘护罩螺栓是否松动，如果需要，必须拧紧。

②检查空气滤清器滤芯的污物，发现有污物应进行清洗。

③检查油箱、油管、化油器等处是否漏油，如有应排除。

④自油箱外部检查燃油面，如果燃油面低，加燃油至上限。以二行程汽油机为动力的割灌机燃油必须采用汽油与二冲程机油的混合油，按汽油与机油为 25：1 的混合比配制，绝不能使用纯汽油；以四行程汽油机为动力的割灌机燃油必须采用纯汽油，绝不能使用混合油。

⑤修剪头检查。采用刀片作业时刀片一定要装正，并检查刀片是否有裂纹、缺口、弯曲和磨损，应及时进行更换；检查刀盘护罩是否损坏；采用尼龙头作业时应控制尼龙丝长度小于 15 cm；用手转动修剪头检查是否有偏转或者异常的声音，偏转或者声音异常将会导致操作中异常振动或使割草机的连接发生松动，在操作中时非常危险。

⑥检查背挂装置的挂钩位置是否合适，背带长度是否合适，如果需要应调整。

⑦检查工作区域内有无电线、石头、金属物体及妨碍作业的其他杂物。

(2)启动发动机

①启动发动机之前必须确认修剪头没有和地面及其他物体接触。

②将点火开关置于开始位置。

③按压注油泵数次，直到可以看到回油管内有油时为止。

④冷态启动时将阻风阀置于关闭位置，热态启动阻风阀置于开启位置。

⑤轻轻拉启动器手柄，直到感到有阻力再用力拉，然后逐渐放回启动器手柄，直到听见第一次发动机启动的声音。

⑥启动后，先低速运行几分钟，随着发动机温度升高，把阻力风阀逐渐移到打开位置。

(3)割灌操作

①摆动式剪草操作方法。工作时，背好割灌机，双手紧握手把左右摆动，修剪区域为以操作者为中心的圆弧，根据负荷大小，随时改变手油门的开度，使发动机转速适应实际负荷的需要。摆动时应倾斜修剪头，即向左摆动尼龙线修剪头时，修剪头左侧略低于右侧，向右摆动时尼龙线修剪头时，修剪头右侧略低于左侧，如果将修剪头倾斜错了方向，将会产生修剪不断草，当草较高时可能会引起修剪头缠草，既影响修剪效果又影响修剪效率。摆动修剪头时要平稳运动，并根据草的长势确定摆动的速度，即草密时摆动速度要相对慢一些，草稀时可相对快一些，摆动过程中要保证切割部分高度基本一致，以获得好的修剪效果。此种剪草方式适用于在较大的区域内剪草。使用起来工作平稳，工作效率高。

②沿角剪草操作方法。将修剪头稍微倾斜从一侧移向被修剪的草，然后沿边的方向移动修剪头，完成修剪，按此种方式往前推进时，如果剪草的方向靠近障碍物必须小心谨慎，例如，篱笆、墙或树，当距离障碍物很近时，剪下的草屑会沿着一个角度撞到障碍物折射开来，缓慢地移动修剪头直到能够将障碍物附近的草全部剪去，但不要撞到障碍物。草较高时应在草的底部进行修剪，修剪头严禁抬高，抬高将会使杂草绕到修剪头上。

(4)停机操作　修剪完毕后，将油门调至最低点，待刀盘停止运转后将机器轻放于地上，按停止键停机。

5. 维护保养

割灌机定期维护保养是充分发挥机器性能，减少故障的、延长使用寿命重要环节。每次使用后，应做好以下维护保养工作：在通风处放空汽油箱，然后启动发动机，直至发动机自动熄火，以彻底排净燃油系统中的汽油；检查是否有螺钉松动和缺失；彻底清洁整台机器，特别是汽缸散热片；每次使用后应检查空气滤清器是否脏污，应保持清洁；还要将刀片固定座打开，将里面的草渣清理干净，并用干布将齿轮盒及操作杆擦干净；润滑割灌机各润滑点。还要根据割灌机的使用年限，加强易损配件的检查或更换。

6.割灌机的贮存

如果连续3个月以上不使用割灌机,则要按以下方法保管。

①在通风处放净汽油箱内汽油,并清洁。

②起动发动机,直到发动机自动熄火,以彻底燃尽燃油系统中的汽油。

③拆下火花塞,向汽缸内加入少量机油,拉动启动器2~3次,再装上火花塞。

④彻底清洁整台机器,特别是汽缸散热片和空气滤清器。

⑤润滑割灌机各润滑点,刀片表面应涂上一薄层润滑油。

⑥机器放置在干燥、安全处保管,以防无关人员接触。

二、绿篱修剪机

1.类型

绿篱修剪机按照切割刀片的运动方式可分为,往复直线运动切割刀片和回转运动切割刀片两种形式,往复直线运动切割刀片又分为,单刀片运动和双刀片运动两种形式。绿篱修剪机配套的动力,一般采用小型汽油机和交直流电动机,用以方便手持修剪操作。而大型绿篱修剪机可用液压马达作为动力。

2.构造

绿篱修剪机主要由发动机、传动箱、切割装置、把手等组成(图11-3)。

图11-3 绿篱修剪机

3.操作注意事项

碰到危险或紧急情况时,立即关闭发动机;检查工作区域,确保没有旁观者;在光滑的场地中工作要特别注意,如潮湿、下雪、结冰的斜坡、不平坦路面等;工作时要小心谨慎且不能急躁,且只在白天可见度良好时工作。始终保持警觉以防止危及他人;机具在工作时,发动机会排放有毒废气,绝对不要在室内或通风不良的场所运转发动机;为了避免发生火灾,操作机器或靠近机具时请勿吸烟;工作时齿轮箱会很热,为了避免烫伤,不要触摸齿轮箱;特别要检查燃料系统密封是否完好,以及安全装置是否正常工作;如果机具损坏,不要继续操作,必须认真检查机具;发动机运转时不要触摸切割刀片;如果切割刀片被粗大的树枝或其他硬物卡住了,要立即关闭发动机,然后再清除刀片间的阻塞物;离开机具时一定要关闭发动机。

4.使用操作

(1)操作前准备　检查树篱和工作区域以避免损坏切割刀片。清除绿篱铁丝、绳子、枯枝等异物;接近地面工作时,确保刀片间不要有沙子、小石子和石块;切割接近或紧靠铁丝网的树篱时要特别注意,不要让切割刀片接触铁丝网;为了避免触电,不要接触电线。

检查机具是否装配完整并且状态良好;油门启动器和油门启动器内部连锁机构必须灵活,油门启动器必须可以自动恢复到怠速位置;检查火花塞插头是否安全;安全地安装切割刀片并使其保持完好状态,正确磨锐并喷洒润滑油;使把手保持干燥清洁、没有油脂和污垢,以便安全地控制机具。

(2)燃料准备　绿篱机为二行程发动机需要使用汽油和机油的混合物。汽油:使用最小辛烷值为90的汽油。机油:只能使用优质二冲程机油。混合比例为汽油∶机油=25∶1,即25份汽油与 1 份机油。配制混合油时，将机油先倒入容器，再加入汽油，并用力摇匀，使其完全混合。

加油时需注意：打开油箱盖时要小心，以缓慢释放油箱内的压力，防止燃料喷出；必须在室外通风的地方给机具加油，加油时注意不要让油洒在外面，也不要加得太满；加完油后，应尽可能盖好油箱盖；为了避免严重甚至致命烧伤，请检查油箱是否泄漏。

(3)绿篱修剪机操作

①启动发动机。首先设置风门杆，若要冷启动，扳到关闭位置，若要热启动，扳到打开位置；然后将燃料泵球至少向下压 5 次，即使已经充满了燃料；再用左手按住风扇罩并用力向下压，用右手慢慢拉住启动绳直到绷紧，然后迅速有力地拉出。为保证启动后正常运转，发动机第一次点火后应把风门杆转到打开位置；发动机启动后，迅速扳动油门启动器，使发动机进入怠速状态。

②绿篱修剪操作。修剪的次序是先修整树篱的两侧，然后再修整顶部。垂直切割时从树篱底部沿弧线向上摆动切割刀片，即放低刀片前端，沿着树篱向上移动，这样重复重新沿着弧线向上摆动。水平切割时水平摆动绿篱剪，并使切割刀片保持 0°～10°的角度，沿弧线向树篱外摆动刀片，以使切屑掉到地面上。要始终双手紧握机具的把手，左手握住操作把手，右手握住前把手。

5. 绿篱机维修保养

绿篱机维修保养见表 11-2。

表 11-2 绿篱机维修保养计划

检修项目		维护周期					
		开始工作前	结束工作后或每天	每次重新加油后	如果出现问题	如果损坏	视情况而定
整机	目视检查	○		○			
	清洁		○				
操作把手	检查操作	○		○			
空气滤清器	清洁				○		○
	更换					○	
油箱中的过滤器	检查				○		
	更换					○	○
燃油箱	清洁				○		○
化油器	检查怠速设置	○		○			
	重新调整怠速设置						○
切割刀片	清洁		○				
	磨锐						○
火花塞	重新调整电极间隙				○		
	每使用 100 h 更换一次						
齿轮箱润滑	每使用 25 h 润滑一次						

6. 机具的存放

需存放 3 个月或更长时间时：①在通风良好处倒空并清洁油箱。②启动发动机，直到化油器中的油用光，这可以防止化油器中的膜片粘在一起。③清洁切割刀片并检查其状况，然后在刀片上喷洒 STIHL 树脂溶剂。安装刀片护罩。④彻底清洁机具,特别要注意汽缸散热片和空气过滤器。⑤将机具存放在干燥的高处或上锁区域。远离儿童或其他未经授权的人员。

三、草坪修剪机

草坪修剪是指定期去掉草坪草枝条的顶端部分。它是维持优质草坪的一项最基本、最重要的作业。

1. 类型

草坪修剪机械的类型很多,主要按以下几种方式进行分类。

(1)按切割装置不同分　有旋刀式、滚刀式、往复切割式和甩刀式,其中旋刀式和滚刀式应用广泛。

(2)按配套动力和作业方式不同分　有为手推式、手扶推行式、手扶自行式、驾乘式和拖拉机式等。其中,手扶推行式和手扶自行式应用最为普遍,主要应用于中小型草坪的修剪作业;驾乘式和拖拉机主要用于大中型草坪的修剪。

2. 主要构造

草坪修剪机主要由发动机、传动部件、飞轮制动杆、传动咬合杆、集草袋、刀轴及刀片、行走装置、扶手等组成(图 11-4)。

图 11-4　草坪修剪机

3. 使用操作

(1)操作前检查

①工作区检查。检查割草区域,去除石块或杂物;检查草皮长度与草的生长情况,以确定切割速度和割草高度;不割湿草,不要在超过 20°的斜坡上作业;计划好机器的行走路线,以提高作业效率。

②检查刀片有无磨损或损坏,检查刀片螺栓是否拧紧。

③检查机油量。机油可足够。

④检查燃油。油量少就加油,注意加油,别溅出来,加油不要超过上限标志,加油后一定要拧紧油箱盖。

⑤空气滤清器检查。检查空滤器内的尘土和滤芯上的垃圾,确认滤芯状况良好且干净,如果有必要,清洁或调换滤芯。

⑥切割高度检查。需要调整切割高度时,将调节手柄拉向机轮并换挡,调节手柄向前拉,切割高度降低;向后拉,切割高度升高。若草过高,过密,应分次切割到所需高度。

(2)起动发动机　旋转油开关,置于"开(ON)"处;将油门开关调速柄切至正确的起动位置。冷起动:关闭阻风门,调速柄置于关闭阻风门位置。热起动:打开阻风门,调速柄置于快速位置;松开传动咬合杆。如果传动咬合杆啮合着,起动发动机时;草坪机会向前移动;将飞轮制动杆前推并顶住手把,轻拉起动柄,觉得有抗力时迅速猛拉。运行后和缓地让起动柄复位。起动与运转发动机时,手脚别靠近草坪机刀头罩。顶着手把握住飞轮制动杆,否则会停下来;如果采用的是冷起动,当发动机热起来运转一段时间后,2～3 min,将调返柄切至快速挡或慢(怠)速挡。

(3)草坪修剪操作

①调速柄操作。若想割得快,调速柄切至快速挡,刀片会以设定的高速旋转,产生强风,卷入并切割草的效率更高。不要试图增大设定的发动机转速,那样会导致刀片破碎。

②离开时,应松开飞轮制动杆并将发动机开关旋至"关(OFF)"。

③轮制动杆操作。起动发动机必须将飞轮制动杆前推并顶住手把。如果此杆松开了手把,起动柄就拉不动,因为飞轮被锁着。欲使发动机一直运转和刀片旋转,需要顶住手把并握着制动杆不放。若松开制动杆,则发动机停止运转,刀片不动。

④传动咬合杆操作。前推并顶着手把握住传动咬合杆以驱使草坪机前进。松开此杆便停止前进。起动发动机前要松开传动杆。如果啮合着,当操作起动柄时草坪机会向前运动。操作传动杆时,应做到迅速彻底,即离合器既非完全啮合又非完全松开。这样能延长离合器装置的使用寿命。

⑤挡手柄操作。松开传动咬合杆,按正常步行速度的标准选择挡位,将换挡手柄搬到"慢"挡或"快"档位置。如果只想暂时慢会儿可部分松开传动咬合杆,继续正常速度时再将传动咬合杆前推,无需切换手柄以暂时降速。

(4)结束作业 先将调速柄切至"慢(怠)速"档,再松开传动咬合杆,松开飞轮制动杆。不用草坪机时,将油开关转至"关"。

4.草坪修剪机维护

草坪机的定期维护是保持发动机高性能的关键,良好的维护可以减少机器故障,延长使用寿命,维护保养计划见表11-3。

表11-3 草坪机维护计划

维护项目		维护周期				
		每次使用	每月或20 h	每季或50 h	每半年或100 h	每年或200 h
发动机机油	检查油位	○				
	更换		○		○	
空气滤清器	检查	○				
	清洗			○(2)		
	更换					○
飞轮制动	检查			○		
飞轮制动蹄片	检查		○(3)		○(3)	
火花塞	检查-调整				○	
	更换					○
怠速	检查-调整					○
气门间隙	检查-调整					○
燃油箱和过滤器	清洗					○
燃烧室	清洗	每250 h后				
燃油管	检查	每2年(必要时更换)				
刀片螺栓紧度	检查	○				
草袋	检查-清洗	○				
油门(调速)线	检查-调整					○
换挡线	检查-调整	每年或300 h				
传动咬合线	检查-调整	每年或300 h				

5. 贮存

①清洗草坪机，清除灰尘及其他污物。②排干燃油。③更换发动机机油。④为了节省空间，可将手把折叠存放。拧松上手把锁柄，拆下下手把锁柄，外拉手把支杆并折叠手把即可。注意别弄折或压着缆线。⑤用透气的遮盖物盖住草坪机，以防灰尘，将之存放在干燥、清洁、远离火源及无腐蚀性物品的地方。

第三节　植保机具

一、手动喷雾器

背负式手动喷雾器是用人力来喷洒药液的一种机械，操作者背负，用摇杆操作液泵产生药液压力，进行边走边喷洒作业的喷雾器，它结构简单、使用操作方便、适应性广，在园艺植物病虫害防治中应用广泛。手动喷雾器是我国目前使用得最广泛、生产量最大的一种手动喷雾器。

1. 手动喷雾器构造

主要由药箱、液泵、喷射部件、摇杆部件等组成(图 11-5)。

(1)药箱　用于盛放药液，包括药箱盖、桶身、背带等部件。

(2)液泵　作用是将药箱内的药液加压，并保证药液连续喷出。

(3)喷射部件　作用是使药液雾化，包括胶管、开关、喷管、喷头等。

(4)摇杆部件　作用是操纵液泵工作。

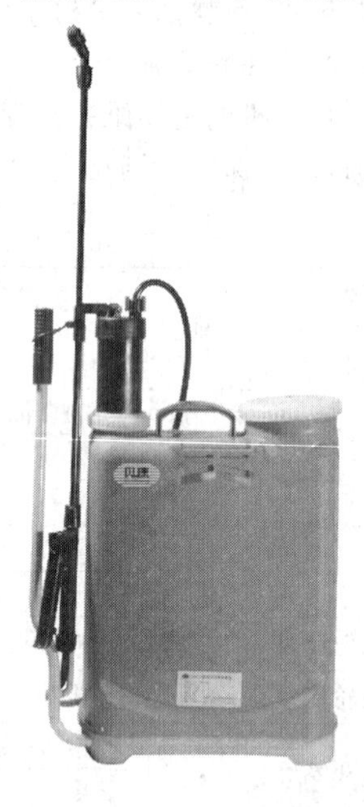

图 11-5　手动喷雾器

2. 操作人员安全防护注意事项

①向药液桶内加注药液前，一定要将开关关闭，以免药液漏出，加注药液要用滤网过滤。药液不要超过桶壁上所示水位线位置。加注药液后，必须盖紧桶盖，以免作业时药液漏出。

②当中途停止喷药时，应立即关闭截止阀，将喷头抬高，减少药液滴漏在作物和地面上。

③操作人员必须熟悉机具、农药、农艺等相关知识。

④施药时应做到：穿安全防护服、戴口罩、戴手套、防护眼镜。

⑤施药过程中禁止吸烟、饮水、进食。

⑥当清洗或者维修喷雾器时，必须穿戴适当的安全防护服。

⑦施药人员每天施药时间不得超过 6 h，连续施药时间不得超过 4 h。如有头痛、头昏、恶心、呕吐等现象，应立即离开施药现场，严重者应及时送医院诊治。

⑧操作人员工作全部完毕后应及时更换工作服，并用肥皂清洗手、脸等裸露部分皮肤，用清水漱口。

3. 施药方法的选用

土壤处理喷洒除草剂。采用扇形雾喷头，操作时喷头离地高度、行走速度和路线应保持一致；也可用安装二喷头、四喷头的小喷杆喷雾。如用空心圆锥雾喷头，施药时，操作者应左右摆动喷杆喷洒除草剂。

行间喷洒除草剂，配置喷头防护罩，防止雾滴飘移造成的行间或邻近作物药害；喷洒时喷头高度保持一致，力求药剂沉积分布均匀。

喷洒触杀性杀虫剂防治栖息在作物叶背的害虫，应把喷头朝上，采用叶背定向喷雾法喷雾。

喷洒保护性杀菌剂，应在植物未被病原菌侵染前或侵染初期施药，要求雾滴在植物靶标上沉积分布均匀，并有一定的雾滴覆盖密度。应选用空芯圆锥雾喷片的喷头进行喷洒。

4. 喷药前的准备

①着装准备。戴好手套、口罩、防护眼镜，穿好防护服、劳保鞋。

②检查各部分零件是否齐全、完好，连接是否可靠。

③根据作物的种类、生长时期、病虫害的种类和亩施药液量，确定采用常量喷雾还是低量喷雾和施药液量，选用合适的喷杆和喷头。

④用清水试喷，检查连接部件是否有漏水现象，喷雾质量是否符合要求。

⑤打开药箱盖(不要取出滤网)，按农药使用说明书的规定，倒入需要的农药，然后加水并搅拌均匀，加水不许超过桶壁上所示水位线，药液配制好后盖好药箱盖。

5. 喷雾器使用操作

根据操作者身材，调整背带长度至适宜，背负喷雾器，摇动摇杆 6～8 次，使药液达到喷射压力，打开开关即可正常喷雾。

背负喷雾器作业时，应以每走 4～6 步摇动摇杆 1 次的频率进行行走和操作。注意搬动摇杆手柄不能过分用力，以免损坏机件；喷雾作业中不可过分弯腰，以防药液从桶盖处溢出溅到身上。

确定喷头距离标的位置，施药时喷头离作物应为 30～40 cm。

由于喷雾器雾粒细小，自然风的大小和方向直接影响喷药效果和人身安全。喷洒药液时，操作人员走向应与风向垂直，作业顺序应从整个地块的下风一边开始。如有偏斜，风向和走向的夹角不能小于 45°，绝不能顶风作业。

喷洒作业行走路线应为隔行侧喷，当你喷完第一行后，喷第二行时，应行走在第二行与第三行之间，这样可以避免药液黏附在身体上而引起中毒事故。如果在身前左右摆动喷杆，人在施药区内穿行，容易引起中毒。几台机具同时喷洒时，应采用梯形前进，下风侧的人先喷，以免人体接触农药。塑料大棚作业后，人员要进入，需要充分通风后，方可进入。

夏季晴天中午前后，有较大的上升气流，不能进行喷药；若施药后 2 h 有降雨，根据农药说明书确定是否需要重新施药；下雨或作物上有露水，以及气温超过 32℃时不能进行喷药，以免影响防治效果。

作业中发现机器运转不正常或其他故障，应立即停机检查，待正常后继续工作。在工作状态，也就是空气室内有压力时，严禁旋松或调整喷射部件的任何接头，以免药液泄漏，造成危害。

施药后应在田边插入“禁止人员进入”的警示标记，避免人员误食喷洒高毒农药后田块的农产品引起的中毒事故。

6.日常维护保养

喷雾器每天使用结束后，应倒出桶内残余药液，加入少量清水继续喷洒，以冲洗喷射部件，如果喷洒的是油剂或乳剂药液，要先用热碱水洗涤喷雾器，再用清水冲洗；再用清水清洗喷雾器外部，将其置于室内通风干燥处存放。活动部件及非塑料接头处应涂黄油防锈。尤其是喷洒除草剂后，必须将喷雾器，包括药液箱、胶管、喷杆、喷头等彻底清洗干净，以免在下次喷洒其他农药时对作物产生药害。喷洒农药的残液或清洗药械的污水，应选择安全地点妥善处理，不准随地泼洒，防止污染环境。

二、担架式喷雾机

担架式喷雾机流量大、压力高、射程远、体积小、结构紧凑、耐腐蚀能力强、维修方便、适用范围广。广泛应用于城市园林、农业、林业等防治病虫害、喷洒液态化学肥料和除草剂等作业，也可用于工业清洗、卫生消毒等领域。

(一)类型

担架式喷雾机根据配用的液泵的种类不同可分为两大类：担架式离心泵喷雾机(配用离心泵)、担架式往复泵喷雾机(配用往复泵)。担架式往复泵喷雾机还因配用的往复泵的种类不同可分为3类：担架式活塞泵喷雾机(配用往复式活塞泵)、担架式柱塞泵喷雾机(配用往复式柱塞泵)、担架式隔膜泵喷雾机(配用往复式活塞隔膜泵)。常用型号主要有3WH-36型、3WZ-40型和金蜂-40型。担架式机动喷雾机的心脏部分是液泵，所以它的型号多数以液泵的类型(或商标)和排量为特征。

(二)主要构造

担架式喷雾机一般包括机架，动力机、液泵、滤网、压力表、吸水部件和喷洒部件等部分，有的还配用了混药器(图11-6)。

图11-6 担架式喷雾机

(1)液泵 目前担架式喷雾机配置的药液泵主要为往复式容积泵。往复式容积泵的特点是压力可以按照需要在一定范围内调节变化，而液泵排出的液量基本不变。由于压力存在的波动性，因此一般都配备了空气室，用于稳定压力。目前最常见用的三种典型的往复式容积泵为三缸柱塞泵、三缸活塞泵、二缸活塞隔膜泵。

(2)滤网 滤网是保证药液清洁、防止堵塞的重要工作部件，但往往被人们忽视。

(3)喷洒部件 喷洒部件是担架式喷雾机的重要工作部件。目前国产担架式喷雾机喷洒部件配套品种较少，主要有两类：一类是喷杆，一类是喷枪。

(4)配套动力 担架式喷雾机的配套动力主要为四冲程小型汽油机、柴油机和电动机。由于药液泵转速一般在600～900 r/min，所以配套动力机最好为减速型，输出转速1 500 r/min为好。担架式喷雾机配套动力产品型号主要有四冲程165F汽油机、165F和170F柴油机。一般泵流量在36 L/min以下的可配165F汽油机或柴油机；40 L/min泵配170F柴油机。为了较少噪声，在居民小区和电源充足的地区还可配电动机。

(5)机架　担架式喷雾机的机架通常用钢管或方钢焊接而成,为了担架起落方便和机组的稳定,支架下部有支承脚,四支把手有的为固定式,有的为可拆式或折叠式。

(三)担架式喷雾机的使用

(1)使用前准备　检查各部件是否完好;检查是否有足够的燃油,检查液泵机油是否在规定的油位;柱塞式液泵还应打开黄油杯查看黄油,不足应添加黄油;检查汽油机或柴油机机油是否在规定的油位;检查传动皮带的松紧度。按农药使用说明书要求配制药液,并混合均匀。正确选用喷洒及吸水滤网部件。着装应穿长袖,戴上胶手套、口罩、防护眼镜等。

(2)起动操作　首先在起动前,检查吸水滤网,滤网必须沉没于水中。将调压阀的调压轮按反时针方向调节到较低压力的位置,再把调压柄按顺时针方向扳足至卸压位置。然后起动发动机,低速运转 10～15 min,检查机器工作正常后,即可进行喷雾作业。

(3)喷雾作业　起动后调节调压手柄,使压力指示器指示到要求的工作压力。用清水进行试喷。观察各接头处有无渗漏现象,喷雾状况是否良好,如机器正常,即可添加药液进行喷雾作业,喷雾时将输药管拉顺、拉直,用手握住喷枪,并左右摆动喷枪,严禁停留在一处喷洒,以免造成药害,应注意顺风喷洒,严禁逆风作业,可根据距离的远近来调喷枪的喷雾状态。转移作业地点时,需关机,如不关机,要将卸压手柄搬到卸压位置;药用完在换药时,要关机配药,不得开机的情况下进行配药,注意风大,有雨、有露水时不要进行喷雾作业。

(四)日常保养

作业完后,应在使用压力下,用清水继续喷洒 2～5 min,清洗泵内和管路内的残留药液,防止药液残留内部腐蚀机件。卸下吸水滤网和喷雾胶管,打开出水开关;将调压阀减压,旋松调压手轮,使调压弹簧处于自由松弛状态。排除泵内存水,并擦洗机组外表污物。

(五)机具长期贮存

机具长期贮存时,应严格排除泵内的积水,防止天寒时冻坏机件。应卸下三角皮带、喷枪、喷雾胶管、喷杆、混药器、吸水滤网等,清洗干净并晾干。能悬挂的最好悬挂起来存放。

三、喷雾喷粉机

背负式机动喷雾喷粉机是一种高效率、多功能的植保机械,它的特点是用一台机器更换少量部件即可进行弥雾、超低量喷雾、喷粉、喷洒颗粒、喷烟等作业。适应于大面积园林植物、园林树木等等的病虫害防治 ,亦可用于除草、卫生防疫、消灭仓储害虫、喷撒颗粒肥料及小粒种子喷撒播种等,具有结构紧凑、体积小、质量小、一机多用、射程高、作业效果好以及操作方便等特点。

1. 背负式喷雾喷粉机的结构

背负机主要由机架、离心风机、汽油机、油箱、药箱和喷洒装置等部件组成(图 11-7)。

(1)机架总成　是安装汽油机、风机、药箱等部件的基础部件。它主要包括机架、操纵机构、减振装置、背带和背垫等部件。机架一般由钢管弯制而成,目前也有工程塑料机架,以减轻整机重量。机架的结构形式及其刚度、强度直接影响背负机整机可靠性、振动等性能指标。机架的下部固定汽油机和离心风机,上部安装药箱和油箱,前面装有背带和背垫,供背负时使用。操纵机构包括油门和粉门操纵机构。油门操纵机构主要控制油门,以调节汽油机的转速;粉门操纵机构控制喷粉作业时排粉量的大小。

(2)离心风机　是背负式喷雾喷粉机的重要部件之一,风机主要包括风机前、后蜗壳和叶轮。它的功用是产生高速气流,将药液破碎雾化或将药粉吹散,并将之送向远方。背负机上使用的风机均为小型高速离心风机,气流由叶轮轴方向进入风机,获得能量后的高速气流沿叶轮圆周切线方向流出。背负机的风机工作转速较高,在风机进风口要装进风网罩,以防异物吸入风机内,造成零件损坏和人员伤害。

(3)药箱总成　用于盛放药液(粉),并借助引进高速气流进行输药。主要部件有:药箱盖、滤网、进气管、药箱、粉门体、吹粉管、输粉管及密封件等。

图 11-7　背负式喷雾喷粉机

(4)喷管组件　用于输风、输药液和输粉流。它有喷雾和喷粉两种工作状态。喷雾状态喷管组件由弯头、软管、直管、弯管、喷头、药液开关和输液管等部件组成。喷粉有短管喷粉和长薄膜管喷粉。短管喷粉由弯头、软管、直管、手把、弯管等零部件组成。

(5)配套动力　一般是结构紧凑、体积小、转速高的二冲程汽油机。目前国内配套汽油机的转速为 500～5 000 r/min,功率为 1.18～2.94 kW。汽油机质量的好坏直接影响背负机使用可靠性。

(6)油箱　用于存放汽油机所用的燃油。容量一般为 1 L。在油箱的进油口和出油口,配置滤网,进行二级过滤,确保流入化油器主量孔的燃油清洁,无杂质。在出油口处装有一个油开关。

2. 背负式喷雾喷粉机的使用

(1)使用前准备

①药剂准备。按病虫害发生情况选择适宜的农药,按说明书规定配制药液或药粉。

②机器检查。检查机器各零部件是否齐全、安装是否可靠。对于新机或刚刚启封的机具,应将缸体内的机油排除干净,并检查压缩比和火花塞跳火是否正常。

③燃油配制与添加操作。本机采用单缸二冲程汽油机,燃料是汽油与机油的混合油,汽油与机油的比例,磨合期为 15∶1,正式使用时为 20∶1,切不可随意将其比例加大或减小,比例过大,容易引起汽缸与火花塞内积炭和难起动;过小则引起汽缸、活塞、曲柄连杆组等早期磨损,特别要严禁加纯汽油使用,否则汽油机在得不到润滑时 3～5 min 就会发生粘缸或抱曲轴等重大事故。混合油配制时应使用专用配油瓶,按照瓶上的刻线,先将汽油加至规定刻度,再加机油至规定刻度,然后摇晃均匀,稍停片刻,等脏物稍沉淀后加入燃油箱。

(2)起动汽油机操作　起动汽油机按下列步骤操作:①起动打开油箱开关,向下方呈垂直表示“开”,转动时注意不要用力过猛。②打开电路开关。③调整阻风门把手往下为“关”,第一次起动或冷天起动,阻风门应关闭,热机起动时,阻风门处于全开位置。④慢拉几次起动绳,使混合油雾进入汽缸,然后平稳而迅速拉动起动绳,即可起动。⑤起动后随即将阻风门全部打开、同时调整油门操纵杆把手使机器低速运转,3～5 min,等机器温度正常后再加速。

(3)喷雾作业使用操作　首先组装有关部件,使整机处于喷雾作业状态,保证连接牢靠。加药液前,用清水试喷一次,检查各处有无渗漏;加液不要过急过满,以免从过滤网出气口处溢进风机壳内;所加药液必须干净,以免喷嘴堵塞。加药液后药箱盖一定要盖紧,加药液可以不停车,但发动机要处于低速运转状态。喷雾作业时将机器背在背后,调整手油门开关使发动机稳定在额定转速,听发动机工作声音,发出呜呜的声音时,一般此时转速就基本达到额定转速了。然后开启手把药液开关,使转芯手把朝着喷头方向,以预定的速度和路线进行作业。

喷雾作业时应注意:①开关开启后,随即用手摆动喷管,严禁停留在一处喷洒,以防引起药害。②喷洒过程中,左右摆动喷管,以增加喷幅,前进速度与摆动速度应适当配合,以防漏喷影响作业质量。③控制单位面积喷量。除用行进速度调节外,移动药液开关转芯角度,改变通道截面积也可以调节喷量大小。④喷洒灌木丛时,可将弯管口朝下,以防药液向上飞扬。⑤由于喷雾雾粒极细,不易观察喷洒情况,一般情况下,只要叶片被喷管风速吹动,证明雾点就达到了。

(4)喷粉作业使用操作　首先组装有关部件,使药箱装置处于喷粉状态,保证连接牢靠。然后添加药粉,药粉应干燥、不得有杂草、杂物和结块,不停车加药粉时,汽油机应处于低速运转,关闭挡风板及粉门操纵手把,加药粉后,旋紧药箱盖,并把风门打开。喷粉作业时将机器背在背后,将手油门调整到适宜位置,稳定运转片刻,然后调整粉门开关手柄进行喷施。

喷雾作业时应注意:①在林区喷施注意利用地形和风向,晚间利用作物表面露水进行喷粉较好。②使用长喷管进行喷粉时,先将薄膜从摇把组装上放出,再加油门,能将长薄膜塑料管吹起来即可,不要转速过高,然后调整粉门喷施,为防止喷管末端存粉,前进中应随时抖动喷管。

(5)结束作业　先将粉门或药液开关闭合,再减小油门,使汽油机低速运转 3～5 min 后关闭油门,汽油机即可停止运转,然后放下机器并关闭燃油阀。

3.日常维护保养

每次作业完毕后应做好以下日常维护保养:检查各连接处是否有漏水、漏油现象,并及时排除;将药箱内残存的粉剂或药液清理干净;长薄膜塑料管应在拆卸之前空机运转 1～2 min,借助喷管之风力将长管内残粉吹尽;清理机器表面油污和灰尘;用清水洗刷药箱,尤其是橡胶件,汽油机切勿用水冲刷;检查各部螺丝是否有松动、丢失,工具是否完整,如有松动、丢失,必须及时旋紧和补齐;喷施粉剂时,要每天清洗汽化器、空气滤清器;保养后的机器应放在干燥通风处,切勿靠近火源,并避免日晒。

4.机器长期存放

为防止锈蚀、损坏在机器长期存放时应将仔细清洗各零部件上油污灰尘,用碱水或肥皂水清洗药箱、风机、输液管,再用清水清洗,各种塑料件因受温度影响较大,不要长期暴晒和过冷,不得磕碰,挤压,所有橡胶件更应仔细清洗,单独存放,并用塑料罩或其他物品盖好,放于干燥通风处。

四、其他喷雾机具

(1)喷杆喷雾机　喷杆喷雾机是一种装有横喷杆和竖喷杆的液力喷雾机。在苗圃育苗、草坪作业中应用横喷杆,它具有结构简单、操作调整方便、喷雾速度快、喷幅宽、喷雾均匀、生产效率高等特点,适于在大面积草坪喷洒杀虫剂和除草剂。喷杆喷雾机的主要工作部件包括:液泵、药液箱、喷头、防滴装置、搅拌器、喷杆、桁架机构和管路控制部件等。

(2)自行式喷雾车　目前常用的主要是液力喷雾车和气力喷雾车。液力喷雾车是以液力喷雾法进行喷雾的多功能喷洒车辆，以汽车动力作为动力和承载体，车上装有给药液加压的药泵、药液箱和喷洒部件。一般除喷药外还有喷灌、路面洒水等作用。液力喷雾车一般以汽车的动力通过动力输出驱动液泵工作，采用远射程喷枪进行喷洒。绿化喷洒车形式多样，但结构和原理基本相似。一般都使用三缸活塞泵或隔膜泵对药液加压，汽车的动力通过皮带传动传给药泵，药液罐内的药液经液泵加压后具有压能和动能，获得能量的高压药液便经输液管道及阀门被压制喷洒部件，从喷嘴喷出与空气撞击形成细小雾滴。喷洒部件可以是喷枪或喷头。

气力喷雾车以汽车为动力和承载体的气力喷雾设备。车上除安装加压泵、药液灌、喷洒部件外，还装有轴流式风机。液泵和风机由发电机驱动，发电机的动力可以来自汽车的动力输出轴，也可设置内燃机发电机组供电。工作时，轴流式风机产生的高速气流将被液泵加压后送至喷头，从喷嘴喷出的雾滴进一步破碎雾化，并吹送到远方。与液力喷雾车相比，由于风机的参与提高了雾化程度和射程，穿透性和附着性能改善，提高了药剂的利用率，减少了污染。以上两种设备在园林树木病虫害防治中应用广泛。

第四节 灌溉系统

一、喷灌系统

1.喷灌的特点及适用范围

喷灌是借助水泵和管道系统，把具有一定压力的水喷到空中，散成小水滴降落到植物上进行灌溉的灌溉方式。在园林灌溉中，由于城市绿地、运动场和高尔夫球场的草坪、公园、园林乔灌木的特殊用途和较高的观赏性，很少采用原始的渠道灌溉和漫灌方式。喷灌喷水量均匀、容易实现自动化控制，适用于所有的土壤，不受地形、坡度的影响，能很好地适应各种花草、苗木的浇水要求。可保持土壤的团粒结构不被破坏，避免水土流失，可营造小气候。省水、省地、省劳力，给苗木创造良好的水、肥、气、热等条件，减少病虫害，保证苗木速生、丰产等优点。当然喷灌也有其不足之处，主要是受风力影响较大，刮风时，喷灌的均匀性就会降低，水汽蒸发损失变大。而且，要实现喷灌，必须具备和水源配套的一整套从动力到给水加压喷洒的专用设施，初期投资费用较高，需要有专业人员搬运、安装以及管理。

2.喷灌系统的组成

喷灌系统一般包括水源、动力机、水泵、管道系统及喷头等部分(图 11-8)。

(1)水源　不论是河流、渠道、塘库、井泉、湖泊都可以，但必须水质清洁。

(2)水泵　要把水喷洒到空中而且变成细小的水滴，这就要求水流具有一定的压力，这就需水泵。最常用的水泵有离心泵、自吸离心泵、潜水电泵、深井泵等。

(3)动力机　水泵需要有动力机带动才能工作。动力机可采用柴油机、拖拉机、电动机或汽油机等。

(4)管道系统　作用是把经过水泵加压以后或自然有压的水送到田间去，因此要求能承压和通过一定的流量，常分成干、支、竖管和配有一定的弯头。根据材料分类，管路系统用的管道有金属管道和非金属管道。用在园林灌溉系统中的金属管道有钢管、薄壁钢管和铝合金管道，

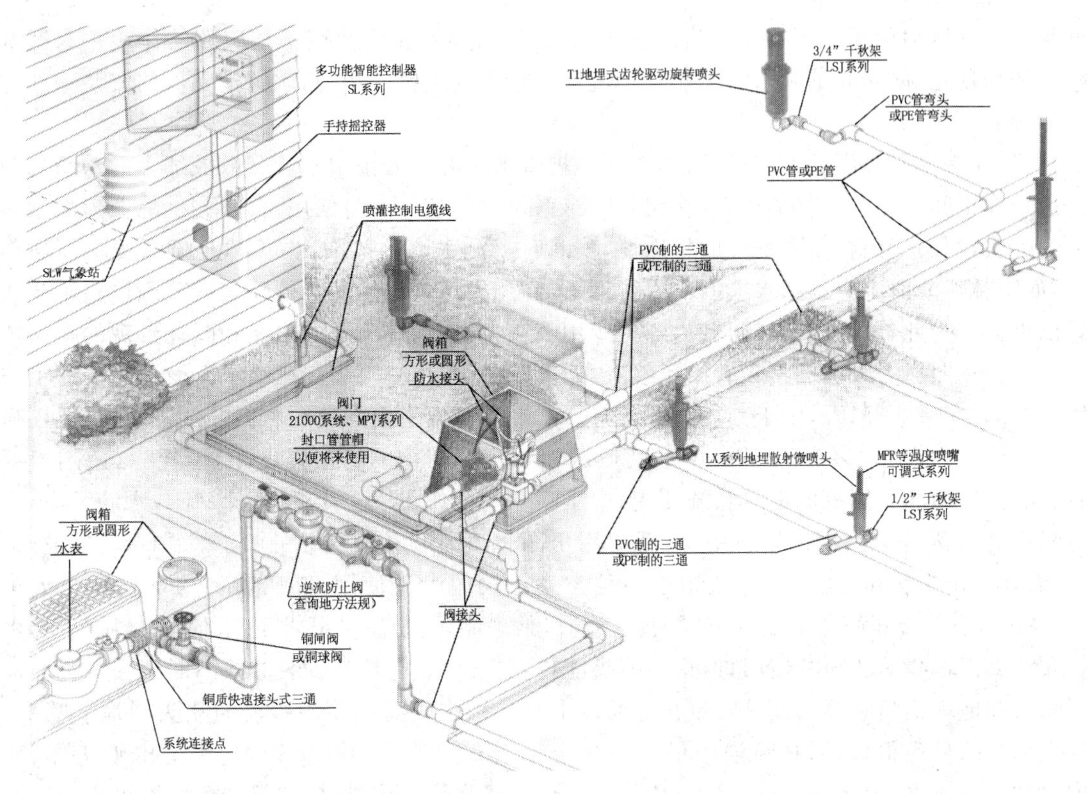

图 11-8　喷灌系统

也有铸铁管道。非金属管道有水泥管道和钢筋混凝土管道，塑料管道有聚氯乙烯管，聚丙烯管和聚乙烯管等。用在园林灌溉系统中的管件有三通、四通、堵头、法兰、活接、直通管、渐缩管、45°和 90°弯头、外接头。由于制管材料的物理化学性质不同，所适用的范围条件也不同，如铸铁管、水泥管及钢筋混凝土管，以及硬塑料管可埋在地下作园林绿地喷灌用的固定管道，而铝合金管、薄壁管、塑料软管适用于园林喷灌的可移动管道。管道系统还必须配有一些附件，主要包括管路系统的控制阀门和为实现自动控制的管道安全保护附件。阀门的种类很多，园林喷灌系统中常用的阀门有闸阀、球阀、给水阀、弯头阀和快接控制阀等。闸阀的结构如同闸门，通过上下移动闸阀阀片进行开关阀门，是目前各行各业通用的一种常用阀门。其优点是：阻力小，开关省力，但结构复杂，密封面容易磨损造成滴水、漏水现象。球阀的结构是在其球体上加工直通孔，旋转球体连通或截止水流，开关阀门的速度快，容易引起管道的水锤作用，这种阀门结构简单，重量轻，阻力小，适用于控制喷头的开关。给水阀是装在干管与支管之间或干管与可移动管之间的阀门，其结构分上下阀体，下阀体与固定管道的出水口连接，上阀体与移动管道连接。快接控制阀是用来连接可拆卸竖管使用的阀门，阀门安装在支管与竖管之间的连接处，当插入或拧进竖管时，阀门自动打开，拆下竖管之后，阀门出水口自动关闭。安全附件主要有安全阀、减压阀、空气阀和水锤消除器等元件。安全阀的作用是保证喷灌系统的元件或管道不被破坏，当喷灌系统管道内水压超过规定压力时，安全阀自动打开，起到保护管道和防止水锤作用。减压阀的作用是保证喷灌系统的元件或管道在正常压力下工作的装置，当管道内水压超过规定压力时，减压阀自动打开使得管道内水压降低。空气阀的作用是当管道系统内有空气时，空气阀自动打开进行排气，当管道内局部产生真空，为防止真空把管道吸扁而破坏，空气阀在大气压力的作用下打开阀门使空气进入管道，起到保护管道不被破坏的作用。水锤消除器的作用是，防止和消除水流突然停止流动时产生的水锤作用力，水锤消除器的安装一般与止回阀联合使用。

(5)喷头　是喷灌的专用设备，其作用是把管道中有压的集中水流分散成细小的水滴均匀地散布在田间。喷头的种类很多，在园林喷灌系统中的喷头一般使用可采用农、林业喷灌系统中的喷头，但由于园林喷灌系统的特殊性，喷灌时喷洒水流的范围比农、林业喷灌要求严格得多，如园林喷灌时不应该把水喷洒到人行道上，高尔夫球场或运动场的喷头或喷洒设施不应该露出地面。为此，国内外已经研制出各种专用喷头，可供园林绿地的喷灌和园林景观的喷灌选用。喷头按照压力分类的喷头有微压喷头、低压喷头、中压喷头和高压喷头。微压喷头的工作压力在 0.05～0.1 MPa，由于其压力低，雾化好，适用于温室内的喷灌和微灌系统使用；低压喷头的工作压力在 0.1～0.2 MPa，由于其低压力水滴对植物的打击强度小，能耗少，适用于温室、花卉、菜地和苗圃等的喷灌系统使用；中压喷头的工作压力在 0.2～0.5 MPa，水滴大小、喷灌强度和喷洒均匀性都比较适中，广泛应用于园林喷灌和其他行业的喷灌，如果园、菜地、苗圃、农业大田作物和经济作物，适用于各种类型土壤的喷灌使用；高压喷头的工作压力大于 0.5 MPa，由于高压喷头的喷洒范围大，水滴大，效率高，适合质量要求不高的绿地、牧草、林木和农业大田作物等的喷灌使用，但这种喷头能耗也大。此外，按照安装方式不同喷头可分为地上喷头和地埋式喷头等。凡是安装在地面以上直接用来喷灌或喷洒水流的喷头叫地上喷头，地上喷头的种类很多，园林喷灌中最常用是水平摇臂式喷头(图 11-9)，它主要由喷头体、喷嘴、喷管、整流器、摇臂、偏流板、导流片、打击块、摇臂弹簧、换向机构和反转拨块等组成。地埋式喷头(图 11-10)是指喷头工作时，在水压力的作用下喷头升出地面进行喷水，喷洒结束后，喷头在回位弹簧的作用下或在其自重的作用下缩回到地下，不工作时喷头的顶盖高度一般和地面平齐或略低于地面，以便行人踩踏通过。高尔夫球场、运动场草坪、公园绿地一般选用地埋式喷头。地埋式喷头的种类很多，最常用的地埋式喷头是地埋升降垂直摇臂式喷头和地埋伸缩旋转式喷头。地埋升降垂直摇臂式喷头主要由升降套管、旋转密封机构、喷头体、喷嘴、喷管、稳流器、摇臂、由偏流板与导流片组成的导流器、摇臂轴和换向机构等组成。地埋伸缩旋转式喷头的结构主要由伸缩柱、伸缩式内胆(也叫旋转塔)、橡胶盖、喷嘴、齿轮减速装置、水涡轮等组成。

图 11-9　摇臂式喷头

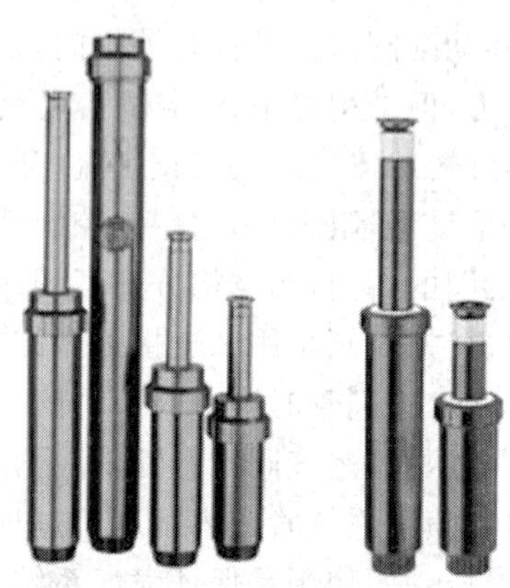

图 11-10　地埋式喷斗

3.喷灌系统的类型

园林中常用的喷灌系统根据管道的组成部分安装情况和可移动程度，把喷灌系统分类为固定式、半固定式和移动式三种类型

(1)固定式喷灌系统　由水源、水泵、动力机构成固定泵站，管道系统的干管和支管埋在地下，园林中使用的地埋式喷头一般也不移动。高出地面的可拆卸喷头，在喷灌时用快速接头把装有喷洒装置的喷头竖管与地下水管连接，根据实际情况，喷头可进行扇形和圆形旋转。这种喷灌系统所需管道较多，投资费用较高，但容易实现遥控和自动化喷灌作业。

(2)移动式喷灌系统　除了水源以外，水泵、动力机、管道和喷头都是可以移动的，为了可移动生产厂家把可移动部分安装成一个整体，构成了喷灌机组。这种喷灌系统投资少，机动性能好，最适合季节性灌溉使用和临时性喷灌作业使用，只是移动机组和管道劳动强度大。

(3)半固定式喷灌系统　水源、水泵、动力机和干管是固定的，而喷头和支管是可以移动的，这种喷灌系统的使用特点是与固定式喷灌系统相比提高了设备利用率，降低了系统投资，与移动式喷灌系统相比操作运用简单、劳动强度低、生产率高，是目前应用最为广泛的一种喷灌系统。

4.喷灌系统的安装维护

一个具有良好性能的喷灌系统，除了科学的、合理的设计之外，还应该有正确的施工安装和精心的维护，才能达到预期的效果。在这里，就施工安装和维护保养中需注意的问题加以提醒。

(1)管道的安装　目前常用的管材主要有镀锌管和U-PVC管。这两种材料相比，U-PVC管更具有光滑性、排放流畅，较同直径的镀锌管流速提高30%～40%，不堵塞、不生锈、耐腐蚀、耐老化、结构轻巧，重量仅为镀锌管的1/7，价格便宜，可极大地降低工程成本，而且施工简单、方便，无需正规的管道施工人员，因而已成为喷灌工程的主要材料。下面就以U-PVC管材为例作以说明：首先放样画线，根据图纸，确定管道的实际位置，用石灰画线作标志；然后开沟，一般需要开30 cm宽的管道沟，沟深视当地的冻土层厚度而定，要求沟底平整(如草坪已建好，则需将草坪移走)，沟底最好按水流的方向有一定的坡度，以便排水之用之后是管道连接，从水源处开始，先主管后支管将管道全部连接。

(2)喷头的安装　将喷头与管道相连，一定要安装牢固，以防漏水，安装要保证喷头的竖直，灌木型喷头要用支架固定。如果是地埋式伸缩喷头，那么喷头的顶部应和地面相平，在新建植的草坪安装喷头时需要注意考虑坪床的自然沉降。

5.喷灌系统的正确使用

①使用前应检查喷头竖管是否垂直，支架是否稳固。竖管不垂直会影响喷头旋转的可靠性和喷水的均匀性；支架安装不稳，运行中会被喷水作用力所推倒，损坏喷头和砸坏作物。

②先关好干、支管道上的阀门，然后起动水泵，待水泵达到额定转速后，再依次打开总阀和支管上的阀门，以使水泵在低负载下起动，避免超载，并防止管道因水锤引起的振动。

③运行中注意监测喷灌系统各部的压力，干管的水力损失应不超过经济值；支管的压力降低幅度，不得超过支管最高压力的20%。

④在运行中要随时观测喷灌强度是否适当，要求土壤表面不得产生径流积水。否则说明喷灌强度大，应及时降低工作压力或换用直径较小的喷嘴，以减小喷灌强度。

⑤运行中喷灌均匀度应不小于0.8。如果均匀度较差，可用提高整个喷灌均匀度的办法

加以弥补。具体做法是:第二次喷灌时把喷头布置在第一次喷灌的 2 个喷头之间,第三次喷灌时喷头的位置又与第一次相同。喷灌应在无风或风小时进行,如必须有风时喷灌,则应减小各喷头间的距离,或采用顺风扇形喷灌。在风力达 3 级以上时,应停止喷灌。

⑥在喷灌运行中要注意防止水舌喷到带电线路上,并在移动管道时避开线路,以防止发生漏电事故。

6. 系统的维护

经常检查水源情况,保持水源的清洁,特别是要检查水源的过滤网是否完好,以免砂粒进入管道系统,造成喷头堵塞。在开启喷灌系统时,应将主阀门慢慢打开,以免瞬间压力过大造成管道系统及喷头的破裂。在园林机械作业过程中要特别注意避免喷头遭到机械的破坏,还要防止人为的破坏。每次喷灌后,要将机、泵、喷头擦洗干净,转动部分及时加油防锈;冬季要把泵内及管内存水放尽,以防冻裂。喷灌系统长时间不用,应把喷头分解,检查空心轴、套轴、垫围等转动部件是否有异常磨损,并及时检复或更换损坏件。清洗干净后在各件表面涂油后装好;管道内存水要放尽,防锈脱落要修补,软管冲洗干净后要晾干。全部设备维护完后,放在干燥的库房中保存。

二、微喷系统

1. 微喷灌的特点及适用范围

微灌,即微型喷灌是综合喷灌和滴灌而发展起来的一项高效节水灌溉技术。在园林绿化、温室和苗圃的灌溉中微型喷灌大多数情况下是局部灌溉,它由输水管和微型喷头组成。

微喷灌主要具有以下优点:节水、灌水质量高;适应各种复杂地形;防堵塞性能好。微喷灌可用于各种地、土质下的城市园林绿化、花卉及苗圃等。微喷灌还可以结合作物叶面施肥、喷药等使用。喷水时雾化程度较高,可以增加作物湿度,调节土壤温度,且对作物打击强度小。同时微喷灌还具有独特景观。

2. 微喷灌系统的组成

微灌系统一般由水源、首部枢纽、输水管道和微喷头组成(图 11-11)。

图 11-11 微喷灌系统

(1)水源 要求含沙量较小及杂质较少,若含沙量较大时,则应采用沉淀等方法处理。

(2)首部控制枢纽 首部控制枢纽一般包括水泵、动力机、过滤器、施肥罐、调节装置等。

施肥罐用于灌水施肥施药,常用的化肥罐有压差式、开敞式、文丘里注入式和注射泵等四种形式,施肥罐一般安装在过滤器之前,以防造成堵塞。过滤器对微灌十分重要,目前过滤器一般有筛网过滤器、旋流水砂分离器、砂过滤器、叠片式过滤器四种。筛网过滤器是将尼龙或不锈钢网固定在支架上,它适用于过滤无机物质,有机或生物杂质易于堵塞。旋流水砂分离器是将压力水流沿切线方向流入圆形或圆锥形过滤罐,作旋转运动,在离心力作用下,比水重的杂质移向四周,逐渐下沉,清水上升,水砂分离。砂过滤器是在过滤罐放置 1.5～4 mm 的沙砾石,水在砾石中流动时,清除杂物,它主要适用于有机物杂质的过滤。叠片过滤器:一般是将带槽的圆片叠加压紧而成,水在叠片槽中流动时除去杂质,并可松开叠片除去清洗杂质,它适用于有机质和混合杂质过滤。

(3)输水管网　滴灌系统的输水管网一般由干支毛三级管网组成,干支管一般为硬质塑料管(PVC/PE),毛管用软塑料管(PE)。

(4)微喷头　常用的喷头有旋转式、折射式、离心式和缝隙式四种(图 11-12)。

图 11-12　微喷头

①旋转式微型喷头。由喷体、喷嘴、驱动器、扭曲凹槽、支架和旋转支承等组成。当带有压力的水流从喷孔中喷出进入驱动器的扭曲凹槽,引导水流按照一定的仰角射出,同时切向射流的反作用力迫使驱动器绕其轴快速旋转,使得射流方向连续改变。因此,可实现圆形喷洒的目的。特点是喷洒范围大、水滴小、雾化适中,近地安装,喷水强度低,损失小。适用于城市园林绿化、苗圃、温室灌溉。

②折射式微型喷头。由支架、喷嘴、折射锥和接头四部分组成。当带有压力的水流从喷孔中喷出与喷孔顶部的折射锥相遇,水流受到阻力改变流向,并形成薄薄一层水膜(水雾)向四周喷出,在空气阻力、水流与锥面摩擦的作用下,水膜被粉碎成细微雾状飘浮在空中,慢慢沉降到植物上进行微灌,因此折射式微型喷头又叫雾化喷头。它的特点是雾化为单、双向的扇形或圆形,雾化效果好,喷头性能可靠、寿命长、安装简便、成本低。适用于园林花坛、苗圃、温室等微喷灌。

③离心式微型喷头。水流从切线方向进入离心室,绕垂直轴旋转后,从离心室中心射出,在空气阻力作用下粉碎成水滴,洒灌在微喷头四周。这种微喷头的特点是工作压力低,雾化程度高,射程可调。适用于园林、花卉等微喷灌。

④缝隙式微型喷头。一般由两部分组成,下部是底座,上部是带有缝隙的盖,水流经缝隙喷出,在空气阻力作用下,裂散成水滴,雾化质量好。适用于园林草坪、苗圃、温室等灌溉用,特别适合长条带状形花坛微喷。

3. 微喷灌系统的使用与维护

①微喷系统安装好后,检查供水泵,冲洗过滤器和主、支管道,放水 2 min,封住尾部,如发现连接部位有问题及时处理。发现微喷头不喷水时,停止供水,检查喷孔,如果是沙子等杂物堵塞,取下喷头,除去杂物,但不可自行扩大喷孔,以免影响微喷质量,同时检查过滤器是否完好。

②微灌系统使用时,首选将输水管接通水源,然后开启阀门,微型喷头就能旋转喷水。微喷灌时,通过阀门控制供水压力保持在 0.18 MPa 的工作压力。

③微灌的灌水器在灌溉系统中用量极大,且易堵塞、丢失和脱落,非灌水期间难以查看出问题。因此,灌水前和灌水期间应认真检查,有问题应及时处理,以免影响灌水均匀度。根据实际需要打开毛管尾端放水冲洗,对防止和缓解灌水器堵塞是非常有效的。

④微喷灌时间一般选择在上午或下午,这时微喷灌,地温能快速上升。喷水时间及间隔可根据植物的不同生长期和需水量来确定。随着作物长势的增高,微喷灌时间逐步增加,经测定在高温季节,微灌 20 min,可降温 6～8℃。

⑤微喷灌能够做到随水施肥,提高肥效。施用溶解好的化肥,先溶解(液体肥根据作物生长情况而定),连接好施肥阀及施肥罐,打开阀门,调节主阀,待连接管中有水流即可,一般一次微喷 15～20 min 即可施完,根据需水量,施肥停止后继续微喷 3～5 min 以清洗管道及微喷头。

⑥灌溉季节后要对灌水器进行检查和维护,以保证灌水器有良好的技术状态。

第五节　草坪机具

一、草坪建植机械

目前草坪建植中最常用的是草坪播种和草坪移植法。播种质量的好坏直接影响到建坪质量的高低,草坪播种要求草籽适量、足量并撒播均匀。它所采用的设备简单,操作方便,建植费用低。移植草坪是将草坪卷生产单位的草坪移植到待建草坪上,它具有快速成型、绿化速度快等特点,因而被广泛采用。目前在草坪建植中,主要机械有以下几种。

1. 草坪播种机

草坪播种是将草坪的种子直接播种在坪床上的一种建坪方法。主要采用两种方法,一种是撒播,一种是喷播。前者使用的是撒播机,后者使用的是喷播机。

(1)草坪撒播机　草坪撒播机是一种靠转盘的离心力将种子抛撒播种的机械,有的撒播机还可用于草坪施肥作业。草坪撒播机有拖拉机牵引式、悬挂式、便携式、步行操纵自走式(手扶自走式)等多种结构形式。①便携式播种机由贮种袋、机座手摇转动装置、旋飞轮等部分组成(图 11-13)。使用时一人即可操作,播种者只需将背带套在肩上,摇动摇把,贮种袋下的旋转飞轮便会把种子旋播出去。下种口的大小可以调节，即根据种子的大小、播种量的多少调节下种速度。该机体积小，重量轻，结构简单，灵活耐用，不受地形、环境和气候的影响。适用于中等面积和复杂地形条件下的草坪播种。②手推式撒播机的种子箱位于机架之上，机架由手柄和托架组成（图 11-14），地轮位于机架之下支撑机架并传递动力，地轮轴中央有一对锥齿轮，完成种子的撒播。其播种量通过种量调节板调节。③手扶自行式撒播机由行走和播种两部分组成，行走部分由一小汽油机驱动，小型汽油机的动力通过链传动减速后传给行走轮，行走轮的转动通过装在轮轴上的一对圆锥齿轮传给星形转盘，用于播种。④牵引式撒播机由拖拉机牵引作业，它由料斗、排种量调节装置、撒播转盘、转盘驱动装置、行走轮、牵引架等组成。拖拉机在行驶时，带动撒播机的行走轮在地面滚动，行走轮的转动通过装在轮轴上的一对圆锥齿轮增速并改变转动方向后，驱动撒播转盘在水平面内旋转，落在转盘上的种子即靠离心力撒播出去。盛种子的料斗安装在转盘的上方，料斗下部设排种量调节装置和排种孔，种子通过调节孔下落到转盘上。

图 11-13　便携式播种机

图 11-14　手推式撒播机

(2)草坪喷播机　草坪喷播机是利用气流或液力进行草籽播种的机械。目前使用比较广泛的是液力喷播机（图 11-15）。它是以水为载体，将草籽、纤维覆盖物、黏合剂、保水剂及营养素经过喷播机混合、搅拌后按一定比例均匀地喷播到所需种植草坪的地方，经过一段时间的人工养护，形成初级生态植被。草坪喷播具有以下优点：特别适合在山地、坡地进行施工。喷播形成的自然膜和覆盖在地表的无纺布可有效地起到抗风保湿、抗雨水冲刷的作用；任意选择适合生长的草种品种。草种品种可以根据气候、土壤、用途及草坪的特性任意选择，也可以将多个品种进行混合播种，利用它们的不同特性起到互补的作用，从而达到最佳效果播种均匀，省时高效，适合高尔夫球场、足球场等大面积施工；观赏效果好。喷播所用的植物材料本身就呈绿色，再加上地表覆盖的无纺布也是绿色，所以喷播后没有裸露的土地，视觉效果好，10 天左右可揭去无纺布，20 天后经过修剪即可初步成坪。液

图 11-15　草坪喷播机

力喷播机由车载式和拖挂式两种机型，车载式是将喷播设备装在载重汽车的车厢板上；而拖挂式是装在拖车上，有汽车或拖拉机牵引行驶。液力喷播机的基本构造都相似，主要有发动机、浆泵、装载箱、软管和喷枪组成。

(3)草坪补播机　已建成的草坪，由于一些人为或自然的原因，经常在某些部位会发生无草皮或草株过稀的现象，这就要求进行补种或补播。补播可以使用普通的草坪播种机，但由于播前要进行相应的整地，需动用多台机械，且由于面积通常都比较小，因此经济上不一定合算。在这种情况下，一些集整地、播种于一身的专用草坪补播机问世了。草坪补播机有拖拉机悬挂式、步行操纵自走式等型式。步行操纵自走式补播机，它由一台汽油机驱动，前部设有旋转圆盘耙，能开出窄缝式的播种沟；中部有导种管，将由种子箱经排种器排出的种子导入播种沟，后部还装有覆土圆盘，对播下的种子进行覆土。

2. 草坪起草皮机

在草坪建植过程中，除撒播草籽获得草坪外，还可采用移植草坪的办法，可直接将生长良好的草皮从草圃地起下，运至栽植现场铺设、镇压、浇水后即可快速成坪，因而被广泛应用。利用人工铲草皮的办法费工费时，劳动强度大，草坪卷的质量也不尽人意。使用起草皮机可将草皮切成一定厚度、宽度和长度的草皮块(卷)。草皮机一般分为手扶自行式起草皮机为和拖拉机悬挂起草皮机。

(1)手扶自行式起草皮机　手扶自行式起草皮机(图 11-16)是目前使用最广的一种机型，一般由机架、驱动轮、被动轮、起草皮刀、发动机等部件组成。发动机为汽油机或柴油机；驱动轮用于驱动机组前进，为了增加起草皮机的牵引力，常采用加宽的驱动轮，并套上带有特种花纹或直齿形花纹的橡胶轮胎胎面。这样既可提高起草皮机的附着性能；同时由于与地面接触面积加大而不致破坏草皮。但起草皮机在道路上作较长距离行驶时，应在驱动轴上加装直径较大的行走轮，以提高行驶速度和通过性。起草皮刀由两把L形的垂直侧刀和一把水平底刀组成，侧刀形成草皮宽度，底刀使草坪与土壤分离。工作时发动机的动力通过带和链传动或齿轮传动，驱动位于铲刀前面的驱动轮，使起草皮机行走。进行起草皮作业时，首先调节切刀深度达到规定的要求，L形切刀用其前刃将未起草皮和已起草皮分开，水平底刀将草皮于地表分开，根据需要长度可用铲将草皮铲断，根据铺植和运输的需要打卷。

图 11-16　手扶自行式起草皮机

(2)拖拉机悬挂式起草皮机　悬挂式起草皮机由机架、一把U形起草皮刀，两个侧面垂直切割圆盘和限深轮等部件组成，其切割宽度可至 60 cm，甚至更宽。U形起草皮刀底部为水平底刀，两侧为垂直侧刀，侧刀与切割圆盘前后对应，作业时运动轨迹与圆盘切割开的沟槽相重合，水平底刀切割形成被切下草坪的底部。而切割草皮的深度则通过调节限深轮的高度来实现。

3. 起草皮机的使用及保养

手扶自行式起草皮机使用前检查连接部位是否紧固、变速箱内齿轮油情况，对各润滑点加注润滑油，调节 V 形皮带张紧度，尾轮充气至 98～295 kPa。使用时严格按照说明书进行操作，特别注意停止作业时，应提起切刀；在地面短距离运行时，提起切刀，切段切刀动力，慢速行走；长距离运输时应装在运输车辆上运输，以免磨损驱动轮胶皮外套的花纹。

变速箱油面应保持在变速箱高度的 1/3～1/2 之间，每隔 3 个月或工作 150 h 更换齿轮油；经常调节皮带张立，防止皮带过紧损伤皮带、损坏轴承等部件；胶轮不应与油、化学药品接触，防止加速老化，存放在干燥、避光处。

二、草坪施肥机

草坪施肥一般采用喷洒颗粒状或粉状肥料，用于草坪施肥作业的施肥机械一个重要的指标就是施肥均匀，使每一棵草坪都能得到生长所需要的养分。施肥机械要适用于颗粒状、粉状甚至液体肥料，施肥量可以较容易的调节；可以用于已建成草坪的施肥作业和播撒草种作业。

1. 草坪施肥机的种类

草坪施肥机主要有手推式施肥机、拖拉机驱动施肥机和摆动喷管式施肥机。

(1)手推式施肥机　手推式施肥机主要用于小面积或小片草坪地的施肥作业，由安装在轮子上的料斗、排料装置、轮子和手推把组成(图 11-17)。常用的为传送带式施肥机，由料斗、橡胶传送带、刷子等组成。传送带位于料斗的底部，在传送带运动方向一侧，传送带与料斗之间有一较大间隙，该间隙的大小通过料斗调节螺栓调节，以控制施肥量，作业时，颗粒状或粉状固体肥料通过这一间隙由传送带传出料斗，再由刷子将传送带端头的肥料刷向草坪，传送带和刷子都由推行的地轮驱动，机器前进的方向与传送带运动方向相反。

(2)拖拉机驱动施肥机　这类机器主要为拖拉机悬挂式或牵引式，主要适用于大中型草坪的施肥作业。主要有转盘式施肥机(图 11-18)和摆动喷管式施肥机。转盘式施肥机由料斗、转盘、搅拌器、传动装置等组成，转盘式施肥机的肥料装载斗是一个倒锥形，下部有调节侧板，用以调节料斗下部边缘与转盘之间的间隙，即施肥量。转盘安装在料斗的底部，转盘上有沿径向布置的挡板，转盘由拖拉机动力输出轴通过传动机构驱动旋转。在料斗中还安装有搅拌器，它与转盘一起转动，以保证料斗中的肥料能源源不断地向转盘供料。作业时，转盘高速旋转，搅拌器也高速旋转，肥料从料斗与转盘的间隙落入转盘，在旋转离心力的作用下，肥料从转盘甩出撒向草坪。转盘式施肥机有多种规格，其施肥效率主要受施肥机的规格和肥料种类的影响。如一台料斗容量为 300 kg 的施肥机，当施粉状肥时，其施肥的宽度是 5 m，施颗粒状肥时施肥宽度为 12 m；另一台料斗容量为 600 kg 的施肥机，当施粉状肥时，其施肥的宽度是 10 m，施颗粒状肥时施肥宽度为 16 m。摆动喷管式施肥机由料斗、摆动喷管、施肥量调节盘、搅拌装置和传动机构等组成。料斗为倒锥形，在料斗的底部有出料孔，可使肥料进入到摆动的喷管中施肥量调节圆盘安装在出料孔上。调节圆盘上的长三角形孔与料斗的出料孔相对应，通过转动调节圆盘，可使圆盘上的长三角孔与料斗出料孔的重合面积发生变化，从而可调节进入摆动喷管的肥料量；两者重合面积越大，施肥量也越大，反之则小，甚至完全关闭，调节圆盘的转动由调节杆控制。为保证料斗能顺利出料，在料斗中安装有搅拌装置，而摆动喷管与一偏心装置相连接；在作业时，拖拉机的动力输出轴驱动搅拌装置和偏心装置，使摆动喷管不断摆动，把由料斗通过调节圆盘进入喷管的肥料喷撒在草坪上。

图 11-17　手推式施肥机

图 11-18　转盘式施肥机

2. 施肥机的使用与保养

施肥机施肥量的正确调节是使用的关键环节，在使用时首先应通过调节施肥机本身的施肥量调节装置调节所需的施肥量；其次注意调节撒肥装置距离地面的高度，同时还应注意施肥机的前进速度应与撒肥装置撒肥的速度相适应，撒到草坪地面上的肥料既不宜太密也不宜过稀。

由于草坪所施的肥料大多数为酸性或碱性，很容易造成部件受潮而被腐蚀。虽然有些机械的零部件采用了耐酸碱的材料，但如果不注意保养仍会产生排料不顺利、机件运转不良甚至卡死现象。在使用时，应注意以下几方面问题：

①每次施肥作业后，应将残留在机器内的肥料清理干净，如果第二天仍要施肥作业，也不要将肥料留在料斗中，更不能将施肥机留在露天过夜。

②在一个施肥周期结束后，应将撒肥作业的工作部件拆下来进行清理，并注意清洗不能拆卸件上残留的肥料，所有清洗好的零部件待晾干后涂上机油。

③将涂好机油的零部件安装回施肥机（如果发现被腐蚀损害的零部件及时更换），并用盖布或罩子将施肥机罩住，以防止灰尘落到涂机油的机件上。

三、草坪打孔机具

（一）草坪打孔机

草坪打孔是草坪复壮的有效措施，可以增强土壤透气性，加速气体在草株根系附近的交换，使空气、水分、肥料能直接进入草株根部而被吸收，同时在用刀具通气时，通过切断部分根茎和盘根交错的匍匐侧根，能刺激新的根系生长，促进草坪复壮，延长其绿色观赏期和使用寿命。对人群活动频繁的公园草坪、运动场、高尔夫球场的草坪都非常有必要进行通气养护。草坪打孔机是利用打孔刀具按一定的密度和深度对草坪进行打孔作业的专用机械。

1. 主要构造

（1）拖拉机悬挂、牵引式打孔机　一般拖拉机牵引和悬挂式大部分采用滚动打孔，其工作装置是无动力驱动的。滚动打孔的打孔刀沿刀滚或刀盘径向呈放射状，靠土壤的阻力在地面上滚动，靠机器的重力刺入土壤。滚动式打孔装置一般有十几个装有打孔刀的圆盘或多边形刀盘组成，刀盘套装在一根轴上，与轴的配合有一定的间隙，盘与盘之间用间隔套隔开，两头用弹簧将刀盘互相压紧。刀轴通过轴承装在机架上，压紧弹簧的压力可根据土壤状况进行调节，打洞刺入土壤后，在土壤阻力的作用下，刀盘可克服弹簧压紧力相对转动一定角度，以防止打孔刀挑土对草坪的损坏。

(2)手扶滚动式打孔机　手动滚动式打孔机有发动机、传动系统、打孔装置、行走轮、操纵机构等组成。如北京可尔 CK30A-50H2 滚动式打孔机(图 11-19)，其发动机一般为四行程风冷汽油机，它通过减速转动系统将动力传给打洞装置的刀盘轴，使固定在轴上的刀盘滚动前进，在刀盘滚动的过程中，安装在刀盘上的管刀在草坪上依次连续插入和拔出进行打洞作业。其管刀内径为 19 mm，共有 30 枚管刀，打洞深度为 75 mm，洞距 165 mm，行距 95 mm，工作速度 4.75 km/h，工作效率 2 300 m^2/h。这类机器的行走轮是非驱动轮，它可以通过把手架的控制手柄进行升降。作业时行走轮升起，使打孔装置与地接触，同时把机器的全部重量转移到刀具上，使管刀能克服阻力插入草坪土壤。还有一些打孔机是由驱动轮的，为保证固定刀盘的刀尖运动速度与驱动轮圆周速度的一致性，两者往往用同一链条传动(图 11-20)。

图 11-19　手扶滚动式打孔机

图 11-20　手动滚动式打孔机

(3)垂直打孔机　垂直打孔机的打孔刀作垂直上下运动，刀具的往复运动是由发动机的旋转运动通过曲柄滑块机构或者间隙机构来实现。由于打孔机的刺入和提出需要一定的时间，而机器始终是以一定速度前进，在此期间，打孔刀若随机器一块前进，必然将孔拉长，并对土壤产生挤压，影响草坪的美观。为此垂直打孔装置设有补偿机构，使打孔过程中打孔刀以与机器相同速度相对于机架向相反方向移动或摆动，在打孔瞬间打孔刀相对地面处于相对静止状态，当打孔刀离开地面时又可迅速回位，为下一次打孔做好准备。打孔刀具的垂直往复运动是通过曲柄滑块机构实现的，刀具运动的滑道上部与机架铰接，滑道下部通过弹簧与机架连接。

2.使用操作

(1)发动机的启动　启动前的准备工作包括：检查发动机机油位，将发动机放置在一水平位置上，并将加油口周围清洗干净。取下机油尺，用干净布擦去机油，然后重新插入油底中，再次取下机油尺，检查机油尺的刻度。如果油面过低，就应添加机油，一直添加到油尺中的上刻线。注意：机油油面过低，会引起发动机故障；但油面也不要超过上刻度，机油过多，会引起功率下降和冒烟。检查空气滤清器的滤芯是否堵塞，如有必要，一定要保养。决不能使用无空气滤清器的发动机，否则，会加速发动机的磨损。检查燃油箱的油量，一定使用纯汽油。

发动机启动时，应将燃油开关扳至打开位置，阻风门开关扳至阻风门位置。如果发动机处于热机或空气温度较高时，不要使用阻风门，应将油门位置扳至快速位置启动。启动时将启动绳轻轻地向外拉，直至感到有阻力后再迅速拉动。移动油门到停止位置，然后将燃油开关扳到关位置。

(2)打孔操作　对于需要打孔的草坪地(坡度小于30°)，在开始工作前将可能引起危险事故的石头、电线等物品清除干净。打孔前对草坪进行喷水，方能达到理想打孔效果。对于草地上的喷头、电线等需要躲避的物品要做好标记，以防工作中触及。工作前要检查减速箱油面，然后使后轮处于最低位置，确定皮带张紧离合收放自如。启动发动机，调整油门到操作者正常行走速度，以便操作者能始终舒适地控制机器，机器运转时，不得将手或脚置于可移动或转动的零部件旁，操作过程中禁止打开传动护罩装置。

3. 维护保养

在进行任何维护保养以前，一定关闭发动机。为防止发动机突然启动，将开关按钮扳至OFF位置，并拔掉火花塞连接线。定期对草坪打孔机的检查和调整是非常必要的，按时保养可延长草坪打孔机使用寿命。在条件较恶劣的情况下使用机器时，保养次数应相应增加。新机怠速磨合5～6 h，热机更换机油后，方可正常使用。

①每次使用前，检查发动机机油油面，齿轮箱油面，检查空气滤清器。

②第一个月或第一次工作20 h，更换发动机机油和齿轮箱齿轮油，给后轮轴轴承注润滑脂。

③每3个月或累计工作50 h，清洗空气滤清器并更换纸式滤芯。同时还应更换发动机机油、齿轮箱齿轮油，并给后轮轴轴承注润滑脂。

④每6个月或累计工作100 h，更换发动机机油，检查、清洁火花塞，必要时调整其间隙。

⑤每1年或累计工作300 h，检查、调整气门间隙；检查汽油箱和滤芯。

⑥每2年检查一次燃油油管，必要时加以更换。

⑦汽油机运转100～300 h后，应用木片或竹片清除发动机内积炭一次，但要注意积炭不得进入缸体和气门座。

4. 保管

如果3个月以上不使用草坪打孔机，则应按以下方法保管：保存草坪打孔机的地方应无潮气、无尘埃，同时使机器处于水平位置；拧松燃油管，排干燃油箱中的燃油；松开化油器放油螺栓，放净其中的燃油；重新拧上放油螺栓，连接燃油管线，将燃油开关扳至关闭(OFF)位置；拧下火花塞，并向气缸内注入5～10 mL清洁的机油，转动发动机曲轴数圈，使机油均匀分布于缸套内壁上，然后装上火花塞；更换发动机机油；将启动绳拉至压缩上止点，以关闭进排气门，防止脏物进入气缸和腐蚀发动机；为防止腐蚀，草坪打孔机发动机表面应涂一层薄机油，给后轴轴承注润滑脂，链条涂机油，打孔针也要涂机油，各连接部位涂机油。

四、草坪梳草机

草坪梳草机是用于清除草坪枯草层的机械。由枯死的根、茎、叶形成的枯草层堆积在草坪上，可阻碍水分、空气和肥料渗入土壤，这将导致土壤贫瘠，引起草的浅根发育，在干旱和严寒时节将导致死亡，同时超厚的枯草层也为病虫害创造了适宜的环境，一旦气候条件合适，将引起草株病虫害的发生与蔓延，进行梳草梳根作业能有效地清除枯草层、改善表土的通气透水性,减少杂草蔓延,促进草株健康生长。草坪梳草机能有效地清除枯草层,能改善草坪生长过密的问题,有利于切开交错的草茎,利于过多水分的蒸发和提高土壤吸收水分、养分及透气性能,在斜坡及高黏性土壤这些不易保水的地方尤其有益。

1.主要构造

草坪梳草机由发动机、工作部件、升降调节装置和操纵装置等组成,工作部件是由按一定间隔和规律装在一根也轴上的一组刀片组成,刀片有S形、直刀、甩刀等多种形式。可尔CS01-46B型草坪梳草机(图11-21),以B&S/5HP四行程汽油机为动力,作业幅宽为460 mm,刀片最大离地高度为10 mm,刀片最大入土深度为30 mm。

图11-21　草坪梳草机

草坪梳草机工作时,发动机动力经皮带传动驱动刀轴高速旋转,切入土壤,拉去枯草,切断地下草茎。搬动升降调节手把,可调节行走轮和机架的相对高度来控制切刀升降并可调节切入深度,刀片切入时,土壤对刀片的阻力可推动机器自动向前行驶,因此手扶式草坪梳草机不需发动机动力驱动便可自行。

2.安全操作注意事项

①一般操作的注意事项。在操作本机器之前认真阅读所有的保养和维护规则;在起动之前检查要作业的草坪,将石头、金属线、绳子和其他可能引起危险的物品清除掉;应躲避地上障碍物,比如喷头、树桩、阀门等。

②坡地操作的注意事项。不要在超过15°的斜坡上作业;为了整齐美观,建议在坡上要横着作业,而不要沿坡上下作业;无人操作时不要将机器停留在斜坡上,因为机器没有制动功能。

③禁止事项。在运行时不要进行维护;不要用于非草坪的地面作业;不要将手脚靠近移动或旋转部件;不要在不通风的地方运行发动机;不要在操作时将防护罩取下;当刀片正在运转时,不要调节高度;不要在硬质表面上切根,否则会引起危险;不要在进行维护时运行发动机,在进行任何维护之前将火花塞连线断开。

3.使用前的准备

①将草坪剪至其正常的高度,让草坪晾干。

②调节梳草切根机的高度。

a.当使用梳草时,按下列方式调节高度:将机器推至硬质路面上,并使甩刀刀片或钢丝刀片离地间隙最大,调节升降手柄,使刀尖刚好接触平整的地表面。不要将刀片插入地表以下,如插入地表以下,将会抵消刀片的离心力,妨碍梳草效果、如刀尖不能接触平整的地表面,拆开销子,调节螺杆长度,寻找最佳位置。

b.当使用切根时,按下列方式调节高度:将机器推至草坪上,并使切根刀片离地间隙最大(手柄上的插销插到最前面的孔中),然后调节升降手柄,使刀片向下移动(手柄向后移)从第三个孔开始,每次向后移一个孔,直至调到最佳切根深度。

4.使用操作

①给汽油机加入规定量的汽油和机油。

②起动汽油机，调节油门至最大。用右手压下扶手，让前轮抬起，然后用左手拉紧离合手柄，慢慢将机器放在草坪上。

③切根时，先在一小块草坪上进行慢行测验。如果发动机转速过低或机器拖着你前行，并且弹动剧烈，根深设置就太深了。

操作时应注意，旋转和移动机器时应先压下手柄，以后轮为轴心旋转；松开离合手柄后，30 s 内不得靠近旋转部件，以免伤人。

5. 保养和维护

(1)疏草刀片的更换　当刀片已经达到最大磨损限度时，应该更换新刀片，以保证梳草效果。如果小刀轴出现磨损，也应更换新的小刀轴，轴端开口销也应及时地更换。操作方法是：①取下火花塞连线，让发动机冷却数分钟。②将皮带防护罩、皮带和皮带轮取下。③取下小刀轴轴端开口销，如有磨损请更换。④小刀轴如果弯斜或磨损请更换。⑤将小刀轴对准中心向外拉出，刀片和垫片将掉下来。安装新的刀片，如有必要，更换塑料间隔套，并安装新的开口销。⑥对剩下三个小刀轴，重复以上步骤。⑧重新安装皮带轮，保证两带轮在同一垂直平面内，并装上皮带和防护罩。

(2)切根刀片的更换　切根刀片的更换操作方法是：①取下火花塞连线，让发动机冷却数分钟。②将皮带护罩、皮带、皮带排轮取走。③卸下轴承的四个螺栓，取出工作部件。④卸下工作部件端头的螺母，以及刀片上的螺栓。⑤取下刀片换上新刀片，并拧紧螺栓以及工作部件端头的螺母。⑥重新安装皮带轮、皮带和皮带护罩，保证上下皮带轮在同一垂直平面内。

(3)驱动皮带的更换　驱动皮带的更换操作方法是：①取下火花塞连线，让发动机冷却。②卸下皮带护罩和旧皮带，检查皮带轮是否磨损，如必要及时更换。③保证发动机皮带轮同大皮带轮在同一垂直平面内。④安装新皮带时，先绕过大皮带轮，然后再绕过小皮带轮。确定张紧轮和挡销在带圈外面。⑤重新安装皮带护罩，当松开张紧轮，大皮带轮不能完全脱开时，要调整皮带挡销至一个适宜的位置。

6. 存储

长期不用存储时，应注意以下几点：①汽油机应按相关规程存储。②将机器擦拭干净。③给所有的刮痕上漆。④对机器进行润滑。⑤将机器覆盖或放在室内。

本章小结

本章主要介绍了常用手工工具的种类和维护保养方法；常用修剪机具包括割灌机、绿篱修剪机和草坪修剪机的类型、主要构造、安全操作要求、操作前检查、启动发动机、维修保养、机具的存放、割灌操作、绿篱修剪操作、草坪修剪操作的操作方法；常用植保机具包括手动喷雾器、担架式喷雾机和喷雾喷粉机的构造、使用前准备、日常保养和机器的存储、手动喷雾器喷雾操作、担架式喷雾机起动操作和喷雾操作、喷雾喷粉机起动操作和喷雾喷粉操作的操作方法；灌溉机具包括喷灌和微喷灌的特点及系统的组成、使用与维护方法；草坪机具包括草坪播种、草坪起草皮机、草坪施肥机、草坪打孔机和草坪梳草机的构造、使用及保养、草坪打孔机的打孔操作和草坪梳草机梳草操作方法等。

复 习 题

1. 说明常用手工工具的种类和维护保养方法。
2. 说明割灌机安全操作要求和使用操作方法。
3. 说明绿篱修剪机操作注意事项和使用操作方法。
4. 说明草坪修剪机操作前检查内容。
5. 说明草坪修剪机草坪机维护保养计划。
6. 说明手动喷雾器操作人员安全防护注意事项。
7. 说明担架式喷雾机使用操作方法。
8. 说明喷雾喷粉机使用操作方法。
9. 说明喷灌和微喷灌的特点及系统的组成。
10. 说明草坪打孔机和草坪梳草机的维护保养。

各　论

第一章　乔　木　类

第一节　常绿乔木

一、雪松 *Cedrus deodara*

生长习性　松科雪松属。阳性树，有一定耐阴能力。根系浅，侧根大体在土壤 40～60 cm 处。生长速度较快，平均每年高生长 50～80 cm。喜温凉气候，有一定耐寒能力，大苗可耐短期的－25℃低温。耐旱力较强，年雨量 600～1 200 mm 最好。喜土层深厚、排水良好的土壤，能适应微酸性及微碱性土壤、瘠薄地和黏土地，但忌积水。性畏烟，含二氧化硫气体会使嫩叶迅速枯萎。

繁殖方法　播种、扦插。

栽培管理　雪松移栽应在春季进行，移栽必须带土球，栽种时选高燥而排水良好之处。移植雪松时，除采用大穴、大土球外，应行浅穴堆土栽植，土球高出地面 1/5，捣实、浇水后，覆土成馒头形。2～3 m 以上的大苗移定植后，必须立支架以防被风吹歪。壮年雪松生长迅速，中央领导枝质地较软，常呈弯垂状，最易被风吹折而破坏树形，故应及时用细竹竿缚直为好。在生长季节，要经常中耕松土，施以 2～3 次追肥。定植后适当疏剪枝条，使主干上侧枝间距拉长，过长枝应短截。修剪过密枝和疏除细弱枝，不仅能使树冠更加美观，还能加快缓苗，提高苗木的成活率。注意纠正雪松幼树常常出现的偏冠现象。

园林应用　雪松体高大，树形优美，为世界著名的观赏树。它与巨杉、日本金松、南洋松、金钱松一起被称为“世界五大园林树种”。

二、白皮松 *Pinus bungeana*

生长习性　松科松属。喜光树种，耐瘠薄土壤及较干冷的气候；在气候温凉、土层深厚、肥润的钙质土和黄土上生长良好。喜光、耐旱、耐干燥瘠薄、抗寒力强，是松类树种中能适应钙质黄土及轻度盐碱土壤的主要针叶树种。在深厚肥沃、向阳温暖、排水良好之地生长最为茂盛。深根性树种，生长速度中等，寿命可达千年。

繁殖方法　以播种繁殖为主。

栽培管理　栽培地点。应选在地势稍高燥、土壤疏松、排水通气良好的地方。苗期注意防治立枯病，雨季及时排除积水。白皮松由于主根长，侧根稀少，故移植时应少伤侧根。对主干较高的植株，需注意避免干皮受日灼伤害。庭园绿化观赏多选用大苗，移植土球应为根径的10～12倍。栽前树穴内应施足基肥，新栽树木要立支架，以防被风刮倒。白皮松对病虫害的抗性较强，较易管理。

园林应用 白皮松干皮斑驳美观，针叶短粗亮丽，孤植、对植、丛植成林或作行道树，均能获得良好效果。

三、华山松 *Pinus armandii*

生长习性 松科松属。阳性树，幼苗略喜蔽阴。喜温和凉爽、湿润气候。耐寒力强，可耐－31℃的绝对低温，不耐炎热。适应多种土壤，最宜深厚、疏松、湿润且排水良好的中性或微酸性壤土。不耐盐碱，较耐瘠薄。浅根性。

繁殖方法 以播种繁殖为主。

栽培管理 种壳脱落前要注意防治鸟、鼠危害，幼苗出土后1～2个月内易感染猝倒病，每隔10天可喷一次等量式波尔多液或0.5%～1.5%硫酸亚铁溶液，喷药要注意喷在苗茎下部，并使表土喷湿，消灭土内病菌。大树移栽须带土球，移栽时间以新芽即将萌动时成活率最高，栽后立支架，勤喷水。用作庭园观赏的华山松，应注意保护下枝，不必修剪，修剪易引起剪口流胶。华山松萌芽力不强，整形修剪应在秋至冬季进行。

园林应用 华山松高大挺拔，针叶苍翠，冠形优美，是优良的行道树及庭院绿化树种。

四、樟子松 *Pinus sylvestris* var. *mongilia*

生长习性 松科松属。强阳性树，极耐寒，能耐－40℃的低温。适应干冷气候和瘠薄土壤，喜酸性土壤，在干燥瘠薄、岩石裸露、沙地、陡坡均可生长良好。不宜在盐碱土、排水不良的黏重土壤上栽植。深根性，主侧根均发达，抗风沙。

繁殖方法 播种繁殖。

栽培管理

(1)选树定形 城区街道种植大苗，必须树形优美、规格一致、无病虫害。起挖前一定要按规格、按数量在起苗前先行定株标号，对死枝、不良枝进行修剪，保证树形完美整齐一致。

(2)准备工作 为保证所起苗木的土坨完整，以免散坨或偏坨。

(3)起苗 起苗所带土坨的规格，土球直径一般为径粗的10～12倍，并保持土球不散开。

(4)运输 短运一般没问题，主要是长途运输应尽量选在阴天或夜间进行，运输时间不要超过24 h，否则会降低移植成活率。苗木装车时要按秩序排好，保护好树形，装车后要以草帘或篷布遮阴。途中每隔3～4 h喷1次水。在搬运苗木时小于3.5 m的树由人工抬，3.5～5 m的要用滑板车，5 m以上的应选在交通便利的地方用吊车上车。

(5)栽植 樟子松大苗四季均可移植，但以春季3—5月份、雨季7—8月份、秋季10—11月份为宜。

(6)栽后管理 ①整形修剪。整形修剪是以保证油松树形优美、整齐一致、生长良好、不影响城市的公益设施建设和人们的生活为目的的必要管理技术。应采取哪些措施，要视绿化场所、位置、占用空间及艺术造型等具体目的而定。一般都离不开去除冗枝、病虫枝、疏除生长方向不合适的旺长枝。油松塔状的树形属性一般来说适当保证中心领导干的顶端优势较低为合适，对于塑造工艺型枝还要采取拉枝、摘心等技术措施 。②肥水管理。肥水管理是保障植株正常生长、抵抗病虫害的重要措施。在移植成活后的1年中，在生长季节平均每2个月浇水1次。施肥时，高3.5 m以下的植株采取盘供肥，1年施肥2～3次，以早春土壤解冻后、春梢旺长期和秋梢生长期供肥较好；对于高3.5 m以上植株在成活后1～2年内可采取以上施肥方式，之后以根外追肥较合适，施肥工具可用机动喷雾器，在生长季每月喷施1次即可。③病虫害防治。对绿化油松病虫害防治应遵循“及时发现，积极防治、治小治了”的原则，在生长季发现病虫害后，要及时组织用药防治。冬季树干要涂白或喷石硫合剂，消灭树干虫卵及蛹。

园林应用 树形及树干均较美观。可作庭园观赏和绿化树种。由于具有耐寒，抗旱 、耐瘠薄及抗风等特性，可作三北地区防护林及固沙造林的主要树种。

五、云杉 *Picea asperata*

生长习性 松科云杉属。较喜光，有一定耐阴性。喜冷凉湿润气候，但对干燥环境有一定抗性。要求在湿润、肥沃、排水良好的土壤上生长。生长缓慢，浅根性，抗风力差。

繁殖方法 以播种繁殖为主。

栽培管理 云杉幼苗期每2～3年移植1次，因其枝梢常向北部阴处伸长，故移植时应注意调节方向，以培养匀称树冠。云杉不耐移植，必须带土球，移植时应仔细操作，注意保护。云杉根系浅易暴露死亡，注意经常培土保护根系。云杉不耐修剪，以自然式树形为宜，老树下部枝条枯后及时剪去。常见的虫害有双条杉天牛、松针毒蛾等，要注意及时防治。

园林应用 云杉的树形端正，枝叶茂密，孤植、片植。可盆栽做室内观赏树种。

六、龙柏 *Sabina chinensis* cv. *Kaizuca*

生长习性 柏科圆柏属。喜阳，稍耐阴。喜温暖、湿润环境，不太耐寒，北方寒冷地区宜植于背风向阳处。喜高燥、肥沃而深厚的中性土壤，排水不良的土壤易引起烂根。对土壤酸碱度适应性强，较耐盐碱。萌芽力强。

繁殖方法 多用扦插、嫁接繁殖。

栽培管理 移植宜在春、秋两季进行，带土球移栽成活率高，大苗移栽要立支架，栽植后浇定根水。每年对主枝向外伸展的侧枝及时摘心、剪梢或者短截，以改变侧枝生长方向，使之不断造成螺旋式上升的优美姿态。以后每年修剪如此反复进行即可。平时注意松土除草，浇水施肥。冬季要浇透封冻水，防寒越冬。

园林应用 由于树形优美，枝叶碧绿青翠，公园篱笆，公路两边绿化首选苗木，所以多被种植于庭园作美化用途。

七、桧柏 *Sabina chinensis*

生长习性 柏科圆柏属。喜光，但耐阴性很强。耐寒，耐热，耐干旱瘠薄，忌水湿。对土壤要求不严，能生于酸性，中性及石灰质土壤上，但在中性、深厚而排水良好处生长最佳。深根性，侧根也很发达，耐修剪，寿命极长。

繁殖方法 以播种繁殖为主，其变种、变型及栽培品种以扦插繁殖为主。

栽培管理 桧柏移栽宜于春季或雨季进行，带土球栽植时要求土球不散，否则成活困难。桧柏幼苗期根系较浅，易发生立枯病或受干旱、日灼危害。应加强松土除草，适时浇水，雨后排水等抚育工作。主干上主枝间20～30 cm及时疏剪主枝间瘦弱枝，以利通风透光。生长后期增施钾肥，促进木质化及顶芽形成，便于越冬。虫害主要有侧柏毒蛾、双条杉天牛、红蜘蛛等，要及时防治。

园林应用 为我国自古喜用之园林树种之一，宜与古建筑相配合。在民间用本种作盘扎整形之材料；又宜作桩景、盆景材料。

八、香樟 *Cinnamomum camphora*

生长习性 樟科樟属。喜光，幼时稍耐阴。喜温暖湿润气候，耐寒性不强。对土壤要求不严，以湿润肥沃、微酸性黄壤土最为相宜。不耐干旱、瘠薄和盐碱土，较耐水湿而忌积水。寿命长，萌芽力强，耐修剪。

繁殖方法 以播种为主，冬播或春播。

栽培管理 樟树大苗栽植时要注意少伤根，带土球，并适当疏去1/3枝叶。栽植适期以春季芽刚要萌发时为宜。栽植完毕，要注意充分灌水和喷洒枝叶。采用草绳卷干保湿或下风方向立支柱等方法。定植后适当疏去冠内轮生枝1～2根，其余枝条缩到主枝延长方向的2次枝上，既可保留较大的树冠，又能抑制其生长，利于成活。樟树主要病虫害有香樟巢蛾、红蜡介壳虫等，应及时防治。

园林应用 樟树枝叶茂密，冠大阴浓，树姿雄伟，是城市绿化的优良树种。

九、广玉兰 *Magnolia grandiflora*

生长习性 木兰科木兰属。喜光，幼时能耐阴。喜温暖湿润气候，有一定的耐寒力，能经受短期的－19℃的低温。不耐盐碱，不耐干旱瘠薄，不耐水涝，以肥沃、湿润而排水良好的酸性土或中性土为好。病虫害少。花朵巨大富肉质，不耐风害。根系发达。

繁殖方法 播种、嫁接。

栽培管理 广玉兰移植最佳时期是3月中旬根系尚待萌动前。带土球移栽，还需适当修剪枝叶。广玉兰根为肉质根，极易失水，因此在挖运、栽植时要求迅速、及时，以免失水过多而影响成活。移栽后，第一次定根水要及时，并且要浇足、浇透，这样可使根系与土壤充分接触而有利于大树成活。萌芽力不强，对保留的侧枝不要随便疏去或短截，只对密枝、弱枝、病虫枝等适当疏剪。花前和花后应追肥，生长季节干旱时需注意灌溉，以保持土壤湿润。

园林应用 广玉兰树姿优雅，四季常青，病虫害少，是优良的行道树种。

十、女贞 *Ligustrum lucidum*

生长习性 木樨科女贞属。喜光，稍耐阴。喜温暖，不耐寒，喜湿润，不耐干旱。在微酸、微碱性土壤上均能生长，不耐瘠薄。须根发达，生长快速，萌芽力强，耐修剪。

繁殖方法 播种、扦插均可繁殖。

栽培管理 栽培养护春秋两季皆可移植，以春季为好。小苗、中苗皆可裸根移植或于根部沾泥浆，大苗则需带土球并适当疏剪枝叶。大苗栽植后灌水一定要及时并保证，否则影响成活。如果用作绿篱栽植，因女贞生长迅速，1年要修剪2～3次，以保良好形状。施肥可以选用一般的氮磷钾复合肥，施肥时建议用液施，撒施颗粒肥不易掌握用量。早春芽萌动前剪除枯枝、过密枝和细弱枝。

园林应用　女贞是优良的绿化树种，用途广，可作为行道树或庭院树，也可作为绿篱。

十一、棕榈 *Trachycarpus fortunei*

生长习性　棕榈科棕榈属。棕榈属中最耐寒的树种，成年树可耐－7℃低温。喜温暖湿润气候，在阳光充足处棕榈生长更好。耐阴能力强，幼苗尤耐阴。喜排水良好、湿润肥沃的中性、石灰性或微酸性的黏质壤土，耐轻盐碱土，也能耐一定的干旱与水湿。浅根性，易被风吹倒。有很强吸毒能力。自播繁衍能力强。

繁殖方法　播种繁殖。

栽培管理　移植宜在春、夏间进行，起苗时多留须根，小苗可以裸根，大苗需带土球，栽种不宜过深，否则容易引起烂心。大苗移植时应剪除其叶片的1/2，保证成活。大苗应立支柱以防风倒。要及时剪除下垂枯萎的老叶，以免影响观赏效果。

园林应用　庭院、路边及花坛栽培，四季观赏。

十二、蒲葵 *Livistona chinensis*

生长习性　棕榈科蒲葵属。喜温暖而湿润的气候条件，耐阴，在树阴下生长较好。不耐寒，越冬最低温度在0℃以上，生长适温20～28℃。不耐旱，耐短期水涝。适宜肥沃湿润的土壤，以富含腐殖质的壤土最佳。

繁殖方法　播种繁殖。

栽培管理　春季或雨季移栽，露地移栽应带土球。蒲葵喜光照充足，但在北方栽培时，春夏两季切勿放在烈日暴晒，最好放于楼北侧或大树遮阴处栽培养护。盆栽蒲葵在北方夏季要适当遮阴，避免干旱，盛夏季节如果一天不浇水，叶片就会萎蔫枯黄甚至死亡。虽有一定的耐涝能力，但雨季也应注意排水防涝。10月中旬前应移入温室越冬，室温不低于5℃，才能安全越冬。

园林应用　蒲葵多盆栽，常用于室内陈设，长江以南可露地栽培。

十三、花叶榕树 *Ficus benjamina* cv. *Golden Princess*

生长习性　桑科榕属。喜温暖湿润环境，需充足阳光，但怕阳光直射。土壤要求肥沃、排水良好的壤土。生长适温25～30℃，冬季温度不低于5℃才能安全过冬。

繁殖方法　压条繁殖，扦插不易生根。

栽培管理　花叶榕夏季直射光下，叶片上的黄斑极易产生焦黄现象。在高温干旱季节，应遮阴并经常浇水，保持土壤湿润。入冬后则应控制水分，土壤不宜过湿。花叶榕生长缓慢，移植前先施基肥。生长季节，每2个月施1次液肥。施肥过多，会引起肥害。常见虫害为白蜡蚧危害。一般每隔2～3个月，给全树喷一次稀释2 500倍液的敌杀死液，基本可以保证全年不生白蜡蚧。

园林应用　花叶榕叶片色彩艳丽，叶色斑驳、绿白相间，远观是花，近看是叶。良好的观叶树种。

第二节　落叶乔木

一、毛白杨 *Populus tomentosa*

生长习性　毛白杨为杨柳科杨属。强阳性树种。喜凉爽湿润气候，在暖热多雨的气候下易受病害。耐寒性较差，在早春昼夜温差较大的地区，树皮常发生冻裂。对土壤要求不严，喜深厚肥沃、沙壤土，不耐过度干旱薄，稍耐碱。pH 8～8.5 时亦能生长，大树耐水湿。深根性，根系发达，萌芽力强，生长较快，寿命是杨属中最长的树种。

繁殖方法　埋条、留根、压条、分蘖等。也可用加拿大杨作砧木嫁接，成活率高。

栽培管理　一年生苗在秋季落叶后高低不齐，应从距地面 3～5 cm 处截干，促使第二年春季抽通直的主干。截干后冬季施基肥，6—7 月份施 2～3 次追肥，并每半月灌水 1 次，促其旺长。7 月份后一般苗高可达 2 m，此时应控制侧枝生长，适当疏去主干下部的侧枝，使主干快速向上生长。第三年春季移栽，株行距为 1.2 m×1.5 m，移栽时不能栽植过深，否则长势差。移植后及时灌水，以后根据天气情况每隔 3～5 天再灌水 2～3 次，可显著提高移栽成活率。5 月上旬及时去掉萌蘖，扶主干抑侧枝，并注意树冠的完整。当靠近主干上端的侧枝过强形成竞争枝时，要及时除去。

为了保证树木的旺盛生长，冬季施基肥，夏季施 2～3 次追肥，是有益的也是非常必要的。定植初期根系恢复缓慢，树木生长也很缓慢，可适当施肥，注意灌溉和病虫害防治。

为保持主干直立挺拔，生长期内随时剪去徒长枝，对旺枝和直立枝进行摘心和剪梢，主干同一高度处有两个以上侧枝时应剪去，留一枝即可。当主枝下方侧枝过于强壮，与主枝竞争时，不能一下疏去，以免削弱树势，应留弱芽处短截，使抽生弱枝，削弱枝势，至秋末落叶后或第二年春季萌芽前将枝条从基部剪除。当枝下高度达到要求后，可任其生长，只修剪去密生枝、枯枝和病虫枝等。主要有白杨锈病、破腹病及白杨透翅蛾等病虫害为害，应注意防治。

园林应用　毛白杨树干通直挺拔，树形优美，主根和侧根发达，枝叶茂密，优质，速生，丰产，为速生用材林，防护林和行道河渠绿化的好树种。

二、白玉兰 *Magnolia denudata*

生长习性　白玉兰又名玉兰，木兰科木兰属。喜温暖、向阳、湿润而排水良好的地方，要求土壤肥沃、不积水。有较强的耐寒能力，在−20℃的条件下可安全越冬。在北京小环境较好的地方生长良好。移栽应在萌动前十余天，或花后展叶前进行。

繁殖方法　嫁接繁殖。

栽培管理　栽植应选择避风向阳、排水良好和肥沃的地方。花前应有充足的水分和肥料，以促其花大香浓。白玉兰较喜肥，每年可施 2 次肥。一是越冬肥，二是花后肥，以稀薄腐熟的人粪尿为好，忌浓肥。玉兰的根系肉质根，不耐积水。浇水可酌情而定，阴天少浇，旱时多浇。春季生长旺盛，需水量稍大，每月浇 2 次透水。夏季可略多些。入秋后应减少浇水，延缓玉兰生根，促使枝条成熟，以利越冬。冬季一般少浇水，但土壤太干时也可浇 1 次水。

整形修剪在花谢后与叶芽萌动前进行。一般不修剪，因玉兰枝条的愈伤能力差，不做大的整形修剪，只需剪去过密枝、徒长枝、交叉枝、干枯枝、病虫枝，培养合理树形，整枝修剪可保持玉兰的树姿优美，通风透光、促使花芽分化，使翌年花朵硕大鲜艳。花谢后如不留种，应将果剪除，以免消耗养分。在剪锯伤口直接涂擦愈伤防腐膜可迅速形成一层坚韧软膜紧贴木质，保护伤口愈合组织生长，防腐烂病菌侵染，防土、雨水污染，防冻、防伤口干裂。

盆栽玉兰，可行蟠扎处理，即在 4 月发芽后，随着新梢的生长，随时进行蟠扎，扎成弯曲姿态，限制主干拔高。又因玉兰是深根系，久居盆中，容易长势衰弱，故花谢后应修理主根，下地培植，于花前再上盆，这样才能花繁、花艳。若想元旦或春节玉兰开花，可将盆栽玉兰提前 40～50 天移入低温温室，逐渐打破休眠状态。25～30 天后再放到高温温室，保持 60%以上空气湿度，喷洒花朵壮蒂灵，到时即可开花，可促使花蕾强壮、花瓣肥大、花色艳丽、花香浓郁、花期延长。

播种或嫁接的幼苗，需重施基肥、控制密度，3～5 年可见稀疏花蕾。定植后 2～3 年，进入盛花期。白玉兰是早春色、香俱全的观花树种，栽植时，要掌握好时机，不能过早、也不能过晚，以早春发芽前 10 天或花谢后展叶前栽植最为适宜。移栽时，无论苗木大小，根须均需带土球，裸根移栽不易成活，并注意尽量不要损伤根系。为减少移栽后水分蒸发，起苗前剪掉部分枝叶。以求确保成活。栽植前，应在穴内施足充分腐熟的有机肥作底肥。再覆一层土，将根系与有机肥附离，防止烧根腐烂。栽好后封土压紧，并及时浇足水。

玉兰病害有黑斑病、叶枯病、叶斑病等。虫害有大蓑蛾、樗蚕、霜天蛾等。应注意防治。

园林应用 白玉兰作行道树，可孤植、对植等。北方也有作桩景盆栽。

三、国槐 *Sophora japonica*

生长习性 国槐别名槐树、家槐、中国槐，为豆科槐属。性耐寒，喜阳光，稍耐阴，不耐阴湿而抗旱，在低洼积水处生长不良，深根，对土壤要求不严，较耐瘠薄，石灰及轻度盐碱地(含盐量 0.15%左右)上也能正常生长。寿命长。

繁殖方法 主要播种繁殖，也可扦插。

栽培管理 槐树苗干弯曲，不易养直，为培养绿化用优良大苗，需进行养根、养干和养冠处理。首先将一年生苗于翌春移植养根，株行距 40 cm×60 cm，加强肥水管理，少修剪以增加叶面积制造有机营养，供给根系使其健壮发达。养根 1～2 年后转入养干阶段，于秋季落叶后齐地面截干，施足基肥使其第二年春季发出旺盛萌条，每株选留一个壮枝，蒋主干上过强的侧枝疏除，在勤肥大水配合下，主干迅速长高，当年秋季苗高可达 2.5 m 以上，粗壮通直。第二年春季发芽前移植养冠，株行距为 1 m×1 m，并于 2～2.5 m 处定干，萌芽后选留 3～4 个分布均匀的壮枝作主枝，并剪去主干上的侧枝与萌蘖，经 5～6 个月的培养，干径可达 4～5 cm，即可出圃做行道树栽植。

裸根栽植国槐应在秋季落叶后至春季发芽前进行，对树冠进行重剪，必要时可截去树冠以利成活，栽植穴宜深，从而使根系舒展，根与土壤密接，栽后浇水 3～5 次，并适当施肥，冬季封冻前灌一次透水防寒。栽植后 2～3 年内要调整好枝条的主从关系，疏除多余的枝条。

槐树有根瘤菌，氮素营养充足，因此叶色深，呈墨绿色。槐树容易遭受蚜虫危害，弱树树干易受天牛幼虫危害，应注意防治。

园林应用 国槐是良好的绿化树种，常作庭阴树和行道树，且具有一定的经济价值和药用价值。

四、金叶榆 *Ulmus pumila* cv. *Jinye*

生长习性 金叶榆别名中华金叶榆，榆科榆属，系白榆变种。中华金叶榆对寒冷、干旱气候具有极强的适应性，在我国广大的东北、西北地区生长良好，同时有很强的抗盐碱性，在沿海地区可广泛应用，是我国目前彩叶树种中应用范围最广的一个。

繁殖方法 金叶榆繁殖以嫁接为主，白榆或山榆苗做砧木。也可嫩枝扦插快繁，在温度15℃以上即可繁殖，把金叶榆幼枝剪成一叶一芽，1 cm 的长度，接种在沙床上，进行全光照喷雾管理，一般 10 天开始生根，成苗率达 85%，根系发达，成活率高，可全年任何季节进行移栽，并且繁殖速度快。

栽培管理 中华金叶榆生长迅速，枝条密集，耐强度修剪，造型丰富。既可培育为黄色乔木，作为园林风景树，又可培育成黄色灌木及高桩金球，广泛应用于绿篱、色带、拼图、造型。中华金叶榆根系发达，耐贫瘠，水上保持能力强。

园林应用 金叶榆叶片金黄色，有自然光泽，色泽艳丽；叶脉清晰，质感好。萌芽力强，造型更丰富。中华金叶榆的观赏性极佳。初春时期，便绽放出娇黄的叶芽，早早给人们带来春天的信息；至夏初，叶片变得金黄艳丽，格外醒目；盛夏后至落叶前，树冠中下部的叶片渐变为浅绿色，枝条中上部的叶片仍为金黄色。除用于城市绿化外，还可大量应用于山体景观生态绿化中，营造景观生态林和水土保持林。

五、楝树 *Melia azedarach*

生长习性 楝科楝属。喜温暖湿润气候，耐旱、耐碱、耐瘠薄，耐寒力不强。以深厚、疏松肥沃、排水良好、富含腐殖质的沙质壤土栽培为宜。萌芽力强，生长快。

繁殖方法 多用播种，分蘖也可。

栽培管理 楝树根系不很发达，移栽时不宜对根部修剪过度。移栽以春季萌芽前随起随栽为宜，秋冬移栽易发生枯梢现象。楝树在自然生长过程中，分枝低，枝干短，为培养干直、冠大、优美的树形，可留一饱满芽短截，去掉下部侧芽，7 月份后，当新梢再次萌发新芽时，再一次将侧芽抹去，使养分集中于顶梢，加速主干生长，剪口要平滑，留芽方向与上一次相反，保持主干通直。病害有溃疡病、褐斑病、丛枝病、花叶病、叶斑病；虫害有黄刺蛾、扁刺蛾、斑衣蜡蝉、星天牛等。

园林应用 楝树树形开展优美，叶形秀丽，春夏之交开淡紫色花朵，颇为美观，且有淡香，加之耐烟尘、抗二氧化硫等，因此是良好的城市及工矿区绿化树种。

六、合欢 *Albizia julibrissin*

生长习性 豆科合欢属。产于我国黄河流域及以南各地，全国各地广泛栽培。喜温暖湿润和阳光充足环境，对气候和土壤适应性强，不耐水涝。

繁殖方法 播种繁殖。

栽培管理 春季当芽刚萌动时，裸根栽植，成活后在主干一定高度处选留 3～4 个分布均匀的侧枝作主枝，然后在最上部的主枝处定干，冬季对主枝短截，各培养几个侧枝，以扩大树冠，以后任其生长，形成自然开心形的树冠。当树冠外围出现光秃现象时，应进行缩剪更新，并疏去枯死枝。

病虫害主要有溃疡病危害，可用 50%退菌特 800 倍液喷洒。虫害有天牛和木虱危害，用煤油 1 kg 加 80%敌敌畏乳油 50 g 灭杀天牛，木虱用 40%乐果乳油 1 500 倍液喷杀。

园林应用　庭园绿化树种或为行道树。变种紫叶合欢新叶鲜红至紫色，仲夏变暗紫色；其花如火焰簇簇，是很好的花、叶俱佳的彩色乡土乔木树种。

七、金叶皂荚 *Gleditsia triacaanthos* 'Sunburst'

生长习性　金叶皂荚为皂荚的芽变种，豆科皂荚属。生长旺盛，雌雄异株，雌树结荚能力强。喜光，稍耐阴，较耐寒，具有较强的耐盐碱和耐旱能力，对土壤要求不严，在石灰质及盐碱甚至黏土或沙土均能正常生长。生长速度慢。深根性树种。

繁殖方法　嫁接。

栽培管理　栽后 3～4 年，每年要在穴边松土除草，并施草木灰或渣滓肥，促使迅速生长。

园林应用　金叶皂荚树形美丽，枝条舒展，叶形秀丽，色泽金黄明媚，耐寒冷，是点缀庭院、园林绿化的优育彩叶树种。

八、金叶栾树 *Koelreuteria paniculata*

生长习性　别名金叶栾，为无患子科栾树属树种。阳性树种，喜光、稍耐半阴；耐干旱和瘠薄，也耐低湿、盐碱地及短期涝害。深根性，根强健，萌蘖力强，生长中速，适生性广，对土壤要求不严。抗风能力较强，可抗－25℃低温。病虫害少，栽培管理容易。

繁殖方法　扦插、嫁接等。

栽培管理

1. 幼苗培育

(1)遮阴　遮阴时间、遮阴度应视当时当地的气温和气候条件而定，以保证幼苗不受日灼危害为度。进入秋季要逐步延长光照时间和光照强度，直至接受全光，以提高幼苗的木质化程度。

(2)间苗　幼苗长到 5～10 cm 高时要间苗，以株距 10～15 cm 为宜。间苗间小留大，去劣留优，间密留稀，间苗后结合浇水施追肥。结合间苗，进行补苗使幼苗分布均匀。

(3) 幼苗移植　播种苗于当年秋季落叶后即可掘起入沟假植，第二年春季分栽。由于栾树树干不易长直，第一次移植时要平茬截干，并加强肥水管理。春季从基部萌蘖出枝条，选留通直、健壮者培养成主干，则主干生长快速、通直。第一次截干达不到要求的，第二年春季可再行截干处理。以后每隔 3 年左右移植一次，移植时要适当剪短主根和粗侧根，以促发新根。栾树幼树生长缓慢，前两次移植宜适当密植，利于培养通直的主干，节省土地。此后应适当稀疏，培养完好的树冠。生长期经常松土、锄草、浇水、追肥，至秋季就可养成通直的树干。

2. 施肥

生长旺盛期施肥，应施以氮为主的速效性肥料，促进植株营养生长。入秋后要停施氮肥，增施磷、钾肥，提高植株木质化程度和抗寒能力。冬季，宜施农家有机肥料，为苗木生长提供持效性养分，又起到保温、改良土壤的作用。

3. 大苗培育

当树干高度达到分枝点高度时，留主枝，3～4 年可出圃。一年生苗干不直或达不到定干标准的，第二年平茬后重新培养。一般经两次移植，培养 3～4 年，就可达到胸径 4～8 cm。

4. 定植密度

胸径 4～5 cm 亩栽 600 棵左右，胸径 6～8 cm 的亩栽 200～300 棵，选留 3～5 个主枝，短截至 40 cm，每个主枝留 2～3 个侧枝，冠高比 1∶3。

培育干径 8～12 cm 的全冠苗，亩栽 160～170 株，即株行距 2 m×2 m；培育干径 12 cm 以上大苗，亩栽 130 株，即株行距 2 m×2.5 m。结合抚育管理，剪去干高 1.5 m 以下的萌芽枝，以促进主干通直生长。

5. 整形修剪

金叶栾树（金叶栾）树冠近圆球形，树形端正，一般采用自然式树形。因用途不同，其整形要求也有所差异。行道树用苗要求主干通直，第一分枝高度为 2.5～3.5 m，树冠完整丰满，枝条分布均匀、开展。庭阴树要求树冠庞大、密集，第一分枝高度比行道树低。围绕上述要求采取相应修剪措施，一般可在冬季或移植时进行。

6. 病虫害防治

金叶栾树（金叶栾）主要病害为流胶病，可在早春萌动前喷石硫合剂，每 10 天喷 1 次，连喷 2 次，以杀死越冬病菌。发病期喷百菌清或多菌灵 800～1 000 倍液。

金叶栾树（金叶栾）害虫有蚜虫，可在根部埋施 15%的涕灭威颗粒剂，树木干径每厘米用药 1～2 g，覆土后浇水；或浇乐果乳油，干径每厘米浇药水 1.5 kg 左右进行防治。还有六星黑点豹蠹蛾，可在幼虫孵化蛀入期喷洒触杀药剂，如见虫杀 1 000 倍液，或用吡虫啉 2 000 倍液等内吸药剂防治。桃红颈天牛主要危害木质部，卵多产于树势衰弱枝干树皮缝隙中，幼虫孵出后向下蛀食韧皮部。次年春天幼虫恢复活动后，继续向下由皮层逐渐蛀食至木质部表层，初期形成短浅的椭圆形蛀道，中部凹陷。6 月份以后由蛀道中部蛀入木质部，蛀道不规则。随后幼虫由上向下蛀食，在树干中蛀成弯曲无规则的孔道，有的孔道长达 50 cm。仔细观察，在树干蛀孔外和地面上常有大量排出的红褐色粪屑。可选用内吸性杀虫剂注干。

园林应用 金叶栾树树冠整齐，树形端正，枝叶茂密而秀丽；春季嫩叶多为红色，夏叶羽状金黄色，入秋叶色金黄，十分美丽；夏季开花，金黄色的圆锥花絮布满树顶，花开 60～90 天，满树金黄，甚为壮观；国庆节前后其蒴果的膜质果皮膨大如小灯笼，成串挂在枝顶，如同花朵，经冬不落，甚为艳丽，是城市及乡村绿化理想的观赏树种。

九、紫叶樱花 *Prunus serrulata*

生长习性 樱花变种，为蔷薇科李属。喜光，喜空气湿度大的环境，有一定耐寒力。喜深厚、肥沃、富含腐殖质及排水良好的土壤，不耐盐碱，忌积水低洼地。根系较浅，对烟尘、有害气体及海潮风抵抗力较弱。

繁殖方法 嫁接繁殖。嫁接多以樱桃、山樱桃实生苗作砧木。

栽培管理 移植最好在春季萌芽前进行，由于根系浅，应注意保持根系完整，根部最好带宿土，大苗带土球。栽植时穴内施有机肥。养护期间注意浇水，保持湿润的土壤环境。经常松土除草，雨季注意排水。秋季施基肥一次，入冬前浇封冻水。紫叶樱花多采用自然开心形。定干高 1 m 左右，幼年阶段保留中心干，每年休眠期修剪时主枝延长枝短截 1/3，以促生分枝，扩大树冠；留下的枝条缓放不剪，使其先端萌生长枝，中下部产生短枝开花。成年大树，每年疏除内堂细弱枝、病虫枝、枯死枝，改善通风透光条件；对细弱冗长的枝组进行回缩，刺激下部萌芽萌发新枝。对衰老树要逐年回缩更新，恢复树势，提高观赏价值。樱花病虫害主要有根瘤病、刺蛾等,应注意及时防治。忌用敌敌畏,以免引起焦叶甚至落叶。

园林应用 是我国园林绿化中重要的春季观花、色叶树种。

十、红叶海棠 *Malus spectabilis*

生长习性 海棠的变种,为蔷薇科苹果属。红叶海棠喜光、耐旱、耐寒、怕涝。对土壤要求不严,耐盐碱,在北方干燥地带生长良好,以深厚、肥沃的微酸性至中性黏壤土中生长最旺盛。

繁殖方法 用山定子或八棱海棠的播种苗作砧木,采用枝接或芽接的方法进行繁殖。

栽培管理 移栽在落叶后至萌芽前进行,挖苗时要保持完整的根系,小苗留宿土,大苗带土球。栽植穴宜深,施足底肥,栽后立即浇透水,一般不必追肥,保持土壤湿润又不过湿。海棠采用自然树形,每年修剪时剪去过多的徒长枝、病虫枝、交叉枝、萌蘖枝。避免重短截以防出现更多徒长枝。注意防治海棠锈病、腐烂病和赤星病。

园林应用 园林彩色树种,片植,列植等。

十一、银杏 *Ginkgo biloba*

生长习性 银杏别名白果、公孙树,为银杏科银杏属。中国特产的孑遗植物,为世界著名的古生树种,被尊称为“活化石”,我国北自沈阳南至广州均有栽培。喜光,不耐阴;较耐寒、耐旱、不耐积水;能适应高温多雨气候;在酸性土(pH 4.5)、石灰性土(pH 8.0)中均可生长良好,而以中性或微酸性土壤最适宜,盐碱土、黏重土及低湿地不宜种植;喜生于温凉湿润、土层深厚、肥沃、排水良好的沙质土壤。生长慢,寿命极长。

繁殖方法 播种、扦插或嫁接。

栽培管理 选避风向阳处,土层深厚、肥沃、排水良好的地段栽植。银杏移栽易成活,在落叶后至早春萌芽前裸根移栽,注意少伤或不伤侧根。栽前穴施基肥,适当修剪主根及弱枝、病虫枝、过密枝,栽后踏实,浇透水。干旱期间定期浇水,雨季及时排水,入冬前灌封冻水,树干涂白。银杏主干发达,顶端优势强,最易形成自然圆锥形的树冠。栽植后使其自然生长,一般不短截枝条,但要抑制竞争枝,通过短截留外芽减缓树势;对上部强枝进行拉枝开张角度,扶助弱枝,保持生长平衡。银杏很少发生病虫害。

园林应用 银杏树干笔直,树姿雄伟壮丽,叶形如扇,如秋叶色金黄,颇为美观,寿命又长,宜作行道树、庭阴树及风景树。

十二、金叶水杉 *Metasequoia glyptostroboides* ‘GoldRush’

生长习性 金叶水杉是水杉的一个栽培变种,杉科水杉属。喜光,对小气候的要求比较严格,对空气湿度的要求较高,喜温暖、湿润气候,较耐寒,不耐干旱瘠薄。适应性强,喜土层深厚、肥沃、湿润的酸性土壤,在微碱性土壤上亦生长良好。生长速度较快,对二氧化硫、氯气、氟化氢等有害气体的抗性较弱。适应性较强,生长快,干通直,树形优美,叶色表现稳定。

繁殖方法 硬枝、嫩枝扦插育苗。

栽培管理 栽培应选湿润、排水良好的地方,华北因冬季干旱,要选避风向阳处,幼树还应搭风障防寒。栽植要随起随栽,若长途运输,栽前应将苗木根系浸水,使其吸足水分,促进成活。栽时要挖大穴,施基肥,勿伤根,栽后灌足水。生长期可进行追肥,苗期适当修剪,4～5 年后不必修剪,以免破坏树形。金叶水杉苗期主要病虫害为立枯病及蛴螬,定植后有大袋蛾等危害，应及时防治。

园林应用 落叶大乔木，速生，树皮红褐色；新生叶在一年中的春、夏、秋三季均呈现金黄色。中国南方良好的彩色乔木树种。

十三、七叶树 *Aesculus chinensis*

生长习性 七叶树科七叶树属。喜光，稍耐阴；喜温暖、湿润气候，也能耐寒；喜深厚、肥沃、湿润而排水良好之土壤。深根性，萌芽力不强；生长速度中等偏慢，寿命长。适生能力较弱，在瘠薄及积水地上生长不良，不耐干热气候，炎热的夏季叶子易遭日灼。

繁殖方法 主要用播种法，扦插、压条均可。

栽培管理 移植在深秋落叶后至第二年发芽前进行。选择背风向阳处，带土球移栽，树穴要挖大而深，施足基肥，栽后浇透水，并用草绳缠裹树干，以防止树皮灼裂。栽植过程中，勿损伤主根和根系，以免破坏树形和影响成活。日常管理注意保持土壤湿润，一年施肥 2～3 次。因为树皮薄，易受日灼，深秋要进行树干涂白，在北方冬季可将幼树树干用草绳包扎防寒。七叶树修剪在新芽抽出前的冬季至早春萌芽前进行。由于七叶树树冠自然生长较为圆整，一般较少修剪。夏季修剪只疏除过密枝、逆向枝等，留水平斜向上的枝条，以形成优美的树形。主要病虫害有刺蛾、大蓑蛾及天牛等。

园林应用 七叶树树干耸立，树冠开阔，初夏花朵开放，花大秀丽，果形奇特，是观叶、观花、观果不可多得的树种，为世界著名的观赏树种之一。

十四、金叶白蜡 *Fraxinus pennsylvanica*

生长习性 木樨科白蜡树属一个变种。喜光，稍耐阴；喜温暖、湿润气候，特别耐寒，能耐 －40℃低温；生长迅速，寿命长；抗有害气体，萌蘖力强，耐修剪；耐干旱、耐瘠薄，耐盐碱，耐酸性土壤，耐一定的水湿，能适应各种土壤，在深厚、肥沃、湿润的土壤中生长迅速。

繁殖方法 扦插、嫁接。

栽培管理 在早春芽萌动前裸根移植，挖苗时要保持根系完整栽植穴内施足基肥，栽后及时浇水，7 天后再浇一次水。生长季每隔 15～20 天浇一次水，并及时松土除草。入冬前浇封冻水。大苗可去掉树冠留 2.5～3 m 主干栽植，以提高栽植成活率。栽植成活后，在主干上选留 3～5 个分布均匀的主枝，让其自然生长。多年生老树要注意回缩更新复壮。白蜡树的病害主要有煤污病，发病严重时喷 0.3°Bé 石硫合剂。虫害主要有木囊蛾、白蜡窄吉丁虫。

园林应用 为园林绿化乔木，树形优美，树冠较大，是优良的行道树、河岸护坡树及工厂绿化树种。

十五、红叶臭椿 *Ailanthus altissima*

生长习性 别名红叶椿，为苦木科臭椿属一雄株芽变品种。喜光，不耐阴。深根性树种，主根不明显，侧根发达，抗风沙。适应性强。耐寒、耐干旱、耐瘠薄，但不耐水湿，长期积水会烂根致死。在土层深厚、排水良好而又肥沃的土壤中生长良好。萌蘖力强，生长快。

繁殖方法 嫁接、埋根。

栽培管理 移植在深秋落叶后至第二年发芽前进行。树穴要挖大而深，施足基肥，栽后浇透水，注意保持土壤湿润。树冠自然生长较为圆整，一般较少修剪。红叶臭椿适应性强，适合粗放管理。臭椿对病虫害抵抗能力较强,偶有白粉病发生。旋皮夜蛾、蓖麻蚕是主要的食叶害虫,为害苗木;斑衣蜡蝉是常见的刺吸害虫,臭椿沟眶象、沟眶象是常见的蛀干害虫,应加强防治。

园林应用 红叶臭椿叶色红艳,持续期长,又兼备树体高大,树姿优美,抗逆性强、适应性广以及生长较快等优点,因而具有极高的观赏价值和广泛的园林用途。

十六、红叶李 *Prunus ceraifera* cv. *Pissardii*

生长习性 别名紫叶李,蔷薇科李属。我国各地园林中广泛栽植。喜光,不耐阴;喜温暖、湿润气候,较耐寒和潮湿。对土壤要求不严,喜肥沃湿润的中性或酸性土壤,稍耐碱,可在黏质土壤上生长。根系较浅,生长旺盛,萌芽力强。

繁殖方法 嫁接、扦插。

栽培管理 在春、秋两季移栽均可,定植时施足底肥,浇透水,苗木成活后加强肥水管理,保持土壤湿润,适时松土除草,每年秋施1次腐熟的有机肥,入冬前浇封冻水。红叶李在绿化中用自然树形,由于枝条细密,树冠内膛通风透光受到影响,可以培育成疏散分层形,一年生嫁接苗在干高1 m左右壮芽处定干,第二年春季选留3个较粗壮的新梢作为主枝。第二年冬剪时,短截主干延长枝,3个主枝视其强弱情况进行轻重不同的短截。生长期内注意控制徒长枝。第三年冬剪时,继续短截主干延长枝,在主干上再选留2个主枝短截,并与第一层的3个主枝错落分布。第一层的3个主枝也要短截。主干上的其余枝条,只要其粗度不超过着生部位主干粗度的1/3,可长放不剪,如果过粗,可回缩到外向短枝处,同时对各级主枝配备合适的侧枝,并注意各侧枝错落分布。以后每年修剪只要剪出枯死枝、病虫枝、内向枝、重叠枝和交叉枝即可,对于放的过长的细弱枝,则应及时回缩复壮。病虫害主要有桃粉蚜、红蜘蛛、茶蓑蛾、丽绿刺蛾和布袋蛾,如有发生可用40%的氧化乐果乳油1 000倍液进行喷杀。

园林应用 红叶李嫩叶鲜红色,老叶紫红,著名色叶树种,孤植群植皆宜,能衬托背景。紫色发亮的叶子,在绿叶丛中,像一株株永不败的花朵,在青山绿水中形成一道靓丽的风景线。

第二章　灌　木　类

第一节　常绿灌木

一、大叶黄杨 *Buxus megistophylla*

生长特性　卫矛科卫矛属，常绿灌木或小乔木。性喜光，但亦能耐阴；喜温暖气候及肥沃湿润的土壤；耐寒性较差，低于−17℃时即受冻害。多在黄河流域以南露地种植。盆栽容易，耐修剪，寿命长。

繁育方法　扦插、播种、压条等方法均可繁殖，以扦插繁殖为主。

栽培管理

1. 在苗圃可培养单株或丛生状，修剪成球形

也可用丝棉木作砧木，在春季 3 月进行枝接，培养高接黄杨球。

2. 直干大叶黄杨

在苗圃可培养单株或丛生状，修剪成球形。也可用丝棉木作砧木，在春季 3 月进行枝接，培养高接黄杨球。

3. 防寒

大叶黄杨在北方地区入冬前需要采用室内假植或风障等措施防寒。

4. 主要病虫害防治

(1)白粉病防治　①如 0.5°Bé 石硫合剂，退菌特 800～1 000 倍液，50％甲基托布津 500～1 000 倍液，40％灭菌丹 300～500 倍液，75％百菌清 600～800 倍液均有效。②可喷洒 1/1 000 的敌百虫、敌敌畏药物或托布津、多菌灵等防菌药物防治。

(2)大叶黄杨茎腐病　茎腐病是大叶黄杨易感染的一种主要病害，严重时可造成全株枯死。1～2 年生枝条受害最严重，初期茎部变为褐色，叶片失绿，嫩梢下垂，叶片不脱落，后期茎部受害部位变黑，皮层皱缩，内皮组织腐烂，生有许多细小的黑色小菌核，随着气温的升高，受害部位迅速发展，病菌侵入木质部，导致全株死亡。

防治方法：①加强苗木的养护管理，提高其自身抗病能力。②使用充分腐熟的农家肥作为基肥，可降低苗木发病率。③夏季幼苗采取搭荫棚等降温措施，大苗可采用栽植地被植物或地面覆草等办法，来破坏病菌发生的环境条件。④及时剪除发病枝条，集中烧毁。⑤发病苗量少

时，可用毛刷涂50倍50%的多菌灵溶液或50倍25%的敌力脱乳油于发病初期的茎干处。病苗量大或发病盛期时，在苗木上喷25%的敌力脱乳油800～1 000倍液，或50%的退菌特粉剂500～600倍液，7天1次，连续进行3～4次，就能起到预防和治疗的作用。

(3)蚜虫 发生后可选用20%菊杀乳油2 000倍液，或吡虫啉粉剂2 000～3 000倍液喷施。

园林应用 大叶黄杨叶色浓绿而有光泽，四季常青，并有各种色斑变种，是美丽的观叶树种。园林中常作绿篱或丛植以及作盆栽。

二、小叶黄杨 *Buxus sinica*

生长特性 黄杨科黄杨属。喜温暖湿润气候及深厚、肥沃、排水良好的土壤。喜阳，幼苗期稍喜阴。耐干旱，不耐水湿，较耐寒，在北京地区宜栽植于避风向阳处，5年生以下需埋土或架设风障防寒越冬。生长较慢，萌蘖力强；耐修剪，易整形。

繁育方法 播种、扦插。

栽培管理

1. 修剪

培育黄杨球，则应在第3～4年生时逐步修剪整形，将黄杨修剪成球形，这样5～6年生后可剪成黄杨球。

2. 肥水管理

小叶黄杨幼苗怕晒，在幼苗期间应设阴棚遮阴。移植小叶黄杨时，应在春芽萌动(3月下旬至4月上旬)时带土球进行，裸根移植成活率低。在 般土壤条件下，定植时可不必施肥；土壤肥力较差时或苗木生长较弱时，可先在穴内施入1～2铁锹腐熟的基肥。定植成活的小叶黄杨，在其每年萌动至开花期间，可灌水2～3次，雨季要注意排水，秋后要尽量少灌水；霜冻前灌一次防冻水即可，然后在根部多培土防寒越冬。作黄杨球或绿篱的植株，每年“五一”节和“十一”节前2周应修剪整形一次。

3. 病虫防治

小叶黄杨有介壳虫为害，可在春季萌动前，喷洒5°Bé石硫合剂除治。它的幼苗易患立枯病，可用10%～30%硫酸亚铁进行土壤消毒，1周后再播种。

园林应用 小叶黄杨在我国北方地区主要用做绿篱，或球状孤植或片状点缀。

三、金叶女贞 *Ligustrum vicaryi*

生长特性 木樨科女贞属。半常绿灌木或小乔木。被誉为“金玉满堂”。叶色金黄。金边卵叶女贞与欧洲女贞的杂交种，20世纪80年代从欧洲引进。华北、华东、华中、西南各省广泛栽培应用。喜光，稍耐阴。较耐寒，耐干旱瘠薄和轻度盐碱土壤。生长势旺，萌蘖力强，耐修剪。

繁育方法 扦插。

栽培管理

1. 移栽

秋季扦插苗在次年前后移栽，春季扦插苗在次年早春移栽，株行距20 cm×40 cm，培育2～3年后出圃，用于绿化。

2. 主要病虫害防治

金叶女贞病虫害较少，主要有叶斑病、轮纹病及地下害虫蛴螬、钻蛀形害虫木蠹蛾和叶面害虫螨类。育苗应做好土壤的消毒、排水等工作。

对于病害可在发病初期连续3次喷施多菌灵、甲基托布津；对于地下害虫可在危害期间用毒饵诱杀，可用辛硫磷0.5 kg，加水0.5 kg与15 kg煮半熟的种子等饵料混合，在危害期夜间均匀撒在苗床上。辛硫磷光解作用较强，宜在夜间施用或埋入土壤中。对于螨类可用40%的三氯杀螨醇1 000倍液喷雾防治。喷雾时注意要喷到叶背面。

园林应用　色泽明快，亮叶金黄，以色块、色带群体栽植为主，多与其他色叶树种搭配组成模纹，景观效果绝佳。

四、红花檵木 *Lorpetalum chindense* var. *rubrum*

生长特性　金缕梅科檵木属，常绿灌木或小乔木。叶卵形或椭圆形，叶暗紫色，花瓣带状线形，紫红色。耐半阴，喜温暖气候及酸性土壤，适应性较强。

繁育方法　播种、嫁接及压条。

栽培管理　红花檵木病虫较少，少有叶斑病和炭疽病为害，可用65%代森锌可湿性粉剂600倍液喷洒。虫害有刺蛾、卷叶蛾等，可用10%二氯苯醚菊酯乳油2 000倍液喷杀。

园林应用　本种花繁密而显著，颇为美丽。丛植于草地、林缘或与石山相配合都很合适。宜植于庭园观赏。

五、红叶石楠 *Photinia serrulata*

生长特性　红叶石楠是蔷薇科石楠属杂交种的统称，为常绿小乔木，因其新梢和嫩叶鲜红而得名。常见的有红罗宾和红唇两个品种，其中红罗宾的叶色鲜艳夺目，观赏性更佳。春秋两季，红叶石楠的新梢和嫩叶火红，色彩艳丽持久，极具生机。在夏季高温时节，叶片转为亮绿色，在炎炎夏日中带来清新凉爽之感觉。红叶石楠有很强的适应性，耐低温，耐土壤瘠薄，有一定的耐盐碱性和耐干旱能力。性喜强光照，也有很强的耐阴能力，但在直射光照下，色彩更为鲜艳。

繁育方法　扦插。

栽培管理

1. 种苗移栽

种苗移栽的时间一般在春季3—4月份和秋季10—11月份，要结合当地气候条件来决定。定植间距要根据留圃时间和培育目标而定。如计划按培育一年生小灌木出售，株行距以35 cm×35 cm或40 cm×40 cm为宜，每亩约3 000株。

种苗移栽时，要小心除去包装物或脱去营养钵，保证根系土球完整，定点挖穴；用细土堆于根部，并使根系舒展，轻轻压实。栽后及时浇透定根水。

2. 栽培管理

在定植后的缓苗期内，要特别注意水分管理，如遇连续晴天，在移栽后3～4天要浇一次水，以后每隔10天左右浇一次水；如遇连续雨天，要及时排水。约15天后，种苗度过缓苗期即可施肥。在春季每半个月施一次尿素，用量约5 kg/667 m^2，夏季和秋季每半个月施一次复合肥，用量为5 kg/667 m^2，冬季施一次腐熟的有机肥，用量为1 500 kg/667 m^2，以开沟埋施为好。施肥要以薄肥勤施为原则，不可一次用量过大，以免伤根烧苗，平时要及时除草松土，防土壤板结。

3. 病虫害防治

红叶石楠抗性较强，未发现有毁灭性病虫害。但如果管理不当或苗圃环境不良，可能发生灰霉病、叶斑病或受介壳虫危害。灰霉病可用50%多菌灵1 000倍液喷雾预防，发病期可用50%代森锌800倍液喷雾防治。叶斑病可用50%多菌灵300～400倍液或甲基托布津300～400倍液防治。介壳虫可用乐果乳剂200倍液喷洒或800～1 000倍液喷雾。

园林应用 红叶石楠生长速度快，且萌芽性强，耐修剪，可根据园林需要栽培成不同的树形，在园林绿化上用途广泛。该树种市场前景广阔，发展潜力巨大。

六、枸骨 *Ilex cornuta*

生长特性 枸骨为冬青科冬青属常绿灌木或小乔木。枸骨枝干灰白像根狗骨头而得名枸骨。枸骨喜阳光充足，也颇耐阴，有一定耐寒性。喜气候温暖、湿润，排水良好的酸性、肥沃土壤，但在土壤贫瘠的砂粒土中也能生长，对石灰质土壤也有一定的适应能力。生长缓慢，萌枝力强，耐修剪。

繁殖方法 播种、扦插和分株均可，以播种繁殖为主。

栽培管理

1. 种植季节

枸骨种植季节以10—11月份或3—4月份为宜。直根系多，须根少，移植时要特别注意勿散土球，尽量少伤根，栽前适当重剪，减少蒸腾量，促进成活。否则难以成活。种植后，必须及时浇足水分，以利成活。

2. 种植位置

在华北地区宜种植位置应背风向阳的位置，特别是围墙或置石的南侧。

3. 养护管理

①勤松土勤除草，并注意肥水管理。

②病虫害防治。枸骨易发生防治红蜡蚧、日本蜡蚧及其引起的煤污病等。

对于介壳虫危害，可在若虫期喷40%速蚧杀乳油1 500～2 000倍液，6%吡虫啉可溶性液剂2 000倍液，菊酯类农药2 500倍液。上述三种药剂交替使用，每隔7～10天喷洒一次，连续喷洒两三次，可取得良好的效果。也可在4月及7月各埋一次涕灭威颗粒，埋药量根据植株大小而定，效果很好。对于煤污病在发病盛期，喷70%甲基托布津1 000倍液或50%多菌灵1 000倍液等防治。

③整形修剪。枸骨生长慢，萌发力强，耐修剪。花后剪去花穗，6—7月份剪去过高、过长的枯枝、弱小枝、拥挤枝，保持树冠生长空间，促使周围新枝萌生。三四年可整形修剪一次，创造优美的树形。

园林应用 枸骨枝繁叶茂，叶形奇特，叶质坚而光亮，入秋后红果累累，鲜艳美丽，经冬不凋，是良好的观叶、观果园林植物。其耐修剪，可整形作绿篱。

七、火棘 *Pyracantha fortuneana*

生长特性 火棘为蔷薇科火棘属常绿灌木或小乔木。根系发达，耐干旱、瘠薄。根系有菌根寄生，自给能力强，喜中性到微酸性土壤。喜光，喜温暖气候。抗旱性较强。

繁殖方法 播种、扦插繁殖。

栽培管理

1. 栽植

果用林选择地势平坦，富含有机质的沙质壤土，按株行距 2 m×2 m 挖 0.6～0.8 m 深的坑，填入基肥和表土，栽入穴中，踏实，浇足定根水。

2. 施肥

每年 11—12 月份施 1 次基肥，在距根颈 80 cm 沿树挖 4～6 个放射状施肥沟，深 30 cm，每坑施有机肥 3～5 kg，花前和坐果期各追施尿素 1 次，每株施 0.25 kg。

3. 灌水

分解在开花前后和夏初各灌水 1 次，有利于火棘的生长发育，冬季干冷气候地区，进入休眠期前应灌 1 次封冬水。

4. 整形

火棘自然状态下，树冠杂乱而不规整，应整形修剪。火棘成枝能力强，侧枝在干上多呈水平状着生，可将火刺整成主干分层形，离地 40 cm 为第一层，3～4 个主枝组成，第三层距第二层 30 cm，由 2 个主枝组成，层与层间有小枝着生。火棘成花能力较强，对过繁的花枝要短截促其抽生营养枝，并于花前人工或化学疏除半数以上的花亭以及过密枝、细弱枝，使光线能直接照进内膛，年修剪量以花枝量为准，叶和花亭比为 70∶1 为佳。

园林应用 火棘树形优美，夏有繁花，秋有红果，果实存留枝头甚久，在庭院中做绿篱以及园林造景材料，在路边可以用作绿篱，美化、绿化环境。

八、桂花 *Osmanthus fragrans*

生长特性 桂花为木樨科木樨属常绿灌木或小乔木。喜温暖湿润环境，适于肥沃、排水良好的沙壤土生长；较耐阴，光照不足时开花影响较大。耐高温而不甚耐寒。对土壤的要求不严，以土层深厚、疏松肥沃、排水良好的微酸性砂质壤土为宜。

繁殖方法 一般为扦插，分为硬枝扦插和嫩枝扦插。

栽培管理

1. 栽培

应选在春季或秋季，以阴天或雨天栽植最好。移栽要打好土球，以确保成活率。栽植土要求偏酸性，忌碱土。

2. 施肥

地栽前，树穴内应先掺入草本灰及有机肥料，栽后浇 1 次透水。新枝发出前保持土壤湿润，切勿浇肥水。一般春季施 1 次氮肥，夏季施 1 次磷钾肥，使花繁叶茂，入冬前施 1 次越冬有机肥，以腐熟的饼肥、厩肥为主。扦插苗移植前去除阴棚炼苗，以提高成活率。幼年及成年树春、秋季均可移植，以秋季移植更好，当年即可发出新根，来年生长旺盛。定植时适当施以基肥，生长期每月追肥 1 次，以有机肥为好，7—8 月份追肥应增施磷钾肥，以促进花芽形成，开花前灌水 1 次。生长季节中耕除草。

3. 修剪

因树而定，根据树姿将大框架定好，将其他萌蘖条、过密枝、徒长枝、交叉枝、病弱枝去除，使通风透光。对树势上强下弱者,可将上部枝条短截 1/3,使整体树势强健,同时在修剪口涂抹愈伤防腐膜保护伤口。

4.病虫防治

主要病害有褐斑病、枯叶病和炭疽病。感病叶片从基部或边缘开始,逐渐失绿、变黄,继而变成褐色,最后脱落。防治可人工摘除病叶,增施钾肥提高其抗病力。药物防治用 50%甲基托布津 800 倍液或 50%退菌特可湿性粉剂 800~1 000 倍液喷雾防治。主要虫害有白介壳虫、红蜘蛛、全爪螨、黄刺蛾等。白介壳虫出现于梅雨季节,危害叶片,使叶片卷曲、皱缩,用 80%敌敌畏 1 000~1 200 倍液喷雾;同时剪除虫枝。全爪螨、红蜘蛛、黄刺蛾在 7—9 月最为常见,危害叶片,使叶片失绿、变黄、卷曲以至脱落。用 73%克螨特乳剂加 40%氧化乐果 2 000 倍液喷雾;同时,秋冬清除园地杂草,适时灌水,消灭越冬虫源。

园林应用 桂花叶茂而常绿,秋季开花,芳香四溢,可谓"独占三秋压群芳",在住宅四旁或窗前栽植桂花树,能收到"金风送香"的效果。是我国特产的观赏花木和芳香树。桂花有金桂(花橙黄色)、银桂(花黄白色)、丹桂(花橙红色)、四季桂(花淡黄白色)等品种。桂花不仅是重要的绿化树种,也是著名的香料植物,有较高的食用价值。

九、山茶花 *Camellia japonica*

生长特性 山茶科山茶属常绿灌木和小乔木。喜温暖、湿润和半阴环境。怕高温,忌烈日。夏季温度超过 35℃,就会出现叶片灼伤现象。适宜水分充足、空气湿润环境,忌干燥。梅雨季注意排水,以免引起根部受涝腐烂。露地栽培,选择土层深厚、疏松,排水性好,pH 5~6 最为适宜,碱性土壤不适宜茶花生长。

繁殖方法 扦插、嫁接、压条、播种和组培繁殖。

栽培管理

1.盆栽技术

山茶花盆栽常用 15~20 cm 盆。山茶花根系脆弱,移栽时要注意不伤根系。盆栽山茶,每年春季花后或 9—10 月份换盆,剪去徒长枝或枯枝,换上肥沃的腐叶土。山茶喜湿润,但土壤不宜过湿,特别盆栽,盆土过湿易引起烂根;相反,灌溉不透,过于干燥,叶片发生卷曲,也会影响花蕾发育。

春季山茶花换盆后,不需马上施肥。入夏后茎叶生长旺盛育期,每半个月施肥 1 次。9 月现蕾至开花期,增施 1~2 次磷钾肥。在夏末初秋山茶开始形成花芽,每根枝梢宜留 1~2 个花蕾,不宜过多,以免消耗养分,影响主花蕾开花。摘蕾时注意叶芽位置,以保持株形美观。同时,将干枯的废蕾随手摘除。

2.病虫害防治

山茶在室内、大棚栽培时,如通风不好,易受红蜘蛛、介壳虫危害,可用 40%氧化乐果乳油 1 000 倍液喷杀防治或洗刷干净。梅雨季节空气湿度大,常发生炭疽病危害,可用等量式波尔多液或 25%多菌灵可湿性粉剂 1 000 倍液喷洒防治。

园林应用 山茶花古名海石榴,品种极多,是中国传统的观赏花卉,"十大名花"中排名第七,亦是世界名贵花木之一。树冠优美,叶色亮绿,花大色艳,花期又长,正逢元旦、春节开花。盆栽点缀客室、书房和阳台,呈现典雅豪华的气氛。在庭院中配植,与花墙、亭前山石相伴,景色自然宜人。

十、杜鹃花 *Rhododendron simsii*

生长特性 为杜鹃花科杜鹃花属。是中国十大名花之一,地栽、盆栽皆宜,用途极广。喜疏阴环境、忌阳光暴晒,要求夏季凉爽而湿润的气候条件。在烈日下嫩叶易灼伤,根部亦易遭干热伤害。其耐寒力因原产地不同差别很大,多数抗寒性较弱。要求肥沃、疏松透气的酸性土壤,忌含石灰质的碱土和排水不良的黏性土。品种繁多。我国目前广泛栽培的园艺品种约有300种,分为东鹃、毛鹃、西鹃、夏鹃4个类型。

繁殖方法 播种、扦插、嫁接均可。

栽培管理 常绿杜鹃和栽培品种中的毛鹃、东鹃、夏鹃,可以盆栽,也可以在蔽阴条件下地栽。唯西鹃娇嫩,全行盆栽。今将西鹃栽培管理方法介绍如下,可参照掌握。

1. 场地

栽培西鹃需室内和室外两种环境:室内是为冬季防寒用,最冷不低于$-2\sim-3$℃,室外是为了度过炎夏,江南地区从4月中旬至11月上旬均养在户外,要求有落叶树的自然蔽阴,或人工搭置阴棚,创造一个半阴雨凉爽的生长环境。地面要有排水坡度,花盆搁在搁板上。

2. 选盆

生产上都用通气性能好的、价格低廉的瓦盆。大规模生产也可用硬塑料盆,美观大方,运输方便,国外和国内大型企业均用之。杜鹃根系浅,扩张缓慢,栽培要尽量用小盆,以免浇水失控,不利生长。

3. 用土

常用黑山土,俗称兰花泥,也可用泥炭土、黄山土、腐叶土、松针土,经腐熟的锯木屑等,pH 5~6.5,通透排水,富含腐殖质,均可。

4. 上盆

一般在春季出房时或秋季进房时进行,盆底填粗粒土的排水层,上盆后放于阴处伏盆数日,再搬到适当位置。幼苗期换盆次数较多,每1~2年1次,10年后,可3~5年换1次,老棵只要不出问题,可多年不换。

5. 浇水

要根据天气情况,植株大小,盆土干湿,生长发育需要,灵活掌握。水质要不含碱性。如用自来水浇花,最好在缸中存放1~2天,水温应与盆土温度接近。11月份后气温下降,需水量少,室内不加温时3~5天不浇不成问题。2月下旬以后要适当增加浇水量,3—6月份,开花抽梢,需水量大,晴天每日浇1次,不足时傍晚要补水,梅雨季节,连日阴雨,要及时侧盆倒水。7—8月份高温季节,要随干随浇,午间和傍晚要在地面、叶面喷水,以降温增湿,9—10月份天气仍热,浇水不能怠慢。

6. 施肥

西鹃要求薄肥勤施,常用肥料为草汁水、鱼腥水、菜籽饼。草汁水用嫩草、菜叶沤制而成,可当水浇。鱼腥水系鱼杂等加水10倍,密封发酵半年以上,施用时要兑水,浓度以3%~5%为宜。此肥富含磷质,可使叶亮花艳,但次日应以清水冲洗1次。菜籽饼为综合肥料,应沤制数月,冲水施用。大面积生产杜鹃盆花,可采用复合肥或缓施肥料,一年施1~2次即可。

7. 遮阳

西鹃从5—11月份都要遮阳,棚高2 m,遮阴网的透光率为20%~30%,两侧也要挂帘遮光。

8. 修剪

幼苗在 2～4 年内，为了加速形成骨架，常摘去花蕾，并经常摘心，促使侧枝萌发，长成大棵后，主要是剪除病枝、弱枝以及紊乱树形的枝条，均以疏剪为主。

园林应用 常用作观赏。高山杜鹃花根系发达，是很好的水土保持植物。杜鹃花花繁叶茂，绮丽多姿，萌发力强，耐修剪，根桩奇特，是优良的盆景、花篱的良好材料。

十一、含笑 *Michelia figo*

生长特性 木兰科含笑属常绿灌木或小乔木。暖地木本花灌木，性喜温湿，不甚耐寒，长江以南背风向阳处能露地越冬。夏季炎热时宜半阴环境，不耐烈日暴晒。不耐干燥瘠薄，但也怕积水，要求排水良好，肥沃的微酸性壤土，中性土壤也能适应。

繁殖方法 以扦插为主，也可嫁接、播种和压条。

栽培管理 南方可地栽和盆栽，北方一般用盆栽。移栽时植株要带土球，可在 3 月中旬至 4 月中旬进行。最好选疏林下，土质疏松，排水良好的地方定植。盆栽者土壤需选用弱酸性、透气性好的、富含腐殖质。每年翻盆换土一次，并注意通风透光。5—9 月份应每月施酸性肥一次，冬季移入室内或温室保温，在春暖后移至室外。病虫害有煤污病、樗蚕、大蓑蛾等，应及时防治。

园林应用 因花朵开放时呈半开状，常下垂，模样娇羞似笑非笑而取名含笑，是我国著名的园林观赏花卉。叶常年青翠，花气味芳香，既可布置庭院，又宜室内盆栽。

十二、茉莉 *Jasminum sambac*

生长特性 木樨科常绿小灌木或藤本状灌木。茉莉花原产于中国江南地区以及西部地区，中心产区在波斯湾附近，现广泛植栽于亚热带地区。性喜温暖湿润，在通风良好、半阴的环境生长最好。土壤以含有大量腐殖质的微酸性砂质土壤为最适合。大多数品种畏寒、畏旱，不耐霜冻、湿涝和碱土。气温低于 3℃时，枝叶易遭受冻害。

繁殖方法 扦插、压条或分株。

栽培管理

1. 修剪

茉莉以 3～6 年生苗开花最旺，以后逐年衰老，需及时重剪更新。在春节发芽前可将去年生枝条适当剪短，保留基部 10～15 cm，使发生多数粗壮新枝，如新枝生长很旺，应在生长达 10 cm 时摘心，促发二次梢，则开花较多，且株形紧凑，观赏价值高。注意：修剪应在晴天进行，可结合疏叶，将病枝去掉，并能对植株加以调整，有利生长和孕蕾开花。

2. 施肥

从 6—9 月份开花期勤施含磷较多的液肥，最好每 2～3 天施一次，肥料可用腐熟好的豆饼和鱼腥水肥液，或者用硫酸铵、过磷酸钙，一般化肥成分兑多了会烧死茉莉植株。也可用 0.1%的磷酸二氢钾水溶液，在傍晚向叶面喷洒，也可促其多开花。

3. 病虫害防治

茉莉花主要虫害有卷叶蛾、红蜘蛛和红蜘蛛危害顶梢嫩叶，要注意及时防治。

园林应用 观赏及药用、茶用。

第二节 落叶灌木

一、榆叶梅 *Amygdalus triloba*

生长特性 蔷薇科李属落叶灌木。因其叶似榆，花如梅，故名“叶梅”。原产我国北部，冀、晋、鲁、浙等省皆有野生。性喜光；耐寒、耐旱；对轻度碱土壤也能适应；不耐水涝。是北方城市绿化的主要花灌木之一。

繁育方法 通常用嫁接或播种法。

栽培管理

1. 浇好两次水

早春的返青水宜早不宜晚，一般应在 3 月初进行，过晚则起不到防寒、防冻的作用，浇水时要注意浇足浇透，不可水过地皮湿；在 4 月下旬还应再浇一次水，可使植株生长旺盛，枝叶繁茂。

2. 施好花后肥

榆叶梅经早春开花、萌芽后，消耗了大量养分，此时应及时对其进行追肥。应本着及时、适量的原则来施肥，肥可以用氮、磷、钾复合肥，若同时施用一些腐熟发酵的圈肥则效果更好。采取环状施肥，施肥时应注意宜浅不宜深，施肥后应注意及时浇水。

3. 修剪要合理

榆叶梅修剪，早春时应重点将交叉枝、内膛枝、枯死枝、过密枝、病虫枝、背上直立枝剪掉，还可对一些过长的开花枝和主枝延长枝进行短截，防止花位上移，影响观赏效果；对长势不均匀的植株，要本着抑强扶弱的原则，对长势好的枝条进行短截或疏除；对一些过密的辅养枝和不做预备开花枝培养的上年生枝条要进行疏除；对大的开花枝组枝条适当进行短截，对各类型开花枝组中过密的枝条也应适当进行疏除，防止枝条过密影响开花质量，经过这样合理修剪的榆叶梅不仅花开的大而且花期长。另需一提的是在花凋谢后应及时将残花剪除，以免其结果，消耗养分，这一点常因人力所限被忽视，其实剪除残花是十分必要而且对植株生长非常有利的。

4. 防治病虫害

春季的主要虫害有红蜘蛛、蚜虫、叶跳蝉等，如有发生可选用广谱杀虫剂喷杀，但应注意不要发生药害。于早春萌芽前对植株喷施一次石硫合剂，预防病害，花谢展叶后再连续喷两遍 75%甲基托布津 1 000 倍液，每次间隔 10 天。对流胶病可采取刮除流胶，涂抹波尔多液或涂白等方法进行防治。

园林应用 榆叶梅枝叶茂密，花繁色艳，是中国北方春季园林中的重要观花灌木。

二、紫荆 *Cercis chinensis*

生长特性 紫荆为豆科紫荆属落叶乔木或灌木，又名满条红。原产我国，分布广泛，除东北寒冷地区外，几乎遍布全国。在园林中，常与其变种白花紫荆或黄刺玫相间种植，相映成趣，是重要的丛栽观赏花木。性喜光；喜向阳、肥沃土壤；耐寒性较弱；不耐涝；萌芽性强，耐修剪。

繁育方法　播种、扦插。

栽培管理　紫荆的移植宜在休眠时进行，并带好土球。树性比较强健，管理粗放，对水肥要求不严。萌蘖性强，栽培种类常呈灌木状，耐修剪，故在整形修剪时要求不严格。主要虫害有刺蛾等，发生后在幼虫发生早期，以敌敌畏、敌百虫、杀螟松、甲胺磷等杀虫剂 1 000 倍液喷杀。

园林应用　紫荆早春先叶开花，满树嫣红，颇具风韵，为园林中常见花木。以常绿树为背景或植于浅色物体前，与黄色、粉红色花木配植，则金紫相映、色彩更鲜明。

三、紫叶小檗 *Berberis thunbergii* cv. *Atropurpurea*

生长特性　紫叶小檗为小檗科落叶灌木，是日本小檗之变型。喜光耐阴，对土壤要求不严，萌芽力强，耐修剪。

繁育方法　播种、扦插。

栽培管理

1. 松土除草

除草时做到“除小、除早、除了”的原则。松土厚度 2～3 cm。

2. 栽植

春季栽植宜早。在土壤表层解冻，树液尚未流动之前(北方 3 月 10 日至 4 月 10 日)进行。夏、秋季节栽植宜晚，修剪宜少而轻，最好在入伏之后，当年生枝条半木质化后进行。此时正值雨季，供水充足，土温较高，有利于生根。立秋之后亦可栽植，这时当年生枝条木质化基本完成，植株生长势明显减弱，并逐步转入休眠期，栽后踩实灌水，轻剪或不剪，需搭遮阴网(或棚)，每天对叶面喷雾 3～5 次，嫩枝嫩叶枯落属正常现象。待新芽萌发(15～30 天)后方可撤去遮阴网(或棚)。

栽植时，应选择生长健壮、根系发达的小苗，如用做造型最好选 2～3 年生苗。移植时尽量多的携带母土或土坨，夏秋栽植必需带土坨。施工中应密切关注天气情况，春季避开大风、沙尘暴等恶劣天气。夏季赶在雨天前栽植，可大大提高苗木成活率。

3. 病虫防治

紫叶小檗苗期，要注意苗木立枯病的预防，通过提早播种、高垄育苗、土壤消毒、种子发芽出土时每隔 10 天喷洒 5%的多菌灵(连续喷洒 3 次)等措施，可以得到较好的预防。其他病虫害较少，未见危害发生。

4. 苗木防寒

在入冬前的 11 月中旬灌冻水，然后埋土防寒。

园林应用　紫叶小檗枝叶均为红褐色，耐修剪，为我国北方常用的彩色树种，生长季叶片紫红色，主要用于色带、色块的栽培，与金叶女贞等搭配在一起，景色美丽。同属苗木有金叶小檗：叶色金黄亮丽，结红果，果实经冬不落。可丛植或孤植。

四、牡丹 *Paeonia suffruticosa*

生长特性　毛茛科芍药属落叶灌木。原产中国西部及北部，现各地均有栽培，以河南洛阳、山东菏泽栽培最盛。牡丹花大，花色有深红、粉红、黄、白等，花期一般 4—5 月份。喜阳光充足，也能耐阴。喜凉爽、干燥气候，不耐炎热高温，较耐寒，在冬季华北地区可安全越冬，要求地势高燥。喜土层深厚、肥沃、疏松而排水良好的沙质壤土，在微酸以及微碱性土壤中也能生长，以中性土为好，忌黏重土壤或低洼积水地。

繁育方法 播种、分株或嫁接。

栽培管理

1. 施肥灌溉与修剪

牡丹是深根性花卉，栽植时应深耕，施足底肥，上部培以土堆，保温保湿。牡丹花多且大，需养分较多。第一年新梢抽出叶座花蕾伸展时追施效肥，增强抽枝增大花朵。花谢后二次追肥促枝生和花芽分化，秋冬施农家肥，保证次年生长所要养分。中耕除草可结合追肥浇水进行。幼龄植株中耕要浅，免伤根系，整株修剪可在花谢后剪去残花，7 月下旬花芽分化前进行整形。剪去基部萌蘖，每株培养主枝 5～6 个。使其分布均匀。盆栽需用泥瓦盆，培养土需加入 3%粗沙，利于排水，冬季放冷室越冬。

2. 病虫害防治

(1)牡丹的病害　红斑病、灰霉病、褐斑病、锈病、炭疽病等。防治方法：栽植前用 70%的托布津 500 倍液浸根 10 min。发病后用 50%的代森铵 400 倍液浇灌根部，或用 50%多菌灵 800 倍液喷雾。发生锈病可喷敌锈钠、粉锈宁 300 倍液。

(2)牡丹的虫害　主要有介壳虫、蛴螬、卷叶蛾等。蛴螬咬食牡丹根颈部，发生较为普遍而严重。当发生蛴螬等地下害虫为害时，可用 5%的辛硫磷颗粒剂(每 667 m^2 用药 2 kg)均匀撒施于土表，然后翻入土中深约 20 cm，防治效果良好。

园林应用 牡丹是我国特产名花，品种多，花姿美，花大色艳，国色天香，富丽堂皇。无论孤植、丛植、片植均可。也可盆栽或切花。根皮为重要药材。

五、腊梅 *Chimonanthus praecox*

生长特性 腊梅是腊梅科腊梅属落叶灌木树种。腊梅原产于我国中部。性喜阳光，能耐阴、耐寒、耐旱，忌渍水。

繁育方法 嫁接、分根方法繁殖。

栽培管理

1. 温度控制

腊梅喜阳光，也略耐阴。北京地区，除狗牙腊梅可于背风向阳处露地越冬之外，其余品种均需在室内越冬，一般是 11 月中旬入室，室温保持在 0℃以上即可，翌年 4 月下旬出室。

2. 营养土

栽植腊梅的适宜培养土为“三七土”，即粪土与腐叶土占 3 份，沙土占 7 份。

3. 换盆与修剪

栽腊梅一般 1～2 年应换盆一次。花谚云：“腊梅不缺枝”。换盆之前，应对植株实行重剪。一般是在花后 2～3 个月。将多余的枝条剪除；保留的枝条也应剪短，每枝可只留 10～15 cm 长，有 2～3 个芽即可。然后将腊梅从旧盆中磕出，不要将土坨弄散，用花铲将土坨四周和底部各铲去 2～3 cm 以除去残根、烂根和一部分陈土。土堆上面的陈土也应铲去 1～2 cm 厚，再按土地大小换取新盆。新盆内先放 1 cm 厚的培养土，再放入 1 cm 厚的培养土，然后把带植株的土坨放入盆中摆正，再用培养土将盆中缝隙填满、填实，留出 2～3 cm 沿口即可。换盆后连续留 2～3 次透水、将花盆置于室内中，不需加温，待植株发芽后，再移到阳光处。

4. 养分与水分

腊梅喜肥，植株发芽后，4—5 月份应各追施一次腐熟的马掌片水，6 月上旬再追施一次马掌片水。从 6 月下旬至 8 月，天气炎热，应停止追肥。9—11 月份，应每月各追施马掌片水 1～2 次。每次追施马掌片水后，应隔一天浇一次清水。给腊梅浇水，应该掌握的原则是：见盆土干时再浇透水，盆土不干不浇水。

5. 摘心

为了促使腊梅多开花，除了剪枝之外，还应摘心。6—7 月份当年抽出的新枝条长至 20 cm 以上时，应只留基部的 2～3 个芽，将其余部分剪除，待保留的 2～3 个芽萌发长出新枝条之后，再在基部只留 2～3 个芽，将其余部分剪掉。此后抽出的新枝就能够多开花。为了使腊梅年年开花繁茂，可将花在凋落之前摘除，不使它结实。

园林应用 腊梅花在霜雪寒天傲然开放，花黄似蜡，浓香扑鼻，是冬季观赏主要花木。腊梅的花经加工是名贵药材，有解毒生津之效。

六、梅花 *Prunus mume*

生长特性 梅花为蔷薇科李属落叶观赏花木，是我国特有的名花。其品种丰富，姿态优美，暗香浮动，且花期早，是早春赏花的优良植物。梅花喜温暖湿润气候，在北京，低温与干旱的气候是阻碍其生长的不利条件。

繁育方法 嫁接。

栽培管理

1. 移植时间

梅花移栽适宜在春季芽萌动前。真梅系品种和较大的苗须带土球。

2. 栽植

栽植地点要选择在阳光充足，排水良好的地方，尤其是真梅系品种更应选择背风向阳的地方。挖坑时，如果土质太差，需进行客土栽培，同时施入基肥，以改善土壤状况。丛植株行距以 3～5 m 为宜。苗木在起苗前应该进行修剪，可不必考虑当年的赏花，保证成活。

3. 灌溉

梅花栽植后 24 h 内要浇定根水，并一次浇透，第一遍水后的 3 天内浇二遍水，然后接下来的 7 天内浇第三遍，必须保证三次北京地区春季风大、干燥而且升温较快，因此有必要根据天气情况缩短浇水间隔，增加浇水次数。

4. 施肥

梅花施肥以一年三次为好，在花前施以氮肥为主的催花肥，如尿素，可促进梅花的萌芽且开花整齐；花后追肥，以速效性磷钾肥为主，如过磷酸钙，可恢复树势，促进营养生长，也为花芽分化创造良好的条件；秋冬季施基肥，以有机肥为主，如鸡粪，可在较长时间内供给梅花多种养分。

5. 修剪

梅花树形较开张，没有明显的中央领导干，分枝角度较大，常呈圆形树冠。因此，梅花的树形以自然开心形为宜。对生长势较强的梅树，宜轻剪，以扩大树冠，多生花枝。对生长势弱的梅树，要进行重剪，将枝条留短，以促进生长发育。具体操作时，首先对病虫枝，枯死枝，过密枝,横生枝等应一律从基部剪掉,然后根据每棵树的情况分别采用疏枝,短截,缩剪,缓放,摘心,抹芽等不同的修剪方法。

梅花的修剪时期:

(1)冬季修剪　北京地区,一般早春开花的花灌木应在冬季进行整形修剪,梅花也在这个范围之内。每年的12月份到来年的2月份适宜进行冬季的整形修剪。此时修剪来年开花良好。对抗寒力较差的真梅系品种最好在早春修剪,以免伤口受风寒伤害。

(2)生长季修剪　主要有抹芽、除萌蘖、摘心。

6.病虫害防治

常见病害有梅花炭疽病,褐斑穿孔病,严重时病叶早落,新梢枯死,影响树木观赏和生长。一般以预防为主,加强养护管理措施,提高植株的抗病性,可在萌芽前或发病初期进行喷药防治。常见的虫害有桑白盾蚧、桃蚜、苹掌舟蛾等,采用人工捕杀法、生物药剂防治等。

园林应用　中国南方主要观赏树种之一。北京有栽培。

七、紫薇 *Lagerstroemia indica*

生长特性　千屈菜科紫薇属落叶灌木。适应性很强。性喜温暖湿润气候;喜光、略耐阴;喜肥沃,尤以石灰性土壤最好;耐旱、怕涝,萌蘖性强。

繁殖方法　播种、扦插。

栽培管理

1.栽植时间

移植在秋季落叶后至春季芽萌动前进行,小苗移植可裸根,大苗移植需带土球,定植时施堆肥,连灌2次透水,以后适时灌水、松土、除草,植苗时要保持根系完整。

2.栽植地点

栽植地点应选择阳光充足、湿润肥沃、排水良好的壤土。

3.水肥管理

栽前施足基肥,肥料用腐熟的人粪尿、圈肥、厩肥均可,定植后的前3年,每年冬季或春季萌芽前在根部穴状施肥10 kg,追加一定量的复合肥,成活后的紫薇每年春季要浇返青水1次,以后浇3～4次,雨后注意排涝。

4.整形修剪

紫薇萌芽力强,极耐修剪,一般分生长期抹芽摘心与冬季休眠期修剪。在栽植较大的紫薇时,栽前要重剪,可按栽培需要定统一高度的主干,把上部树冠全部剪掉,这样新发的树冠长势旺盛且整齐美观。

5.病虫害防治

主要有蚜虫、紫薇绒蚧、大蓑蛾及煤污病,应及时防治。

园林应用　紫薇花期长,色艳丽,为夏季庭园观花树种之一。

八、金边连翘 *Forsythia suspense*

生长特性　金边连翘是木樨科连翘属落叶灌木树种。金边连翘为连翘的变种。耐干旱,喜光耐寒,怕涝。钙质土壤上生长良好。

繁育方法　扦插、分株、压条均可繁育。

栽培管理

1.栽植

栽植一般在每年的2—3月份进行，栽植密度按株行距1.5 m×2 m进行栽植。栽植时要使苗木根系舒展，分层踏实，定植点覆土要高于穴面，以免雨后穴土下沉。栽植时必须使长花柱花与短花柱花植株定植时株间混交配置栽植。连翘株间混交，相邻两行长花柱植株与短花柱植株配置不同，两者上下左右要错开，即单行与单行、双行与双行配置的植株一致。

2.土、肥、水管理

(1)基肥　每年果实采收后，结合土壤耕翻每667 m^2施农家肥2 000～3 000 kg、三元复合肥50～80 kg作基肥。施肥方法采用条状或环状施肥，施肥深度25～30 cm。

(2)追肥　第一年苗长至50 cm以上时，可施稀薄人粪尿1次。第二年春季，结合松土中耕，追施1次土杂肥，每穴施肥2.5～5 kg，在株旁开浅沟施入，盖严，并向根部培土。第三年春季再结合松土除草，施厩肥、磷钾肥。每亩施腐熟人粪尿2 000～2 500 kg或尿素15 kg，过磷酸钙38 kg，氯化钾18 kg，可在植株周围沟施，及时覆土浇水，以促其开花结果。在开花前喷施1%过磷酸钙水溶液，以提高坐果率。

(3)中耕除草　在生长季节要适时进行中耕草，中耕、除草可以结合追肥进行。

(4)修剪　当年5—7月份、11月份至次年2月份。修剪方法：植株达1 m左右时，11月份至次年2月份在主干离地70～80 cm处剪去顶梢，5—7月份摘心，促多发新枝。在不同的方向选择3～4个粗壮侧枝培育成主枝，以后在主枝上再选留2～3个壮枝，培育成为副主枝，把副主枝上放出的侧枝培育成结果短枝。同时将枯枝、重叠枝、交叉枝、纤弱枝、徒长枝、病虫枝剪除，生长期还应当短截或重剪(即剪去枝条的2/3左右)，促使剪口以下抽生壮枝，恢复树势，提高结果率。

园林应用　金边连翘叶卵状，叶边为亮丽的金黄色，心为绿色，花呈金黄色。是既可观叶又可观花的又一彩叶新品种。形成色彩明丽的地被绿化景观，也可形成路边景观带或彩色绿篱。

九、红叶美人梅 *Prunus mume* 'Meiren'

生长特性　红叶美人梅为蔷薇科杏属美人梅的园艺杂交种，是由重瓣粉型梅花与红叶李杂交而成。喜阳光充足、通风良好、开阔的环境。要求土层深厚、排水良好、富含有机质的土壤。红叶美人梅对土壤要求不严，轻黏土、壤土和沙壤土均能正常生长，其中壤土生长最好。红叶美人梅不耐水湿，不宜植于低洼处和池塘边。

繁育方法　嫁接。

栽培管理

1.水肥控制

红叶美人梅喜湿润环境，但怕积水。每年初春和初冬应浇返青水和封冻水，生长期若不是过于干旱不用浇水。夏季高温干旱少雨天气，适当浇水。大雨之后或连续阴雨天，应及时排除积水，以防水大烂根，导致植株死亡。

红叶美人梅喜肥，栽植时可用经腐熟发酵的圈肥做基肥，也可用鸡鸭粪、鸽粪等有机肥，但必须要与底土充分拌匀。在其花芽分化期可施一些氮磷钾复合肥，此后不再施肥。需要注意的是：施肥后要及时浇水，用肥量也应适当控制，以防肥大伤根。

2. 越冬管理

红叶美人梅有一定的耐寒力，但也应尽量种植在背风向阳处。当年春季种的苗，除采取浇冻水外，树干和主枝应全部涂白。秋季采取树体缠草绳、树坑覆地膜等措施。

3. 修剪整形

红叶美人梅较耐修剪，一般树型为自然开心型。留 3 个主枝，每条主枝保留 3～4 个侧枝。为提高移栽成活率，修剪应重短截和疏枝相结合，这样可减少树木的养分消耗和水分蒸发，大的剪口应涂白处理。

4. 病虫害防治

常见的虫害有蚜虫、刺蛾、红蜘蛛、天牛等，如发生可用敌敌畏等广谱杀虫剂防治，但不宜用氧化乐果等易产生药害的农药。对于天牛等较顽固的虫害，可采用原液注干法。常见病害有叶斑病、叶穿孔病、流胶病等，除加强水肥管理外，还应积极预防。每年初夏、初秋连喷 2～3 次白菌清等广谱杀菌剂，病害发生时也应选用广谱杀菌剂防治，交替使用更好。冬季修剪后将剪下的病虫枝、枯死枝集中焚烧，清理落叶。日常养护时树坑内保持干净，勿使杂草生长。

园林应用 优良的园林观赏、环境绿化的树种。

十、紫叶风箱果 *Physocarpus opulifolius* 'Summer Wine'

生长特性 蔷薇科风箱果属落叶灌木。紫叶风箱果原产北美，近年来从国外引进的观赏性花灌木品种。性喜光，耐寒，耐瘠薄，耐粗放管理。突出特点是光照充足时叶片颜色紫红，而弱光或阴蔽环境中则呈暗红色。东北地区能露地越冬。病虫害危害很少。

繁育方法 扦插。

栽培管理

1. 苗木移植

在早春树木未发芽前进行，扦插苗移植一般在生根后 50 天左右或第二年春季进行。组培苗移植应在温室炼苗 60 天之后进行。移植苗株行距一般应在 60 cm×80 cm。苗木移植前，需浇透水。

2. 田间管理

(1)除草、松土、追肥 一般在生长季节要进行 3～4 次除草松土，6 月下旬追施一次复合肥，每株 20 g 即可。

(2)防治病虫害 紫叶风箱果病虫害较少，如发现病虫害对症适时施药即可。

(3)修枝 如果单株栽种，一年内必须进行 2 次修剪。分别于早春或秋季落叶后或 6 月下旬进行。在春季或秋季落叶后修枝，若一年生苗应保留枝条基部 3～4 个芽，其余枝条全部剪除。若二年生以上苗要剪除当年枝条上部的 1/3 和下部弱枝，以保证植株形态丰满和新枝生长健壮。夏季修枝应剪掉徒长枝顶梢的 1/3，以保证植株丰满。

园林应用 叶、花、果均有观赏价值。可孤植、丛植和带植，适合庭院观赏，也可作路篱、镶嵌材料和带状花坛背衬，或花径或镶边。

十一、紫叶黄栌 *Cotinus coggygria* 'Purpureus'

生长特性 紫叶黄栌是漆树科黄栌属的落叶灌木树种，是黄栌的栽培变种。耐寒、耐旱、对土壤适应性强。紫叶黄栌性喜光，亦耐半阴；耐寒冷和干旱，亦耐瘠薄和碱性土壤，不耐水湿。以在深厚、肥沃而排水良好的土壤上生长最好。它生长快，萌芽力强。虽经多次平茬，仍可萌发大量枝条。黄栌根系发达。适应性强。

繁育方法 嫁接。用黄栌做砧木，以紫叶黄栌做接穗。

栽培管理

1.肥水管理

栽培容易，除定植时需要每穴(株)施1～2锹腐熟的人粪尿与堆肥沤制成的基肥之外、一般成活后可不再追肥。在它萌动至开花期间、可灌水2～3次，夏季干旱时灌水2～3次，雨季要及时排水，秋后灌水1次。要保持树势平衡，在定植时还应对枝条进行强修剪。

2.病虫防治

夏秋季雨水多时，易生霉病，可用200倍石灰倍量式波尔多液或0.3～0.5°Bé石硫合剂喷洒防治。此外，冬季将落叶烧掉，可消灭越冬病菌。

园林应用 紫叶黄栌叶片秀丽，生长季叶片深红色，鲜艳可爱。良好的彩色树种之一。

十二、木槿 *Hibiscus syriacus*

生长特性 锦葵科木槿属的树种。原产于我国中部地区，在北方为落叶直立灌木，在南方能长成小乔木。木槿适应性强，南北各地都有栽培。喜阳光也能耐半阴。耐寒，在华北和西北大部分地区都能露地越冬，对土壤要求不严，较耐瘠薄。

繁育方法 扦插、播种。

栽培管理

1.肥水管理

木槿性喜光，喜温暖湿润的气候，也略耐半阴，以选择背风向阳处栽植为宜。木槿不甚选择土壤，栽植在干燥贫瘠的土地上也能生长。春天木槿萌动前至夏季开花期间，可以灌水2～3次。夏旱时灌水1～2次。雨季要注意排水防涝，秋后霜冻前可再灌一次水防冻。在夏末秋初切勿灌水，灌水容易使秋梢过嫩，降低它的抗寒能力，使枝梢在冬春枯死。木槿除定植时需要每株施2～3锹堆肥作底肥之外，以后一般不再需要施肥。木槿耐修剪。秋季落叶之后或春季萌动之前，应剪除干枝和枯枝、弱枝、虫枝，以利枝条的更新。

2.病虫防治

木槿容易遭受蚜虫的危害，可喷洒1 000倍敌敌畏药液除治，也可用1 000倍辛硫磷药液除治。

园林应用 木槿的花大，夏季开花，花期长，花色丰富多彩，为北京地区夏秋季重要观花灌木之一。明代吴宽诗云："南方编短蓠，木槿每当路，北地少为贵，翻编短篱护。"木槿的适应性强，是城乡绿化和美化的好材料。

十三、金银木 *Lonicera maackii*

生长特性 忍冬科忍冬属落叶灌木。又名金银忍冬。性强健、耐寒、耐旱；喜光略耐阴；性喜湿润肥沃深厚之土壤。

繁育方法 播种、扦插。

栽培管理

1. 栽植

春季移栽，栽种时施以腐熟的有机肥作基肥。根据长势，每2～3年在植株根系周围开沟施一次基肥。从春季萌动至开花灌水3～4次，夏季干旱时也要注意浇水，每年的入冬前浇一次封冻水，即可正常生长，年年开花不断。

2. 修剪

金银木的修剪整形都应在秋季落叶后进行，剪除杂乱的过密枝、交叉枝以及弱枝、病虫枝、徒长枝，并注意调整枝条的分布，以保持树形的美观。

园林应用 金银木树势旺盛，枝叶丰满，初夏开花有芳香，秋季红果缀枝头，是北方园林中优良花灌木树种之一。

十四、红瑞木 *Swida alba*

生长特性 山莱萸科山茱萸属。枝血红色。红瑞木喜阳不耐阴，适植于弱酸性土壤或石灰性冲积土中，不耐盐碱而较耐旱。适应性较强，生长迅速，极耐修剪，栽培管理比较简便。

繁育方法 扦插。

栽培管理

1. 灌溉与施肥

插后要立即浇透水，然后给苗床覆盖塑料薄膜(可用紫穗槐枝条搭成拱形的支架)。在土壤保持湿润和床内温度保持在20～25℃的条件下，经2～3周插条即能生根。随着气温的升高，可先将苗床两头的塑料薄膜掀开，以利通风，5月份可逐渐将薄膜撤除。5—7月份应每月追施1次化肥。每次按每667 m^2 2.5 kg硫计算。雨季，要注意及时排水，切勿再追肥，以防植株徒长而使苗木不易充分木质化，降低抗寒能力。为了使苗木在翌春萌生大量枝条和避免冬季抽条，应在入秋后进行抹头，使之在露地越冬。也可在秋后将苗木掘出，放入假植沟(深40～50 cm)内埋上防寒。翌春，应按50 cm×80 cm的株行距将苗木移于苗圃。移植后要灌水2～3次。培育2～3年，苗高80～100 cm即可出圃定植。此外，6—7月份间实行软材扦插，成活率也很高。

2. 定植

可在穴内先施入2～3锹腐熟的堆肥(用人粪尿与杂草、落叶混合沤制)作底肥。定植后的头1～2年，可每年追施1～2锹腐熟的堆肥，以后即可不再追肥。每年从萌动至开花期间，可灌水2～3次。夏季不旱不浇水。雨季要注意排水防涝。秋后至上冻前，可灌水1～2次。如果春季萌生的新枝不多，可在生长季节摘除顶心，以促进侧枝的形成，使树冠丰满；为促使它多发1年生枝，应在秋后抹头短剪。

3. 病虫防治

红瑞木易受介壳虫危害，可在植株萌动前喷洒200～300倍液的20号石油乳剂除治。

园林应用 红瑞木茎枝终年鲜红色，叶片入秋后变为鲜红色，艳丽夺目，是受人喜爱的园林、庭院观枝观叶植物。同四季青绿的棣棠和梧桐配植，红绿相映，再衬以寒冬的白雪，则更是别有一番韵味。

同属苗木

(1)金叶红瑞木　叶片金黄色，明亮醒目。本种为栽培种。其他同红瑞木。

(2)银边红瑞木　叶缘呈乳白色。本种为栽培种。其他同红瑞木。

(3)金边红瑞木　叶缘呈黄色至黄白色,斑带较宽。本种为栽培种。其他同红瑞木。

(4)绿干红瑞木　枝条在冬季为金黄色。本种为栽培种。其他同红瑞木。

十五、红王子锦带花 *Weigela florida* ‘RedPrince’

生长特性　忍冬科锦带花属落叶灌木。红王子锦带花系锦带花的一个园艺品种,是从美国引进的优良树种。红王子锦带花性喜温暖向阳的环境,耐寒,也较耐阴,宜在沙质壤土上生长。

繁育方法　播种、扦插、分株或压条。

栽培管理　春季每月浇水1～2次。早春在红王子锦带花枝条萌动前应将干枯枝条剪掉,并适当追施肥料,以促进新枝健壮生长。夏季高温时节雨量较多时,应注意排水,以防根腐病。冬季不需防寒,但在入冬前,要浇一次肥水,以提高其抗寒的能力。一冬不再进行施肥和浇水。

园林应用　红王子锦带花夏初开花,花朵密集,花冠胭脂红色,艳丽悦目,花期长达1个月之久,从5月初始花,可延续到6月上中旬,花序下有盛开的花朵。可孤植于庭院的草坪之中,也可丛植于路旁,树形格外美观。

十六、月季 *Rosa chinensis*

生长特性　蔷薇科属蔷薇属树种,月季花原产我国,早于汉代就有栽培。它已被定为北京市花之一。适应性强,耐寒耐旱,对土壤要求不严格,但以富含有机质、排水良好的微带酸性沙壤土最好。喜光,但是过多的强光直射又对花蕾发育不利,花瓣容易焦枯。

繁殖方法　繁殖月季花有无性和种子繁殖两种。无性繁殖又有扦插、嫁接、分株等几种方法,它能保持原有品种特性。种子繁殖容易产生变异,主要用于新品种培育。

栽培管理

1. 栽植的位置与土壤选择

花坛与花圃地,应选在地势平坦、排水、通风良好和向阳的地方,不可选在建筑物的阴面和容易积水的地方。花圃的土壤,应该是质地疏松、含有充足腐殖质的沙质土壤。如土壤过于黏重,应掺入大量的腐叶土和草炭土。栽苗前要深翻土地,施足基肥,把固面整平整细。栽苗的株行距各为60 cm。

2. 栽植的时间与方法

露地栽植月季花移植在11月至翌年3月之间进行,移植的同时可进行修剪,其他时间只能进行盆栽。露地栽植的方法是,用花铲把月季花从苗圃内带土球起出,在花坛中挖一个比植株土球略大一部分的栽植穴,然后把小苗带土球置于花坛。

3. 灌溉与施肥

春季,开始应每天浇一次水,随着气温的升高,可每天浇2～3次透水。月季需在开花前重施基花后追施速效性氮肥以壮苗催花。

4. 越冬防寒

盆栽月季花,可在温度为10～15℃的室内越冬,也可以在室内或地窖中越冬。

5. 病虫防治

月季主要虫害有蚜虫、卷叶蛾、刺蛾等,防治主要用1 000～1 200倍液乐果或水胺硫磷等农药防治。

园林应用 月季花种类主要有切花月季、食用玫瑰、藤本月季、大花月季、丰花月季、微型月季、树状月季、地被月季等。中国是月季的原产地之一。主要园林绿化树种之一。

十七、迎春 *Jasminum nudiflorum*

生长特性 木樨科茉莉属落叶灌木树种。原产于我国中部和北部各省，现在各地均有栽培。因为它早春迎着寒风怒放鲜花，故名“迎春”。喜光，稍耐阴，略耐寒，怕涝，根部萌发力强。枝条着地部分极易生根。

繁育方法 分株、压条、扦插。

栽培管理

1. 温度及光照

迎春花性喜阳光，耐寒，耐旱，耐碱，怕涝；它不择十壤，但在深厚、肥沃、湿润而又排水良好的中性土壤中生长最好。因此，栽植迎春花应选择背风向阳两地势较高的地方。

2. 栽培管理

较为简便，每年在迎春发芽前至开花期间。可以灌水 2～3 次。夏季不旱不灌水，旱时灌水 2～3 次，秋后灌一次防冻水即可。施肥宜在秋末初冬进行，可在植株的根部附近挖小穴，施入腐熟的堆肥 1～2 锹即可。迎春花，每年应该摘心(即打顶梢)3～4 次，以促使它多分枝。一般是 5—7 月份各 1 次。7 月份以后是否摘心，要根据植株生长情况决定一生长强健而又分枝多的，即可不必再摘心；反之，还应再摘 1 次。

3. 病虫防治

迎春花在春、秋易遭受蚜虫危害。易受蚜虫、红蜘蛛为害，可用 50%敌敌畏 1 500 倍液或 40%乐果 800～1 000 倍液喷叶背除治。

园林应用 迎春花为北方春季开花最早的一个树种，主要用于基础种植。它与梅花、水仙和山茶花统称为“雪中四友”，是中国名贵花卉之一。迎春花不仅花色端庄秀丽，气质非凡，而且具有不畏寒威，不择风土，适应性强的特点，历来为人们所喜爱。

十八、紫叶矮樱 *Prunus cistena* ‘Pissardii’

生长特性 蔷薇科李属落叶灌木或小乔木。适应性强，在排水良好，肥沃的沙土、沙壤土、轻度黏土上生长良好。性喜光，耐寒能力较强，在辽宁、吉林南部，小气候好的建筑物前避风处，冬季可以安全越冬。抗病力强，耐修剪，半阴条件仍可保持紫红色。

繁育方法 嫁接、扦插。

栽培管理 紫叶矮樱萌蘖力强，故在园林栽培中易培养成球或绿篱，通过多次摘心形成多分枝，冬季前剪去杂枝，对徒长枝进行重短截。盆栽花谢后换盆，剪短花枝，只留基部 2～3 芽，可以用截干蓄枝法造型，对主干枝、主导枝及时攀扎，多见阳光。6 月下旬盆栽控制水肥，促进枝条充实。在田间管理上，应注意加强虫害及灰霉病防治工作。

园林应用 紫叶矮樱在整个生长季节内其叶片呈紫红色，亮丽别致，树形紧凑，叶片稠密，片植景观效果显著，观赏效果好，生长快、繁殖简便、耐修剪，适应性强，是近年来推广使用的优良色叶树种。

第三章 藤本类

第一节 常绿藤本

一、炮仗花 *Pyrostegia ignea*

生长习性 紫葳科炮仗花属。原产巴西，引种我国也已有100多年的历史，温暖地区均有栽培。炮仗花喜阳光充足、温暖、湿润的气候环境和肥沃、湿润、酸性的沙壤土。不耐寒，在北方地区冬季需移入室内越冬。在华南地区，能保持枝叶常青，可露地越冬。

繁殖方法 炮仗花花后很少结实，常用扦插和压条法育苗。

栽培管理

1. 栽培地点

应选阳光充足、通风凉爽的地点。炮仗花对土壤要求不严，但栽培在富含有机质、排水良好，土层深厚的肥沃土壤中，则生长更茁壮。

2. 定植穴

要挖大一些，并施足基肥，基肥宜用腐熟的堆肥并加入适量豆饼或骨粉。穴土要混拌均匀，并需浇1次透水，让其发酵1～2个月后，才能定植。定植后第一次浇水要透，并需遮阴。待苗长高70 cm左右时，要设棚架，将其枝条牵引上架，并需进行摘心，促使萌发侧枝，以利于多开花。

3. 肥、水管理

炮仗花生产快，开花多，花期又长，因此肥、水要足。生长期间每月需施1次追肥。追肥宜用腐熟稀薄的豆饼水或复合化肥，促使其枝繁叶茂，开花满枝头。要保持土壤湿润，浇水次数应视土壤湿润状况而定，在炎热夏季除需浇水外，每天还要向枝叶喷水2～3次和周围地面洒水，以提高空气湿度。秋季进入花芽分化期，浇水宜减少一些，施肥应以磷肥为主。生长季节一般2周左右施一次氮磷结合的稀薄液肥。孕蕾期追施一次以氮肥为主的液肥，以利开花和植株生长。浇水要见干见湿，切忌盆内积水。夏季气温高，浇水要充足，同时要向花盆附近地面上洒水，以提高空气湿度。秋季开始进入花芽分化期，此时浇水需适当少些，以便控制营养生长，促使花芽分化。

园林应用 花期适值元旦、圣诞、新春等中外佳节，多朵紧密排列成下垂的圆锥花序，垂挂树头，状如喜庆鞭炮，多用于阳台、花廊、花架、门亭、低层建筑墙面或屋顶作垂直绿化材料。

二、扶芳藤 *Euonymus fortunei*

生长习性 卫矛科卫矛属。喜温暖、湿润和阳光充足的环境，生长快，寿命长，繁殖容易。极耐修剪；耐阴性特强，耐热性好，夏季可耐 40℃的高温；耐寒能力很强，冬季在－21℃的低温条件下仍可保持叶片常绿不凋。耐旱、耐瘠薄，表现出顽强的适应能力。

繁殖方法 嫩枝、硬枝扦插。

栽培管理 小苗移栽时，先挖好种植穴，在种植穴底部撒上一层有机肥料作为底肥（基肥），厚度约为 4～6 cm，再覆上一层土并放入苗木，以把肥料与根系分开，避免烧根。放入苗木后，回填土壤，把根系覆盖住，并用脚把土壤踩实，浇一次透水。

春夏两季根据干旱情况，施用 2～4 次肥水：先在根颈部以外 30～100 cm 开一圈小沟（植株越大，则离根颈部越远），沟宽、深都为 20 cm。沟内撒进 12.5～25 kg 有机肥，或者 50～250 g 颗粒复合肥，然后浇上透水。入冬以后开春以前，照上述方法再施肥一次，但不用浇水。

扶芳藤生长迅速，萌发力强，春季发芽前对植株进行一次修剪整形，初夏也要对当年生新枝进行一次修剪。生长期随时剪去无用的徒长枝或其他影响树型的枝条，并注意打头摘心，以促使萌发新的侧枝，使树冠浓密紧凑，保持盆景的优美。在冬季植株进入休眠或半休眠期，要把瘦弱、病虫、枯死、过密等枝条剪掉。也可结合扦插对枝条进行整理。

危害扶芳藤的病虫害主要有炭疽病、茎枯病、蚜虫、夜蛾等，应加强防治。

园林应用 扶芳藤生长旺盛，终年常绿，其叶入秋变红，是优良的色叶树种。

三、常春藤 *Hedera nepalensis*

生长习性 五加科常春藤属。性喜温暖、湿润，极耐阴，忌阳光直射，但喜光线充足，不耐寒，抗性强，对土壤和水分的要求不严，以中性和微酸性为最好。

繁殖方法 扦插、分株、压条。

栽培管理 常春藤栽培管理简单粗放，但需栽植在土壤湿润、空气流通之处。移植可在初秋或晚春进行、定植后需加以修剪，促进分枝。南方多地栽于园林的蔽阴处，令其自然匍匐在地面上或者假山上。北方多盆栽，盆栽可绑扎各种支架，牵引整形，夏季在阴棚下养护，冬季放入温室越冬，室内要保持空气的湿度，不可过于干燥，但盆土不宜过湿。

田间管理春明后幼苗带土球移栽，定植后适当短剪主蔓，促使分枝。生长季节结合浇水主季施人粪尿肥 1～2 次，并设支柱，引其向上攀援生长。

病害主要有藻叶斑病、炭疽病、细菌叶腐病、叶斑病、根腐病、疫病等。虫害以卷叶虫螟、介壳虫和红蜘蛛的危害较为严重。

园林应用 常春藤的叶色和叶形变化多端，四季常青，是优美的攀援性植物，可以用作棚架或墙壁的垂直绿化。可作盆栽、吊篮、图腾、整形植物等。常春藤也是切花的配置材料及很好的地被材料。

四、络石 *Trachelospermum jasminoides*

生长习性 夹竹桃科络石属。喜光，亦耐阴；喜温暖湿润气候，耐寒性不强；耐干旱，怕水淹。对土壤要求不严，在阴湿而排水良好的酸性、中性土壤生长强盛。抗海潮风。萌蘖性较强。

繁殖方法 扦插、压条容易成活。

栽培管理 移栽在春季进行，3～4 年生苗要带宿土，大苗需带土球，栽后应立即支架攀援。对老枝进行适当的更新修剪，促生新枝，开花繁密。

园林应用 在园林中多作地被。络石叶色浓绿，四季常青，花白繁茂，且具芳香，耐阴性极强，是优美的攀援树种，也是树下较好的常青地被。但乳汁有毒，对心脏有毒害作用，应用时注意。

五、木香 *Rosa banksiae*

生长习性 蔷薇科蔷薇属。喜阳光，也耐阴，畏水湿，忌积水。喜温暖气候，耐寒性不强。要求肥沃、排水良好的沙质壤土。萌芽力强，耐修剪。

繁殖方法 扦插、压条和嫁接。

栽培管理 木香花对土壤要求不严，但在疏松肥沃、排水良好的土壤生长较好，喜湿润，避免积水；春季萌芽后施 1～2 次复合肥，以促进花大味香，入冬后在根部周围开沟施腐熟有机肥，并浇透水，一般在夏末初秋或花后修剪；冬春也可修剪，但只剪去徒长枝、枯枝、病枝和过密枝，以利通风透光，但注意不要重剪，否则会减去过多花芽，造成开花较少或不开花。木香也可盆栽，花盆要大，栽种时施足基肥，并设立支架供其攀援，生长期保持盆土湿润而不积水，每 20～30 天施一次腐熟的稀薄液肥，注意肥水中的氮肥含量不宜过多，否则枝叶生长强，却开花不多，花谢后应及时剪去残花梗和部分枝条，以保证养分供应。休眠期可裸根移栽，移栽时应对枝蔓进行强剪。生长季节若叶面暗淡，则是缺肥的表现。入冬应进行适度修剪，去除过密枝、细弱枝。栽培木香应设棚架或立架，初期因其无缠绕能力，应用适当牵引和绑扎，使其依附支架。栽植初期要控制基部萌发的新枝，促进主蔓生长，主蔓一般留 3～4 枝即可。主蔓过老时，要适当短截更新，促发新蔓。木香一般很少有虫害发生；主要病害为锈病，叶片有锈斑发生，影响美观，一般只要人工摘除病叶即可。

园林应用 晚春至初夏开花，芳香宜人。常栽培作棚架或花篱材料，或绿化斜坡、沟坎。

第二节 落叶藤本

一、紫藤 *Wisteria sinensis*

生长习性 豆科紫藤属。紫藤为暖带及温带植物，对气候和土壤的适应性强，较耐寒，能耐水湿及瘠薄土壤，喜光，较耐阴。以土层深厚，排水良好，向阳避风的地方栽培最适宜。主根深，侧根浅，不耐移栽。生长较快，寿命很长。缠绕能力强，它对其他植物有绞杀作用。

繁殖方法 播种、扦插、压条、嫁接等 。

栽培管理 栽植紫藤应选择土层深厚、土壤肥沃且排水良好的高燥处，过度潮湿易烂根。栽植时间一般在秋季落叶后至春季萌芽前。紫藤主根粗长，侧根少，不耐移植，因此在移栽时，植株要带土球，或不带土球，对枝干实行重剪，栽植穴施有机肥作基肥，栽后浇透水。对较大植株，在栽植前应设置坚固耐久的棚架，栽后将粗大枝条绑缚架上，使其沿架攀缘。紫藤的日常管理简单，可根据土壤的水肥状况进行适当的水肥管理。

紫藤的修剪是管理中的一项重要工作，修剪时间宜在休眠期，修剪时可通过去密留稀和人工牵引使枝条分布均匀。为了促使花繁叶茂，还应根据其生活习性进行合理修剪，因紫藤发枝能力强，花芽着生在一年生枝的基部叶腋，生长枝顶端易干枯，因此要对当年生的新枝进行回缩，剪去 1/3～1/2，并将细弱枝、枯枝齐分枝基部剪除。

紫藤常见虫害有蜗牛、介壳虫、白粉虱等，紫藤的病害主要有软腐病和叶斑病，应注意防治。

园林应用 中国南至广东，北至内蒙古普遍栽培于庭园，棚架植物，以供观赏。紫藤开花后会结出形如豆荚的果实，悬挂枝间，别有情趣。常见的品种有多花紫藤、银藤、红玉藤、白玉藤、南京藤等。

二、凌霄 *Campsis grandiflora*

生长习性 紫葳科凌霄属。原产我国中部，现各地均有栽培。喜阳光充足、温暖、湿润的环境，稍耐阴。耐干旱忌积水，喜欢肥沃、湿润、排水良好的中性或微酸性土壤，并有一定的耐盐碱能力。根系发达，萌芽力、萌蘖力都很强。花粉有毒，能伤眼睛。

繁殖方法 主要用扦插、压条、分株法繁殖。

栽培管理 栽植宜在背风向阳处，在早春萌动前定植。定植前要先设立支架，使枝条攀缘其上。栽植时施足基肥，栽后浇足水。成活后的植株，在萌芽前进行疏剪，剪去细弱枝、过密枝、交叉重叠枝及干枯枝，使枝条分布均匀，花繁叶茂。开花前，在植株根部挖孔施腐熟有机肥，并立即灌足水，开花时会生长旺盛，开花茂密。以后每年冬春萌芽前进行一次修剪，理顺枝蔓，使枝叶分布均匀，通风透光，利于多开花。主要虫害是蚜虫，应及时防治。

园林应用 凌霄干枝虬曲多姿，翠叶团团如盖，夏季开红花，鲜艳夺目，花枝从高处悬挂，花期甚长，为庭院中棚架、花门、假山、墙垣良好藤本观赏花木。

三、爬山虎 *Parthenocissus tricuspidata*

生长习性 葡萄科爬山虎属。适应性强，性喜阴湿环境，但不怕强光，耐寒，耐旱，耐贫瘠，气候适应性广泛，在暖温带以南冬季也可以保持半常绿或常绿状态。耐修剪，怕积水，对土壤要求不严。

繁殖方法 播种、扦插或压条。

栽培管理 爬山虎可种植在阴面和阳面，寒冷地区多种植在向阳地带。爬山虎栽培容易，幼苗生长一年后即可粗放管理，移植或定植在落叶期进行，最好带宿土，定植前施入有机肥料作为基肥，并剪去过长茎蔓，浇足水，容易成活。房屋、楼墙根或院墙根处种植，应离墙基 50 cm 挖坑，株距一般以 1.5 m 为宜。在楼房阳台可以盆栽，苗盆紧靠墙壁，枝蔓迅速吸附墙壁。2～3 年后可逐渐将墙面布满，以后可任其自然生长。初栽时重剪短截，以后每年及时剪除过密枝、干枯枝、病虫枝，使其分布均匀。爬山虎在北方冬季能忍耐－20℃的低温，不需要防寒保护。对氯化物的抵抗力较强，适合空气污染严重的工矿区栽培。

爬山虎有白粉病、叶斑病、炭疽病和蚜虫等危害，应及时防治。

园林应用 生长健壮，茎蔓纵横，吸盘密布，翠叶遍盖如屏，秋季叶色红艳，夏季降温效果极佳，常攀缘在墙壁或岩石上。

四、五叶地锦 *Parthenocissus thomsoni*

生长习性 葡萄科爬山虎属。原产美国东部，我国各地都有栽培。喜光、喜热、耐寒、耐干旱，喜阴湿环境，涝渍。对土壤适应性强，在湿润、肥沃的土壤中生长较好。

繁殖方法 播种、扦插及压条。

栽培管理 五叶地锦卷须吸盘没有爬山虎发达，吸着力差，在空气湿度低的地方，初期需要在建筑物或墙垣上钉钉、橛等，牵引卷须攀附。移栽在落叶至发芽前，定植时，穴内施基肥，栽后浇三遍水。每年从芽萌动至开花期间灌水3～4次，夏季灌水2～3次，秋后灌水1次，霜冻前浇冻水，一般生长期内不再施肥。栽前重剪，栽后将蔓藤引到墙面，及时剪去过密枝、干枯枝和病虫枝，使其分布均匀。主要害虫有梨网椿，应及时防治。

园林应用 五叶地锦枝繁叶茂，绿叶苍翠，秋季红叶，色彩艳丽，十分美观，是优美的垂直绿化树种。

五、葡萄 *Vitis vinifera*

生长习性 葡萄科葡萄属。原产于欧洲、西亚和北非一带。我国分布极广，现辽宁中以南各地均有栽培，以长江以北栽培较多。葡萄喜光，喜干燥及夏季高温的大陆性气候，冬季需要一定低温休眠，但抗寒力较差，-16℃即现冻害，因而冬季需埋土防寒。耐旱、怕涝。要求通风和排水良好；对土壤要求不严，但重黏土、盐碱土生长发育不良，在疏松肥沃及pH 5～7.5的沙壤土上生长良。深根性，生长快，寿命长。

繁殖方法 扦插、压条、嫁接，以扦插为主。

栽培管理 栽植在早春或秋天落叶后进行，一般在早春栽植。栽植穴一般深80 cm，穴底施足基肥，栽后浇透水，每隔1周再浇1次水，连浇3次，即可成活。栽培过程中要注意肥水管理，早春萌芽前、新梢迅速生长期、果实膨大期等都要浇水。秋季施基肥，萌芽前和新梢迅速生长期要施速效氮肥，花前5～10天喷0.3%的硼砂，花后10～15天追施磷钾肥，花后每隔10～15天结合喷药，叶面喷施0.3%磷酸二氢钾加0.2%尿素。葡萄在园林绿化中栽培一般培育成棚架形。栽植后，根据架面大小，选4～5个主蔓，均匀引缚到架面上。修剪分冬剪和夏剪。冬剪于落叶后进行，主要是对枝梢短截、回缩和疏除。短截分为长梢修剪（保留9节）、中梢修剪（保留5～8节）、短梢修剪（保留2～4节）、极短梢修剪（保留1～2节）。回缩衰弱的部分，疏除病虫枝、过密枝，使架面通风透光。老树更新多利用从地面萌发出的萌蘖枝进行，采用先培养后疏除的办法。夏剪主要是抹芽、摘心、除卷须、新梢引缚等工作。葡萄易感染白粉病、霜霉病等，应加强防治。

园林应用 葡萄硕果晶莹，翠叶满架，品种丰富，果实味美，是良好的垂直绿化树种和经济树种。

第四章　观赏竹类

一、紫竹 *Phyllostachys nigra*

生长习性　禾本科刚竹属乔木状竹类。原产中国，广布于华北经长江流域以至西南等地区。阳性，也耐阴；喜温暖湿润气候，耐寒性较强；它对土壤要求不严。

繁殖方法　常采用母竹移栽法和埋鞭法。母竹移栽宜在早春2月进行，选2～3年生竿部深紫黑色竹株为母竹。埋鞭法育苗可在早春选有饱满笋芽2～3年竹鞭，长度20～30 cm，于圃地埋鞭，浇水覆盖至出笋。

栽培管理　紫竹需细致栽植，栽植时根据竹蔸大小，适当修整定植穴，在穴底填充细土，解去包扎，放下母竹，使鞭根自然舒展，竹蔸部覆土时要使细土与之紧密结合，适当提苗，再覆第二次表土踏实，然后再覆心土，直至穴面成弧形，以免穴内积水。种后应切实抓好灌溉、间种、松土除草、施肥和保护等管理措施。如天气干旱，要及时浇水；栽植时防止风吹竹摇。待竹苗成活发笋生长后，第2～3年通过扶育逐年挖除。

园林用途　紫竹为传统的观竿竹类，竹竿紫黑色，柔和发亮，隐于绿叶之下，甚为绮丽。此竹宜种植于庭院山石之间或书斋、厅堂、小径、池水旁，也可栽于盆中，置窗前、几上，别有一番情趣。

二、绿皮黄筋竹 *Phyllostachys sulphurea*

生长习性　绿皮黄筋竹别名黄槽刚竹，是刚竹的变型，为禾本科刚竹属乔木状竹类。绿皮黄筋竹主要分布在我国黄河流域至长江流域，生于低山坡。此竹阳性，喜温暖湿润气候；抗性强，适应酸性土至中性土壤，但在pH 8.5左右的碱性土及含盐0.1%的轻盐土亦能生长。

繁殖方法　移植母株或播种繁殖培育实生苗。

栽培管理　栽植地应选肥沃、湿润及排水和透气性能良好、呈微酸性或中性的土壤。栽植前要精细整地，水肥管理要避免积水或过湿。

园林应用　绿皮黄筋竹竿高挺秀，枝叶青翠，可配植于建筑前后、山坡、水池边、草坪一角，宜筑台种植，旁可植假山石衬托，或配植松、梅，形成“岁寒三友”之景。

三、黄皮绿筋竹 *Phyllostachys viridis* cv. Youngii

生长习性　黄皮绿筋竹为刚竹的变型，为禾本科刚竹属乔木状竹类。该竹阳性，也耐阴；喜温暖湿润气候，耐寒性较强；较耐干旱瘠薄，但最宜在肥沃深厚、排水良好的土壤上生长。

繁殖方法　移植母株或播种繁殖培育实生苗。

栽培管理 细致栽植后，注意保持土壤湿润，但不能积水。种植初期适当遮阴，以后养护中需充足阳光，做好间种、松土除草、施肥工作。

园林应用 与绿皮黄筋竹相似，宜植于建筑前后、山坡、水池边、草坪等处。

四、佛肚竹 *Bambusa ventricosa*

生长习性 佛肚竹别名佛竹、密节竹、大肚竹，为禾本科簕竹属乔木型或灌木型竹类。佛肚竹为广东特产，现我国南方各地以及亚洲的马来西亚和美洲均有引种栽培。该竹性喜温暖、湿润、不耐寒，冬季低温易受冻害；宜在肥沃、疏松、湿润、排水良好的沙质壤土中生长。

繁殖方法 采用分株繁殖或扦插繁殖。分株繁殖在3—4月份选取1～2年健壮母竹从竿柄处截断，带竿基连秆取出，剪除顶梢及部分枝叶，竿柄弯头朝上栽植，浇水，置于温暖湿润稍阴处养护。扦插繁殖在4—5月份，从竿节上用利刀切下带蔸侧枝，剪除顶梢及部分枝叶，连蔸插入苗床，培育一年后再栽植，在华南各地多用此法。

栽培管理 佛肚竹移植后应置于阴湿处养护半个月，再移至阳光充足处，平时注意保持土壤湿润，但不能大湿；气候干燥时，应经常向叶面喷水，保持碧绿；新竹抽出后，为控制竹的高度，可通过控水来抑制其生长。除盛夏外，都应给予全日照。此竹喜肥，可每月施1次稀薄肥水，但盆栽要少施肥，为保持植株低矮秀雅之姿，只在新笋抽出前和秋末各施一次饼肥即可。越冬应移入室内向阳处，越冬温度不低于5℃。

园林应用 在南方公园中常见栽植或作盆栽观赏。盆栽时施以人工截顶培植，形成畸形植株更具观赏性；在地上种植时则形成高大竹丛，偶尔在正常竿中也长出少数畸形竿。

五、黄金间碧竹 *Bambusa vuiraris* var. *striata gamble*

生长习性 黄金间碧竹别名青丝金竹、挂绿竹，为禾本科簕竹属乔木型竹类。黄金间碧竹分布于华南、西南各地，浙江已有引种栽培。此竹耐寒性差，喜高温高湿；生长快，适应性强。

繁殖方法 常采用埋鞭法繁殖、扦插繁殖，扦插成活率高。

栽培管理 黄金间碧竹移植成活后，要经常松土，施肥，除草，护笋，勾梢整枝，并进行合理采伐。注意防治笋叶蛾、竹螟、介壳虫、象甲等为害。

园林应用 此竹竿色艳丽，是著名的观竿竹类，在园林绿化中常见使用，在我国北方各大城市园林中多作为盆栽观赏。

六、斑竹 *Phyllostachys bambussoides* cv. *Tanakae*

生长习性 斑竹别名湘妃竹、泪竹，为桂竹的变形，属禾本科刚竹属乔木型竹类。斑竹阳性，喜温暖湿润气候，较耐寒、旱，1月气温不低于4～5℃；栽植宜选土壤腐殖质多、阴湿但排水良好的地方；此竹一般4年以后开始衰老，6～7年后即枯萎。

繁殖方法 此竹采用移植母竹的方法，栽植时间以2—3月份为宜，选择二年生的母竹移植，移植母竹时要多带土，2～3株成丛栽植。盆栽时应选择一年生母竹，移植时间以竹笋未萌发前1个月左右为宜。

栽培管理 需精细栽植移植后要加强浇水，雨后要及时排水，方可确保成活，合理施肥，经常松土。

园林应用 此竹竹秆花纹美丽，是传统的观赏竹类，宜栽植在亭、台、轩、榭之旁，目前国内各大城市园林中多有栽植。

七、菲黄竹 *Sasa auricoma*

生长习性 菲黄竹为禾本科赤竹属低矮小型竹类。该竹原产日本，现南京、杭州等有引种栽培。其喜温暖湿润气候，耐阴性较强。

繁殖方法 一般采用根株移栽法，盆栽可采用母竹移栽法。

栽培管理 菲黄竹应栽植于半阴处或土壤疏松湿润之地，或在树下栽培。初栽时注意松土除草、浇水施肥等管理工作，使之生长茂密。

园林应用 菲黄竹新叶纯黄色，非常醒目，可从春天到夏天可作盆景观赏；此竹竿矮小，也可用于地表绿化。

第五章 一二年生花卉

一、翠菊 *Callistephus chinensis*

生长习性 菊科翠菊属一年生草本植物。翠菊耐寒性弱，不喜酷热，生长适温为15～25℃；在通风而阳光充足时生长旺盛；不择土壤，以疏松、肥沃、排水良好的土壤为佳；喜湿润、较耐旱。

繁殖方法 播种。

栽培管理 ①幼苗生长迅速，地栽时应及时间苗，一般播后2～3个月就能开花。②翠菊出苗后15～20天移植，生长40～45天后定植于盆内，常用10～12 cm盆种植。③夏季干旱时，须经常灌溉。④翠菊一般不需要摘心。为了使主枝上的花序充分表现出品种特征，应适当疏剪一部分侧枝，每株保留花枝5～7个。⑤生长期每15天施肥1次，盆栽后45～80天增施磷钾肥1次。⑥翠菊为常异交植物，重瓣品种天然杂交率很低，容易保持品种的优良性状。重瓣程度较低的品种，天然杂交率很高，留种时必须隔离。⑦翠菊常见病虫害有翠菊灰霉病、枯萎病、翠菊锈病、翠菊褐斑病，栽培时选择排水良好的地段种植。种植密度要适当。选择抗病品种。发现病叶立即摘除。

园林应用 翠菊花色鲜艳，花形多样，开花丰盛，花期颇长，是国内外园艺界非常重视的观赏植物，盆栽可用于阳台、窗台的美化，或用于庭院及公园花坛。

二、一串红 *Salvia splendens*

生长习性 唇形科鼠尾草属多年生草本或亚灌木植物，常作一二年生栽培。喜阳光充足。不耐寒，不耐炎热。生长最适温度为15～20℃。喜疏松肥沃土壤，忌干旱，忌积水。

繁殖方法 播种、扦插。

栽培管理 ①在华地区播种苗130～150天开花，“五一”劳动节用花；扦插苗100～120天开花。例如，若在“五一”劳动节用花可在12月份下旬播种，元旦在9月上旬播种；春节用花可在10月上旬嫩枝扦插，播种可在9月份上旬。②一串红当苗长到5～6片真叶是可定植于露地，也可盆栽，宜用22～25 cm花盆上盆，每盆3株。③移植成活后留2片叶摘心，可连摘多次，以促进植株矮化，增加花数。同时，可通过摘心调节花期。④常规浇水。苗期每10天追肥一次，在花前花后追施磷肥。⑤采种。种子成熟后会自然脱落，当花穗中半数以上花冠开始退色时，将整串花枝剪下晾晒，脱粒后贮藏。种子寿命可保持3～4年。发芽适温为20～25℃。⑥常见病虫害防治。一串红常有病毒病危害，病株矮化，叶小皱缩，尤以嫩叶更为明显，有时出现黄绿相间花叶。此病属病毒性病害。防治方法是及时拔除病株和消灭蚜虫(蚜虫传播病毒)。

园林应用 一串红是重要的节日用花,"五一"节、国庆节、元旦、春节等都可使用。大量用于布置花坛,也很适合盆栽摆设。

三、鸡冠花 *Celosia cristata*

生长习性 苋科青葙属。喜光及炎热和干燥气候,不耐寒。喜肥沃和排水良好土壤,不耐涝。

栽培品种与变种

(1)多头鸡冠 分枝多,花冠状。

(2)穗冠 分枝多,花穗状。生产上常有早穗、中穗和晚穗之分。早穗植株较矮,6—7月份开花,从播种到开花约需60天。中穗9—10月份开花,晚穗11—12月份开花,两者从播种到开花需70~80天。

繁殖方法 鸡冠花可种子繁殖。华南地区3—10月份均可播种,播后3~7天发芽,2~3片真叶时上盆。

栽培管理 ①在华南地区鸡冠花从播种到开花需60~70天(独头鸡冠),多头鸡冠和凤尾鸡冠从播种到开花需65~75天。②可按株距30 cm定植于园地。也可盆栽,宜用20~22 cm花盆,每盆1株。③采用干透浇透的浇水方式。移植成活后每10天追肥1次。④采种。鸡冠花品种间极易杂交退化,因此,留种的植株应在开花前进行隔离,以防混杂。待种子变黑时将整个花序剪下,晾干后脱粒贮藏。收种以花序基部的种子最好。⑤常见病虫害防治。鸡冠花在高温多雨季节易受炭疽病危害,病叶的叶尖或叶缘常出现半圆形、椭圆形至不定型的褐色病斑,有的斑面具有轮纹,并有小黑点。此病属真菌性病害。可用25%炭特灵500倍液或50%炭疽福美600~800倍液喷雾防治。

园林应用 鸡冠花的花色艳丽,花期长,除盆栽外,大量用于花坛布置。

四、鼠尾草 *Salvia farcinacea*

生长习性 唇形科鼠尾草属。鼠尾草原产于地中海沿岸及南欧,现我国许多地方有栽培。鼠尾草喜阳光充足、通风良好的地方,生长适温为15~30℃;喜排水良好的沙质壤土或土质深厚壤土,较喜湿润。

繁殖方法 主要以播种繁殖,发芽适温为20~25℃,10~15天可发芽。鼠尾草为好光性种子,播种时略覆土。

栽培管理 ①当株高5~10 cm时疏苗,保持间距20~30 cm。②栽培时期保持土壤湿润,移植成活后每10~15天追肥1次。③成株后进行适当疏剪,增加距离,生长较旺盛。

园林应用 鼠尾草花芳香,可盆栽用于阳台、窗台、书房等,也可用于花坛、花境或林缘下作背景材料。

五、矮牵牛 *Petunia hybrida*

生长习性 茄科矮牵牛属一二年生草本植物。喜阳光充足、温暖环境,生育适温为10~30℃;不耐寒,忌水渍;喜疏松肥沃排水良好的沙质壤土或腐殖质土。

繁殖方法 矮牵牛宜用种子繁殖,也可用扦插繁殖。播种可在秋、冬及早春,但以早秋播种者花期最长。发芽适温为 20～25℃。种子好光性，播种时略覆土。

栽培管理 ①在华南地区矮牵牛一般从播种到开花为 70～80 天。适用于春节、元旦和“五一”节用花。②苗长到 4 cm 左右可移植上 20～22 cm 花盆，每盆 3 株。③常规浇水，定植成活后每隔 10 天追肥一次，其花期长，可在花期每 20～25 天施用三要素一次。④可在盛花期过后短并且剪，使其重新生枝，不久又可花满枝头。⑤矮牵牛其种子成熟不一，注意采收，应在蒴果果尖端发黄时采收。

园林应用 可作盆栽观赏和花坛用花。

六、蝴蝶花 *Viola tricolor*

生长习性 堇菜科三色堇属为多年生草本花卉，常作二年生栽培。蝴蝶花喜阳光充足，喜凉爽的气候，耐寒，炎热不能形种子，花期 1—5 月份。喜肥沃湿润腐质土。

繁殖方法 蝴蝶花可种子繁殖。在我国南方 9—12 月份均可播种。当年生种子播后 10～13 天即可发芽。

栽培管理 蝴蝶花从播种到开花约需 80～100 天。当苗长至 3～4 片真叶时定植到 22 cm 花盆，每盆 3 株。成活后 10 天施肥 1 次，注意间干间湿浇水。果实成熟后易开裂，故在果实刚呈黄色时采收。贮藏 1 年以上的种子即失去发芽能力。

园林应用 作盆花观赏，可布置花坛，花境。

七、万寿菊 *Tagetes erecta*

生长习性 菊科万寿菊属一年生草本植物，在我区气候温暖地区为多年生草本花卉。喜光，喜温暖湿润环境；不耐寒，不耐酷暑；对土壤和肥力要求不严；在华南地区花期 10 月至次年 6 月，夏季酷暑难开花。

繁殖方法 播种、扦插。

栽培管理 ①在华南地区播种苗一般需 50～70 天开花。②盆栽宜用 22～25 cm 花盆，每盆 3 株。③移植成活后(约 7 天)留 2 片叶摘心，可连摘 2～3 次，以促进植株矮化，增加花数，同时，可通过摘心调节花期。④常规浇水。施肥不宜过多，只在苗期追施液肥 2～3 次即可，以免长势过旺，影响开花。若发现有徒长可增施磷、钾肥。⑤采种。在我国南方一般较难留种，若要采种一般以 10—11 月份成熟的种子最为饱满，选择花大色艳，重瓣性高的花序，在花谢后(花瓣开始干枯时)将整个花序剪下，晾干后贮藏。

园林应用 万寿菊花大色艳，花期长，病虫害少，适宜布置花坛或盆栽。

八、凤仙花 *Impatiens balsamina*

生长习性 凤仙花科凤仙花属一年生草本花卉。凤仙花喜阳光充足、温暖而湿润的环境；耐炎热，怕霜冻。不耐干旱；对土壤适应性强，喜肥沃而排水良好的沙壤土；在我国南方花期为 5—11 月份。

繁殖方法 种子繁殖。

栽培管理 ①在华南地区凤仙花从播种到开花需 50～60 天。②盆栽可用 20～22 cm 花盆，每盆 1 株。③移植后一周即可追肥，以后每 7～10 天追肥 1 次。凤仙花需水量较大，应注意浇水，雨后则注意排积水，以防根、茎腐烂。④采种。果实成熟时皮为黄绿色，果皮自裂并向上翻卷，种子弹出，故名“急性子”。采种应在蒴果由绿转黄白时及时采收。晾干后贮藏。种子寿命可保持5～6年。为保证种子质量，留种母株宜用春播。⑤凤仙花易受白粉病危害，病叶先是出现零星不定型白色霉斑，随后向四周扩散连合成片，使整个叶面布满白色至灰白色粉状物。此病属真菌性病害。一经发现，应及早喷药防治。

园林应用 凤仙花花期长久，可用于布置花坛，也很适合盆栽观赏。

第六章　宿根花卉

一、鸢尾 *Iris tectorum*

生长习性　鸢尾科鸢尾属。喜阳光充足，气候凉爽，耐寒力强，亦耐半阴环境。

繁育方法　分株、播种。分株可于春秋和开花后进行。播种随采随播。

栽培管理　鸢尾的栽培管理比较粗放，栽培前先将土壤进行改良，使之成为含有石灰质的碱性土壤，并施入腐熟有机肥作基肥，栽植时宜浅植。生长期间可适当追施化肥。作地被植物时几乎不用管理。

园林应用　鸢尾叶片碧绿青翠，花形大而奇，宛若翩翩彩蝶，其花色丰富，花形奇特，是花坛及庭院绿化的良好材料，也可用作地被植物，有些种类为优良的鲜切花材料。

二、萱草 *Hemerocallis fulva*

生长习性　百合科萱草属多年生宿根草本。具短根状茎和粗壮的纺锤形肉质根性强健，耐寒，华北可露地越冬。适应性强，喜湿润也耐旱，喜阳光又耐半阴。对土壤选择性不强，但以富含腐殖质，排水良好的湿润土壤为宜。

繁育方法　以分株繁殖为主，也可播种，播种秋季最适宜。

栽培管理　早春萌发前穴栽，先施基肥，上盖薄土，再将根栽入，株行距 30～40 cm，栽后浇透水一次，生长期定期松土、除草，向株丛根部培土。如遇干旱应适当灌水，雨涝则注意排水。4 月至 5 月下旬施 1～2 次追肥，追肥以磷钾肥为主。秋季花后修剪整理，入冬前施一次腐熟有机肥。3～6 年结合繁殖进行分株复壮。

园林应用　萱草花色鲜艳，园林中多丛植或于花境、路旁栽植。萱草类耐半阴，又可做疏林地被植物。

三、芍药 *Paeonia lactiflora*

生长习性　芍药科芍药属多年生宿根草本，具肉质根。耐寒，北方各省可露地越冬；夏季喜冷凉；喜光；喜湿润，也耐干旱；喜排水良好、疏松、肥沃的壤土或沙质壤土。

繁育方法　分株或播种。

栽培管理　一般秋季栽培，结合分株进行。栽植地选用地势高燥、排水良好处，要求土层深厚、疏松肥沃的沙质壤土。每 667 m^2 施腐熟粪干 1 500～2 000 kg 或 200～250 kg 的饼肥。栽培时以芽与地面相平为准，经浇水土坑下沉，正好为适宜的栽植深度，栽后即灌水。日常管理主要包括：

(1)浇水　根肉质不耐水湿，所以不需像露地草花那样经常浇水，但过分干燥，也对生长不利，开花小而稀疏，花色不艳。在干旱时仍需适时浇水，尤以开花前后和越冬封土前，要保证充分的灌水。降大雨时要特别注意及时排水，以免根系受害。

(2)施肥　除栽植时施用基肥外，根据芍药不同发育时期对肥的要求，每年可追肥3次。春天幼苗出土、花后追施速效肥，入冬前结合越冬封土，施“冬肥”，以长效肥为主，多用充分腐熟的堆肥、厩肥，或用腐熟的饼肥及复合肥料。

(3)中耕除草　在整个生长季节，要经常中耕除草，在叶幕完全覆盖地面前和花期前后要深耕；开花后要浅耕，一般情况下，每年应中耕除草10次左右。

(4)摘侧蕾　芍药除茎顶着生主蕾外，茎上部叶腋有3～4个侧蕾，为使养分集中，顶蕾花大，在花蕾显现后不久，摘除侧蕾。

(5)立支柱　芍药花梗较软，除少数株形矮壮，和单瓣型、荷花形和金蕊型等花瓣数较少的品种外，多数品种开花时花头侧垂，甚至整个植株侧伏，为保持良好的观赏效果，在花蕾透色后，要设立支柱，使花梗直伸，花头挺立，花姿优美。

(6)设置遮阳防雨棚　芍药花期适逢炎热多雨季节，在花期可设置遮阳防雨棚，遮光强、降低湿度、免受雨水侵袭，以提高观赏效果和延长观赏期。

(7)修剪　花后，除留种植株外，及时剪除残花，以免徒耗营养。10月下旬以后，地上茎叶逐渐变黄枯干。此时应剪除枯叶、扫除枯叶，集中深埋，避免病虫害的再次传播危害。

园林应用　芍药花大艳丽，品种丰富，在园林中常成片种植，花开时十分壮观。

四、玉簪 *Hosta plantaginea*

生长习性　百合科玉簪属多年生草本。根状茎粗大，有多数须根。性强健耐寒而喜阴，忌直射光。喜湿润。不择土壤，以疏松、肥沃的壤土为佳。

繁育技术　播种或分株。

栽培管理　玉簪性强健，栽培容易，不需要特殊管理。栽植前施足基肥。选择背阴处，株行距30 cm×50 cm，穴深15～25 cm，以不露出白根为度。覆土后与地面持平。生长期间经常保持土壤湿润。在春季或开花前施1～2次追肥。夏季注意多浇水并避免阳光直射。

园林应用　玉簪是较好的阴生植物，在园林中可用于树下作地被植物。

五、景天三七 *Sedum aizoon*

生长习性　景天科景天属多年生肉质草本，无毛。喜阳，稍耐阴，耐旱，耐盐碱，生命力很强。

繁育方法　播种或扦插。

栽培管理　栽培地选择排水良好的沙质肥沃中性土壤最佳，播种或定植前每667 m^2 施有机肥3 000 kg及多元素复混肥50 kg，深耕细耙，整成2～2.5 m宽畦面。定植密度为行距25 cm，穴距15 cm，每穴2～3株。日常管理保持土壤湿润即可。

园林应用　用于花坛、花境、地被，也可盆栽或吊栽。

六、宿根福禄考 *Phlox paniculata*

生长习性　花荵科福禄考属。宿根福禄考喜排水良好的沙质壤土和湿润环境。耐寒，忌酷日，忌水涝和盐碱。在疏阴下生长最强壮，尤其是蔽阴或西侧背景。

繁育方法 以分株繁殖为主，也可以播种或扦插。

栽培管理 应选背风向阳而又排水良好的土地，结合整地施入厩肥或堆肥作基肥，化肥以磷酸二铵效果最好。5 月初至 5 月中旬移植，株距 40～45 cm 为宜，栽植深度比原深度略深 1～2 cm。生长期经常浇水，保持土面湿润。6—7 月份生长旺季，可追 1～3 次人粪或饼肥。在东北，有些品种应在根部盖草或覆土保护越冬。在 11 月中旬，应浇一次封冻水，开春浇一遍“返青水”。

园林应用 宿根福禄考的开花期正值其他花卉开花较少的夏季，可用于布置花坛、花镜，亦可点缀于草坪中，是优良的庭园宿根花卉，也可用作盆栽或切花。

七、金鸡菊 *Coreopsis basalis*

生长习性 菊科金鸡菊属多年生草本，常作一年生栽培。喜温暖湿润和阳光充足环境，较耐寒，耐旱性较强，对土壤要求不严。宜疏松、中等肥沃和排水良好的壤土。

繁育方法 以播种繁殖为主，也可在夏季进行扦插。

栽培管理 金鸡菊的管理比较简单。播种后当长至 2～3 片真叶时进行移栽，移栽一次后就可栽入花坛之中，在栽后要及时浇水，使根系与土壤紧密接触。生长期追施 2～3 次液肥。平常土壤间干间湿，夏季注意排水，花后及时摘除残花。

园林应用 枝叶密集，尤其是冬季幼叶萌生，鲜绿成片。春夏之间，花大色艳，常开不绝。还能自行繁衍，是极好的疏林地被。可观叶，也可观花。

八、蜀葵 *Althaea rosea*

生长习性 锦葵科蜀葵属多年生草本。喜光、耐半阴，耐寒。不择土壤，但以疏松肥沃的土壤生长良好。

繁育方法 播种，也可分株或扦插。

栽培管理 蜀葵耐粗放管理。春季出芽时应及时浇水，在 3—6 月份每月灌水 2～3 次。7—8 月份雨水多时，要注意排水，9—11 月份每月浇水 1 次。施肥在早春进行，多施底肥，以腐熟的有机肥为好。土壤封冻前，剪除植株地上部分，并浇冻水。

园林应用 蜀葵一年栽植可连年开花，是院落、路侧、花境的好种源。可组成繁花似锦的绿篱、花墙，美化园林环境。

九、桔梗 *Platycodon grandiforus*

生长习性 桔梗科桔梗属多年生草本，株高 30～100 cm，根肥大而多肉喜光，但也能耐微阴，喜湿润，耐寒，要求肥沃、排水良好的沙质壤土。

繁育方法 以播种繁殖为主，也可用扦插或分株繁殖。

栽培管理 桔梗不耐移栽，一般 3 月在露地直播。当株高 5～7 cm 时，抹芽 1～2 次，以促进分枝。苗期要注意排水，注意通风，晴天要遮阴。到成株后就要全光照，夏季要注意排水，防止倒伏，也可进行多次抹芽，使植株矮小、粗壮，不倒伏。花后及时剪除残花。11 月把地上部分剪除，并浇冻水。

园林应用 桔梗一年栽植可连年开花，花镜等好材料。

第七章　球根花卉

一、百合 *Lilium brownii* var. *viridulum*

生长习性　百合科百合属多年生草本。百合类花卉大多数喜冷凉、湿润气候。喜半阴，较耐寒。要求肥沃、腐殖质丰富、排水良好的微酸性土壤。

繁育方法　以分球为主，也可用分珠芽、鳞片扦插和播种的花卉繁殖。

栽培管理　栽种百合花，北方宜选择向阳避风处，南方可栽种在略有遮阴的地方。种植时间以8—9月份为宜。种前1个月施足基肥，并深翻土壤，可用堆肥和草木灰作基肥。栽种一般深度为鳞茎直径的3～4倍，以利根茎吸收养分。百合适宜氮肥，以豆饼、菜饼、农家堆肥和氮、磷、钾复合肥为最好。一般在生长期施稀释液肥2～3次，以促其株苗生长发育。将近孕蕾开花时，施1～2次磷、钾肥，以保证株苗在孕蕾和开花期有充足营养，不仅可使花朵硕大，色鲜，并可促进球茎的发育。大面积栽植，要注意通风透气和适当遮阴，若小面积栽植或盆栽，对花多而枝秆纤细柔弱的观赏品种要设立支架，以防花枝折断。

园林应用　优良观赏花卉之一。常作切花栽培，也可片植等。

二、郁金香 *Tulipa gesneriana*

生长习性　百合科郁金香属多年生草本。郁金香喜欢冬季温暖湿润、夏季凉爽稍干燥、向阳或半阴的环境。耐寒性强。喜富含腐殖质、肥沃而排水良好的沙质壤土。

繁育方法　以分球繁殖为主。

栽培管理　露地栽培郁金香定植时间为秋季。定植时要求排水良好的沙质土壤，深耕整地，以腐熟牛粪及腐叶土等作基肥，并施少量磷、钾肥，作畦栽植。栽植深度10～12 cm。生长过程中一般不必浇水，保持土壤湿润即可，天旱时适当浇些水。于出苗后、花蕾形成期及开花后进行追肥，郁金香需氮较多，可于春季施用。磷、钾肥可于秋季及花后施入。镁对增产有明显作用，于谢花后用硫酸镁喷施或在种植前浸球。硼不足时根系生长弱，花茎短、花色淡，使用可明显提高花卉质量。3月底至4月初开花，花后剪去残花以利于种球的生长。6月初地上部叶片枯黄进入休眠，可将球根挖出，摊开、分级贮藏于冷库内。

园林应用　花色多样，常在片植。

三、风信子 *Hyacinthus orientalis*

生长习性　百合科风信子属多年生草本。喜夏季冷凉稍干燥、冬季温暖湿润、阳光充足的环境。耐寒性强。要求排水良好、肥沃疏松的沙质壤土。

繁育方法 以分球繁殖为主。

栽培管理 露地栽培宜于10—11月份进行，选择排水良好的沙质壤土。种植前施足基肥，上面加一薄层沙，然后将鳞茎排好，株距15～18 cm，覆土5～8 cm。并覆草以保持土壤疏松和湿润。一般开花前不作其他管理，花后如不收种子，应将花茎剪去，以促进球根发育，剪除位置应尽量在花茎的最上部。6月上旬即可将球根挖出，摊开、分级贮藏于冷库内。

园林应用 切花、盆栽、片植的优良花卉。

四、水仙 *Narcissus tazetta* var. *chinensis*

生长习性 石蒜科水仙属多年生草本。性喜温暖、湿润、阳光充足的环境，尤喜冬无严寒，夏无酷暑，春秋多雨之地。喜水、耐肥，要求富含有机质、水分充足而又排水良好的中性或微酸性壤土。

繁育方法 以分球繁殖为主。

栽培管理 水仙的露地栽培主要要点有：

(1)耕地浸田 8—9月份把土地耕松，然后在田间放水漫灌，浸田1～2周后，把水排干。随后再耕翻5～6次，深度在35 cm以上，使下层土壤熟化、松软，以提高肥力，减少病虫害和杂草，并增加土壤透气性。

(2)施肥作畦 水仙需要大量的有机肥料作基肥。肥料要分几次随翻地翻入土中，使土壤疏松，肥料均匀，然后将土壤表面整平，整成宽120 cm，高40 cm的畦，沟宽35～40 cm。畦面要整齐、疏松，沟底要平滑、坚实，略微倾斜，使流水畅通。

(3)种植 由于水仙叶片是向两侧伸展的，因此采用的株距较小、行距较大，3年生栽培用15 cm×40 cm的株行距，2年生栽培用12 cm×35 cm的株行距。种植时要逐一审查叶片的着生方向，按未来叶片一致向行间伸展的要求种植，使有充足的空间。为使鳞茎坚实，宜深植。一二年生栽培，深8～10 cm，三年生栽培，深约5 cm。种后覆盖薄土，并立即在种植行上施腐熟肥水。种后清除沟中泥块，拉平畦面，并立即灌水满沟。次日把水排干，待泥黏而不成浆时，整修沟底与沟边并予夯实，以减少水分渗透，使流水畅通。修沟之后，在畦面盖稻草，三年生者覆草宜厚，约5 cm，一二年生者，覆草可薄些。种植结束后放水，初期水深8～10 cm，1周后加深到15～20 cm，水面维持在球的下方，使球在土中，根在水中。

(4)养护 ①灌水。沟中经常要有流水，水的深度与生长期、季节、天气有关，一般天寒时，水宜深；天暖时，水宜浅；生长初期，水深维持在畦高的3/5处，使水接近鳞茎球基部。2月下旬，植株已高大，水位可略降低，晴天水深为畦高的1/3，如遇雨天，要降低水位，不使水淹没鳞茎球。在4月下旬至5月，要彻底去除拦水坝，排干沟水，直至挖球。②追肥。水仙好肥。在发芽后开始追肥，3年生栽培，追肥宜勤，隔7天施1次，2年生栽培，每隔10天1次，一年生栽培半个月施1次。③防寒。水仙虽耐一定的低温，但也怕浓霜与严寒。偶现浓霜时，要在日出之前喷水洗霜，以免危害水仙叶片。对于低于－2℃的天气，应要有防寒措施。

园林应用 水仙在中国已有1 000多年栽培历史，为中国传统名花之一。此属植物全世界共有800多种，其中的10多种如喇叭水仙、围裙水仙等具有极高的观赏价值。

五、唐菖蒲 *Gladiolus hybrids*

生长习性 鸢尾科唐菖蒲属多年生草本。喜光，喜温暖凉爽的气候，不耐高温、不耐寒。

要求肥沃、疏松、排水良好的土壤。

繁育方法 用播种和分球繁殖。

栽培管理 种植前，要施足基肥，以浅栽为宜，有利于新球茎生长。栽后6～8周为叶生长期，保持土壤湿润，氮肥不宜使用过多，否则植株易倒伏。待第5片叶长出后追肥1～2次，以磷、钾肥为主。

园林应用 唐菖蒲为重要的鲜切花，可作花篮、花束、瓶插等。它与玫瑰、康乃馨和扶郎花被誉为"世界四大切花"。

六、晚香玉 *Polianthes tuberosa*

生长习性 喜温暖且阳光充足之环境，不耐霜冻，好肥喜湿而忌涝，于低湿而不积水之处生长良好。对土壤要求不严，以肥沃黏壤土为宜。

繁育方法 多采用分球繁殖。

栽培管理 露地栽培时栽植地要整地，并施入基肥，将大、小球以及去年开过花的老球分开栽植。大球株距25 cm，小球株距10 cm左右。植球深度较其他球根为浅，大球以芽顶稍露出土面为宜，小球和老球芽顶应低于土面，老球去年开过花，已不能开花，仅在老球的周围长出许多瘦尖的小球。"深长球，浅抽葶"是晚香玉植球深浅遵循的原则。栽植初期因苗小叶少，水不必太多；待花葶即将抽出时，给以充足水分和追肥；花葶抽出才可追施较浓液肥。夏季特要注意浇水，经常保持土壤湿润。地上部分枯萎后，在江南地区常用树叶或干草等覆盖防冻，就在露地越冬。也将球根撅起，略经晾晒，除去泥土，将残留叶丛编成辫子，继续晾晒至干，吊挂在温暖干燥处贮藏越冬。

园林应用 晚香玉浓香，花茎细长，线条柔和，是非常重要的切花材料及良好的露地花卉。

七、大丽花 *Dahlia pinnata*

生长习性 大丽花既不耐寒又畏酷暑，喜干燥凉爽、阳光充足、通风良好的环境。喜富含腐殖质和排水良好的沙质壤土。

繁育方法 以分割块根和扦插繁殖为主，育种用种子繁殖。

栽培管理 大丽花的茎部脆嫩，经不住大风侵袭，又怕水涝，地栽时要选择地势高燥、排水良好、阳光充足而又背风的地方，并作成高畦。株行距一般品种1 m左右，矮生品种40～50 cm。浇水要掌握干透再浇的原则，夏季连续阴天后突然暴晴，应及时向地面和叶片喷洒清水来降温，否则叶片将发生焦边和枯黄。伏天无雨时，除每天浇水外，也应喷水降温。大丽花喜肥但忌浓肥或生肥。苗期每隔10～15天施用一次稀薄液肥。在生长旺盛期，每周追施1次以速效磷、钾为主的有机肥。大丽花茎高多汁柔嫩，要设立支柱，以防风折。冬季地上部枯萎后，留10～15 cm根茎，剪去枝叶，掘起块根，就地晾1～2天，即可堆放室内以干沙贮藏。贮藏室温5℃左右。

园林应用 大丽花品种多，花色花形丰富多彩，是世界名花之一。我国各地庭园中普遍栽培观赏。

八、仙客来 *Cyclamen persicum*

生长习性 报春花科仙客来属多年生草本。喜凉爽、湿润及阳光充足的环境。要求疏松、肥沃、富含腐殖质，排水良好的微酸性沙壤土。

繁育方法 以播种繁殖为主，也可分割块茎和组织培养。

栽培管理 仙客来多行温室盆栽。于8月下旬到9月上旬将休眠的块茎栽植花盆内，栽植时块茎应露出1/2～1/3，初上盆时要控制浇水，保持盆土湿润即可，此时水分过多，块茎容易腐烂。待新叶抽出后可逐渐增加浇水量。并开始追施稀薄液肥，每周追施1次，逐渐增加浓度，在10月份到开花前，应加强通风，充足光照；在花梗抽出后追施1次骨粉或过磷酸钙。夏季高温地区，块茎进入休眠期，应置于通风、阴凉处，稍干燥，过湿会引起块茎腐烂。

园林应用 优良盆栽花卉之一。

九、马蹄莲 *Zantedeschia aethiopica*

生长习性 天南星科马蹄莲属多年生草本。性喜温暖气候，不耐寒，不耐高温，生长适温为20℃左右，要求湿润环境，不耐干旱。喜肥沃、腐殖质丰富的沙质壤土。

繁育方法 以分球为主。

栽培管理 马蹄莲多行温室盆栽，于立秋后上盆。盆土用肥沃而略带黏质的土壤，如可用园土2份、砻糠灰1份、再稍加些骨粉或厩肥；也可用细碎塘泥2份、腐叶土(或堆肥)1份、加入适量过磷酸钙和腐熟的牛粪配制的土。植后覆土3～4 cm，20天左右即可出苗。马蹄莲生长期间喜水分充足，要经常向叶面、地面洒水，并注意叶面清洁。每半个月追施液肥1次。施肥时注意不要使肥水流入叶柄内而引起腐烂，施肥后还要立即用清水冲洗，以防意外。霜前移入温室，室温保持10℃以上。在养护期间为避免叶多影响采光，可去除外叶片，这样也利于花梗伸出。2—4月份是盛花期，花后逐渐停止浇水；5月份以后植株开始枯黄，应注意通风并保持干燥，以防块茎腐烂。待植株完全休眠时，可将块茎取出，晾干后贮藏，秋季再行栽植。

园林应用 马蹄莲叶片翠绿，花苞片洁白硕大，宛如马蹄，形状奇特，是国内外重要的切花花卉材料。

十、美人蕉 *Canna indica*

生长习性 美人蕉科美人蕉属多年生草本花卉。喜温暖和充足的阳光，不耐寒，早霜开始后地上部分即枯萎。要求土壤深厚、肥沃，疏松、排水良好。

繁育方法 多用分株繁殖。

栽培管理 美人蕉适应性强，管理粗放。每年3—4月挖穴栽植，内可施腐熟有机肥。覆土8～10 cm。开花前进行2～3次追肥，经常保持土壤湿润。花后及时剪除残花。长江以南，根茎可以露地越冬，不必采收，但经2～3年后须挖出重新栽植，同时还可扩大栽植规模。长江以北秋季地上部枯死后将根茎撅起，适当干燥后堆放在室内，在温度5～7℃的条件下即可安全越冬。

园林应用 重要的露地及盆栽花卉。

十一、紫叶酢浆草 *Oxalis triangularis*

生长习性 酢浆草科酢浆草属多年生草本，地下块状根茎呈纺锤形。喜温暖湿润、隐蔽的环境，耐阴性强，忌阳光直射，喜富含腐殖质、排水良好的沙质壤土。

繁育方法 以分球繁殖为主。

栽培管理 露地春植，种植前施足基肥，生长期间追施2～3次稀薄肥水，施肥后用清水淋洗叶面。夏季宜适当遮阴，秋后茎叶枯萎进入休眠期。翌年春季回暖后再萌发，可重施肥水，促进茎叶繁盛。

园林应用 紫叶酢浆草叶形奇特，叶色深紫红，小花粉白色，色彩对比感强，是极好的盆栽和地被植物。

第八章 水生花卉

一、荷花 *Nelumbo nucifera*

生长习性 睡莲科莲属多年生挺水植物。喜湿怕干，喜相对水位变化不大的水域，喜光喜热，耐寒性也很强，只要池底不冻，即可越冬。荷花对光照要求也高，在强光下生长发育快。荷花对土壤要求不严，喜肥沃、富含有机质的黏土，对磷钾的要求多。

繁育方法 以分株繁殖为主，也可播种繁殖。

栽培管理 栽植前应先放塘水，施入基肥，耙平翻细，再灌水。将种藕“藏头露尾”状平栽于淤泥浅层，行距 150 cm 左右，株距 80 cm 左右。栽后不立即灌水，待 3～5 天后泥面出现龟裂时再灌少量水，生长早期水位不宜深，以 15 cm 左右为宜，以后逐渐加深，夏季生长旺盛期水位为 50～60 cm，立秋后再适当降低水位，以利于藕的生长。入冬前剪除枯叶把水位加深 100 cm，防池泥结冻。

园林应用 荷花是优良的水生花卉。中国是世界上栽培莲花最多的国家之一。

二、睡莲 *Nymphaea alba*

生长习性 睡莲科睡莲属多年生浮水花卉。睡莲喜强光，通风良好。对土质要求不严，但喜富含有机质的壤土。生长季节池水深度以不超过 80 cm 为宜。

繁育方法 以分株繁殖为主，也可播种繁殖。

栽培管理 睡莲可盆栽或池栽。池栽应在早春将池水放净，施入基肥后再添入新塘泥然后灌水。灌水应分多次灌足。随新叶生长逐渐加水，开花季节可保持水深在 70～80 cm。冬季则应多灌水，水深保持在 110 cm 以上，可使根茎安全越冬。盆栽植株选用的盆至少有 40 cm×60 cm 的内径和深度，应在每年的春分前后结合分株翻盆换泥，并在盆底部加入腐熟的豆饼渣或骨粉、蹄片等富含磷、钾元素的肥料作基肥，根茎下部应垫至少 30 cm 厚的肥沃河泥，覆土以没过顶芽为止，然后置于池中或缸中，保持水深 40～50 cm。高温季节的水层要保持清洁，时间过长要进行换水以防生长水生藻类而影响观赏。花后要及时去残，并酌情追肥。盆栽于室内养护要在冬季移入冷室内或深水底部越冬。生长期要给予充足的光照，勿长期置于阴处。

园林应用 睡莲是花、叶俱美的观赏植物。

三、千屈菜 *Lythrum salicaria*

生长习性 千屈菜科千屈菜属多年生挺水植物。喜温暖及光照充足，通风好的环境，喜水湿。比较耐寒,在我国南北各地均可露地越冬。对土壤要求不严,在土质肥沃的塘泥基质中花艳,长势强壮。

繁育方法 扦插、分株、播种。

栽培管理 千屈菜生命力极强,管理也十分粗放,但要选择光照充足,通风良好的环境。盆栽可选用直径 50 cm 左右的无底洞花盆,装入盆深 2/3 的肥沃塘泥,一盆栽 5 株即可。露地栽培按园林景观设计要求,选择浅水区和湿地种植,株行距 30 cm×30 cm。生长期要及时拔除杂草,保持水面清洁。为增强通风剪除部分过密过弱枝,及时剪除开败的花穗,促进新花穗萌发。冬季上冻前盆栽千屈菜要剪除枯枝,盆内保持湿润。露地栽培不用保护可自然越冬。一般 2～3 年要分栽一次。

园林应用 千屈菜姿态娟秀整齐,花色鲜丽醒目,可成片布置于湖岸河旁的浅水处。是极好的水景园林造景植物。也可盆栽摆放庭院中观赏,亦可作切花用

四、花菖蒲 *Iris keampferi*

生长习性 鸢尾科鸢尾属多年生挺水水生花卉。喜阳光充足,喜湿润及富含腐殖质的微酸性土壤,性耐寒。

繁育方法 花菖蒲可用播种和分株繁殖。

栽培管理 栽植花菖蒲应选择地势低洼或浅水区,株行距为 25 cm×30 cm,栽植深度以土壤覆盖植株根部为宜,栽植初期水尽量浅些,防止种苗漂浮,以利尽快扎根。生长期可用速效肥雨中撒施,水位应保持 10 cm 左右,不能浸没整个植株。

园林应用 黄菖蒲是水生花卉中的骄子,花色黄艳,花姿秀美,如金蝶飞舞于花丛中,观赏价值极高。适应范围广泛,可在水池边露地栽培,亦可在水中挺水栽培,效果很好。

五、香蒲 *Typha orientalis*

树种习性 香蒲科香蒲属多年生草本。喜温暖、光照充足的环境,生于池塘、河滩、渠旁、潮湿多水处。

繁育方法 可用播种和分株繁殖,一般用分株繁殖。

栽培管理 用分株繁殖。3—4 月份,挖起蒲黄发新芽的根茎,分成单株,每株带有一段根茎或须根,选浅水处,按行株距 50 cm×50 cm 栽种,每穴栽 2 株。栽后注意浅水养护,避免淹水过深和失水干旱,经常清除杂草,适时追肥。4～5 年后,因地下根茎生长较快,根茎拥挤,地上植株也密,需翻蔸另栽。栽后第二年开花增多,产量增加即可开始收获。

园林应用 香蒲是重要的水生经济植物之一,香蒲叶绿穗奇可用于点缀园林水池,亦可用于造纸原料、嫩芽蔬食等。

第九章　仙人掌及多浆植物

一、仙人掌 *Opuntia stricta*

树种习性　仙人掌科仙人掌属多年生常绿肉质植物。喜温暖和阳光充足的环境，不耐寒，冬季需保持干燥，忌水涝，要求排水良好的沙质土壤。

繁育方法　常用扦插繁殖，也可使用嫁接和播种。

栽培管理　仙人掌以盆栽为主。栽培时盆土可用腐叶土和粗沙按 1∶1 比例混合，并适当掺入石灰调整 pH 值。植株上盆后置于阳光充足处，尤其是冬季需充足的光照。仙人掌较耐旱，但也要注意浇水，尤其是在生长期要保证水分的供给，掌握“干透浇透”的原则。生长期适当施肥可加速生长。休眠期应节制浇水，施肥，保持土壤干燥。

园林应用　盆栽观赏或食用。

二、金琥 *Echinocactus grusonii*

生长习性　仙人掌科金琥属多年生常绿肉质植物。性强健，要求阳光充足，但夏季则喜半阴，不耐寒，冬季温度维持在 8～10℃，喜含石灰质的沙砾土。

繁育方法　以播种繁殖为主，但种子不易取得。也可使用扦插和嫁接，但不易产生小球。可在生长季节将大球顶部生长点切除，促生子球。

栽培管理　金琥球生长速度较慢。为了加快生长，可以使用嫁接的方法。具体方法是：当播种或扦插的子球长到 1 cm 左右时，切下嫁接到量天尺上。嫁接 1 年后金琥的直径可达 5 cm，两三年可达 10 cm。这时可带 5 cm 砧木切下扦插。欲使金琥快速生长，应在生长期每隔 10 天施 1 次含磷为主的肥料，以促进其生长健壮，冬季节制施肥。金琥生长较快，每年需换盆 1 次，栽培时要注意通风良好及阳光充足，夏季给予适当的遮阴。

园林应用　金琥寿命很长，栽培容易，成年大金琥花繁球壮，金碧辉煌，观赏价值很高。体积小，占据空间少，是城市家庭绿化十分理想的一种观赏植物

三、芦荟 *Aloe vera*

生长习性　百合科芦荟属常绿多肉质的草本植物。喜温暖，不耐寒；喜春夏湿润，秋冬干燥；喜阳光充足，不耐阴；耐盐碱。

繁育方法　扦插、分株。

栽培管理　每年春末，气温稳定回升后，结合换盆，剪下侧芽和小株。小株剪下后，可直接上盆栽植。侧芽可晾 1～2 天或在切口处抹以草木灰，插入湿沙床内，20～30 天可发根。越冬

温度5℃以上。在排水好、肥沃的沙质壤土上生长良好。不需大肥水。光照过弱不易开花。生长快，需每年换盆。冬季保持盆土干燥。

园林应用 易于栽种，为花叶兼备的观赏植物。

四、龙舌兰 *American avav*

生长习性 龙舌兰科龙舌兰属多年生常绿植物，植株高大。喜温暖、光线充足的环境，生长温度为15～25℃。耐旱性极强，要求疏松透水的土壤。喜温暖干燥和阳光充足环境。稍耐寒，较耐阴，耐旱力强。要求排水良好、肥沃的沙壤土。冬季温度不低于5℃。

繁育方法 分株、播种。

栽培管理 春季分株繁殖。将根处萌生的萌蘖苗带根挖出另行栽植。5℃以上气温可露地栽培。我国华东地区多作温室盆栽，越冬温度5℃以上。浇水不可浇在叶上，否则易生病。随新叶长，及时去除老叶，保证通风透光。龙舌兰管理粗放。

园林应用 龙舌兰叶片坚挺，四季常青，为南方园林布置的重要材料之一，长江流域及以北地区常温室盆栽。

第十章 草坪草

一、草地早熟禾 *Poa pratensis*

生长习性 禾本科早熟禾属。草地早熟禾原产于欧亚大陆、中亚细亚区，广泛分布于北温带冷凉湿润地区。在我国分布于黄河流域、东北、内蒙古、甘肃、新疆、青海、西藏、四川、江西等省(区)。草地早熟禾喜光，耐阴性差；喜温暖湿润的环境，又具很强的耐寒能力，耐旱较差，夏季炎热时生长停滞，春秋季生长繁茂；在排水良好、土壤肥沃的湿地生长良好。

建坪方法 通常用种子直播法建坪，草地早熟禾种子细小，覆土深度不应超过 0.5 cm，播种量 6～10 g/m^2，10～15 天种子发芽，直播后 40 天后成坪。

栽培管理 草地早熟禾养护时必须做到细致，在生长旺季应及时修剪，并结合施肥和浇水，在夏季高温会出现休眠现象。草地早熟禾在生长 3～4 年应补播草籽一次。草地早熟禾生长年限较长时，易出现草垫层，注意采用垂直修剪或草坪打孔、草坪划破等措施进行清除草垫层和地表的通气。

园林应用 草地早熟禾为草坪绿化的重要草种，主要用于铺建运动场、高尔夫球场、公园、路旁草坪、铺水坝地等草坪。

二、高羊茅 *Festuca arundinacea*

生长习性 高羊茅别名苇状羊茅，为禾本科羊茅属冷季型多年生草本植物。适应性强，耐酸、耐瘠薄，抗旱、抗病性强；适于我国冬季不出现极端低温的广大北方地区，其性喜寒冷潮湿、温暖的气候，在长江流域可以保持四季常绿，高羊茅在炎热高温夏季会出现休眠现象。

建坪方法 高羊茅可采用播种方式建坪，一般草坪或保持水土用的平地粗放草坪的采用撒播，可单播也可混播，播后 7～14 天发芽，约 50 天后可以成坪；斜坡上可以采用草坪喷播技术混播。

栽培管理 高羊茅苗期生长较慢，出苗后应注意松土；一般绿地成苗后管理较粗放，注意水肥不宜过多，否则容易滋生病虫害；作为一般草坪，在生长旺季注意修剪，修剪留茬高度应保持在 4～6 cm。

园林应用 高羊茅寿命长、色泽鲜亮、绿期长及耐践踏，被广泛应用于机场、运动场、庭园、公园等绿地。

三、白三叶 *Trifolium repens*

生长习性 白三叶别名白车轴草，为豆科三叶草属多年生草本植物。喜欢温凉、湿润的气候，最适生长温度为19～24℃；喜光又耐心阴；对土壤要求不严，耐贫瘠、耐酸，但最适排水良好、富含钙质及腐殖质的黏质土壤，不耐盐碱、不耐旱。

建坪方法 采用播种繁殖，白三叶种子硬实率较高，播种前要用机械方法擦伤种皮，或用浓硫酸浸泡腐蚀种皮等方法。用硫酸浸泡20～30 min，捞出用清水冲洗干净，晾干播种。

栽培管理 白三叶管理粗放，浇水次数少，不需修剪，草坪一旦成坪，杂草不易侵入。

园林应用 白三叶绿期长，耐修剪但不耐践踏，常作为观赏草坪或水土保持草坪。

四、狗牙根 *Cynodondact lon*

生长习性 狗牙根别名百慕达、爬根草，为禾本科狗牙根属暖季型草坪草。狗牙根广泛分布于温带地区，在我国主要分布于黄河流域以南。其喜光，耐阴性差；喜温热气候和潮湿土壤，不耐寒，气候寒冷时生长差，易遭受霜害，当日均温下降至6～9℃时生长缓慢，开始变黄，当日均温为2～3℃时，其茎叶死亡，以其根状茎和匍匐茎越冬，翌年则靠越冬部分休眠芽萌发生长；此草在华南地区绿期约270天，华东、华北约250天、新疆绿期约170天。

建坪方法 狗牙根可用种子直播和播茎法、铺设法等营养繁殖。播种一般在晚春和初夏进行，播后保持土壤湿润。播茎法可在初夏进行，播后保持土壤湿润，20天左右即能滋生匍匐茎。铺设法、铺设时间可根据工程要求灵活掌握，但应避开极端气候；满铺法可瞬间成坪。

栽培管理 一般养护水平狗牙根草坪的养护管理措施主要包括草坪修剪、灌溉、施肥。修剪高度要遵循1/3原则；由于狗牙根浅根系，在夏季干旱时应及时灌溉；狗牙根草坪施肥可在初夏和仲夏进行，肥料以氮、磷、钾肥为主。

园林应用 狗牙根是我国黄河流域以南栽培应用较广泛的优良草种之一。可单独使用或与其他暖季型草坪草及冷季型草坪草品种混合，用于运动场及高尔夫球场草坪，也可作为堤坝护坡草坪。

五、野牛草 *Buchloe dactyloides*

生长习性 野牛草别名水牛草，为禾本科野牛草属多年生暖季型草坪草。野牛草原产北美，早年引入我国栽培，现已成为华北、东北、内蒙古等北方地区的主要草坪草种之一。该草适应性强，其抗热性、耐旱性和耐盐碱能力都非常强，能适应的土壤范围较广，但以结构细的细黏土最为适宜；有较强的耐寒能力，但绿期较短，如在北京绿期为180～190天，在新疆绿期约160天。

建坪方法 可用种子直播，也可用铺设法建坪。为节省材料使用间铺法，草皮铺设后即可镇压，随后浇水，很快成坪。

栽培管理 野牛草养护管理粗放，由于其再生快，植株高，因此，修剪是养护管理的基本措施，全年可修剪3～5次，每次留茬高度3～4 cm；野牛草耐旱性强，成坪后浇水不宜过多。

园林应用 野牛草具有枝叶柔软、较耐践踏、养护管理粗放和抗逆性强等优点，所以被广泛用作温暖半湿润、半干旱及过渡带的草坪建植，常用于公园、墓地、体育场、机场和路边的草坪。

六、中华结缕草 *Zoysia sinica*

生长习性 中华结缕草别名青岛结缕草，为禾本科结缕草属多年生暖季型草坪草。阳性，但耐阴性较好；喜温潮湿环境，具有耐旱、耐盐碱的特性，但最适于生长在排水好、较细、肥沃、pH 值为 6～7 的土壤上。

建坪方法 可用种子直播，也可用铺设法建坪。中华结缕草硬实率高，播种前要先行种子处理；铺草块建草坪见效快，效果好。

栽培管理 草坪的养护管理十分重要。在生长旺盛季节，1 周要修剪 1～2 次，以保证草的高度在 1～3 cm，才符合各种球类运动场草坪的要求。为了控制好球场草坪的高度，而且草色浓绿，就要加强草坪的喷水及施肥的管理工作（一般施用颗粒状的混合肥）。唯有在良好的养护条件下，同时增加修剪的次数，才能达到草坪生长不高，而且健壮生长，枝叶浓绿。

园林应用 中华结缕草具有抗踩踏、弹性良好、再生力强、病虫害少、养护管理容易、寿命长等优点，目前已普遍应用于我国各地的足球场、高尔夫球场、棒球场等体育运动场地。

第十一章　地被花卉

一、二月兰 *Cerychophragmus violaceus*

生长习性　二月兰别名诸葛菜，为十字花科诸葛菜属一二年生草本植物。二月兰广泛分布于我国东北、华东、华中等地，遍及北方各省市。其适生性强，耐寒性强，耐阴性强，自播能力强，对土壤要求不严。最好选择疏松肥沃且排水良好的沙质土壤。对土壤要求不严，但最好选择疏松肥沃且排水良好的沙质土壤。

繁殖方法　二月兰以种子繁殖为主。播种时间夏、秋均可，但以 8—9 月份最为适宜。

栽培管理　栽培管理比较粗放，栽培时及时浇水，施肥，稍加管理即可健壮生长。

园林应用　二月兰作为优良的地被植物，宜栽于林下、林缘、住宅小区、高架桥下、山坡下或草地边缘，可独立成片种植，也可与各种灌木混栽，也可作为花坛花卉。

二、金叶过路黄 *Lysimachia nummularia* 'Aurea'

生长习性　过路黄别名铺地莲，为报春花科珍珠菜属多年生或一年生草本。原产于欧洲、美国东部等地。本种耐寒性强，夏季耐干旱。病虫害又少。立秋后，天气转冷，金叶过路黄叶色金黄未退。到 11 月底植株渐渐停止生长，叶色，由金黄色慢慢转淡黄，直至绿色。在冬季浓霜和气温在－5℃时叶色还转为暗红色。

繁殖方法　扦插或种子繁殖。

栽培管理　在发出新叶时，要施薄肥 1 次，并在此时，如有缺苗，要及时剪取较长插条补苗，并注意中耕除草。

园林应用　过路黄花金黄，色泽艳丽，在园林中常用于路边、花坛或作为地被植物。

三、马蔺 *Iris lactea* var. *chinensis*

生长习性　马蔺别名马连，为鸢尾科鸢尾属多年生宿根草本花卉。马蔺原产于中国、中亚细亚、朝鲜等地，生于荒地、路旁、山坡草地，其根系发达，抗性和适应性极强，耐盐碱；抗寒性较强，生长适温为 16～25℃；喜湿润，也耐旱；具有较强的抗病虫能力。

繁殖方法　播种、分株。

栽培管理　栽植马蔺的地块必须耕翻松土，刚分株栽培应隔 1～2 天浇 1 次水，成坪后的马蔺管理粗放，除日常养护外，无需特别管理。

园林用途　马蔺色泽青绿，在北方地区绿期可达 280 天以上，蓝紫色的花淡雅美丽，花密清香，花期长达 50 天，可作园林绿化的地被、镶边或孤植等，还可作为切花材料。

四、狭叶麦冬 *Ophiopogon japonicus*

生长习性 狭叶麦冬别名沿阶草，为百合科沿阶草属多年生常绿草本。喜温暖湿润气候，耐寒力较强；喜阴湿环境，在阳光下和干燥的环境中叶尖焦黄；对土壤要求不严，但在土壤疏松、肥沃及排水良好的地方生长良好。

繁殖方法 播种、分株。

栽培管理 狭叶麦冬管理粗放，栽培地要求保持阴湿，在4—6月份和8—9月份生长旺盛时需施用腐熟饼肥水和少量磷、钾肥。

园林应用 狭叶麦冬是优良的耐阴地被植物，园林中还可点缀山石或路边带植。在南方多栽于建筑物台阶的两侧，故名沿阶草，北方常栽于通道两侧。

五、涝峪薹草 *Carex giraldiana*

生长习性 涝峪薹草为莎草科苔草属多年生草本植物。涝屿薹草具有较强的适应性，耐瘠薄力较强，耐寒耐热力强，有较强的耐阴能力，对土质要求不严。

繁殖方法 分株、播种。

栽培管理 涝峪薹草栽植密度为30 cm×30 cm，每穴栽植株数为3株为宜，此草喜阴，注意栽培地保持阴蔽条件为好；成坪地管理粗放，每年灌溉3次，返青水、冻水及春季干旱季节补水；为增加分蘖数，可隔年少量施用复合肥，肥后浇水，以防烧苗；涝峪薹草不需要修剪，但在早春为整体观赏效果美观，可修剪掉枯黄部分。

园林应用 涝峪薹草具有较强的耐阴力，适于作观赏性地被植物，既可作为城市立交桥下、建筑物背阴面、林下绿化的地被植物，也可作为全光条件及护坡绿化的地被植物。

第十二章　温室花卉

一、蝴蝶兰 *Phalaenopsis amabilis*

生长习性　蝴蝶兰为兰科蝴蝶兰属附生性多年生常绿草本植物。主要变种有台湾蝴蝶兰、阿福德蝴蝶兰、斑叶蝴蝶兰、菲律宾蝴蝶兰、蔓氏蝴蝶兰。以台湾出产最多。花姿优美，颜色华丽，为热带兰中的珍品，有"兰中皇后"之美誉。喜温暖、多湿且通风的环境。耐阴。喜欢高气温、高湿度、通风透气的环境；不耐涝，耐半阴环境，忌烈日直射，忌积水，畏寒冷，生长适温为22～28℃，越冬温度不低于15℃。

繁殖方法　多采用分株法，春季从成熟的大株上挖取带有2～3条根的小苗，另行栽植。现在多数由专业化育苗公司用组织培养的方法繁殖幼苗。

栽培管理　蝴蝶兰的栽培所选用的栽培基质应通气、排水良好，常用蛇木屑、椰壳、水苔、木炭、碎砖块等。一般在春季花后换盆，并更新栽培材料，不然易积生污垢和青苔，并且容易滋生病虫害。蝴蝶兰生长期需充足的水分，每天早晚各浇1次水。秋季浇水量宜少，而次数稍多。冬季可10～15天浇水1次。花芽生长期间，需水量加大，应适当增加浇水次数。浇水时应避免夜间有水滴残留在叶片上，引发病虫害或引起冻伤。栽培过程中要求较高的空气湿度，一般要有70%～80%的相对湿度为好。北方地区蝴蝶兰能否度过夏季和干旱季节的干燥环境，是养好蝴蝶兰的重要环节。要每天向叶面喷雾2～3次，并经常向地面喷洒清水。蝴蝶兰必须经常施肥，在生长期每2周施1次肥，休眠期及花期要停止施用，花期施肥易引起落花落蕾。春夏季施以氮肥为主的稀薄液肥，秋冬季施以磷、钾肥为主的液肥。

蝴蝶兰病虫害主要有粉介壳虫、红蜘蛛、小蜗牛危害。

园林应用　温室、阳台等室内绿化。

二、大花蕙兰 *Cymbidium hybrid*

生长习性　别名虎头兰、喜姆比兰和蝉兰。兰科兰属植物。原产于印度、缅甸、泰国、越南和中国南部等地区的兰属中的一些附生性较强的大花种和主要以这些原种为亲本获得的人工杂交种。大花蕙兰是对兰属中通过人工杂交培育出的、色泽艳丽、花朵硕大的品种的一个统称。大花蕙兰喜强光，能耐50 000～70 000 lx的强光照。性喜凉爽高湿的环境，生长适温为10～25℃，大花蕙兰腋芽的萌发主要受温度支配，高温（高于18℃）下出芽快而整齐，低温（低于6℃）下则发芽较慢。由萌芽到假鳞茎形成的时间因品种或环境而异，8～12个月。长日照及光照充足、多肥等条件均可以促进侧芽生长。

繁殖方法　分株、组织培养繁殖。

栽培管理

(1)栽培基质　50孔穴盘中采用水苔，需用800～1 000倍甲基托布津、甲福硫或多菌灵浸2～4 h，旧水苔暴晒1～2个中午后浸药也可用。组培生根苗：带瓶在温室锻炼1～3天，夏天须放在阴凉地方炼苗，包苗前从组培瓶中取出苗，去除培养基，清水洗净，随后在800倍多菌灵溶液中清洗，并将苗分成大中小三个等级包苗，采用50孔穴盘，上穴盘后半个月可叶面喷肥，EC值0.8～0.9，上穴盘后15天内需要经常喷雾，并经常补水，叶面肥以氮、磷、钾20：20：20即可。穴盘苗培养2～3个月，即可上8×8营养钵，此时即可采用细树皮作为基质。树皮应用标准：幼苗时用2～5 mm的树皮，中苗时用5～10 mm的树皮，大苗时用8～18 mm的树皮。

(2)幼苗　在8×8和12×12营养钵中的一年生苗，一般不留侧芽。

(3)一年苗　生长1年左右的幼苗换到大盆(内口直径15 cm或18 cm)中，一般每苗留2个子球，对称留效果最佳，其他侧芽用手剥除。当芽长到5 cm进行疏芽最为合适。因为侧芽在15 cm长以前无根，15 cm以后开始发根，不同品种用不同的留芽方式，也有每苗留1个子球的。

(4)二年苗　指生长24个月以上的苗子，不需要换盆。这个阶段的苗子每月施有机肥15 g/盆，随着苗子长大，每月使用18～20 g/盆，换盆12个月后只施骨粉，并在10月份前不断疏芽，11月份至次年1月份要决定留孙芽(开花球)数量，一般大型花：可留孙芽2个/盆，将来可开花3～4枝/盆；中型花：可留孙芽2～3个/盆，将来可望开花4～6枝。冬季温度保证夜温不低于5℃即可。

(5)开花株培养　(三年)春天3—6月份夜温为15～20℃，日温为23～25℃。6—10月份夜温为15～20℃，日温为20～25℃；11月份以后夜温为10～15℃，日温为20℃。2—4月份每月施有机肥10 g/盆(豆饼：骨粉＝2：1)，4月份以后每次施有机肥14 g/盆。6—10月份加大温差，平地栽培者一般要上山栽培，此间主要施骨粉，每盆15 g左右，花芽出现后，立即停施有机肥，11月后花穗形成，花箭确定后抹去所有新发生芽，大部分品种9—10月份底可见花芽，如果长出叶芽应剥除。花箭用直径0.5 cm包皮铁丝作支柱，当花芽长到15 cm时竖起。绑花箭的最低部位为10 cm，间隔6～8 cm，支柱一般选择80 cm和100 cm长。

大花蕙兰的栽培管理要控制好环境条件。生长适温为10～30℃，昼夜温差最好在8℃以上；生长最适光强在15 000～40 000 lx，最大光强最好小于70 000 lx。要求空气湿度非常湿润，但要注意通风，否则易得炭疽病，小苗湿度应在80%～90%，中大苗湿度应在60%～85%。

生长期施肥氮、磷、钾比例为1：1：1，催花期比例为1：2：(2～3)，肥液pH值为5.8～6.2。一般而言，小苗施肥浓度为3 500～4 000倍，中大苗为2 000～3 500倍，夏季1～2次/天(水肥交替施用)，其他季节通常3天施一次肥。从组培苗出瓶到开花前都要每月施一次有机肥，生长期豆饼：骨粉的比率为2：1，催花期施用纯骨粉。有机肥不能施于根上。骨粉如含盐量太大可先用水冲洗后再施用。冬季最好停止施用有机肥。长效缓释肥在大花蕙兰上的应用也非常广泛，通常采用氮：磷：钾＝13：11：13的型号，有效期为3个月或6个月。缓施肥在施入1个月以后才开始释放养分，所以在这1个月内要保证有肥料供应，长效缓释肥的用量一般为小苗2～3 g、中苗6 g、大苗18 g不等。

大花蕙兰水分的供应一般用喷灌，5月份和9月份每天浇一次水，7—8月份一天浇2次水，10月份至次年4月份每2～3天浇一次水。浇水次数视苗大小和天气状况随时调整。注意大花蕙兰对水质要求很高，电导率EC要小于0.3 ms/m。

大花蕙兰一般用塑料大棚或加温的温室栽培，在平原地区栽培要配备高山基地做越夏催花用。目前云南是中国大花蕙兰的主要生产地区，一般使用塑料大棚，冬季需要加温，夏季温度升高时要撤掉温室的塑料薄膜，换上遮阴网。

园林应用 大花蕙兰植株挺拔，花茎直立或下垂，花大色艳，主要用作盆栽观赏。

三、绿萝 *Scindapsus aureun*

生长特性 别名黄金葛、藤芋等，为天南星科绿萝属。性喜温暖、潮湿环境，要求土壤疏松、肥沃、偏酸性、排水良好。绿萝极耐阴，夏天忌阳光直射，在强光下容易叶片枯黄而脱落，故夏天在室外要注意遮阳，冬季在室内明亮的散射光下能生长良好，茎节坚壮，叶色绚丽。

繁殖方法 绿萝不易开花，一般采用扦插繁殖。

栽培管理 绿萝生长较快，栽培管理粗放。在栽培管理的过程中，夏季应多向植物喷水，每 10 天进行一次根外施肥，保持叶片青翠。盆栽苗当苗长出栽培柱 30 cm 时应剪除；当脚叶脱落达 30%～50%时，应废弃重栽。

盆栽绿萝由于受到盆土的限制，栽培时间过长后容易使植株老化，叶片变小而脱落。故栽培 2～3 年后须进行换盆或修剪更新。每盆栽植或直接扦插 4～5 株，盆中间设立棕柱，便于绿萝缠绕向上生长。整形修剪在春季进行。当茎蔓爬满棕柱、梢端超出棕柱 20 cm 左右时，剪去其中 2～3 株的茎梢 40 cm。待短截后萌发出新芽新叶时，再剪去其余株的茎梢。由于冬季受冻或其他原因造成全株或下半部脱叶的盆株，可将植株的一半茎蔓短截 1/2，另一半茎蔓短截 2/3 或 3/4，使剪口高低错开，这样剪口下长出来的新叶能很快布满棕柱。

园林应用 绿萝绿色的叶片上有黄色的斑块，其缠绕性强，气根发达。是非常优良的室内装饰植物之一。

四、变叶木 *Codiaeum variegatum*

生长习性 大戟科变叶木属灌木或小乔木，原产马来西亚及太平洋地区。变叶木的生长适温为 20～30℃，冬季温度不低于 13℃。温度在 4～5℃时，叶片受冻害，造成大量落叶，甚至全株冻死。喜湿怕干。生长期茎叶生长迅速，给予充足水分，并每天向叶面喷水。但冬季低温时盆土要保持稍干燥。如冬季半休眠状态，水分过多，会引起落叶，必须严格控制。喜光，整个生长期均需充足阳光，茎叶生长繁茂，叶色鲜丽，特别是红色斑纹，更加艳红。若光照长期不足，叶面斑纹、斑点不明显，缺乏光泽，枝条柔软，甚至产生落叶。土壤以肥沃、保水性强的黏质壤土为宜。盆栽用培养土、腐叶土和粗沙的混合土壤。

繁殖方法 扦插 。

栽培管理 盆栽变叶木常用 20～25 cm 盆，盆底需垫上碎砖或煤渣。生长期每旬施肥 1 次或用“卉友”15-15-30 盆花专用肥，冬季搬入室内栽培，由于温度偏低，停止施肥并减少浇水，才能安全越冬。每年春季换盆时，株形可适当修剪整形，保持其优美的株形和色彩。培养土以腐叶土、园土、沙土各 1 份混合而成，供幼苗移栽和成苗换盆用。平时浇水以保持盆土湿润为度，夏季晴天要多浇水，每天还需向叶面喷水 2～3 次，增加空气温度，保持叶面清洁鲜艳。长期配合浇水追施复合液肥，每 2 周 1 次，尽量少施氮肥，以免叶色变绿减少色彩斑点。春、秋、冬三季变叶木均要充分见光，夏季酷日照射下需遮 50%的阳光，以免暴晒。光线愈充足，叶色愈美丽。气温控温不得低于 15℃以免失去观赏效果，甚至造成死亡。在室内装饰的盆花最多只能放置 2～3 周，即需放于有光照的条件下养护一段时间。

常见黑霉病、炭疽病危害，可用 50%多菌灵可湿性粉剂 600 倍液喷洒。室内栽培时，由于通风条件差，往往会发生介壳虫和红蜘蛛危害，用 40%氧化乐果乳油 1 000 倍液喷杀。

园林应用 变叶木因在其叶形、叶色上变化显示出色彩美、姿态美，在观叶植物中深受人们喜爱，华南地区多用于公园、绿地和庭园美化，既可丛植，也可做绿篱，在长江流域及以北地区均做盆花栽培，装饰房间、厅堂和布置会场。其枝叶是插花理想的配叶料。

五、吊兰 *Chlorophytum comosum*

生长习性 百合科吊兰属。喜温暖湿润的气候条件，不耐寒也不耐暑热，宜半阴，怕强光。适宜排水良好而又肥沃的沙质土壤，其肉质根贮水组织发达，抗旱力较强。

繁殖方法 扦插、分株、播种。

栽培管理 吊兰对各种土壤的适应能力强，栽培容易。可用肥沃的沙壤土、腐殖土、泥炭土或细沙土加少量基肥作盆栽用土。生长季节每两周施一次液体肥。花叶品种应少施氮肥，否则叶片上的白色或黄色斑纹会变得不明显。环境温度低于 4℃时停止施肥。

光照吊兰喜半阴环境，可常年在明亮的室内栽培。在室外栽培的吊兰，夏日在强烈直射阳光下也能生长良好。但是，长期在室内栽培的吊兰，应避免强烈阳光的直射，需遮去 50%～70%的阳光。吊兰耐高温。适宜温度为 15℃以上，冬季越冬温度 4℃以上。喜湿润环境，为使吊兰清新鲜绿，可经常向叶片喷水清洗。平时随时剪去吊兰的黄叶。每年 3 月份可翻盆一次，剪去老根、腐根及多余须根。5 月上中旬将吊兰老叶剪去一些，会促使萌发更多的新叶和小吊兰。

吊兰主要有生理性病害，叶前端发黄，应加强肥水管理。经常检查，及时发现叶上的介壳虫、粉虱、蚜虫或叶螨等，喷药即可。

园林应用 吊兰可在室内栽植供观赏、装饰用，也可以悬吊于窗前、墙上。吊兰常常被人们悬挂在空中，被称为“空中仙子”。

六、四季海棠 *Bedding begonia*

生长习性 秋海棠科秋海棠属。性喜阳光，稍耐阴，怕寒冷，喜温暖、稍阴湿的环境和湿润的土壤，但怕热及水涝，夏天注意遮阴，通风排水。

繁殖方法 播种、扦插。

栽培管理 定植后的四季海棠，在初春可直射阳光，随着日照的增强，须适当遮阴。高温高湿易产生各种疾病，如茎腐病。移栽一次后，约 40 天后定植。定植缓苗后，每隔 10 天追施一次液体肥料。浇水要充足，保持土壤湿润。如果想使株丛较大，开花繁茂，应多次摘心，一般留两个节，把新梢摘去，促进分枝而开花多，还应及时修剪长枝、老枝而促发新的侧枝，加强修剪有利于株形的美观。栽培的土壤条件，要求富含腐殖质、排水良好的中性或微酸性土壤，既怕干旱，又怕水渍。盆栽的 6 月下旬就要开始遮阴避暑，并防止盆内积水，否则易烂根死亡。

病虫害防治 病害主要有叶斑病，还有细菌性病害的危害，应采用托布津、百菌清、井冈霉素等防治。虫害主要是危害叶、茎的各类害虫，有蛞蝓、蓟马、潜叶蝇等，应针对性用药。

园林应用 四季海棠姿态优美，叶色娇嫩光亮，花朵成簇，四季开放，且稍带清香，为节日及室内外装饰的主要盆花之一。

七、鹤望兰 *Strelitzia reginae*

生长习性 芭蕉科鹤望兰属植物。喜温暖、湿润气候，怕霜雪。南方可露地栽培，长江流域作大棚或日光温室栽培。生长适温白天20～22℃、晚间10～13℃，对生长更为有利。冬季温度不低于5℃。喜光，夏季强光时宜遮阴或放阴棚下生长，冬季需充足阳光，如生长过密或阳光不足，直接影响叶片生长和花朵色彩。每片单叶从萌发至发育成熟需40～45天。从出现花芽至形成花苞需30～35天。单花开花13～15天，整个花序可持续观赏21～25天。

繁殖方法 播种、分株。

栽培管理 盆栽鹤望兰，需用疏松肥沃的培养上、腐叶土加少量粗沙，盆底多垫粗瓦片、以利排水，有利于肉质根的生长发育。栽植时不宜过深，以不见肉质根为准，否则影响新芽萌发。夏季生长期和秋冬开花期需充足水分，早春开花后适当减少浇水量。生长期每半个月施肥1次，特别在长出新叶时要及时施肥，因为新叶多才会花枝多。当形成花茎至盛花期，施用2～3次磷肥。花谢后，如不需留种，花茎应立即剪除，以减少养分消耗。冬季要清除断叶和枯叶，这样可以每年花开不断。成型的鹤望兰每2～3年换盆1次。

园林应用 鹤望兰适应性强，栽培容易，是一种有经济价值的观赏花卉及切花材料。

八、发财树 *Pachira macrocarpa*

生长习性 木棉科瓜栗属。原产墨西哥的利哥斯达黎加。喜高温高湿气候，耐寒力差，幼苗忌霜冻，成年树可耐轻霜及长期5～6℃低温，华南地区可露地越冬。喜肥沃疏松、透气保水的沙壤土，喜酸性土，忌碱性土或黏重土壤，较耐水湿，也稍耐旱。

繁殖方法 以种子繁殖为主，也可扦插繁殖。

栽培管理 新引进的植株，当年不用换盆，不要施氮肥，控制幼枝徒长，防树型偏冠。以后1～2年就应换一次盆，于春季出室时进行，并对黄叶及细弱枝等作必要修剪，促其萌发新梢。浇水要遵循间干间湿的原则，春秋天按天气晴雨、干湿等情况掌握浇水疏密，一般一天浇1次，气温超过35℃时，一天至少浇2次，生长季每月施2次肥，对新长出的新叶，还要注意喷水，以保持较高的环境湿度；6—9月份要进行遮阴，保持60%～70%的透光率或放置在有明亮散射光处。冬季入室后，气温不要低于5℃，保持在10℃左右较好，浇水5～7天1次，并要保证给予较充足的光照。另外，在生长季，如通风不良，容易发生红蜘蛛和介壳虫危害，应注意观察。发现虫害要及时捉除或喷药。

园林应用 庭园和行道树、盆栽。

九、香石竹 *Dianthus caryophyllus*

生长习性 石竹科石竹属植物。喜凉爽和直射光充足环境，不耐炎热、干燥和低温。宜栽植在富含腐殖质、排水良好的石灰质土壤里，喜肥。

繁殖方法 扦插、压条或组织培养法均可，而以扦插法为主。

栽培管理 雨季要注意松土排水。除生长开花旺季要及时浇水外。平时可少浇水，以维持土壤湿润为宜。空气湿润度以保持在75%左右为宜，花前适当喷水调湿，可防止花苞提前开裂。香石竹喜肥，在栽植前施以足量的烘肥及骨粉，生长期内还要不断追施液肥，一般每隔10天左右施一次腐熟的稀薄肥水，采花后施一次追肥。为促使康乃馨多枝多开花，需从幼苗期开始进行多次摘心。当幼苗长出8～9对叶片时，进行第一次摘心，保留4～6对叶片；待侧枝长出4对以上叶时，第二次摘心，每侧枝保留3～4对叶片，最后使整个植株有12～15个侧枝为好。孕蕾时每侧枝只留顶端一个花蕾，顶部以下叶腋萌发的小花蕾和侧枝要及时全部摘除。第一次开花后及时剪去花梗，每枝只留基部两个芽。经过这样反复摘心，能使株形优美，花繁色艳。喜好强光是香石竹的重要特性。无论室内、室外栽培，都需要充足的光照，都应该放在直射光照射的向阳位置上。香石竹常见的病害有萼腐病、锈病、灰霉病、芽腐病、根腐病。可用代森锌防治萼腐病，氧化锈灵防锈病。防治其他病害中用代森锌、多菌灵或克菌丹在栽插前进行土壤处理。遇红蜘蛛、蚜虫为害时，一般用40%乐果乳剂1 000倍液杀除。

园林应用 康乃馨是优良的切花品种，花色娇艳，有芳香，花期长，适用于各种插花需求，矮生品种还可用于盆栽观赏。

十、肾蕨 *Nephrolepis cordifolia*

生长习性 别名蜈蚣草等，肾蕨科肾蕨属。喜欢温暖潮润和半阴的环境。生长一般适温3—9月份为16～24℃，9月份至第二年3月份为13～16℃。冬季温度不低于8℃，但短时间能耐0℃低温。也能忍耐30℃以上高温。肾蕨喜湿润土壤和较高的空气湿度。春、秋季需充足浇水，保持盆土不干，但浇水不宜太多，否则叶片易枯黄脱落。夏季除浇水外，每天还需喷水数次，特别悬挂栽培需空气湿度更大些，否则空气干燥，羽状小叶易发生卷边、焦枯现象。肾蕨喜明亮的散射光，但也能耐较低的光照，切忌阳光直射。规模性栽培应设遮阳网，以50%～60%遮光率为合适。

繁殖方法 常用分株、孢子和组培繁殖。

栽培管理

(1)土壤 盆栽肾蕨宜用疏松、肥沃，透气的中性或微酸性土壤。常用腐叶土或泥炭土、培养土或粗沙的混合基质。盆底多垫碎瓦片和碎砖，有利于排水、透气。

(2)施肥 生长期每旬施肥1次，又可用“卉友”20-20-20通用肥或20-8-20四季用高硝酸钾肥。同时，生长期要随时摘除枯叶和黄叶，保持叶片清新翠绿。

(3)灌溉 吊钵栽培时要多喷水，多根外追肥和修剪调整株态，并注意通风。

(4)病虫害防治 室内栽培时，如通风不好，易遭受蚜虫和红蜘蛛危害，可用肥皂水或40%氧化乐果乳油1 000倍液喷洒防治。在浇水过多或空气湿度过大时，肾蕨易发生生理性叶枯病，注意盆土不宜太湿并用65%代森锌可湿性粉剂600倍液喷洒。

园林应用 肾蕨株形直立丛生，复叶深裂奇特，叶色浓绿且四季常青，形态自然潇洒，是客厅、办公室和卧室的美化的好材料。是目前中国内外广泛应用的观赏蕨类。

十一、君子兰 *Clivia miniata*

生长习性 石蒜科君子兰属。怕炎热不耐寒，喜欢半阴而湿润的环境，畏强烈的直射阳光，忌干燥环境。生长的最佳温度在18～22℃之间，5℃以下，30℃以上，生长受抑制。君子兰喜欢通风的环境，喜深厚肥沃疏松的土壤。粗壮肉质感。根和叶具有一定相关性，长出新根时，新叶也会随着发出，根部如果受伤或坏死，相对应的叶片也会枯萎；叶片受到伤害，同样会影响根部。

繁殖方法 播种、分株。

栽培管理

(1)土壤　君子兰适宜用含腐殖质丰富的土壤，这种土壤透气性好、渗水性好，且土质肥沃，具微酸性(pH 6.5)。一般君子兰土壤的配置，6份腐叶土、2份松针、1份河沙或炉灰渣、1份底肥(麻子等)。

(2)换盆　栽培时用盆随植株生长时逐渐加大，栽培一年生苗时，适用3寸盆。第二年换5寸盆，以后每过1～2年换入大一号的花盆，换盆可在春、秋两季进行。

(3)灌溉　君子兰比较耐旱，在夏季高温加上空气干燥的情况下要及时浇水，浇水过多又会烂根，所以要保持盆土润而不潮，恰到好处。一般情况下，春季每天浇1次；夏季浇水，可用细喷水壶将叶面及周围地面一起浇，晴天一天浇2次；秋季隔天浇1次；冬季每周浇一次或更少。

(4)施肥　君子兰施肥也应根据季节不同，施不同的肥料。如春、冬两季宜施些磷、钾肥，如鱼粉、骨粉、麻饼等，有利于叶脉形成和提高叶片的光泽度；而秋季则宜施些腐熟的动物毛、角、蹄或豆饼的浸出液，以30～40倍清水兑稀后浇施，助长叶片生长。

园林应用　君子兰花、叶并美，美观大方，耐阴，室内盆栽观赏花卉。

十二、朱顶红 *Hippeastrum rutilum*

生态习性　石蒜科朱顶红属多年生植物。原产秘鲁和巴西一带，各国均广泛栽培。喜温暖湿润气候，生长适温为18～25℃，忌酷热，阳光不宜过于强烈，应置阴棚下养护。怕水涝。冬季休眠期，要求冷凉的气候，以10～12℃为宜，不得低于5℃。喜富含腐殖质、排水良好的沙壤土。

繁殖方法　分球、分割鳞茎、播种或组织培养法繁殖。

栽培管理　盆栽朱顶红宜选用大而充实的鳞茎，栽种于18～20 cm口径的花盆中，4月盆栽的，6月可开花；9月盆栽的，置于温暖的室内，次年春3—4月份可开花。用含腐殖质肥沃壤土混合以细沙作盆栽土最为合适，盆底要铺沙砾，以利排水。鳞茎栽植时，顶部要稍露出土面。将盆栽植株置于半阴处，避免阳光直射。生长和开花期间，宜追施2～3次肥水。鳞茎休眠期，浇水量减少到维持鳞茎不枯萎为宜。若浇水过多，温度又高，则茎叶徒长，妨碍休眠，影响正常开花。庭院栽种朱顶红，宜选排水良好的场地。露地栽种，于春季3—4月份植球，应浅植，使鳞茎顶部稍露出土面即可，5月下旬至6月初开花。冬季休眠，地上叶丛枯死，10月上旬挖出鳞茎，置于不上冻的地方，待第二年栽种。在栽种中，茎、叶及鳞茎上有赤红色的病害斑点，宜在鳞茎休眠期，以40～44℃温水浸泡1 h预防。

园林应用　朱顶红品种繁多不逊郁金香，花色之齐全超过风信子，花形奇特连百合也逊色，花叶双艺乃球根罕见，可见其综合性状乃球根花卉之首，具有很高的观赏价值。

实　训

实训一　园林植物物候期的观测

一、实训目的

物候是植物由于长期适应这种周期变化的环境，形成与之相应的生理机能与形态有规律变化的习性。通过对园林植物的物候观测，可以为园林树木栽培提供生物学依据。通过实训，使学生掌握园林植物物候期的观测方法。

二、材料与用具

(1)材料　校内或校外选乔木树种、灌木树种及草本植物各3～5种。

(2)用具　海拔仪、标签、记录表、铅笔等。

三、方法与步骤

①定观测地点。可以选同一海拔高度，也可以在校外选不同海拔高度来观测。

②确定观测植物，并挂牌标记。

③乔灌木植物从早春萌芽开始，草本植物从出土开始隔日进行观测并做好现场记载，观测时间以下午为好。最好连续观测1～2个生长周期。

④数据整理分析。

四、实训提示

生长期内需每日观测，如人力不够可隔日观测。观测时间可以根据观测对象和季节不同而灵活掌握。观测位置一般是南面枝条，观测时应随看随记，不要凭记忆事后补记。观测植物部位一般为植物顶部，因植物一般顶部枝条萌动发育在先。但树体过高时，也可观测外围中下部枝条。

五、实训报告

①将记载情况整理好并填入《乔、灌植物物候观测记录表》和《草本植物物候观测记录表》。

②分析比较乔、灌木植物和草本植物的物候期特征。

实训二　裸根苗栽植

一、实训目的

通过对园林苗木进行裸根起苗及栽植实际操作训练，使学生掌握起苗、浆根、整地作畦及栽植等基本操作技能。

二、材料与用具

(1)材料　移植树苗、有机肥。

(2)用具　锄头、镐、铲或起苗器、枝剪、钢尺等。

三、方法与步骤

(1)起苗　用锄头、铲或起苗器起苗，对根系和枝叶进行适当修剪。

(2)调制泥浆并浆根。

(3)定植　整地，按苗大小挖穴，施基肥，栽植。

(4)养护　淋足定根水，大苗要立支柱等。

四、实训提示

在栽植时，要求根系在种植穴中必须舒展，填的土要分层踏实，埋土深度不能超过根颈以上 5～10 cm。

五、实训报告

撰写园林苗木裸根栽植操作过程及注意事项。

实训三　容器苗栽植

一、实训目的

通过对容器苗木栽植具体的实训，使学生能根据容器苗栽植要求，掌握容器苗栽植的基质配制、栽植等基本操作技能。

二、材料与用具

(1)材料　移植树苗、有机肥。

(2)用具　锄头、铲、枝剪、容器(根据实际情况选择陶盆、瓷盆、木盆、塑料盆、玻璃纤维强化灰泥盆等)等。

三、方法与步骤

(1)基质配制　基质配制比例根据不同的园林树要进行配比。

(2)植物栽植

①根据需栽植的植物生长特性选择大小合适的容器。

②在容器排水孔上垫好瓦片或纱网盖，放一层粗粒土，然后再装培养土。

③视花苗根系多少，可先装满盆土再定植，也可先放苗再加土，最后适当按土以防倒伏，加

培养基质至容器口 2～3 cm 处。

(3)养护 浇足定根水，然后适当遮阴以利“缓苗”。

四、实训提示

①栽植过程中，填加少量培养土，把根系全部埋住后，需要轻提植株使根系舒展，并轻压根系四周培养土，使根系与土壤密接，然后继续加培养土。

②上完盆后应立即浇透水，需浇 2～3 遍，直至排水孔有水排出，放在蔽阴处 4～5 天后，逐渐见光，以利缓苗，缓苗后可正常养护。

五、实训报告

撰写容器苗木栽植操作过程及注意事项。

实训四 铺装地面树木栽植

一、实训目的

通过对铺装地面进行栽植的具体的操作，使学生能根据铺装地面树木栽植要求，掌握栽植穴土壤更换、树盘处理等基本操作技能。

二、材料与用具

(1)材料 待移植树苗、有机肥。

(2)用具 锄头、铲、枝剪、通气管道等。

三、方法与步骤

(1)更换栽植穴的土壤 更换土壤的深度为 50～100 cm。

(2)树盘处理 在铺装地面树盘内，在种植穴的四角安置通气管道。

(3)栽植 定植深度适宜，培土时分层夯实，把土球全埋于基质中。树盘地面可栽植花草，覆盖树皮、木片、碎石等。

(4)养护 浇足定根水，遮阳养护。

四、实训提示

在定植穴内保证根系至少应有 3 m^3 的土壤，在树盘内，安置在种植穴的四角的通气管道可采用 PVC 管，直径 10～12 cm，管长 60～100 cm，管壁钻孔。

五、实训报告

撰写铺装地面树木栽植操作过程及注意事项。

实训五 客土改造栽植

一、实训目的

通过对土壤客土及栽植的具体的实训，学生能根据客土改造技术要求，掌握客土改造具体方法、栽植等基本操作技能。

二、材料与用具

(1)材料 待栽植树苗、培养土。
(2)用具 锄头、铲、枝剪等。

三、方法与步骤

(1)客土改造 在岩石缝隙多的地方，可在缝隙中填入客土；在整体坚硬的岩石处，可局部打碎后再填入客土。
(2)栽植 植株定植深度适宜，培土时分层夯实，把植株根系或土球全埋于基质中。
(3)养护 浇足定根水，遮阴养护。

四、实训提示

客土所用土壤，可参照容器苗栽植的基质配制方法来配制。

五、实训报告

撰写客土改造栽植操作过程及注意事项。

实训六 屋顶花园树种栽植

一、实训目的

通过对屋顶花园进行栽植的具体操作，使学生能根据屋顶花园树种栽植要求，掌握屋顶花园树种栽植基质配制、栽植、固定等基本操作技能。

二、材料与用具

(1)材料 移植树苗、有机肥、各类基质等。
(2)用具 锄头、铲、枝剪等。

三、方法与步骤

(1)基质配制　基质配制比例根据湿堆密度进行核算,不应超过 1 300 kg/m³。

(2)植物栽植　定植深度适宜,撤除土球外包扎的绳包或箱板(草片等易烂软包装可不撤除,以防土球散开),分层夯实,把土球全埋于基质中。

(3)植物固定　可用地上支撑法和地下固定法(铁丝网固定)。

(4)遮阳养护　栽植后浇透水,并遮阳保护。

四、实训提示

①屋顶花园的基质须具有重量轻、保水好、透水好的特点,配制比例根据湿堆密度进行核算,如田园土∶草炭∶(蛭石和肥)4∶3∶1,湿堆密度为 780~11 000 kg/m³。

②栽植时注意应由大到小、由里到外逐步进行;移栽植物的根系要带土球并包扎好。

五、实训报告

撰写屋顶花园树木栽植操作过程及注意事项。

实训七　竹类的栽植

一、实训目的

通过对竹类植物栽植的具体操作,使学生能根据不同竹类的栽植要求,掌握竹类栽植等基本操作技能。

二、材料与用具

(1)材料　移植竹类植物。

(2)用具　锄头、铲、枝剪等。

三、方法与步骤

(1)母竹的选择　母竹以 1~2 年生最为适宜,并生长健壮、分枝较低、无病虫害、保持枝、叶梢完整、竹节正常。

(2)母竹的挖掘　要带土球,根据不同竹类的径竹大小确定挖掘土球的半径大小。

(3)挖穴栽植　按设计要求挖好竹穴,穴的规格视所栽竹子携带的土球大小而定。入穴时,穴底先垫细土及施足基肥,栽植时保持竹竿垂直,分层夯实,将土球与地面齐平或略高于地面。

(4) 遮阳养护　栽植后浇透水,并遮阳保护。

四、实训提示

土球的半径大小,一般毛竹、花毛竹等大径竹,挖掘半径不小于竹子胸径的 5 倍;中径竹,挖掘半径不小于竹子胸径的7倍；小径竹，挖掘半径不小于竹子胸径的10倍。

五、实训报告

撰写竹类植物栽植操作过程及注意事项。

实训八　园林树木栽植成活期养护

一、实训目的

通过对园林树木栽植成活期养护的具体操作，使学生能根据园林树木栽植成活期养护要求，掌握培土扶正、浇水、施肥、修剪等基本操作技能。

二、材料与用具

(1)材料　刚栽植的园林植物。
(2)用具　高压水枪、细孔喷头等。

三、方法与步骤

(1) 培土扶正　对倾向树木，进行扶正，并培土，将土踩实。
(2) 叶面喷水补湿　可采用高压水枪喷雾和细孔喷头喷雾进行叶面喷水补湿。

四、实训提示

(1)培土扶正　对于栽植较深的树木，在树木倾向一侧根盘以外挖沟至根系以下内掏至根颈下方，用锹或木板伸入根团以下上撬起，向根底塞土压实，扶正即可；栽植较浅，可在倾向的反侧掏土，稍微超过树干轴线以下，将土踩实。

(2)高压水枪喷雾　采用高压水枪喷雾，喷雾要细、次数可多、水量要小，以免滞留土壤、造成根际积水。

(3)细孔喷头喷雾　将供水管安装在树冠上方，根据树冠大小安装一个或若干个细孔喷头进行喷雾，喷及树冠各部位和周围空间。

五、实训报告

撰写园林树木栽植成活期养护的操作过程及注意事项。

实训九　树木生长异常的诊断

一、实训目的

通过对园林树木生长异常进行诊断的具体操作，使学生能根据树木生长异常的诊断要求，掌握诊断基本操作技能。

二、材料与用具

(1)材料　校内或校外选生长异常的乔木树种、灌木树种及草本植物。

(2)用具　标签、记录表、铅笔等。

三、方法与步骤

(1)观察调查　观察异常表现的症状和标记,调查同期其他树体或树体自身往年生长状况,做好记录。

(2)将异状表现特征进行分类　确定可能是由生物因素导致还是由非生物因素所导致,进行正确分类。

(3)进行综合诊断　参考相关资料,必要时进行实验室分析,综合信息来源,诊断异状发生原因,确定树木生长异常的情况。

四、实训提示

正确的诊断步骤是通过系统推理和排除的诊断过程,判断出导致树体生长异常的最可能因素。要确定树木生长异常问题之所在,必须观察异常状态的表现形式及随时间的变化状况和其他迹象,区分不良因素来自于生物体还是非生物体。

五、实训报告

①将记载情况整理好并填入“园林树木生长异常表”。

园林树木生长异常表

树种名称	整体树株生长异常情况	叶片情况(包括叶片损伤、变形、有异状物)	备注

②分析、诊断树木生长异常的情况。

实训十　大树移植

一、实训目的

大树移植是园林绿地管理过程中的一项基本内容,主要应用于对现有树木保护性的移植或对密度过高的树木群落进行结构调整中发生的作业行为。通过对大树移植现场的观摩和操作，进一步了解大树移植的一般步骤、方法和相关的技术措施以及养护要求。

二、材料与用具

(1)材料　银杏、香樟、广玉兰和其他大树的移栽现场。

(2)用具　笔记本、笔、卷尺、草绳、木棍等。

三、方法与步骤

(1)选树与处理　主要采用现场观摩的形式。

(2)起树包装　3～5名同学为一组，选择一种包扎方法，对树木土球模型进行包装，也可采用现场观摩的形式。

(3)吊装运输　采用现场观摩的形式。

(4)定植与养护　培土灌水、卷干覆盖、架立支柱，3～5名同学为一组，自己动手。并要求每位同学自行设计一种支撑架的形式。

四、实训提示

大树的界定一般指树体胸径在15～20 cm以上，或树高在4～6 m以上，或树龄在20年左右的树木，在园林工程中均可称之为“大树”。大树移植要掌握“随挖、随包、随运、随栽”的原则，可以提高成活率。移植定植后注意各种养护方法，如支撑固定、裹干保湿、搭棚遮阴、平衡修剪等。

五、实训报告

实验结束后，每组同学应交一份实验报告。报告应包括大树移植过程中主要内容的描述、分析、总结和本人的心得体会，并结合栽植环境设计一种支撑形式，要求提供立面图、设计说明、主材介绍等。

实训十一　园林树木吊瓶

一、实训目的

掌握园林树木的吊瓶技术，可以用于树木抗旱急救、大树移植、节约水肥、防治生理病害和补充微量元素等。

二、材料与用具

(1)材料　需要处理的树木

(2)用具　木工钻、树干注射器一套、树干喷雾器一套、挂瓶输液器一套、磁化水或冷开水、植物生长激素、磷钾矿质元素、农药、肥料、杀菌剂、胶布、钉、棉芯线、塑管等。

三、方法与步骤

(1)液体配制　输入的液体根据树木的具体情况灵活配置。如是树体抗旱急救,液体主要以水分为主,配以一些营养物质的溶液。大树移栽或者反季节种植的树木,一般以打破休眠,促进生长为主,使用的药剂如下:萘乙酸钠盐 30～50 mg、尿素 20 mg 混合。防治生理病害,可以使用杀菌剂溶液。

(2)注孔准备　用木工钻在树体的基部钻洞孔数个,孔向朝下与树干呈 30°夹角,深至髓心为度。洞孔数量的多少和孔径的大小应和树体大小和输液插头的直径相匹配。采用树干注射器和喷雾器输液时,需钻输液孔 1～2 个;挂瓶输液时,需钻输液孔洞 2～4 个。输液洞孔的水平分布要均匀,纵向错开,不宜处于同一垂直线方向。

(3)输液方法

①注射器注射。将树干注射器针头拧入输液孔中,把贮液瓶倒挂于高处,拉直输液管,打开开关,液体即可输入,输液体结束,拔出针头,用胶布封住孔口。

②喷雾器压输。将喷雾器装好配液,喷管头安装锥形空心插头,并把它紧插于输液孔中,拉动手柄打气加压,打开开关即可输液,当手柄打气费力时即可停止输液,并封好孔口。

③挂液瓶导输。将装好配液的贮液瓶钉挂在孔洞上方,把棉芯线的两头分别伸入贮液瓶底和输液洞孔底,外露棉芯线应套上塑管,防止污染,配液可通过棉芯线输入树体。

四、实训提示

同学们要把吊瓶促活技术三种不同方式熟练掌握,体会优缺点。配置液体时应根据具体目的配制不同成分的溶液。尤其防治病害时,配药要根据实际的看苗诊断,不能一概而论。

五、实训报告

实验结束后,每组同学应交一份实验报告。报告重点是吊瓶技术的具体操作步骤以及选用注射器注射、喷雾器压输、挂液瓶导输三种不同方式的操作简易性以及分析、总结吊瓶促活三种方式的优缺点。并观察实施吊瓶技术后,树体变化的情况。

实训十二　园林植物土壤管理

一、目的要求

了解并掌握松土除草、树盘覆盖、土壤改良的操作方法。

二、材料与用具

(1)材料　各种除草剂、覆盖材料、土壤疏松、改良剂等。

(2)用具　锄头、喷雾器等。

三、方法与步骤

(1)松土除草　松土与除草常同时结合进行。根据杂草种类选择适宜的除草剂。可选用除草醚、扑草净、西马津、阿特拉津、茅草枯、灭草灵等除草剂。

(2)树盘覆盖　一般对于幼龄的园林植物或草地疏林的园林植物,多在树盘下进行覆盖,覆盖的厚度通常以 3～6 cm。可用谷草、豆秸、树叶、锯屑、马粪、泥炭等或用草坪上或树旁割下来的草头随手堆于树盘附近,用以进行覆盖。另外,还可结合园林绿化用地被草本植物如石竹类、酢浆草、鸢尾类、麦冬类、丛生福禄考、玉簪类等;也可用木本植物如地锦类、扶芳藤、蛇葡萄、凌霄类等;还可用绿肥作物,如苜蓿、豌豆、羽扇豆等。

(3)土壤改良

①土壤耕作改良。深翻熟化、中耕通气、客土、培土。

②土壤化学改良。施肥改良、土壤酸碱度调节。

③疏松剂改良。聚丙烯酰胺、泥炭、锯末粉、谷糠、腐叶土、腐殖土、家畜厩肥等。

④土壤污染防治。严格控制污染源,合理施用化肥和农药,进行客土、换土、去表土、翻土等。

四、实训报告

撰写园林植物松土除草、树盘覆盖、土壤改良的方法步骤及注意事项。

实训十三　园林植物配方施肥

一、实训目的

了解园林植物的需肥规律、土壤的供肥性能与肥料效应,运用先进的测试手段,确定氮、磷、钾和微量元素的适宜用量和比例及其相应的施肥技术。

二、材料与用具

(1)材料　供试土样、扩散皿、玻璃棒、橡皮筋、三角瓶、移液管、漏斗、滤纸、容量瓶等。

(2)用具　分光光度计、天平、火焰光度计、往复式振荡机、恒温箱、半微量滴定管等。

三、方法与步骤

①土壤速效氮的测定。

②土壤速效磷的测定。

③土壤速效钾的测定。

④微量元素缺乏与否可根据园林植物的长势,运用形态诊断法确定。

⑤根据土壤养分的测试值计算土壤供肥性能,以确定氮、磷、钾肥料的适宜施肥量。

⑥根据配方确定的肥料种类、用量和土壤、园林植物特性,合理安排基肥和追肥比例、施用

追肥的次数、时期、用量和施肥技术。

四、实训报告

针对某一园林绿地，撰写配方施肥的方案。

实训十四　直干乔木修剪

一、实训目的

掌握中央领导干形树木的整形方式、修剪技法及伤口处理方法。

二、材料与用具

(1)材料　中央领导干形树木2种。

(2)用具　保护剂、枝剪、电工刀、手锯、油锯、梯子或升降车、绳索、安全带、工作服、安全帽等。

三、方法与步骤

(1)确定修剪方案　根据中央领导干形树木修剪的特点和要求，观察修剪树木的树体结构，分析树势是否平衡，确定修剪方案。

(2)做好安全防范措施　对树体高大的树木修剪时，首先做好安全防护措施，最好使用升降车，使用梯子时要架稳。需要几个人同时修剪一棵树时，要有一个人专门负责指挥，以便协调配合工作。

(3)修剪　根据修剪方案进行修剪。如果因为枝条多，特别是大枝多造成生长势强，则要进行疏除大枝。将无用的大枝先锯掉，再剪中等枝条和小枝，将枯枝、徒长枝、病虫枝、内膛枝等自枝条的基部剪除，保证树体通风透光，旺盛生长。在截除粗大的侧生枝干时，应采用“三锯法”，并用利刀将伤口自枝条基部切削平滑，并涂上保护剂。

(4)清理现场　将修剪下来的枝条进行清理，用车运走，集中到一起进行处理。

四、实训提示

注意安全，注意观察，注意理论联系实际。

五、实训报告

完成实习报告，记录整形修剪的过程、技术要点和修剪结果，并进行经验总结。

实训十五　伞形树木修剪

一、实训目的

掌握伞形树木的整形方式、修剪技法及伤口处理方法。

二、材料与用具

(1)材料　伞形树木2种。

(2)用具　保护剂、枝剪、电工刀、手锯、油锯、梯子或升降车、绳索、安全带、工作服、安全帽等。

三、方法与步骤

(1)确定修剪方案　根据伞形树木修剪的特点和要求,观察修剪树木的树体结构,分析树势是否平衡,确定修剪方案。

(2)做好安全防范措施　对树体高大的树木修剪时,首先做好安全防护措施,最好使用升降车,使用梯子时要架稳。需要几个人同时修剪一棵树时,要有一个人专门负责指挥,以便协调配合工作。

(3)修剪　根据修剪方案进行修剪。如果因为枝条多,特别是大枝多造成生长势强,则要进行疏除大枝。将无用的大枝先锯掉,再剪中等枝条和小枝,将枯枝、徒长枝、病虫枝、内膛枝等自枝条的基部剪除,保证树体通风透光,旺盛生长。在截除粗大的侧生枝干时,应采用"三锯法",并用利刀将伤口自枝条基部切削平滑,并涂上保护剂。

(4)清理现场　将修剪下来的枝条进行清理,用车运走,集中到一起进行处理。

四、实训提示

注意安全,注意观察,注意理论联系实际。

五、实训报告

完成实习报告,记录整形修剪的过程、技术要点和修剪结果,并进行经验总结。

实训十六　无干球形灌木修剪

一、实训目的

掌握球形灌木的整形方式、修剪技法及伤口处理方法。

二、材料与用具

(1)材料　球形灌木 2 种。

(2)用具　保护剂、枝剪、电工刀、手锯、油锯、梯子或升降车、绳索、安全带、工作服、安全帽等。

三、方法与步骤

(1)确定修剪方案　根据球形灌木修剪的特点和要求,观察修剪树木的树体结构,分析树势是否平衡,确定修剪方案。

(2)修剪　根据修剪方案进行修剪,先确定定干高度,自上而下地修剪。将无用的大枝先锯掉,再剪中等枝条和小枝,将枯枝、徒长枝、病虫枝、内膛枝等自枝条的基部剪除,保证树体通风透光,旺盛生长。修剪完后,用利刀将伤口自枝条基部切削平滑,并涂上保护剂。

(3)清理现场　将修剪下来的枝条进行清理,用车运走,集中到一起进行处理。

四、实训提示

注意安全,注意观察,注意理论联系实际。

五、实训报告

完成实习报告,记录整形修剪的过程、技术要点和修剪结果,并进行经验总结。

实训十七　绿篱、色块、色带修剪

一、实训目的

掌握绿篱、色块和色带整形方式和修剪技术。

二、材料与用具

(1)材料　各种造型绿篱、色块、色带等。

(2)用具　绿篱修剪机、枝剪、钢卷尺、木桩、拉线、踏板等。

三、方法与步骤

(1)确定修剪方案　对已经定型的方形、梯形绿篱,按照原来的设计高度,用钢卷尺从地面向上量至规定的高度,在绿篱两端各立 1 个木桩,拉绳后将高出绳子的部分枝条剪去,再按设计要求修剪,注意握剪方法和修剪技巧,绿篱顶面和侧面要修剪平整。

(2)修剪　在掌握一定的修剪技巧的基础上,徒手修剪圆顶形、球形、柱形绿篱。

(3)清理现场　将修剪下来的枝条进行清理,用车运走,集中到一起进行处理。

(4)色块和色带的修剪　按照设计的要求修剪,修剪方法同绿篱。色块的面积较大时,需要使用伸缩型绿篱剪或借助跳板等工具才能完成。

四、实训提示

注意安全，及时观察修剪反应。

五、实训报告

完成实习报告，记录整形修剪的过程和技术要点，并进行经验总结。

实训十八　园林植物无土栽培

一、实训目的

通过本次实习让学生掌握无土栽培基质配制方法与无土栽培营养液配制方法。

二、材料与用具

(1)材料　园林植物材料3～5种。

(2)用具　腐叶土或泥炭、珍珠岩、蛭石、铁锹、花苗、花盆、天平、烧杯、容量瓶、精密试纸、棕色贮液瓶、硝酸钙、硝酸钾、硫酸镁、硫酸铵、硫酸钾、磷酸二氢钾、乙二胺四乙酸二钠、硫酸亚铁、硼酸、硫酸锌、硫酸锰、钼酸铵、硫酸铜等。

三、方法与步骤

(1)栽培基质的配制与种植

①将草炭、蛭石、珍珠岩按一定比例混合。

②选用合适的方法将基质消毒。

③上盆定植。

(2)营养液配制

①按顺序计算各化合物的用量。

②配制1 000倍母液。

③稀释母液配制成工作液。

④调整pH值。

(3)营养液管理

①浓度管理。

②pH值管理。

③溶氧量管理。

四、实训报告

以上各项需学生反复练习，亲自操作，及时总结，完成实训报告。

实训十九　园林植物露地栽培

一、实训目的

使学生学会园林花卉露地定植技术，正确使用工具及保苗护根方法。

二、材料与用具

(1)材料　园林植物3～5种。
(2)用具　铲子、耙子、铁锹、喷壶、营养钵、水桶等。

三、方法与步骤

①挖定植穴。按植株的大小挖好定植穴。
②带土或裸根栽植，保持植株株行距及花苗整齐度。
③栽后浇一次透水。

四、实训报告

调查定植成活率，完成实训报告。

实训二十　草坪草修剪

一、实训目的

①草坪修剪是指定期剪掉草坪草枝条的顶端部分。通过草坪修剪，对草坪剪草机的实际操作，掌握草坪修剪的方法、剪草机的使用及保养等基本操作技能。

②把学生分成4～6人的小组进行具体的实训，按照1/3原则进行修剪，在规定的时间(30 min)内完成。

二、材料与用具

(1)材料　草坪一块、93号汽油、4T润滑油。
(2)用具　草坪剪草机、收草耙等。

三、方法与步骤

(1)检查待剪草坪　捡除石块、砖头、树枝等杂物，对树桩等做标记。
(2)检查草坪剪草机　检查草坪修剪机是否完好、刀片是否锋利、修剪高度是否合适、刀架固定螺丝是否固定好、机油是否加足。

(3)使用　起动机器进行草坪修剪作业，调整剪草机风门—打开油门—启动机械—调整好油门—修剪—关闭油门停机。

(4)修剪　根据1/3原则进行修剪，同时确定好修剪路线。

(5)现场清理　将剪下的草屑运出场外。

(6)剪草机保养　将剪草机清理干净，若长时间不用时，应将刀片等部位上油保护。

四、实训提示

每组一块草坪应定期进行修剪，注意每次修剪要从不同起点开始，例如一般绿地可采用"十字"形方向进行修剪，如果是精细管理草坪(高尔夫果领区)可采用"米"字形方向修剪。

五、实训报告

①将草坪修剪情况填入草坪修剪情况记载表中。

草坪修剪情况记载表

草坪草种名称	修剪日期	修剪高度	两次修剪间隔天数	一个生长季修剪次数	备注

②分析定期草修剪的效果。

实训二十一　除草剂的配制及使用

一、实训目的

通过对当地常用除草剂种类的了解，对杂草药剂防除的实际操作，掌握喷雾器的使用方法、学会配制除草剂药液及喷施方法。

二、材料与用具

(1)材料　有杂草较多的草坪一块、各类型除草剂数包，可根据杂草种类选用几种除草剂。

(2)用具　喷雾器或小型压力喷壶。

三、方法与步骤

(1)配制药液

①药液用量的计算。按除草剂的说明书计算所用药液用量。

②配制药液。分倒药和装药两个程序。倒药时先摇晃药瓶，倒出药，两次稀释，再摇匀。

装时，先加 1/3 水，加药，再加 1/3 水，摇匀，最后再加 1/3 水。

(2)喷雾器的使用　使用前清洗喷雾器 2～3 次，喷雾检查各部件是否正常；用完清洗喷雾器 2～3 次，同时把管内贮藏的药液喷出干净。

(3)喷施方法　做好标记，最好用有色绳子标好，防止重复和漏喷，重点喷施杂草多的地方及杂草叶背。

四、实训提示

每组学生需首先观察已发生杂草的草坪，确定杂草种类、将草坪划分为几个相同面积的小区，对各小区进行喷药处理，可分为不同药剂浓度和不同药剂等处理，定期观察防除效果，并做好记录。

五、实训报告

①根据草坪实地调查，确定杂草种类及确定使用除草剂种类。

②写出草坪杂草药剂防除实训报告，并分析防除效果。

实训二十二　园林树木树干涂白

一、实训目的

掌握树干涂白的技术要点。

二、材料与用具

(1)材料　各种园林植物。

(2)用具　石灰、水、食盐(石硫合剂)、水桶、定高杆、刷子等。

三、方法与步骤

(1)涂白剂的调制　硫酸铜石灰涂白剂[硫酸铜 10 kg、生石灰 200 kg、水 600～800 kg 或以硫酸铜、生石灰、水以 1∶20∶(60～80)的比例配制]、石灰硫黄涂白剂（生石灰 100 kg、硫黄 1 kg、食盐 2 kg、动(植)物油 2 kg、热水 400 kg)、石硫合剂生石灰涂白剂（石硫合剂原液 0.5 kg、食盐 0.5 kg、生石灰 3 kg、油脂适量、水 10 kg)或石灰黄泥涂白剂（熟石灰 100 kg、黄泥 120 kg)。

(2)涂白　涂刷时用毛刷或草把蘸取涂白剂，选晴天将主枝基部及主干均匀涂白，涂白高度主要在离地 1～1.5 m 为宜。如老树露骨更新后，为防止日晒，则涂白位置应升高，或全株涂白。

四、实训提示

注意安全，注意观察，注意理论联系实际。

五、实训报告

完成实习报告，记录树干涂白的过程和技术要点，并进行经验总结。

实训二十三　园林树木树干支撑

一、实训目的

掌握园林树木树干支撑的一般步骤及常用技术。

二、材料与用具

(1)材料　各种园林树木。
(2)用具　支架、钢管、钢片、钢索、紧线器、螺栓、螺钩、金属杆、金属缆绳等。

三、方法与步骤

(1)选择支撑的方法　根据园林树木的具体情况，选择支撑的方法。
(2)制定支撑方案　根据任务确定分组大小，确定组员分工。
(3)支撑
①柔韧支撑。用金属缆绳进行支撑。
②刚硬支撑。用硬质材料进行支撑。如用螺栓、螺帽等加固弱的分枝、霹雳枝、开裂树干和树洞，用立柱支撑整个树体等。

四、实训提示

注意安全，注意观察，注意理论联系实际。

五、实训报告

完成实习报告，记录树干支撑的过程和技术要点，并进行经验总结。

实训二十四　园林树木伤口修补

一、实训目的

掌握园林树木伤口修补的一般步骤及常用技术。

二、材料与用具

(1)材料　各种受伤的园林树木。
(2)用具　利刀、消毒剂、保护剂、绳索等。

三、方法与步骤

(1)制定伤口修补方案　根据伤口类型、大小、严重程度等制定修补方案。
(2)伤口修补
①首先用利刀将伤口削平。
②对于枝干折裂形成的伤口应用绳索捆绑加固。
③用消毒剂对伤口进行消毒。
④涂抹保护剂。紫胶清漆、接蜡、杂酚涂料、沥青涂料等是常用的伤口敷料。

四、实训提示

注意安全,注意观察,注意理论联系实际。

五、实训报告

完成实习报告,记录园林树木伤口修补的过程和技术要点,并进行经验总结。

实训二十五　树盘保护

一、实训目的

掌握园林树木树盘保护的一般步骤及常用技术。

二、材料与用具

(1)材料　各种园林树木。
(2)用具　覆盖材料(如绿肥、山青草、树叶、稻草秸秆、地膜等)。

三、方法与步骤

(1)制定树盘保护方案　根据实际情况,确定树盘保护的方法,制定树盘保护方案。
(2)树盘保护
①树盘覆草法树盘覆盖以春、夏、秋三季为好,覆盖材料可就地取材。如绿肥、山青草、树叶、稻草秸秆等。一般在春季土壤温度达到20℃时覆盖,覆盖厚度为10～20 cm,离枝干10 cm间隙,覆草后表面压些土,防止大风刮起并有防火作用,待覆盖结束时,将半腐烂覆盖物翻入土中。覆盖的优点:稳定土温和水分;防止土壤冲刷,减少杂草等;有利于增加土壤有机质,有利于树根系的生长;有利于果实发育,改善果实品质。

②地膜覆盖法地膜覆盖是利用厚度为0.01～0.02 mm的聚乙烯或聚氯乙烯薄膜覆盖于树盘的一种栽培方式。地膜覆盖主要使地温升高2～4℃,可增加肥效,防除杂草,促进早熟,还可预防裂果。常用地膜有:

无色透明膜:土壤增温效果好,生产上应用最为普遍。

黑色膜:防止土壤水分蒸发,抑制杂草生长。

黑色双重膜:使地温下降,且利于抑制杂草生长。

银色反光膜:具有隔热和较强的反射阳光作用,用以降低地温和果实增色。

四、实训提示

注意安全,注意观察,注意理论联系实际。

五、实训报告

完成实习报告,记录园林树木树盘保护的过程和技术要点,并进行经验总结。

实训二十六　园林树木安全性调查

一、实训目的

能对园林树木的安全性进行调查,掌握影响园林树木的安全性的因素。

二、材料与用具

(1)材料　各种园林树木。

(2)用具　围尺、量尺、钢卷尺、测高器、自制表格等。

三、方法与步骤

调查并填写如下表格。

园林树木安全性调查表

树种	树龄	树高	胸径	冠幅	生长位置	立地特点	不安全因素	危害目标

四、实训提示

注意安全,注意观察,注意理论联系实际。

五、实训报告

完成实习报告,记录调查情况。

实训二十七 园林树木低温危害调查

一、实训目的

了解园林树木所受的低温危害,对当地园林树木的受害情况进行调查。

二、材料与用具

(1)材料 当地乔木树种。
(2)用具 记录本、枝剪。

三、方法与步骤

(1)确定调查对象 当地习见的园林常绿和落叶乔木,尤其是一些不耐低温的树种。
(2)选择地点 以市区各类型园林绿地为主、郊区为辅。
(3)小组分区 用目测踏查法对受低温危害园林植物按受害程度进行统计。
低温危害等级分五级,如下:
Ⅰ级:植株25%～50%的叶片的叶面或叶缘受害枯萎,5%的一年生枝条枯死。
Ⅱ级:植株50%的叶片受害枯萎或脱落,5%～20%的1～2年生枝条枯死。
Ⅲ级:植株90%的叶片受害枯萎或脱落,20%～50%的1～5年生枝条枯死。
Ⅳ级:叶片几乎全部被冻死,50%～80%的枝条枯死。
Ⅴ级:叶全部枯死,100%枝条枯死,甚至主干枯死。

四、实训提示

调查中要详细注意记录树种、栽种位置、树龄、树高、胸径和受害等级等。

五、实训报告

根据调查,撰写调查报告。报告要有园林树木具体的受低温危害情况的说明,还要分析受害程度与树龄、栽种位置等因素的关系,并找到引起低温危害的原因,思考相关的预防措施。

实训二十八 园林植物防寒

一、实训目的

了解园林树木低温危害的发生原理,掌握园林树木防寒的方法。

二、材料与用具

草绳、涂白剂原料、小木桶、排刷等。

三、方法与步骤

(1)树木涂白　涂白剂的配方各地不一,常用的配方为:水72%,生石灰22%,石硫合剂和食盐各3%,均匀混合即可。在南方多雨地区,每50 kg涂白剂加入桐油0.1 kg以提高涂白剂附着力。用配制好的涂白剂涂刷树干,要求刷2遍,高度为1～2 m,同一排树涂刷的高度应一致。

(2)设置防风障　用草帘、彩条布或塑料薄膜等遮盖树木。用彩条布覆盖绿篱,在四周落地处压紧。

(3)培土增温　月季、葡萄等低矮植物可以全株培土,高大的可在根颈处培土,培土高度为30 cm。培土后覆盖,覆盖材料可选择稻草、草包、腐叶土、泥炭藓、锯末等。

四、实训提示

防寒措施必须在寒潮或低温来临前提早准备并进行防护,以免来不及而受到伤害。

五、实训报告

报告内容包括园林树木防寒的主要措施及具体实施方法和注意事项。明确需要采取防寒措施的当地园林树木种类。思考怎么结合当地的实际采取措施,减少低温伤害。

实训二十九　园林树木高温危害调查

一、实训目的

了解园林树木所受的高温危害,对当地园林树木的危害情况进行调查。

二、材料与用具

(1)材料　当地园林树木10～20种。

(2)用具　记录本、笔等。

三、方法与步骤

①对市区部分公共绿地、道路绿地、单位附属绿地和居住区绿地内常见的园林植物的干皮、叶片的灼伤情况进行调查。

②小组分区,用目测踏查法对受高温危害的园林树木依据干皮、叶片的受害程度进行统计。

干皮灼伤程度统计标准为:

Ⅰ级：干皮变色或变粗糙、产生裂纹，韧皮组织变褐未完全死亡。

Ⅱ级：干皮干缩死亡、未脱落，灼伤面积小于太阳西晒照射面积的30%。

Ⅲ级：干皮死亡脱落，木质部暴露、纵裂；或木质部虽未暴露、开裂，但干皮干缩死亡、未脱落的灼伤面积大于太阳西晒照射面积的30%。

叶片灼伤程度统计标准为：

Ⅰ级：叶片灼伤程度轻。叶片边缘线状或叶柄处点状灼伤，灼伤面积小于叶片面积的10%，日灼叶片零星分布全树或西侧。

Ⅱ级：叶片灼伤程度较重。叶柄、叶缘有片状灼伤，灼伤面积大于叶片面积的20%，日灼叶片集中分布在树冠西侧或叶片灼伤程度较轻，密布于树冠外围。

Ⅲ级：叶片日灼严重，日灼叶片全树分布。

四、实训提示

调查干皮和叶片的灼伤情况时要思考树木的受害情况的具体原因。并通过调查发现哪些树种易受害，哪些树种抗高温能力强，总结规律，分析原因。

五、实训报告

根据调查，撰写调查报告。报告要有调查树木的干皮、叶片灼伤情况的具体结果和相关产生灼伤的原因分析，并列出预防灼伤的具体措施。

实训三十　园林植物高温危害预防

一、实训目的

了解园林树木高温危害的发生原理及其表现，掌握园林树木预防高温的方法措施。

二、材料与用具

(1)材料　园林树木若干。

(2)用具　涂白剂原料、草绳、小木桶、排刷、修剪剪、遮阴网等。

三、方法与步骤

(1)树干涂白　涂白可以反射阳光，缓和树皮温度的剧变，对减轻日灼有明显的作用。涂白多在秋末冬初进行，也有的地区在夏季进行。涂白剂的配方为水72%，生石灰22%，石硫合剂和食盐各3%，将其将均匀混合即可涂刷。

(2)卷干　用稻草或稻草帘子，将树干包卷起来，或直接用直径2 cm以上的草绳将树干一圈接一圈缠绕，直至分枝点或要求的高度。主干缠绑高度尽量高，移栽的大树主枝也应缠绑草绳，保湿、保温、防日灼。

(3)遮阴　有计划地保留一些弱小枝条自我遮阴或搭设遮阴棚对全株树木遮阴，预防干皮受伤。

(4)修剪树冠　可适当降低主干高度,多留辅养枝,避免枝、干的光秃和裸露。

四、实训提示

树干涂白能反射阳光,降低干皮温度。但是遇到风雨,涂白剂易掉落,持久性差。另外加强综合管理,促进根系生长,改善树体状况,也能增强树木抵抗高温危害的能力。

五、实训报告

实训报告应包括高温危害预防措施的具体实施步骤等内容。要分析、对比、总结各种措施的优、缺点。

实训三十一　名木古树调查

一、目的要求

能对古树名木资源进行调查,对长势濒危的古树提出合理的抢救措施。

二、材料与用具

(1)材料　各种园林树木。

(2)用具　围尺、量尺、钢卷尺、测高器、自制表格等。

三、方法与步骤

①古树自然状况调查。

序号	树种	树龄	树高	胸径	冠幅	古树等级	生长势	病虫危害	自然灾害	人为损伤
1										
2										
3										
4										
5										
…										

②古树名木落实养护管理措施的调查。

项 目	现 状
1.古树级别	
2.围栏保护	
3.地面铺装(距离树干 7 m 以内)	
4.病虫危害	
5.自然灾害	
6.树体损伤	
7.修复措施	
8.土壤状况	

③对所调查古树名木的历史及其书画、图片、神话传说等的调查。

四、实训提示

注意安全,注意观察,注意理论联系实际。

五、实训报告

完成实习报告,记录调查情况。

实训三十二　名木古树复壮

一、实训目的

掌握园林中的衰弱的古树名木复壮技术。

二、材料与用具

(1)材料　有机肥。
(2)用具　青灰加麻刀、乳胶、农药、围尺、量尺、钢卷尺、测高器、自制表格等。
另根据复壮需要准备复壮材料和工具。

三、方法与步骤

(1)制定复壮方案　根据实际情况,判断古树衰弱的园林,制定复壮方案。确定树盘保护的方法,制定树盘保护方案。

(2)复壮

①排除地下、地上各种有害物质及障碍物,使根系得以生长,树枝正常延伸。

②对树根及干基有烂皮、腐朽、蛀干现象的,要及时防治病虫害。

③经诊断缺肥的弱树,应科学合理施肥。

④土壤不适宜,影响根系生长发育的要改良土壤。如在树冠垂直投影边缘挖沟掺砂石,增

加土壤透性。

四、实训提示

注意安全，注意观察，注意理论联系实际。

五、实训报告

完成实习报告，记录衰弱的古树名木复壮的过程和技术要点，并进行经验总结。

实训三十三　植物生长调节剂配制与应用

一、实训目的

通过实习，初步掌握园林植物上常用几种生长调节剂的配制方法和应用技术。

二、材料与用具

(1)材料　赤霉素、2,4-D钠盐、萘乙酸、B_9、乙烯利、多效唑、细胞分裂素、生根粉、蒸馏水、酒精。

(2)用具　天平、大小烧杯、玻璃棒、标签纸、喷雾器等。

三、方法与步骤

(1)室内药剂配制

①称取药品。用天平称取供配药品或所需用量。

②溶解药品。将药品放入烧杯中，加入70%酒精，搅拌至能完全溶解为止。

③稀释。

④装瓶备用。配好后把母液装入有色玻璃瓶中，塞紧瓶塞，贴好标签，写明药液名称、浓度、配制日期等，然后放置在阴凉处备用。

(2)田间使用 生长调节剂的使用方法有喷布、涂抹等，使用时应注意下列事项。

①不同树种、品种、生长势、物候期及气候条件，对不同生长调节剂和不同浓度的反应不同，故在大量应用前，应作少量试验，以免发生药害或效果不显著。

②在部分生长调节剂加水稀释后，容易失效，应随配随用。

③有些生长调节剂可与一些农药混合使用，如萘乙酸可与波尔多液或石硫合剂混用。但有的混用则易失效，如B_9、赤霉素与碱性药液混合易失药效。

④喷布时间在晴天傍晚进行最好，下雨或烈日进行都会改变其浓度，降低药效或发生药害。

⑤喷布可根据具体目的进行。叶片喷布应着重喷射叶背，要求喷雾均匀。

四、实训报告

查阅相关资料，列表说明园林植物常用几种植物生长调节剂的性质及其在园林植物的应用效果。完成实训报告。

实训三十四　常见园林植物养护机具的使用及维护

一、实训目的

①熟悉和掌握常用手工工具的种类。常用修剪机具包括割灌机、绿篱修剪机和草坪修剪机的类型、主要构造和安全操作要求；常用植保机具包括手动喷雾器、担架式喷雾机和喷雾喷粉机的构造；灌溉机具包括喷灌和微喷灌的特点及系统的组成；草坪机具包括草坪播种、草坪起草皮机、草坪施肥机、草坪打孔机和草坪梳草机的构造。

②熟悉和掌握常用手工工具的维护保养方法。常用修剪机具包括割灌机、绿篱修剪机和草坪修剪机的操作前检查、起动发动机、维修保养和机具的存放，割灌操作、绿篱修剪操作、草坪修剪操作的操作方法；常用植保机具包括手动喷雾器、担架式喷雾机和喷雾喷粉机的使用前准备、日常保养和机器的存储，手动喷雾器喷雾操作、担架式喷雾机起动操作和喷雾操作、喷雾喷粉机起动操作和喷雾喷粉操作的操作方法；灌溉机具包括喷灌和微喷灌的使用与维护方法；草坪机具包括草坪播种、草坪起草皮机、草坪施肥机、草坪打孔机和草坪梳草机的使用及保养、草坪打孔机的打孔操作和草坪梳草机梳草操作方法。

③掌握常用手工工具的维护保养。常用修剪机具包括割灌机、绿篱修剪机和草坪修剪机的操作前检查、起动发动机、维修保养和机具的存放操作；常用植保机具包括手动喷雾器、担架式喷雾机和喷雾喷粉机的使用前准备、日常保养和机器的存储操作；灌溉机具包括喷灌和微喷灌的使用与维护操作；草坪机具包括草坪播种机、草坪起草皮机、草坪施肥机、草坪打孔机和草坪梳草机的使用及保养操作。

④重点掌握割灌机割灌操作、绿篱修剪机的绿篱修剪操作、草坪修剪机的草坪修剪操作、手动喷雾器喷雾操作、担架式喷雾机的喷雾操作、喷雾喷粉机的喷雾喷粉操作的操作、草坪打孔机的打孔操作和草坪梳草机梳草操作。

二、设备与材料

(1)设备　常用手工工具、割灌机、绿篱修剪机、草坪修剪机具、手动喷雾器、机动喷雾机、喷雾喷粉机、喷灌系统、微喷系统、草坪播种机、草坪起草皮机、草坪施肥机、草坪打孔机、草坪梳草机。

(2)材料　汽油、机油、农药、配套工具。

三、方法与步骤

①熟悉常用手工工具的种类，进行常用手工工具的维护保养操作。

②熟悉常用修剪机具包括割灌机、绿篱修剪机和草坪修剪机的类型、主要构造。

③进行常用修剪机具包括割灌机、绿篱修剪机和草坪修剪机的操作前检查、起动发动机、维修保养和机具的存放操作，初步训练割灌操作、绿篱修剪操作、草坪修剪操作。

④熟悉常用植保机具包括手动喷雾器、担架式喷雾机和喷雾喷粉机的构造。

⑤进行常用植保机具包括手动喷雾器、担架式喷雾机和喷雾喷粉机的使用前准备、日常保养和机器的存储操作，初步训练手动喷雾器喷雾操作、担架式喷雾机起动操作和喷雾操作、喷雾喷粉机起动操作和喷雾喷粉操作。

⑥熟悉灌溉机具包括喷灌和微喷灌的特点及系统的组成。

⑦进行灌溉机具包括喷灌和微喷灌的使用与维护操作。

⑧熟悉草坪机具包括草坪播种、草坪起草皮机、草坪施肥机、草坪打孔机和草坪梳草机构造。

⑨进行草坪机具包括草坪播种、草坪起草皮机、草坪施肥机、草坪打孔机和草坪梳草机的使用及保养，初步训练草坪打孔机的打孔操作和草坪梳草机梳草操作。

⑩集中重点训练割灌机割灌操作、绿篱修剪机的绿篱修剪操作、草坪修剪机的草坪修剪操作、手动喷雾器喷雾操作、担架式喷雾机的喷雾操作、喷雾喷粉机的喷雾喷粉操作的操作、草坪打孔机的打孔操作和草坪梳草机梳草操作。

四、实训报告

包括：实训时间、地点，实训所用机具名称，写出每种机具的基本构造和使用操作方法。记录实训过程中发现的问题、故障排除方法。

参考文献

[1] 郭学望,包满珠.园林树木栽培养护学.2版.北京:中国林业出版社,2004.
[2] 吴泽民.园林树木栽培学.北京:中国农业出版社,2003.
[3] 祝遵凌,王瑞辉.园林植物栽培养护.北京:中国林业出版社,2005.
[4] 龚维红,赖九江.园林树木栽培与养护.北京:中国电力出版社,2009.
[5] 王玉凤.园林树木栽培与养护.北京:机械工业出版社,2010.
[6] 丁世民.园林绿地养护技术.北京:中国农业大学出版社,2009.
[7] 李承水.园林树木栽培与养护.北京:中国农业出版社,2007.
[8] 李庆卫.园林树木整形修剪学.北京:中国林业出版社,2011.
[9] 李敏,徐琳,赵美琦.冷季型草坪的建植与养护.北京:中国林业出版社,2002.
[10] 田伟政,崔爱萍.园林树木栽培技术.北京:化学工业出版社,2009.
[11] 佘远国.园林植物栽培与养护管理.北京:机械工业出版社,2007.
[12] 王乃康,茅也冰,赵平.现代园林机械.北京:中国林业出版社,2004.
[13] 徐晔春.观花植物1000种经典图鉴.长春:吉林科学技术出版社,2009.
[14] 卢圣.植物造景.北京:气象出版社,2004.
[15] 马月萍.屋顶绿化设计与建造.北京:机械工业出版社,2011.
[16] 陈其兵.观赏竹配置与造景.北京:中国林业出版社,2007.
[17] 周鑫,郭晓龙.草坪建植与养护.郑州.黄河水利出版社,2010.
[18] 韩烈保.草坪草种及其品种.北京:中国林业出版社,1999.
[19] 孙晓刚.草坪建植与养护.北京:中国农业出版社,2002.
[20] 刘毅.草坪与园林绿化机械选用手册.北京:机械工业出版社,2003.
[21] 李承水.园林树木栽培与养护.北京:中国农业出版社,2009.
[22] 赵美琦,孙学智,赵炳祥.现代草坪养护管理技术问答.北京:化学工业出版社,2009.
[23] 宋小兵等.草坪养护问答300例.北京:中国林业出版社,2002.
[24] 李国庆.草坪建植与养护.北京:化学工业出版社,2011.
[25] 师尚礼.草坪技术手册草坪种子生产技术.北京:化学工业出版社,2005.
[26] 张德罡.草坪技术手册草皮生产技术.北京:化学工业出版社,2006.
[27] 龚束芳.草坪栽培与养护管理.北京:中国农业科学技术出版社,2008.
[28] 刘彦伟,马玲,胥宏志,徐小红.麦冬草坪开发及栽培技术.林业实用技术,2009,3.
[29] 王三根.植物生长调节剂与施用方法.北京:金盾出版社,2009.
[30] 马国瑞,侯勇.常用植物生长调节剂安全施用指南.北京:中国农业出版社,2008.

[31] 赵娟.植物生长调节剂在农业上的应用.北京:中国社会出版社,2006.
[32] 邵莉梅,孟小雄.植物生长调节剂应用手册.北京:金盾出版社,1999.
[33] 赵毓橘,陈季楚.植物生长调节剂生理基础与检测方法.北京:化学工业出版社,2002.
[34] 何生根,刘伟,许恩光,文李.植物生长调节剂在观赏植物和林木上的应用.北京:化学工业出版社,2002.
[35] 朱蕙香,张宗俭,陈虎保.常用植物生长调节剂应用指南.北京:化学工业出版社,2004.
[36] 张英.植物生长调控技术在园艺中的应用.北京:中国轻工业出版社,2009.
[37] 朱云林,杨文飞,王伟中.浅谈植物生长调节剂市场现状与对策.江西农业学报,2010,22(2):169-171.
[38] 陶龙兴,王熹,黄效林,等.植物生长调节剂在农业中的应用及发展趋势.浙江农业学报,2001,13(5):322-326.
[39] 宫辛玲,高军侠,尹光华,等.四种不同类型土壤保水剂保水性能的比较.生态学杂志,2008,27(4):652-656.
[40] 李景生,黄韵珠.土壤保水剂的吸水保水性能研究动态.中国沙漠,1996,16(1).
[41] 高凤文,胡志凤,陈秀波.我国土壤保水剂的研究进展.北京农业,2011,2.